AF295652

ŒUVRES

COMPLÈTES

DE LAPLACE,

PUBLIÉES SOUS LES AUSPICES

DE L'ACADÉMIE DES SCIENCES,

PAR

MM. LES SECRÉTAIRES PERPÉTUELS.

TOME TREIZIÈME.

PARIS,

GAUTHIER-VILLARS, IMPRIMEUR-LIBRAIRE

DE L'ÉCOLE POLYTECHNIQUE, DU BUREAU DES LONGITUDES,

Quai des Grands-Augustins, 55.

MCMIV

ŒUVRES

COMPLÈTES

DE LAPLACE.

ŒUVRES

COMPLÉTES

DE LAPLACE,

PUBLIÉES SOUS LES AUSPICES

DE L'ACADÉMIE DES SCIENCES,

PAR

MM. LES SECRÉTAIRES PERPÉTUELS.

TOME TREIZIÈME.

PARIS,

GAUTHIER-VILLARS, IMPRIMEUR-LIBRAIRE

DE L'ÉCOLE POLYTECHNIQUE, DU BUREAU DES LONGITUDES.

Quai des Grands-Augustins, 55.

MCMIV

MÉMOIRES DIVERS.

TABLE DES MATIÈRES

CONTENUES DANS LE TREIZIÈME VOLUME.

MÉMOIRES

EXTRAITS DE

LA CONNAISSANCE DES TEMPS.

MOUVEMENTS DE L'APOGÉE ET DES NŒUDS

DE L'ORBITE LUNAIRE.

Connaissance des Temps pour l'an VIII (23 septembre 1799-22 septembre 1800);
pluviose an VI (février 1798).

J'ai donné, dans les *Mémoires de l'Académie des Sciences de* 1786 (¹), la théorie de l'équation séculaire du mouvement de la Lune, et j'ai observé que les mouvements des nœuds et de l'apogée de son orbite sont assujettis à de semblables inégalités. Dans la détermination de leur valeur, je n'ai eu égard qu'à la première puissance de la force perturbatrice, ce qui est d'une grande précision relativement à l'équation séculaire du moyen mouvement; mais on sait que cette puissance ne donne que la moitié du mouvement de l'apogée de la Lune: l'autre moitié est principalement due aux termes dépendants de la seconde puissance de la force perturbatrice et résulte de la combinaison des deux grandes inégalités, la *variation* et l'*évection*. Cette remarque, l'une des plus importantes que l'on ait faites sur le système du monde, et dont on est redevable à Clairaut, nous prouve la nécessité d'avoir égard au carré de la force perturbatrice dans le calcul de l'équation séculaire du mouvement de l'apogée.

Pour cela, il est nécessaire d'analyser avec soin tous les termes

(¹) *Œuvres de Laplace*, t. XI. p. 241.

dépendants du carré de l'excentricité de l'orbe terrestre, qui entrent
dans l'expression du mouvement de l'apogée lunaire, et dont les intégrations augmentent considérablement les valeurs. Le résultat de cette
épineuse analyse, dont je réserve le détail pour les Mémoires de l'Institut national (¹), m'a donné, dans le mouvement de l'apogée, une
équation séculaire soustractive de sa longitude moyenne, et qui est à
l'équation séculaire du moyen mouvement à fort peu près dans le
rapport de 33 à 10; en sorte que le mouvement de l'apogée se ralentit
lorsque celui de la Lune s'accélère. Dans les Mémoires cités de l'Académie, les termes dépendants de la première puissance de la force
perturbatrice m'ont donné l'équation séculaire du mouvement de
l'apogée, égale à $\frac{2}{7}$ de celle du moyen mouvement; les termes dépendants du carré de la force perturbatrice, qui doublent le mouvement
de l'apogée, dû à la première puissance de cette force, augmentent
donc, dans une raison plus grande encore, l'équation séculaire de ce
mouvement.

L'équation séculaire de l'anomalie étant la somme de l'équation
séculaire du moyen mouvement et de celle du mouvement de l'apogée,
prise avec un signe contraire, elle est égale à $\frac{12}{13}$ de l'équation séculaire du moyen mouvement, et, par sa grandeur, elle doit influer très
sensiblement sur les observations anciennes.

J'ai considéré de la même manière l'équation séculaire du mouvement des nœuds de la Lune sur l'écliptique vraie; il résulte de ce que
j'ai prouvé dans les Mémoires cités que, en n'ayant égard qu'à la première puissance de la force perturbatrice, le mouvement des nœuds
de la Lune est assujetti à une équation séculaire additive à leur longitude moyenne et égale aux $\frac{3}{7}$ de l'équation séculaire du moyen mouvement lunaire. Le mouvement des nœuds est dû principalement aux
termes dépendants de la première puissance de la force perturbatrice;
ces termes donnent un mouvement qui surpasse un peu le mouvement
observé; mais l'inégalité principale de la latitude, en se combinant

(¹) *Œuvres de Laplace*, t. XII, p. 191.

avec celle de la variation, produit dans l'expression du mouvement des nœuds un terme dépendant du carré de la force perturbatrice et qui, en le diminuant, le fait coïncider à fort peu près avec l'observation. En ayant égard au carré de cette force, je trouve que l'équation séculaire des nœuds est $\frac{7}{10}$ de celle du moyen mouvement et additive à leur longitude moyenne; en sorte que le mouvement des nœuds se ralentit, comme celui de l'apogée, lorsque le moyen mouvement de la Lune s'accélère, et les équations séculaires de ces trois mouvements sont dans le rapport constant des trois nombres 7, 33, 10. L'excentricité de l'orbe lunaire et son inclinaison à l'écliptique vraie restent constamment les mêmes.

Les siècles à venir développeront ces grandes inégalités qui produiront, un jour, des variations au moins égales au $\frac{1}{15}$ de la circonférence, dans le mouvement séculaire de la Lune, et au $\frac{1}{12}$ de la circonférence dans le mouvement séculaire de son apogée. Ces inégalités ne vont pas toujours croissantes; elles sont périodiques comme celles de l'excentricité de l'orbe terrestre dont elles dépendent, mais elles ne se rétablissent qu'après des millions d'années; elles doivent, à la longue, altérer les périodes imaginées pour embrasser à la fois des nombres entiers de révolutions de la Lune, par rapport à ses nœuds, à son apogée et au Soleil, périodes qui diffèrent sensiblement dans les diverses parties de l'immense période de l'équation séculaire. La période luni-solaire de six cents ans, dont l'origine est inconnue, a été rigoureuse à une époque à laquelle on peut remonter par l'analyse, et qui serait celle de sa formation, si l'on était certain qu'elle fût exactement déterminée.

Déjà les observations ont fait reconnaitre l'équation séculaire du moyen mouvement de la Lune, telle, à fort peu près, que je l'ai concluc de la loi de la pesanteur universelle et qu'elle a été employée dans les nouvelles Tables de la Lune; mais on n'a point encore eu égard à l'équation séculaire de son anomalie. Pour constater son influence sur les observations anciennes, j'ai prié le citoyen Bouvard de comparer à ces Tables toutes les éclipses que Ptolémée nous a transmises et celles que les Arabes ont observées. Ce travail, important pour la théorie de la Lune, ne laisse aucun doute sur l'existence de l'équation séculaire de l'anomalie. Son introduction nécessite un changement dans le mouvement de l'anomalie de la Lune; car il est visible que les astronomes, n'ayant point eu égard au ralentissement de l'apogée, ont dû trouver, par la comparaison des observations modernes aux anciennes, son mouvement séculaire trop grand de quelques minutes, de même qu'ils trouvaient le moyen mouvement de la Lune trop petit lorsqu'ils ne tenaient point compte de son équation séculaire. En déterminant ces mouvements par l'ensemble des anciennes éclipses, on voit qu'il faut augmenter de $4''$,7 par siècle le moyen mouvement synodique actuel de la Lune, et de $8'49''$ le moyen mouvement séculaire de son anomalie. Le premier de ces résultats nous prouve, par sa petitesse, l'exactitude des moyens mouvements des Tables du Soleil et de la Lune. Le second résultat est confirmé par les observations de la Lune que Lahire fit vers 1685, et qui, comparées à celles que Maskeline a faites un siècle après, ont donné sept minutes et demie pour l'accroissement du mouvement séculaire de l'anomalie de nos Tables.

Avec ces changements et l'équation séculaire de l'anomalie, les Tables satisfont aux anciennes éclipses, aussi bien qu'on peut l'attendre de l'imperfection de ces observations; mais, avant de présenter le Tableau de leurs différences, je vais comparer les corrections que je propose aux Tables du Soleil et de la Lune que Ptolémée a données dans son *Almageste*.

Les époques et les moyens mouvements de ces Tables sont le résultat d'immenses calculs faits par cet astronome et par Hipparque sur les éclipses de Lune : malheureusement, le travail d'Hipparque ne nous est point parvenu; nous savons seulement, par le témoignage de Ptolémée, qu'Hipparque avait mis le plus grand soin à choisir les éclipses les plus propres à déterminer les éléments qu'il cherchait à connaître. Ptolémée, deux siècles et demi après, ne trouva rien à changer, par de nouvelles observations, au moyen mouvement de la Lune établi par

Hipparque ; il ne corrigea que très peu les mouvements des nœuds et de l'apogée : il y a donc tout lieu de croire que les éléments du mouvement lunaire des Tables de Ptolémée ont été déterminés par un très grand nombre d'éclipses dont cet astronome n'a rapporté que celles qui lui paraissaient le plus conformes aux résultats moyens qu'Hipparque et lui avaient obtenus. Les éclipses ne font bien connaître que le moyen mouvement synodique de la Lune et ses distances à ses nœuds et à son apogée ; on ne peut donc compter que sur ces éléments, dans les résultats de Ptolémée : or cet astronome fixe à 70°37′ l'élongation moyenne de la Lune au Soleil, au commencement de l'ère de Nabonassar, à midi temps moyen à Alexandrie ; cette époque répond au 25 février de l'année 746 avant l'ère vulgaire, à 22^{h}8^{m}39^s, temps moyen à Paris supposé plus occidental qu'Alexandrie de 1^{h}51^{m}21^s. Les Tables du Soleil et de la Lune, insérées dans la troisième édition de l'*Astronomie* de Lalande, donnent 68°59′27″ pour l'élongation moyenne de la Lune au Soleil, à cette époque, sans avoir égard à l'équation séculaire de la Lune et en partant du moyen mouvement lunaire actuel que Delambre a déterminé par un grand nombre d'observations de d'Agelet, comparées à celles de Lahire. La différence 1°37′33″ entre ce résultat et celui de Ptolémée indique évidemment l'équation séculaire de la Lune. Celle que j'ai tirée de la loi de la pesanteur universelle devient 1°40′20″ à la première époque des Tables de Ptolémée, ce qui donne 70°39′47″ pour l'élongation correspondante de la Lune, suivant les Tables actuelles, en ayant égard à son équation séculaire, résultat qui ne surpasse que de 2′47′ celui de Ptolémée. Si l'on augmente de 4″,7 par siècle le moyen mouvement synodique actuel, cette élongation devient 70°37′54″, plus grande seulement de 54″ que celle de Ptolémée. On ne devait pas espérer un si parfait accord, vu l'incertitude qui reste sur les masses de Vénus et de Mars, dont l'influence sur la grandeur de l'équation séculaire de la Lune est sensible : le développement de cette équation est une des données les plus avantageuses que l'on puisse employer à la détermination de ces masses, et l'accord que je viens de trouver confirme les valeurs que je leur avais assignées.

L'accélération du mouvement de la Lune se manifeste encore dans les moyens mouvements des Tables de Ptolémée; elles donnent 234°19'55" pour le mouvement synodique de la Lune, dans l'intervalle de 810 années égyptiennes. Le moyen mouvement actuel, corrigé par ce qui précède, donne 235°3'15" pour cet excès, plus grand que le précédent de 43'20" : ainsi l'équation séculaire du mouvement de la Lune est prouvée à la fois par son élongation au Soleil à la première époque des Tables de Ptolémée, et par le moyen mouvement synodique de ces Tables.

Considérons présentement le mouvement de l'apogée. Ptolémée fixe l'anomalie moyenne de la Lune à 268°49' pour la même époque. Cette anomalie, suivant les Tables actuelles, était de 265°15'1", plus petite que la précédente de 3°33'59"; cette différence augmente encore et devient 7°9'59", en vertu de la correction que nous faisons au moyen mouvement séculaire de l'anomalie; l'équation séculaire de ce mouvement est donc indiquée par cette différence qui la représente. On a vu que cette équation est quarante-trois dixièmes de celle du moyen mouvement, et par conséquent de 7°11'26" à la première époque des Tables de Ptolémée, ce qui ne diffère que de 1'27" du résultat donné par l'anomalie moyenne de ces Tables, à la même époque.

L'accélération du mouvement de l'anomalie se manifeste encore dans le mouvement de l'anomalie moyenne des Tables de Ptolémée : elles donnent 222°10'57" pour l'excès de ce mouvement sur un nombre entier de circonférences, dans l'intervalle de 810 années égyptiennes; les Tables actuelles donnent, en ayant égard aux corrections que je propose, 224°59'33" pour cet excès, plus grand que le précédent de 2°48'36" : ainsi l'équation séculaire de l'anomalie est prouvée à la fois par l'anomalie moyenne des Tables de Ptolémée à leur première époque, et par le mouvement qu'elles supposent à cette anomalie.

Voici maintenant le Tableau des résultats du citoyen Bouvard,

relativement à vingt-sept éclipses anciennes, les seules qui aient été
observées avec assez d'exactitude pour en faire usage dans les calculs astronomiques. On n'a fait d'autre correction aux temps vrais
indiqués par Ptolémée que celle qui résulte de la longitude mieux
connue de Babylone et de Rhodes. Ptolémée suppose Babylone de
50^m, en temps, plus orientale qu'Alexandrie. Suivant les observations
de Beauchamp, faites à Hella qui paraît être près de l'emplacement
de l'ancienne Babylone, cette ville devait être de 57^m à peu près à
l'orient d'Alexandrie; c'est cette longitude que l'on a employée. Ptolémée place encore Rhodes sous le méridien d'Alexandrie; et, d'après
les observations modernes, il est plus occidental d'environ 8^m. On a
supposé, avec Albatenius, Aracte de 40^m à l'orient d'Alexandrie, et
Antioche de 15^m à l'occident d'Aracte.

Pour avoir les corrections séculaires des mouvements de la Lune
et de son anomalie on a formé, pour chaque éclipse, une équation de
condition entre ces inconnues; on a ajouté toutes ces équations, après
les avoir disposées de manière à rendre positifs tous les coefficients
de la première inconnue, et ensuite ceux de la seconde inconnue.
Ces deux sommes ont donné deux équations au moyen desquelles
on a trouvé les corrections précédentes.

Les éclipses marquées d'une étoile sont des éclipses de Soleil; dans
la colonne des excès des lieux calculés de la Lune sur ceux du Soleil,
la longitude de la Lune est augmentée de six signes, lorsqu'il s'agit
d'une éclipse de Lune, et l'on n'a point appliqué d'équation séculaire
à l'anomalie; dans la colonne des excès avec la nouvelle équation, ces
excès ont été calculés en augmentant de 4″,7 le mouvement séculaire
synodique des Tables, et de 8′49″ le mouvement séculaire de l'anomalie, et en ayant égard à l'équation séculaire de ces mouvements.

Tableau des éclipses anciennes, comparées aux Tables de la troisième édition de l'Astronomie de Lalande.

Avant l'ère vulgaire.	T. M. de la conjonct. à Paris.	Lieux du Soleil.	Excès des lieux de la Lune.	Excès avec la nouv. équat.
720. 19 mars.........	6.53	11.21.37.23	+10.57	— 0. 2
719. 8 »	9.35	11.10.46.45	+43.12	+12.57
719. 1er septembre..	5.49	5. 1. 2.32	— 9.52	+ 6.38
620. 21 avril.........	14.48	0.24.29.37	+40.35	+21.40
522. 16 juillet	8. 2	3.16.34.47	+ 3.39	— 9.51
501. 19 novembre ...	8.26	7.21.56.33	+ 4.59	—14. 0
490. 25 avril.........	8.27	0.28.36.28	+21.14	+22. 7
382. 22 décembre ...	16.24	8.27. 3.46	—34.55	—27.45
381. 18 juin	5.55	2.20.33.22	—20.58	+ 0.58
381. 12 décembre ...	8.10	8.16.15.45	+ 8.28	— 3.32
200. 22 septembre...	5. 3	5.26. 0.48	— 3.10	— 9.13
199. 19 mars	10.44	11.25.30.26	—15.33	—14.40
199. 11 septembre...	12.19	5.15. 8.22	—12.55	—11.22
173. 30 avril.........	12.30	1. 5.47.13	— 3.50	+10.35
140. 27 janvier......	8.51	10. 4.39. 5	+ 4.31	+10.34
Après l'ère vulgaire.				
125. 5 avril.........	6.25	0.14.18.21	—16.18	—16.11
133. 6 mai.........	9.11	1.14.15.33	+10.42	+ 6.58
134. 20 octobre.....	9. 1	6.26.18.28	+ 0.34	— 2.53
136. 5 mars	14.13	11.14.43.44	+ 9.36	+11.39
364*. 16 juin	1.49	2.25. 5.29	—19. 3	—16.49
883. 23 juillet.......	5.37	4. 3.59.56	+ 8.44	+ 7.13
891*. 7 août.........	22.30	4.19.11. 2	— 1.12	+ 0.59
901*. 22 janvier......	18.35	10. 8.25.11	+ 5.49	+ 3.58
901. 2 août.........	13.12	4.14.33. 0	+13.38	+12. 8
977*. 12 décembre ...	19.28	8.27. 4.22	— 2. 7	— 3.56
978*. 8 juin	1.30	2.21.50.12	— 3.24	— 3. 9
979. 14 mai.........	4.30	1.27.53. 7	+ 5.49	+ 4.47

On voit, par ce Tableau, que les corrections proposées diminuent les grandes erreurs des Tables, ainsi que la somme de toutes les erreurs qui, prises positivement, sont de 266′ au lieu de 326′. En général, on doit peu compter sur l'exactitude de ces anciennes observations; elles ne peuvent servir que par leur nombre et par le grand intervalle qui nous en sépare. Malgré leur imperfection, elles prouvent incontestablement l'existence des équations séculaires du mouvement de la Lune et de son anomalie, la nécessité d'y avoir égard et celle d'accélérer le mouvement de l'anomalie donné par nos Tables. Je ne balance donc point à proposer aux astronomes : 1° d'accroitre d'environ 8', 30″ par siècle, le mouvement de cette anomalie, qui me parait avoir été bien déterminée, pour le commencement de 1750, par les observations de Bradley; 2° d'appliquer à ce mouvement une équation séculaire additive égale à $\frac{13}{10}$ de celle du moyen mouvement. Je ne doute point que ces corrections n'augmentent l'exactitude de ces Tables si importantes pour la navigation et la géographie, et qui sont d'une grande précision relativement aux inégalités périodiques, mais que leurs erreurs sur les moyens mouvements écartent déjà d'une demi-minute, au moins, des observations faites dans ces dernières années, vers l'apogée de la Lune.

ADDITION AU MÉMOIRE PRÉCÉDENT.

Albatenius, le plus célèbre des astronomes arabes et très exact observateur, corrigea les éléments des Tables lunaires de Ptolémée; il trouva que le moyen mouvement synodique de ces Tables satisfaisait aux éclipses observées de son temps, c'est-à-dire 1620 années égyptiennes environ après leur première époque. Dans cet intervalle, leur mouvement synodique a surpassé un nombre entier de circonférences de 108°39′50″. Le mouvement synodique des Tables actuelles, augmenté de 4″,7 par siècle, a surpassé dans le même intervalle de temps un nombre entier de circonférences de 110°6′46″. La différence, 1°26′56″, représente la différence des équations séculaires de la Lune, à la première époque des Tables de Ptolémée, et 1620 années égyptiennes après. Cette différence, par nos Tables, est 1°28′14″, ce qui ne surpasse la précédente que de 1′18″. Cet accord remarquable est

une nouvelle confirmation de la valeur que j'ai assignée à l'équation
séculaire de la Lune; ainsi cette équation est confirmée par les époques
des Tables de Ptolémée et par les observations d'Albatenius. Les résultats de ces deux astronomes étant fondés sur la comparaison d'un
grand nombre d'éclipses dont ils n'ont rapporté qu'une très petite
partie, on doit y avoir au moins autant de confiance qu'aux éclipses
mêmes qu'ils nous ont conservées et avec lesquelles ces résultats sont
parfaitement d'accord. On peut donc en faire usage pour déterminer
la correction du mouvement séculaire du nœud, donné par nos Tables,
car il est clair que les astronomes n'ayant point eu égard à son équation séculaire ou à son ralentissement, ils ont dû trouver, par la comparaison des observations anciennes et modernes, un mouvement
séculaire trop rapide.

Ptolémée ne considère point séparément le mouvement des nœuds;
il réduit directement en Tables la distance de la Lune au terme de sa
plus grande latitude boréale, c'est-à-dire, à la position de son nœud
ascendant, augmenté de 90° suivant l'ordre des signes. Il fixe cette
distance à 354°15', au commencement de l'ère de Nabonassar. Suivant les Tables actuelles, cette distance devait être 352°45'19", sans
avoir égard aux équations séculaires; mais l'équation séculaire du
nœud étant $\frac{7}{10}$ de celle du moyen mouvement, l'équation séculaire de
la distance de la Lune au terme de sa plus grande latitude est $\frac{1}{10}$ de
celle du moyen mouvement, et, par conséquent, elle était de 30'6" à
la première époque des Tables de Ptolémée. En l'ajoutant à 352°45'19",
on a 353°15'25" pour la distance de la Lune au terme de sa plus grande
latitude boréale, suivant les Tables actuelles, et en ayant égard aux
équations séculaires. Cette distance est plus petite de 59'35" que suivant Ptolémée, ce qui indique que le mouvement séculaire du nœud
des Tables actuelles est trop grand d'environ 2'20".

Albatenius trouva, par les éclipses observées de son temps, qu'il
fallait diminuer de 27' la distance de la Lune à son nœud, conclue par
les Tables de Ptolémée. Dans l'intervalle de 1620 années égyptiennes,
le mouvement de la Lune par rapport à son nœud, suivant ces Tables,

a surpassé un nombre entier de circonférences de 75°14′44″ ; en l'ajoutant à 354°15′, distance de la Lune au terme de sa plus grande latitude boréale, au commencement de l'ère de Nabonassar, on a 69°29′44″ pour cette distance, 1620 années égyptiennes après ; et en la diminuant de 27′, d'après les résultats d'Albatenius, elle devient 69°2′44″. A cette dernière époque, cette distance, suivant les Tables actuelles, était 68°32′1″, en ayant égard aux équations séculaires des moyens mouvements de la Lune et de ses nœuds.

La différence 30′43″, divisée par 8,77, nombre de siècles écoulés entre cette époque et 1750, donne 3′30″ pour la correction du mouvement séculaire du nœud des Tables actuelles, correction plus grande de 1′10″ que celle qui vient d'être déterminée par les Tables de Ptolémée. La moyenne entre ces deux corrections est 2′55″ ; c'est la quantité dont il me parait que l'on doit diminuer le mouvement séculaire du nœud de nos Tables lunaires.

Lorsque la cause de l'équation séculaire de la Lune n'était pas connue, les géomètres avaient imaginé diverses hypothèses pour l'expliquer. Le plus grand nombre l'attribuait à la résistance de l'éther ; la transmission successive de la gravité me paraissait offrir une explication plus naturelle de ce phénomène. Mais alors on n'avait reconnu, par les observations, que l'accélération du moyen mouvement de la Lune. Maintenant que le ralentissement des mouvements du nœud et de l'apogée est bien constaté par les observations anciennes et modernes, il faut que la même cause explique, à la fois, et ce ralentissement et l'accélération du mouvement lunaire ; or, j'ai trouvé que la résistance de l'éther accélère le mouvement moyen de la Lune, sans altérer ceux de son nœud et de son apogée ; l'analyse m'a conduit au même résultat, relativement à la transmission successive de la gravité ; l'équation séculaire n'est donc point l'effet de ces deux causes, et, quand même sa vraie cause serait encore inconnue, cela seul suffirait pour les exclure. Mais les trois équations séculaires des moyens mouvements de la Lune, de ses nœuds et de son apogée, tirées de la loi de la pesanteur universelle, satisfaisant exactement aux observations, il en résulte que la résistance de l'éther et la transmission successive de la gravité n'ont produit jusqu'ici aucune altération sensible dans les mouvements des corps célestes; car, si elles avaient quelque influence sur l'équation séculaire du moyen mouvement de la Lune, elles la rapprocheraient de l'équation séculaire du mouvement de son apogée et l'éloigneraient de celle du mouvement du nœud, en sorte que ces trois équations ne seraient point dans le rapport constant des nombres 10, 33 et 11, rapport que donne la théorie de la pesanteur, et que les observations confirment.

Ces variations des mouvements séculaires de la Lune peuvent répandre des lumières sur le temps de la formation des Tables astronomiques, dont l'origine est inconnue; car il est visible que si, dans ces Tables, les mouvements séculaires de la Lune, par rapport au Soleil, à son apogée et à ses nœuds, sont plus rapides que suivant les Tables de Ptolémée, cela indique qu'elles sont moins anciennes que ces dernières Tables, puisque ces trois mouvements s'accélèrent de siècle en siècle. En comparant ainsi les mouvements séculaires des Tables indiennes que Le Gentil a rapportées de l'Inde, et qu'il a publiées dans les *Mémoires de l'Académie des Sciences* pour l'année 1772, IIe Partie, on trouve que les mouvements séculaires de la Lune par rapport au Soleil, à son apogée et à son nœud, sont, par ces Tables,

$$307°11'16'', \quad 178°44'25'', \quad 82°10'57'',$$

et, par les Tables de Ptolémée,

$$307°1'51'', \quad 178°29'36'', \quad 82°2'42''.$$

Les Tables indiennes sont donc moins anciennes que celles de Ptolémée; et cette preuve, jointe à celles que j'ai données ailleurs, me paraît établir incontestablement qu'elles ont été construites, ou du moins rectifiées, postérieurement au siècle de Ptolémée.

LES PLUS GRANDES MARÉES

DE L'AN IX.

Connaissance des Temps pour l'an IX (23 septembre 1800-22 septembre 1801);
fructidor an VI (août 1898).

L'annonce des grandes marées intéresse les travaux et les mouvements des ports; elle est encore utile pour prévenir, autant qu'il est possible, les accidents qui résultent des inondations qu'elles produisent. L'état actuel des Sciences rend cette annonce facile, puisque nous sommes parvenus à connaître la cause et les lois de ces phénomènes. On sait que cette cause réside dans le Soleil et dans la Lune : le Soleil, par son attraction sur la mer, l'élève et l'abaisse deux fois dans un jour, en sorte que le flux et le reflux solaires se renouvellent à chaque intervalle d'un demi-jour solaire : pareillement, le flux et le reflux produits par l'attraction de la Lune se renouvellent à chaque intervalle d'un demi-jour lunaire. Ces deux marées partielles se combinent sans se nuire, comme on voit, sur la surface d'un bassin légèrement agité, les ondes se disposer les unes au-dessus des autres, sans altérer mutuellement leurs mouvements et leurs figures. C'est de la combinaison de ces marées que résultent les marées observées dans nos ports; la différence de leurs périodes produit les phénomènes les plus remarquables du flux et du reflux de la mer. Lorsque les deux marées partielles coïncident, la marée composée est à son maximum; elle est alors la somme des deux marées partielles, et c'est ce qui a

lieu vers les pleines et les nouvelles lunes ou vers les syzygies.
Lorsque la plus grande hauteur de la marée lunaire coïncide avec
le plus grand abaissement de la marée solaire, la marée composée
est à son minimum; elle est alors la différence de deux marées partielles, et c'est ce qui a lieu vers les quadratures. On voit ainsi que
la marée totale dépend des phases de la Lune; mais ce n'est point aux
instants mêmes de la syzygie et de la quadrature que répondent les
plus grandes et les plus petites marées; l'observation a fait connaître
que ces marées, dans nos ports, suivent d'un jour et demi les moments
de ces phases.

Les plus grandes marées vers les syzygies ne sont pas égales; il
existe entre elles des différences qui dépendent des distances du
Soleil et de la Lune à la Terre, et de leurs déclinaisons. Le principe de la pesanteur universelle, comparé aux observations, nous
montre : 1° que, chaque marée partielle augmente comme le cube du
diamètre apparent ou de la parallaxe de l'astre qui la cause; 2° qu'elle
diminue comme le carré du cosinus de la déclinaison de cet astre;
3° que dans les moyennes distances du Soleil et de la Lune à la Terre,
la marée lunaire est trois fois plus grande que la marée solaire. En
nommant donc $\frac{1}{i}$ la distance du Soleil au moment de la syzygie, sa
moyenne distance étant prise pour unité, et ν la déclinaison de cet
astre; en nommant i' la parallaxe de la Lune au même instant, divisée
par la constante de la parallaxe des Tables lunaires, et ν' sa déclinaison; la hauteur de la plus grande marée qui suit la syzygie, dans
nos ports, comptée de la surface d'équilibre que la mer prendrait sans
l'action variable du Soleil et de la Lune, est à très peu près proportionnelle à $i^3 \cos^2 \nu + 3 i'^3 \cos^2 \nu'$.

Nous prendrons pour unité la valeur moyenne de cette hauteur dans
les équinoxes, que l'on déterminera facilement par le milieu entre un
grand nombre de différences des hautes aux basses mers, qui suivent
d'un jour ou deux les syzygies vers les équinoxes : la moitié de cette
différence moyenne est, à fort peu près, la hauteur prise pour unité :

J'ai trouvé, par un très grand nombre d'observations, qu'à Brest elle est égale à $3^m,183$; c'est le facteur par lequel il faut multiplier les nombres du Tableau suivant pour avoir la hauteur absolue des plus grandes marées dans ce port.

Dans les syzygies, la parallaxe moyenne de la Lune surpasse de $\frac{1}{120}$ la constante de cette parallaxe, à raison de l'argument de la variation; la valeur de i'^2 est par là augmentée de $\frac{1}{40}$ et devient $\frac{41}{40}$; ainsi la valeur moyenne de $i^3 \cos^2 v + 3 i'^3 \cos^2 v'$, dans les syzygies, où $i = 1$ à très peu près, est $1 + 3\frac{41}{40}$; d'où il suit que, relativement à la marée prise pour unité, l'expression générale des plus grandes marées qui suivent les syzygies est

$$\frac{40}{163} (i^3 \cos^2 v + 3 i'^3 \cos^2 v').$$

Cette expression n'est pas rigoureuse, comme on peut le voir dans les *Mémoires de l'Académie des Sciences* pour l'année 1790. Les petites quantités négligées peuvent augmenter de deux ou trois unités la dernière décimale des nombres du Tableau suivant; mais cela n'a lieu que vers les solstices où il est le moins intéressant de connaître exactement la grandeur des marées, très sensiblement affaiblies par les déclinaisons des deux astres. Voici maintenant le Tableau des plus grandes marées qui suivent d'un jour ou deux chaque syzygie de l'an IX, et qui sont à très peu près égales aux plus grandes dépressions de la mer au-dessous de sa surface d'équilibre, dépressions qui leur correspondent et qu'il est encore utile de connaître.

Jours et heures de la syzygie.	Hauteur de la marée.
Vendémiaire. 10. P. L. à 10 du soir...............	0,94
» 26. N. L. à 9 du matin...............	1,06
Brumaire.... 10. P. L. à 2 du soir...............	0,84
» .... 25. N. L. à 8 du soir...............	1,00
Frimaire .... 10. P. L. à 9 du matin...............	0,73
» .... 25. N. L. à 6 du matin...............	0,94
Nivôse...... 10. P. L. à 4 du matin...............	0,71
» ...... 24. N. L. à 4 du soir...............	0,95
Pluviôse..... 9. P. L. à 10 du soir...............	0,79
» .... 24. N. L. à 3 du matin.	1,02
Ventôse..... 9. P. L. à 3 du soir...............	0,92
» .... 23. N. L. à 3 du soir...............	1,03
Germinal.... 9. P. L. à 5 du matin...............	1,00
» .... 23. N. L. à 4 du matin...............	0,91
Floréal...... 8. P. L. à 5 du soir...............	0,99
» ...... 22. N. L. à 6 du soir...............	0,79
Prairial ..... 8. P. L. à 1 du matin...............	0,92
» ..... 22. N. L. à 9 du matin...............	0,69
Messidor.... 7. P. L. à 8 du matin...............	0,90
» .... 21. N. L. à 11 du soir...............	0,69
Thermidor... 6. P. L. à 3 du soir...............	0,94
» ... 21. N. L. à 3 du soir...............	0,78
Fructidor ... 5. P. L. à 10 du soir...............	1,06
» ... 21. N. L. à 6 du matin...............	0,90
5ᵉ jour complémᵗᵉ. P. L. à 8 du matin...	1,07

On voit par ce Tableau que les mouvements de la Lune par rapport au Soleil, à son apogée et à ses nœuds, ne seront pas coordonnés, pendant l'an IX, de manière à produire de très grandes marées. Mais lorsque, par la variation de ces mouvements, la syzygie coïncide avec le périgée de la Lune vers les équinoxes, alors les marées qui suivent la syzygie sont fort grandes : c'est ce qui a eu lieu vers le dernier équinoxe d'automne. La nouvelle Lune et le périgée sont arrivés le 23 fructidor de l'an VI et, le 25 du même mois, la mer, en s'élevant au-dessus de sa hauteur ordinaire, a inondé les rues de Port-Malo et ses environs, où elle a causé plusieurs accidents qu'un peu d'attention à l'état du ciel eût suffi pour prévenir. Les journaux ont encore fait mention de la hauteur des marées qui ont suivi la nouvelle Lune du 18 vendémiaire de l'an VII, dans laquelle cet astre était périgée, avec une très petite déclinaison. A l'équinoxe du printemps de cette même année VII, la pleine Lune du 1ᵉʳ germinal concourra avec le périgée ; les marées du 3 germinal seront donc fort grandes et égales, par la formule précédente, à 1,154, ce qui diffère peu de 1,166, expression de la plus grande hauteur des marées ; celle qui suivra la pleine Lune du 30 germinal sera égale à 1,12 : pour peu que ces marées, et surtout celles du 3 germinal, soient favorisées par les vents, elles reproduiront les inondations observées vers le dernier équinoxe d'automne. Il importe à nos départements maritimes d'en être instruits d'avance, et c'est pour leur procurer dorénavant cet avantage que l'on insérera dans la *Connaissance des Temps* le Tableau des plus grandes marées de l'année qui pourra servir, d'ailleurs, à vérifier sans cesse la loi des attractions célestes, dans leur résultat le plus près de nous et le plus sensible.

ÉQUATIONS DES TABLES LUNAIRES.

Connaissance des Temps pour l'an X; fructidor an VII.

Il n'y a maintenant aucun doute que les inégalités du mouvement de la Lune ne soient dues à l'attraction du Soleil, mais le calcul de ces inégalités dépend d'approximations tellement compliquées que les astronomes ont préféré en fixer la valeur par la comparaison des observations; cependant, la loi de la pesanteur universelle donne quelques-unes de ces inégalités d'une manière si précise qu'il vaut mieux, à leur égard, s'en rapporter à la théorie qu'aux observations; de ce genre sont les deux inégalités suivantes.

La première dépend de la distance de la Lune au Soleil, plus l'anomalie du Soleil, ou plus simplement de la distance de la Lune à l'apogée du Soleil : elle est la onzième dans les Tables insérées dans la troisième édition de l'*Astronomie* de Lalande; on peut la considérer comme une véritable équation du centre de la Lune, rapportée à l'apogée solaire. Cette équation est remarquable par la discussion qu'elle a fait naître entre les géomètres qui se sont occupés les premiers de la Théorie de la Lune. Clairaut trouvait par son analyse que son coefficient renfermerait des arcs de cercle si l'apogée du Soleil était immobile, et que, vu la lenteur du mouvement de cet apogée, ce coefficient devait être très grand : c'est, en effet, la considération d'équations semblables dans la Théorie des planètes qui détermine leurs inégalités séculaires; mais d'Alembert observa que le mouvement de l'apogée lunaire diminue extrêmement la valeur de cette

inégalité et la réduisit à quelques secondes, et il en donna la véritable
expression analytique dans le premier Volume de ses *Recherches sur
le système du monde*. On peut voir, dans le second Volume des *Mémoires
de Mathématiques et de Physique de l'Institut national*, page 163 (¹), la
théorie de ce genre d'inégalités, de laquelle il est facile de conclure
que, si l'on nomme v la longitude vraie de la Lune, ϖ' celle de l'apogée
du Soleil, m le rapport du moyen mouvement du Soleil à celui de la
Lune, c le rapport du moyen mouvement de l'anomalie de la Lune à
celui de la Lune, $2e'$ la plus grande équation du centre du Soleil,
et k le rapport de la parallaxe moyenne du Soleil à la constante de la
parallaxe des Tables lunaires, la valeur de l'inégalité dont il s'agit
est, à fort peu près,

$$\frac{-15\,m^2\,ke'\sin(v-\varpi')}{4(1-c^2)}.$$

Les observations donnent

$$m = 0,0748013, \qquad c = 0,99154774,$$
$$2e' = 1°55'17'', \qquad k = \frac{8'',8}{57'};$$

en fixant à $8'',8$ la parallaxe moyenne du Soleil, l'inégalité précédente
devient ainsi

$$-11'',1\sin(v-\varpi').$$

Mayer, dans sa Théorie de la Lune, trouve $-21'',1$ pour son coefficient, quoiqu'il ne porte la parallaxe du Soleil qu'à $7'',8$. Il me
semble que son erreur vient de ce qu'il n'a employé dans son analyse, pour le mouvement de l'apogée de la Lune, que celui qui est
donné par la première approximation et qui, comme l'on sait, n'est
que la moitié du véritable mouvement, au lieu qu'il faut employer
le mouvement total, comme je l'ai fait voir dans l'endroit cité des
Mémoires de l'Institut national. Malgré la grandeur de cette équation,
Mayer, voyant que les observations ne la confirmaient point, ne l'a
pas employée dans ses Tables, mais Mason l'a rétablie d'après la com-

---

(¹) *OEuvres de Laplace*, T. XII, p. 218.

paraison d'un grand nombre d'observations de Bradley, en lui donnant
— 17″ pour coefficient. Il me semble que l'on doit le fixer à — 11″,1,
conformément à la théorie, qui le détermine avec beaucoup d'exactitude.

La seconde inégalité que je me propose de considérer ici est proportionnelle au sinus de la longitude du nœud de l'orbite lunaire. Jusqu'ici, aucune des Théories de la Lune ne l'a indiquée. Mayer, par ses observations, avait fixé son coefficient à + 4″; Mason l'a porté à + 7″,7. Il est visible qu'elle dépend de la position des équinoxes et, par conséquent, de l'intersection de l'équateur avec l'écliptique; elle doit donc dépendre de la figure de la Terre. Cette inégalité est facile à déterminer par les formules que j'ai données dans ma Théorie des satellites de Jupiter, insérée dans les *Mémoires de l'Académie des Sciences* pour l'année 1788. On voit, par la formule (2) de la page 256 de ces *Mémoires* ([1]), que l'expression du mouvement vrai de la Lune renferme la fonction

$$(\text{A}) \qquad 3a \int n\,dt \int d\text{R} + 2a \int n\,dt\,r\,\frac{d\text{R}}{dr},$$

a étant la moyenne distance de la Lune au centre de la Terre, nt étant son moyen mouvement, et r étant son rayon vecteur; R est une fonction des coordonnées des centres du Soleil et de la Lune rapportées au centre de gravité de la Terre, et qui renferme un terme dépendant de la figure de la Terre; enfin la caractéristique différentielle d se rapporte uniquement aux coordonnées de la Lune. Ce terme est, par les *Mémoires* cités de l'Académie, page 258 ([2]), égal à

$$(\text{B}) \qquad -\frac{\rho - \tfrac{1}{2}\varphi}{r^3}\left(\sin^2\nu - \tfrac{1}{3}\right),$$

ρ étant l'aplatissement de la Terre, φ le rapport de la force centrifuge à la pesanteur à l'équateur, et ν la déclinaison de la Lune; la masse de la Terre étant prise pour unité.

[1] *OEuvres de Laplace*, T. XI, p. 316.
[2] *Ibid.*, T. XI, p. 318.

La fonction (B) ne dépendant que des coordonnées du centre de la Lune, il est visible que, en ne considérant qu'elle, on a

$$\int d\mathrm{R} = \mathrm{R};$$

on a d'ailleurs

$$r \frac{d\mathrm{R}}{dr} = -3\,\mathrm{R};$$

la fonction (A) devient ainsi

$$-3a\int n\,\mathrm{R}\,dt.$$

Il est facile de voir par la Trigonométrie sphérique que si l'on nomme v la longitude de la Lune, comptée de l'équinoxe du printemps, γ l'inclinaison de son orbite à l'écliptique, λ la longitude de son nœud ascendant, et θ l'obliquité de l'écliptique à l'équateur, on a, en négligeant le carré de γ,

$$\sin v = \sin\theta\sin v + \gamma\cos\theta\sin(v-\lambda).$$

La fonction (B) renferme ainsi le terme $\dfrac{\rho-\frac{1}{2}\rho}{r^3}\gamma\sin\theta\cos\theta\cos\lambda$. C'est le seul de cette fonction qui puisse devenir sensible, à raison de la petitesse du coefficient du temps t, dans la valeur de l'angle λ que nous supposerons égal à $\beta - gt$. On a, en n'ayant égard qu'à ce terme et faisant $r = a$, l'expression suivante

$$-3a\int n\,dt\,\mathrm{R} = 3\frac{n}{g}\frac{\rho-\frac{1}{2}\rho}{a^2}\gamma\sin\theta\cos\theta\sin\lambda;$$

le second membre de cette équation est donc l'inégalité du mouvement vrai de la Lune dépendant du sinus de la longitude de son nœud.

Pour la réduire en nombres, nous observerons que l'on a

$$\frac{g}{n} = 0,00402185, \qquad a = \frac{1}{\mathrm{tang}\,57'},$$

$$\gamma = 5°8'49'', \qquad \theta = 23°28'30'',$$

$$\tfrac{1}{2}\rho = \tfrac{1}{318}.$$

Quant à la valeur de ρ, j'ai fait voir, dans le premier Volume des *Mémoires de Mathématiques de l'Institut national*, page 374 (¹), qu'elle ne peut être au-dessus de $\frac{1}{301}$, et les observations du pendule la donnent, au plus, égale à $\frac{1}{320}$. Dans la première supposition, l'inégalité précédente est de 2″,165; elle est de 1″,937 dans la seconde supposition. Ainsi je ne crois pas qu'elle s'élève au-dessus de 2″, quoique M. Burg, habile astronome de Vienne en Autriche, l'ait faite un peu plus grande par la comparaison des Tables avec un grand nombre d'observations de Maskelyne.

(¹) *OEuvres de Laplace*, T. XII, p. 185.

LES TABLES DE JUPITER

ET SUR

LA MASSE DE SATURNE.

Connaissance des Temps pour l'an XIV; nivose 12 (1804).

La comparaison des observations avec les inégalités des planètes, que j'ai déterminées dans le sixième Livre de ma *Mécanique céleste*, réunit à l'avantage d'établir incontestablement la loi de la pesanteur universelle celui de perfectionner les Tables astronomiques. M. Delambre a déjà fondé sur ces inégalités les nouvelles Tables du Soleil qu'il va publier incessamment, et qui représentent toutes les bonnes observations avec une précision remarquable. Il en a conclu les valeurs des masses de Vénus, de Mars et de la Lune, que j'ai rapportées dans le Livre cité, et qui ne permettent plus de douter que la diminution séculaire actuelle de l'obliquité de l'écliptique est à fort peu près de 50″. Plusieurs astronomes se proposent de rectifier par le même moyen les Tables des diverses planètes, et M. Bouvard vient de l'appliquer avec le plus heureux succès aux Tables de Jupiter. On peut se rappeler qu'il n'y a pas vingt ans ces Tables étaient quelquefois en erreur de dix à douze minutes; l'analyse m'ayant fait découvrir depuis les grandes inégalités du mouvement de Jupiter, M. Delambre a réduit, par leur moyen, les plus grandes erreurs de ses nouvelles Tables à une demi-minute. Ayant déterminé avec un nouveau soin ces inégalités, j'ai désiré voir si ces Tables en peuvent retirer un nouveau degré d'exactitude. M. Bouvard a bien voulu faire, à ma

prière, tous les calculs numériques que ce travail important exige :
il a déterminé les oppositions de Jupiter, depuis 1750 jusqu'en 1761,
par les observations de Bradley; celles de 1787 à 1800 par les observations de M. Maskelyne; enfin les trois dernières par ses propres
observations. Si l'on réunit ces oppositions à celles que M. Delambre
a déterminées depuis 1761 jusqu'en 1787, principalement par les
observations de M. Maskelyne, on a, dans l'intervalle des cinquante-
quatre dernières années, quarante-neuf oppositions de Jupiter, observées à la lunette méridienne, avec les meilleurs quarts-de-cercle et par
les astronomes les plus exercés.

L'ensemble de ces oppositions offre le plus sûr moyen de corriger
les éléments elliptiques des Tables de Jupiter. La valeur de la masse
perturbatrice de Saturne est un élément essentiel de ces Tables.
Newton, à qui sa découverte de l'attraction universelle donnait le
pouvoir de comparer à la masse du Soleil celles des planètes accom-
pagnées de satellites, engagea Pound à mesurer avec soin les plus
grandes élongations des satellites de Jupiter et de Saturne. Il conclut
de ces mesures la masse de Saturne égale à $\frac{1}{3021}$, celle du Soleil étant
prise pour unité. M. Lagrange, par une discussion nouvelle des mêmes
observations, l'a réduite à $\frac{1}{3359,4}$, et c'est celle dont j'ai fait usage dans
le Livre cité de la *Mécanique céleste*. Il est à désirer que les astronomes
déterminent de nouveau ces plus grandes élongations, en ayant soin
de les mesurer dans deux points opposés des orbites, afin d'avoir des
résultats indépendants des ellipticités, jusqu'à présent inconnues, de
ces orbites. J'ai prié MM. Herschel et Méchain de suivre cet objet;
mais d'autres travaux les ayant occupés, j'ai pensé que, vu la précision avec laquelle on connait maintenant les perturbations que
Jupiter éprouve par l'action de Saturne, et l'exactitude des quarante-
neuf oppositions dont je viens de parler, on pouvait déterminer, par
leur moyen, la correction de la masse de Saturne d'une manière
encore plus approchée que par les mesures des plus grandes élongations. M. Bouvard a donc introduit, dans les quarante-neuf équations

de condition que ces oppositions lui ont fournies, une indéterminée
dépendante de la correction de la masse de Saturne. L'inspection de
ces équations a bientôt fait reconnaître la nécessité de diminuer cette
masse, et le résultat de l'élimination l'a réduite à $\frac{1}{3521,31}$, plus petite
de $\frac{1}{22}$ environ que la valeur assignée par M. Lagrange, qui avait déjà
diminué de $\frac{1}{10}$ à peu près celle de Newton. Cette nouvelle valeur
résulte des observations de Bradley et de M. Maskelyne, prises soit
séparément, soit ensemble; elle résulte encore des observations de
Flamsteed, qui sont à la vérité moins précises que celles de Bradley
et de M. Maskelyne, mais sur lesquelles la correction de la masse de
Saturne a plus d'influence. On peut donc regarder cette valeur comme
très approchée.

La comparaison de toutes ces observations m'a fait voir que le
moyen mouvement tropique de Jupiter des Tables de M. Delambre
n'a besoin d'aucune correction sensible. L'époque de ces Tables doit
être augmentée de $42'',5$; l'équation du centre doit être augmentée
de $4'',7$ en 1750, et la longitude du périhélie, à la même époque,
doit être diminuée de $62'',5$.

Voici la formule d'après laquelle M. Bouvard a construit ses Tables
du mouvement de Jupiter en longitude.

Soit j la longitude moyenne héliocentrique de Jupiter, suivant les
Tables de M. Delambre; soit s celle de Saturne, suivant les Tables du
même astronome, et faisons

$$\mu = j + 42'',5 - i.50'',15,$$
$$\mu' = s - i.50'',15;$$

i étant le nombre des années juliennes écoulées depuis 1750, et la
précession annuelle des équinoxes étant supposée de $50'',15$; soit
encore

$$\varphi = \mu + (20'12'',96 - i.0'',0335)\sin(5\mu' - 2\mu + 4°22'21'' - i.77'',653)$$
$$- 12'',66 \sin 2(5\mu' - 2\mu + 4°22'21'' - i.77'',653);$$
$$\varphi' = \mu' - (49'13'',75 - i.0'',0854)\sin(5\mu' - 2\mu + 4°21'20'' - i.77'',631)$$
$$+ 30'',69 \sin 2(5\mu' - 2\mu + 4°21'20'' - i.77'',631).$$

En nommant ω la longitude du périhélie de Jupiter soit

$$\omega = 10°20'1'' + i.6'',6557.$$

Cela posé, la longitude vraie de Jupiter dans son orbite sera

$$\varphi + i.50'',15 +
\begin{cases}
(19832'',0 + i.0'',6330)\sin(\varphi - \omega) \\
+ (595'',7 + i.0'',038\ )\sin(2\varphi - 2\omega) \\
+ 24'',85\sin(3\varphi - 3\omega) \\
+ 1'',18\sin(4\varphi - 4\omega)
\end{cases}$$

$$+
\begin{cases}
- 80'',75\sin(\varphi - \varphi' - 1°8'53'') \\
+ 199'',48\sin 2(\varphi - \varphi' - 0°34'59'') \\
+ 16'',27\sin 3(\varphi - \varphi') \\
+ 3'',75\sin 4(\varphi - \varphi') \\
+ 1'',16\sin 5(\varphi - \varphi') \\
+ 0'',40\sin 6(\varphi - \varphi') \\
+ 0'',16\sin 7(\varphi - \varphi')
\end{cases}$$

$$+
\begin{cases}
(131'',67 + i.0'',0066)\sin(\varphi - 2\varphi' - 13°17'55'' + i.15'',27) \\
+ 17'',25\sin 2(\varphi - 2\varphi' + 28°36'13'') \\
+ 3'',84\sin 5(\varphi - 2\varphi' + 10°16'23'')
\end{cases}$$

$$+
\begin{cases}
83'',15\sin(2\varphi - 3\varphi' - 61°56'22'' + i.26'',32) \\
- 1'',58\sin 2(2\varphi - 3\varphi' + 27°12'54'')
\end{cases}$$

$$+ 161'',49\sin(3\varphi - 5\varphi' + 55°40'49'' + i.50'',51)$$

$$- 15'',21\sin(3\varphi - 4\varphi' - 62°48'52'')$$

$$+ 12'',22\sin(3\varphi - 2\varphi' - 8°48'38'')$$

$$+ 11'',18\sin(3\varphi' - \varphi + 79°39'48'')$$

$$+
\begin{cases}
10'',99\sin(\varphi' + 44°56'50'') \\
- 5'',32\sin 2(\varphi' + 7°58'12'')
\end{cases}$$

$$+ 10'',98\sin(4\varphi - 5\varphi' + 58°0'36'')$$

$$- 5'',11\sin(2\varphi - \varphi' + 16°19'3'').$$

On a renfermé, sous une même parenthèse, toutes les inégalités qui peuvent être dans une même Table.

Cette formule, comparée aux quarante-neuf oppositions dont on vient de parler, a donné les excès suivants des observations sur ses résultats :

1750...	—5,8	1765...	— 1,4	1778...	+17,7	1791...	— 5,0
1751...	+3,7	1766...	÷ 5,5	1779...	+ 8,7	1792...	— 1,3
1752...	+5,1	1767...	+ 4,0	1780...	÷ 1,7	1793...	— 1,0
1754...	+3,9	1768...	— 7,3	1781...	— 5,0	1794...	— 7,0
1755...	+3,8	1769...	— 1,2	1782...	÷ 1,6	1795...	—14,9
1756...	—2,0	1770...	— 1,5	1783...	+ 9,8	1796...	÷ 0,1
1757...	÷1,0	1771...	÷ 1,8	1784...	— 4,6	1797...	+ 4,7
1758...	+3,2	1772...	—13,4	1785...	÷ 6,6	1798...	+ 2,0
1759...	÷4,7	1773...	—11,9	1786...	+ 1,3	1799...	+ 3,6
1760...	—1,7	1774...	—16,8	1787...	— 8,2	1801...	— 7,3
1761...	—4,0	1775...	— 3,2	1789...	— 5,0	1802...	—13,6
1762...	—1,6	1777...	+ 8,3	1790...	— 2,3	1803...	— 6,5
1763...	+5,0						

On voit, par ce Tableau, que l'erreur de la formule n'a surpassé 10″ que six fois, et qu'elle ne s'est pas élevée à 18″. C'est toute la précision que l'on peut désirer, vu les petites erreurs dont les observations sont susceptibles. Les observations antérieures à 1750 sont encore mieux représentées par la formule précédente que par les Tables de M. Delambre. M. Bouvard applique la même méthode aux oppositions de Saturne, et, lorsqu'il aura terminé ce travail, il publiera ensemble ses nouvelles Tables de Jupiter et de Saturne, que l'on ne peut maintenant séparer.

THÉORIE DE JUPITER ET DE SATURNE.

Connaissance des Temps pour l'an XV; frimaire an XIII (1804).

J'ai donné, dans le sixième Livre de la *Mécanique céleste* ([1]), les expressions numériques des inégalités planétaires. Les soins que j'ai pris pour n'omettre aucune inégalité sensible me font espérer que les Tables astronomiques seront améliorées par l'emploi de ces formules. Déjà M. Delambre s'en est servi avec succès pour perfectionner les Tables du Soleil. M. Bouvard a bien voulu, à ma prière, les appliquer aux Tables de Jupiter et de Saturne. Pendant qu'il s'occupait de la partie astronomique de ce travail j'ai revu avec une attention particulière la théorie de ces deux planètes, et j'ai reconnu quelques petites inégalités nouvelles dont voici l'origine.

Le rapport presque commensurable des moyens mouvements de Jupiter et de Saturne donne lieu, comme on l'a vu dans le deuxième et le sixième Livre, à des variations considérables dans les éléments de leurs orbites et principalement dans leurs excentricités et leurs périhélies. Ces variations dépendent de cinq fois le moyen mouvement sidéral de Saturne, moins deux fois celui de Jupiter, et leur période embrasse plus de neuf siècles. On a vu dans le sixième Livre que les excentricités de Jupiter et de Saturne produisent des inégalités très sensibles, et dont une, pour Saturne ([2]), surpasse $1300''$ de

---

([1]) *OEuvres de Laplace*, T. III.
([2]) *OEuvres de Laplace*, T. III, p. 143.

la division décimale du quart de cercle; les variations précédentes des
excentricités et des périhélies doivent donc affecter sensiblement ces
inégalités et donner lieu à de petites inégalités auxquelles il est utile
d'avoir égard : c'est ce que j'ai fait et, par ce moyen, la théorie s'est
rapprochée de l'observation. J'ai reconnu encore qu'il était utile de
substituer ces variations dans les termes de l'expression elliptique de
la longitude vraie en fonction de la longitude moyenne qui dépendent
du cube des excentricités. J'exposerai le détail de toutes ces substitutions dans un Supplément à la Théorie des planètes qui paraîtra dans
le quatrième Volume de la *Mécanique céleste*.

On a vu, dans le n° 17 du sixième Livre (^{1}), que, t représentant
un nombre quelconque d'années juliennes, et $n^{IV}t + \varepsilon^{IV}$ et $n^{V}t + \varepsilon^{V}$
étant les longitudes moyennes de Jupiter et de Saturne, comptées
d'un équinoxe fixe, il faut dans tous les arguments de Jupiter et de
Saturne, dans lesquels le coefficient de t n'est pas $5n^{V} - 2n^{IV}$ ou
n'est pas $n^{IV} \pm (5n^{V} - 2n^{IV})$ pour Jupiter et $n^{V} \pm (5n^{V} - 2n^{IV})$ pour
Saturne, augmenter $n^{IV}t + \varepsilon^{IV}$, de la grande inégalité de Jupiter, et
$n^{V}t + \varepsilon^{V}$, de la grande inégalité de Saturne. Nommons φ^{IV} et φ^{V} ces
longitudes ainsi augmentées. On pourra encore les employer dans
l'inégalité de Jupiter, dépendante de $3n^{IV}t - 5n^{V}t$, et dans l'inégalité
de Saturne, dépendante de $2n^{IV}t - 4n^{V}t$; car, en substituant dans ces
deux inégalités, au lieu de $n^{IV}t + \varepsilon^{IV}$, φ^{IV} moins la grande inégalité
de Jupiter, et au lieu de $n^{V}t + \varepsilon^{V}$, φ^{V} moins la grande inégalité de
Saturne, on aura, en développant en série, au lieu des deux inéga-
lités précédentes, une suite d'inégalités qui ne dépendent que de
φ^{IV} et de φ^{V}; et par là, toutes les inégalités de Jupiter et de Saturne,
à l'exception des deux grandes inégalités, seront ramenées à ne
dépendre que de φ^{IV} et de φ^{V}.

J'ai obtenu de cette manière les formules des longitudes vraies de
Jupiter et de Saturne. Pour comparer ces formules aux observations,
M. Bouvard a fait usage des oppositions de Jupiter et de Saturne,

---

(^{1}) *OEuvres de Laplace*, T. III, p. 55.

déduites principalement des observations de Bradley et de M. Maskelyne, et de celles de l'Observatoire national dans ces dernières
années. Ces observations ayant été faites avec d'excellentes lunettes
méridiennes et les meilleurs quarts-de-cercle, et embrassant un intervalle de plus d'un demi-siècle, elles offrent, par leur précision et leur
grand nombre, le moyen le plus exact pour corriger les éléments du
mouvement elliptique. Plusieurs de ces oppositions avaient été déjà
calculées par M. Delambre : M. Bouvard a calculé les autres, et il a
obtenu ainsi, depuis 1747 jusqu'en 1803 inclusivement, 49 oppositions de Jupiter et 53 oppositions de Saturne. Il a formé, par leur
moyen, autant d'équations de condition entre les corrections des éléments du mouvement elliptique des deux planètes; mais, comme la
valeur de la masse de Saturne présentait encore de l'incertitude, il a
fait entrer sa correction dans ces équations. Il a été facile de reconnaître qu'il fallait diminuer la valeur de cette masse de sa vingt-
deuxième partie environ et la réduire à $\frac{1}{3515,597}$ de celle du Soleil.
Cette correction essentielle, évidemment indiquée par les observations, est un des principaux avantages de nos formules. Leur exactitude, jointe à la précision et au grand nombre d'oppositions employées, doit faire préférer ce résultat à celui que donnent les
élongations observées de l'avant-dernier satellite de Saturne, vu
l'extrème difficulté d'observer ces élongations, et l'ignorance où
nous sommes de l'ellipticité de son orbite et de l'effet de l'irradiation. La comparaison de nos formules avec les oppositions de
Jupiter n'a indiqué aucune correction sensible à la valeur de sa
masse. Si l'on considère, en effet, les observations de Pound, que
Newton a rapportées dans le troisième Livre des *Principes mathématiques de la Philosophie naturelle*, on voit qu'elles donnent avec exactitude la masse de Jupiter, tandis qu'elles laissent de l'incertitude
sur celle de Saturne. Nos formules conduisent donc à la même masse
de Jupiter que les élongations observées de ses satellites, et il est
curieux de voir le même résultat conclu de deux moyens aussi diffé-

rents. J'aurais bien désiré de la même manière la correction de la masse d'Uranus sur laquelle il y a plus d'incertitude qu'à l'égard de la masse de Saturne : les observations n'ont point indiqué de correction sensible dans la valeur de cette masse; mais son influence sur le mouvement de Saturne est trop peu considérable pour pouvoir compter sur ce résultat. Les oppositions dont je viens de parler sont très propres à déterminer les moyens mouvements de Jupiter et de Saturne parce que, les deux grandes inégalités ayant été à leur maximum dans l'intervalle que ces oppositions embrassent et, par conséquent, ayant peu varié dans cet intervalle, l'incertitude qui peut rester encore sur la grandeur de ces inégalités n'a point d'influence sensible sur la détermination des moyens mouvements par ces observations. Voici maintenant les formules du mouvement de Jupiter et de Saturne qui résultent de la théorie et des corrections que les équations de condition ont données pour les éléments elliptiques et pour la masse de Saturne. J'ai adopté dans ces formules la division décimale du quart-de-cercle, ainsi que je l'ai fait dans la *Mécanique céleste;* cette division, par sa simplicité, devant prévaloir un jour, il importe d'y accoutumer insensiblement les astronomes. Pour cette raison, M. Bouvard va publier sous cette forme ses nouvelles Tables de Jupiter et de Saturne. Deux petites Tables de la correspondance entre la division décimale du quart-de-cercle et du jour et leur division sexagésimale donneront la facilité de traduire les résultats d'un système dans l'autre système. Le Bureau des Longitudes cherchant à rapprocher le langage astronomique du langage civil, lorsque cela n'offre aucun inconvénient, a arrêté qu'il ferait commencer le jour à minuit, et l'année au minuit commençant le 1er janvier. Il est, en effet, naturel de comprendre la présence du Soleil sur l'horizon dans la durée du jour, et il n'y a aucun avantage à fixer, avec les astronomes, le commencement du jour à midi. Ainsi, dans les formules suivantes, t exprime un nombre quelconque d'années juliennes ou de 365 jours $\frac{1}{4}$, écoulées depuis le minuit commençant le 1er janvier de 1750.

Formules du mouvement de Jupiter.

Soient

$$n^{IV} t + \varepsilon^{IV} = \quad 4°,17858 + t.33°,721121,$$
$$n^{V} t + \varepsilon^{V} = 257°,07259 + t.13°,579357,$$
$$n^{VI} t + \varepsilon^{VI} = 353°,96753 + t.\ 4°,760710.$$

Ces trois quantités sont les longitudes moyennes de Jupiter, de Saturne et d'Uranus, comptées de l'équinoxe fixe de 1750.

Soient encore

$$\omega^{IV} = \ 11°,47940 + t.\ 30'',527446 + t^2.0'',0006179,$$
$$\omega^{V} = \ 97'',96370 + t.\ 59',736418 + t^2.0'',0004962,$$
$$\varphi^{IV} = 108'',82267 + t.105'',832375,$$
$$\varphi^{V} = 123'',88341 + t.\ 94'',677500,$$

précession annuelle des équinoxes $= 154'',63$;

$$\varphi^{IV} = n^{IV} t + \varepsilon^{IV} + (3739',05 - t.0'',11224 + t^2.0'',0001078)$$
$$\times \sin(5 n^{V} t - 2 n^{IV} t + 5 \varepsilon^{V} - 2 \varepsilon^{IV} + 5°,0093$$
$$- t.242'',25 + t^2.0'',03789)$$
$$- 40'',86 \sin 2(5 n^{V} t - 2 n^{IV} t + 5 \varepsilon^{V} - 2 \varepsilon^{IV} + 5°,0093$$
$$- t.242'',25 + t^2.0'',03789),$$

$$\varphi^{V} = n^{V} t + \varepsilon^{V} - (9111'',406 - t.0'',2738 + t^2.0'',0002534)$$
$$\times \sin(5 n^{V} t - 2 n^{IV} t + 5 \varepsilon^{V} - 2 \varepsilon^{IV} + 5°,0510$$
$$- t.237'',84 + t^2.0'',03635)$$
$$+ (94'',72 - t.0'',0053) \sin 2(5 n^{V} t - 2 n^{IV} t + 5 \varepsilon^{V} - 2 \varepsilon^{IV} + 5°,0510$$
$$- t.237'',84 + t^2.0'',03635)$$
$$+ 95'',76 \sin(3 n^{VI} t - n^{V} t + 3 \varepsilon^{VI} - \varepsilon^{V} - 95'',0779).$$

La longitude vraie V^{IV} de Jupiter dans son orbite, et comptée de l'équinoxe moyen, sera

$$V^{IV} = \varphi^{IV} + t.154'',63 + (61208'',23 + t.1'',9446) \sin(\varphi^{IV} - \omega^{IV})$$
$$+ (1838'',54 + t.0'',1168) \sin 2(\varphi^{IV} - \omega^{IV})$$
$$+ (\ 76'',57 + t.0'',0072) \sin 3(\varphi^{IV} - \omega^{IV})$$
$$+ (\ \ 3'',65 + t.0'',0005) \sin 4(\varphi^{IV} - \omega^{IV})$$
$$+ \qquad\qquad 0'',19 \sin 5(\varphi^{IV} - \omega^{IV})$$

$$
+ \left\{
\begin{aligned}
&- 249'',60 \sin(\varphi^{IV} - \varphi^{V} - 1°,28) \\
&+ 616'',69 \sin(2\varphi^{IV} - 2\varphi^{V} - 1°,30) \\
&+ 50'',35 \sin(3\varphi^{IV} - 3\varphi^{V}) \\
&+ 11'',58 \sin(4\varphi^{IV} - 4\varphi^{V}) \\
&+ 5'',23 \sin(5\varphi^{IV} - 5\varphi^{V} + 13°,28) \\
&+ 1'',26 \sin(6\varphi^{IV} - 6\varphi^{V}) \\
&+ 0'',51 \sin(7\varphi^{IV} - 7\varphi^{V})
\end{aligned}
\right.
$$

$$
+ \left\{
\begin{aligned}
&(408'',10 + t.0'',0204) \sin(\varphi^{IV} - 2\varphi^{V} - 14°,78 + t.47'',1) \\
&\qquad + 53'',31 \sin(2\varphi^{IV} - 4\varphi^{V} + 63°,56) \\
&\qquad + 10'',50 \sin(5\varphi^{IV} - 10\varphi^{V} + 57°,07)
\end{aligned}
\right.
$$

$$
+ \left\{
\begin{aligned}
&(257'',03 - t.0'',0139) \sin(2\varphi^{IV} - 3\varphi^{V} - 68°,82 + t.81'',23) \\
&\qquad - 4'',86 \sin(4\varphi^{IV} - 6\varphi^{V} + 60°,48)
\end{aligned}
\right.
$$

$$
- (499'',21 - t.0'',0132) \sin(3\varphi^{IV} - 5\varphi^{V} + 61°,87 + t.155'',89)
$$

$$
- 47'',07 \sin(3\varphi^{IV} - 4\varphi^{V} - 69°,79)
$$

$$
+ 37'',78 \sin(3\varphi^{IV} - 2\varphi^{V} - 9°,79)
$$

$$
+ 29'',22 \sin(3\varphi^{V} - \varphi^{IV} + 75°,78)
$$

$$
+ \left\{
\begin{aligned}
&33'',98 \sin(\varphi^{V} + 49°,94) \\
&- 15'',99 \sin(\varphi^{V} + 50°,78)
\end{aligned}
\right.
$$

$$
+ 33'',95 \sin(4\varphi^{IV} - 5\varphi^{V} + 64°,46)
$$

$$
- 15'',81 \sin(2\varphi^{IV} - \varphi^{V} + 17°,13)
$$

$$
+ 3'',75 \sin(4\varphi^{IV} - 3\varphi^{V} - 2°,98)
$$

$$
+ 3'',10 \sin(\varphi^{IV} + \varphi^{V} + 50°,54)
$$

$$
- 2'',71 \sin(5\varphi^{IV} - 6\varphi^{V} + 73°,50)
$$

$$
+ \left\{
\begin{aligned}
&- 3'',25 \sin(\varphi^{IV} - \varphi^{VI}) \\
&+ 1'',32 \sin 2(\varphi^{IV} - \varphi^{VI}) \\
&+ 0'',14 \sin 3(\varphi^{IV} - \varphi^{VI}),
\end{aligned}
\right.
$$

φ^{VI} étant égal à $n^{VI} t + \varepsilon^{VI}$ dans la formule précédente. J'ai compris sous une même parenthèse tous les arguments qui peuvent être réduits dans une même Table : la réduction à l'écliptique vraie se fait comme à l'ordinaire.

Le rayon vecteur r^{IV} de Jupiter est donné par la formule

$$
\begin{aligned}
r^{IV} = \;& 5,208\,333 + t.0,0000003737 \\
& - (0,249071 + t.0,0000079833\ )\cos(\varphi^{IV} - \omega^{IV}) \\
& - (0,006004 + t.0,0000003726)\cos 2(\varphi^{IV} - \omega^{IV}) \\
& - (0,000217 + t.0,0000000207)\cos 3(\varphi^{IV} - \omega^{IV}) \\
& - \hphantom{(0,000217 + t.0,0000000207)} 0,000010\,\cos 4(\varphi^{IV} - \omega^{IV}) \\[4pt]
& \div \left\{
\begin{aligned}
& \hphantom{-} 0,000655\,\cos(\ \varphi^{IV} - \ \varphi^{V} - 1°,4963) \\
& - 0,002797\,\cos(2\varphi^{IV} - 3\varphi^{V} - 1°,1506) \\
& - 0,000289\,\cos(3\varphi^{IV} - 3\varphi^{V}) \\
& - 0,000074\,\cos(4\varphi^{IV} - 4\varphi^{V}) \\
& - 0,000026\,\cos(5\varphi^{IV} - 5\varphi^{V}) \\
& - 0,000010\,\cos(6\varphi^{IV} - 6\varphi^{V})
\end{aligned}
\right. \\[4pt]
& \div \left\{
\begin{aligned}
& - 0,000265\,\cos(\ \varphi^{IV} - 2\varphi^{V} - 24°,8842 + t.58'',0) \\
& - 0,000096\,\cos(2\varphi^{IV} - 4\varphi^{V} + 56°,7419)
\end{aligned}
\right. \\[4pt]
& - 0,000883\,\cos(2\varphi^{IV} - 3\varphi^{V} - 69°,8254 + t.81'',0) \\
& - (0,002018 - t.0,0000000505)\cos(3\varphi^{IV} - 5\varphi^{V} + 61°,7749 + t.155'',6) \\
& + 0,000237\,\cos(3\varphi^{IV} - 4\varphi^{V} - 69°,0565) \\
& - 0,000127\,\cos(3\varphi^{IV} - 2\varphi^{V} - 8°,4166) \\
& + \left\{
\begin{aligned}
& - 0,000068\ \ \cos(\ \varphi^{V} + 32°,4691) \\
& + 0,000077\ \ \cos(2\varphi^{V} + 12°,1277)
\end{aligned}
\right. \\
& + 0,000095\,\cos(4\varphi^{IV} - 5\varphi^{V} - 15°,9873) \\
& - 0,000265\,\cos(5\varphi^{V} - 3\varphi^{IV} - 13°,4960).
\end{aligned}
$$

Enfin la latitude au-dessus de l'écliptique vraie est

$$
\begin{aligned}
& (14638'',3 - t.0'',69412)\sin(V^{IV} - \theta^{IV}) \\
& \hphantom{+} - \hphantom{1}1'',66\,\sin(\hphantom{\varphi^{IV} - 2\varphi^{V} -} \varphi^{V} + 60°,4440) \\
& \hphantom{+} + \hphantom{1}1'',96\,\sin(\ \varphi^{IV} - 2\varphi^{V} - 60°,4440) \\
& \hphantom{+} + \hphantom{1}3'',30\,\sin(2\varphi^{IV} - 3\varphi^{V} - 60°,4440) \\
& \hphantom{+} + 11'',61\,\sin(3\varphi^{IV} - 5\varphi^{V} + 66°,1219).
\end{aligned}
$$

Formules du mouvement de Saturne.

L'expression de la longitude vraie V^V de Saturne dans son orbite, comptée de l'équinoxe moyen, est

$$
\begin{aligned}
V^V = {}& \varphi^V + t.154'',63 + (71663'',37 - t.3'',9673)\sin(\varphi^V - \omega^V) \\
& + (2520'',02 - t.0'',2793)\sin 2(\varphi^V - \omega^V) \\
& + (122'',87 - t.0'',0204)\sin 3(\varphi^V - \omega^V) \\
& + (6'',85 - t.0'',0015)\sin 4(\varphi^V - \omega^V) \\
& + \qquad\qquad 0'',41 \sin 5(\varphi^V - \omega^V)
\end{aligned}
$$

$$
+ \left\{
\begin{aligned}
& 89'',40 \sin(\varphi^{IV} - \varphi^V + 86°,73) \\
& - 92'',33 \sin(2\varphi^{IV} - 2\varphi^V - 6°,34) \\
& - 20'',27 \sin(3\varphi^{IV} - 3\varphi^V) \\
& - 6'',07 \sin(4\varphi^{IV} - 4\varphi^V) \\
& - 2'',15 \sin(5\varphi^{IV} - 5\varphi^V) \\
& - 0'',84 \sin(6\varphi^{IV} - 6\varphi^V) \\
& - 0'',36 \sin(7\varphi^{IV} - 7\varphi^V)
\end{aligned}
\right.
$$

$$
\begin{aligned}
& - (1304'',78 + t.0'',0682)\sin(\varphi^{IV} - 2\varphi^V - 16°,47 + t.41'',67) \\
& - (2066'',92 - t.0'',0477)\sin(2\varphi^{IV} - 4\varphi^V + 62°,425 + t.151'',77) \\
& - (149'',05 - t.0'',0011)\sin(3\varphi^V - \varphi^{IV} + 86°,495 - t.106'',64) \\
& - (75'',84 - t.0'',0136)\sin(2\varphi^{IV} - 3\varphi^V + 16°,45 - t.38'',23) \\
& + 34'',81 \sin(\varphi^{IV} + 95°,11) \\
& - 46'',08 \sin(4\varphi^{IV} - 9\varphi^V + 57°,585) \\
& + 15'',12 \sin(3\varphi^{IV} - 4\varphi^V - 69°,76) \\
& + 9'',28 \sin(2\varphi^{IV} - \varphi^V + 35°,23) \\
& + 9'',06 \sin(3\varphi^{IV} - 5\varphi^V + 63°,50) \\
& + 4'',38 \sin(4\varphi^{IV} - 5\varphi^V - 69°,93)
\end{aligned}
$$

$$
+ \left\{
\begin{aligned}
& - 28'',54 \sin(\varphi^V - \varphi^{VI}) \\
& + 44'',60 \sin(2\varphi^V - 2\varphi^{VI}) \\
& + 5'',91 \sin(3\varphi^V - 3\varphi^{VI} - 76°,06) \\
& + 0'',97 \sin(4\varphi^V - 4\varphi^{VI}) \\
& + 0'',28 \sin(5\varphi^V - 5\varphi^{VI})
\end{aligned}
\right.
$$

$$+ 84'',47 \sin(2\varphi^{V} - 3\varphi^{VI} + 26'',59)$$
$$+ 30'',43 \sin(\varphi^{V} - 2\varphi^{VI} + 80°,22)$$
$$+ 4'',20 \sin(\varphi^{VI} - 46'',26)$$
$$+ 4'',70 \sin(3\varphi^{V} - 2\varphi^{VI} - 97°,95).$$

Le rayon vecteur r^{V} de Saturne est

$$r^{V} = \quad 9,5578331 + t.0,00000167$$
$$- (0,5364 67 - t.0,00002963)\cos(\varphi^{V} - \omega^{V})$$
$$- (0,015090 - t.0,00000167)\cos 2(\varphi^{V} - \omega^{V})$$
$$- (0,000639 - t.0,00000011)\cos 3(\varphi^{V} - \omega^{V})$$
$$- \quad 0,000032 \cos 4(\varphi^{V} - \omega^{V})$$
$$- \quad 0,000340 \cos 4(\varphi^{V} - 11°,50)$$

$$\perp \begin{cases} \quad 0,00811 \cos(\varphi^{IV} - \varphi^{V} + 4'',40) \\ + 0,00138 \cos(2\varphi^{IV} - 2\varphi^{V}) \\ + 0,00032 \cos(3\varphi^{IV} - 3\varphi^{V}) \\ - 0,00010 \cos(4\varphi^{IV} - 4\varphi^{V}) \\ + 0,00004 \cos(5\varphi^{IV} - 5\varphi^{V}) \\ + 0,00001 \cos(6\varphi^{IV} - 6\varphi^{V}) \end{cases}$$

$$+ (0,00535 + t.0,00000027)\cos(\varphi^{IV} - 2\varphi^{V} - 13°,2952 + t.45'',5)$$
$$+ (0,01520 - t.0,00000034)\cos(3\varphi^{IV} - 4\varphi^{V} + 62°,2324 + t.151'',4)$$
$$+ \quad 0,00117 \cos(3\varphi^{V} - \varphi^{IV} - 100°,2330)$$
$$- \quad 0,00138 \cos(2\varphi^{IV} - 3\varphi^{V} - 25°,9130)$$
$$- \quad 0,00022 \cos(3\varphi^{IV} - 4\varphi^{V} - 68°,1717)$$
$$+ \quad 0,00352 \cos(5\varphi^{V} - 2\varphi^{IV} + 14°,4782)$$

$$+ \begin{cases} \quad 0,00015 \cos(\varphi^{V} - \varphi^{VI}) \\ - 0,00040 \cos 2(\varphi^{V} - \varphi^{VI}) \\ - 0,00005 \cos 3(\varphi^{V} - \varphi^{VI}) \end{cases}$$

$$- \quad 0,00061 \cos(2\varphi^{V} - 3\varphi^{VI} + 26°,37)$$

Enfin la latitude de Saturne au-dessus de l'écliptique vraie est

$$(27748'',2 - t.0'',478816)\sin(V^{V} - \theta^{V})$$
$$- \quad 2'',19 \sin 3(V^{V} - \theta^{V})$$
$$+ \quad 5'',52 \sin(\varphi^{IV} + 60°,29)$$
$$- \quad 9'',70 \sin(\varphi^{IV} - 2\varphi^{V} - 60°,29)$$
$$- 28'',28 \sin(2\varphi^{IV} - 4\varphi^{V} + 66°,12).$$

Comparaison des formules précédentes avec les observations.

Les oppositions observées depuis 1747 jusqu'en 1803, et comparées aux formules précédentes, ont donné les résultats suivants, évalués en secondes sexagésimales :

Excès des observations sur les formules du mouvement en longitude.

Années.	Jupiter.	Saturne.	Années.	Jupiter.	Saturne.
1747	"	—1,5	1776	"	+7,9
1748	"	—7,6	1777	+ 8,7	+1,9
1749	"	—3,6	1778	+ 6,7	—6,1
1750	— 6,2	"	1779	+ 2,7	—0,9
1751	— 2,8	—0,9	1780	— 3,6	—0,9
1752	+ 3,1	—0,5	1781	— 8,5	—0,9
1753	"	—8,5	1782	— 2,1	+5,6
1754	+ 1,0	+1,1	1783	— 7,7	+9,1
1755	+ 2,3	+2,3	1784	+ 2,3	—6,1
1756	+ 3,0	—6,2	1785	+ 8,9	+1,2
1757	+ 9,6	—1,2	1786	+ 2,7	—7,9
1758	+ 9,7	—5,0	1787	— 8,2	—2,9
1759	+ 8,1	—2,6	1788	"	+3,6
1760	+ 0,2	—0,3	1789	— 3,7	+0,7
1761	+ 5,6	—1,4	1790	— 1,8	+1,9
1762	— 3,5	—1,9	1791	+ 2,7	—0,6
1763	+ 2,2	"	1792	+ 0,7	—6,0
1764	"	+5,8	1793	— 3,0	—1,8
1765	— 3,2	+2,6	1794	— 9,3	—1,3
1766	+ 5,7	—1,3	1795	—13,2	+5,1
1767	— 1,2	—3,9	1796	— 3,7	+4,1
1768	— 3,1	"	1797	+ 5,5	—1,9
1769	— 1,1	+1,1	1798	+ 8,1	"
1770	— 2,0	+1,1	1799	+10,8	+9,9
1771	+ 1,3	—1,9	1800	"	+3,7
1772	+ 0,8	+2,0	1801	— 2,1	+5,5
1773	— 6,8	+2,7	1802	— 7,7	—4,8
1774	—12,7	+0,3	1803	— 2,0	—9,7
1775	— 1,8	—0,3			

Toutes ces erreurs sont très petites; elles ne s'élèvent pas à 10″ pour Saturne et elles ne vont qu'une fois à 13″ pour Jupiter. Les erreurs des dernières Tables surpassent quelquefois 30″; ainsi les inégalités nouvelles que nous avons introduites et la précision que nous avons apportée dans le calcul des anciennes inégalités ont considérablement amélioré ces Tables. Les observations de Flamsteed sont encore mieux représentées par les formules précédentes que par les Tables. Ces observations, quoique imparfaites, mais sur lesquelles la correction de la masse de Saturne a plus d'influence à raison de la grande inégalité, m'ont conduit à très peu près à la correction de la masse de Saturne que j'ai conclue des observations modernes. M. Bouvard va réduire les formules précédentes en Tables qui feront partie de la collection des Tables astronomique que le Bureau des Longitudes se propose de publier. Il n'y a pas vingt ans que les erreurs des Tables de Saturne, qui maintenant sont réduites au-dessous de 10″, s'élevaient à 22 minutes, c'est-à-dire cent trente fois davantage. On doit aux progrès de la théorie de la pesanteur, à la perfection des observations modernes et aux calculs immenses que MM. Delambre et Bouvard ont faits sur ces observations l'extrême précision des nouvelles Tables. Cette précision est à la fois une confirmation frappante du principe de la gravitation universelle et une preuve que l'action des causes étrangères qui peuvent altérer les mouvements du système planétaire a été jusqu'à présent insensible, car je ferai voir, dans un autre Mémoire, que les observations anciennes sont représentées par nos formules avec toute la précision que ces observations comportent.

SUR L'ANNEAU DE SATURNE.

Connaissance des Temps pour l'an 1811 ; juillet 1809.

Deux conditions sont nécessaires pour soutenir l'anneau de Saturne
en équilibre autour de cette planète. L'une d'elles est relative à l'équilibre de ses parties. Cet équilibre exige que les molécules de la surface
de l'anneau ne tendent point à s'en détacher ; et qu'en supposant cette
surface fluide, elle se maintienne en vertu des diverses forces dont
elle est animée. Sans cela, l'effort continuel de ces molécules finirait
à la longue par les détacher, et l'anneau serait détruit, comme tous
les ouvrages de la nature qui n'ont point, en eux-mêmes, une cause
de stabilité propre à résister à l'action des forces contraires. J'ai
prouvé, dans le troisième Livre de la *Mécanique céleste*, que cette
condition ne peut être remplie que par un mouvement rapide de
rotation de l'anneau dans son plan et autour de son centre toujours
peu distant de celui de Saturne. J'ai fait voir, de plus, que la section
de l'anneau par un plan perpendiculaire au sien et passant par son
centre est une ellipse allongée vers ce point.

La seconde condition est relative à la suspension de l'anneau autour
de Saturne. Une sphère creuse, et généralement un ellipsoïde creux,
dont les surfaces intérieure et extérieure sont semblables et concentriques, serait en équilibre autour de Saturne, quel que fût le
point de la concavité occupé par le centre de la planète ; mais cet
équilibre serait *indifférent*, c'est-à-dire que, étant troublé, il ne ten-
drait ni à reprendre son état primitif, ni à s'en écarter ; la cause la
plus légère, telle que l'action d'un satellite ou d'une comète, suffirait

donc pour précipiter l'ellipsoïde sur la planète. L'équilibre indifférent qui a lieu pour une sphère creuse enveloppant Saturne n'existe point pour une zone circulaire qui environnerait cette planète. J'ai fait voir, dans le Livre cité de la *Mécanique céleste*, que si les deux centres de l'anneau circulaire et de la planète ne coïncident pas, alors ils se repoussent, et l'anneau finit par se précipiter sur Saturne. La même chose aurait lieu, quelle que fût la constitution de l'anneau, s'il était sans mouvement de rotation; mais si l'on conçoit qu'il n'est pas semblable dans toutes ses parties, en sorte que son centre de gravité ne coïncide point avec celui de la figure; si, de plus, on suppose qu'il soit doué d'un mouvement rapide de rotation dans son plan, alors son centre de gravité tournera lui-même autour du centre de Saturne, et gravitera vers ce point comme un satellite, avec cette différence qu'il pourra se mouvoir dans l'intérieur de la planète; il aura donc un état de mouvement stable. Ainsi les deux conditions dont je viens de parler concourent à faire voir que l'anneau tourne dans son plan, sur lui-même et avec rapidité. La durée de sa rotation doit être à peu près celle de la révolution d'un satellite mû autour de Saturne, à la distance même de l'anneau, et cette durée est d'environ dix heures et demie sexagésimales. M. Herschel a confirmé ce résultat par ses observations; mais comment concilier ces observations et la théorie, avec les observations de M. Schroeter, dans lesquelles des points de l'anneau plus lumineux que les autres ont paru pendant longtemps stationnaires? Je crois qu'on peut le faire de la manière suivante :

L'anneau de Saturne est composé de plusieurs anneaux concentriques; de forts télescopes en font apercevoir deux très distincts, que l'irradiation confond en un seul dans de faibles télescopes. Il est très vraisemblable que chacun de ces anneaux est formé lui-même de plusieurs anneaux, en sorte que l'anneau de Saturne peut être regardé comme un assemblage de divers anneaux concentriques : tel serait l'ensemble des orbes des satellites de Jupiter, si chaque satellite laissait sur sa trace une lumière permanente; les anneaux partiels doivent être, comme ces orbes, diversement inclinés à l'équateur de la planète : et alors leurs inclinaisons et les positions de leurs nœuds changent dans des périodes plus ou moins longues, qui embrassent plusieurs années : leurs centres doivent pareillement osciller autour de celui de Saturne ; tout cela fait varier la figure apparente de l'ensemble de ces anneaux. Leur mouvement de rotation ne change pas sensiblement cette figure, puisqu'il ne fait que remplacer une partie lumineuse par une autre située dans le même plan. Il est très probable que les phénomènes observés par M. Schroeter sont dus à des variations de ce genre. Mais, si un point plus ou moins lumineux que les autres est adhérent à la surface d'un des anneaux partiels, ce point doit se mouvoir aussi rapidement que l'anneau, et paraître changer de position en peu d'heures. On peut croire, avec beaucoup de vraisemblance, que c'est un point de cette nature que M. Herschel a observé. J'engage les observateurs munis de forts télescopes à suivre, sous ce rapport, les apparences de l'anneau de Saturne. La variété de ces apparences tourmenta beaucoup les géomètres et les astronomes, avant qu'Huygens en eût reconnu la cause : l'anneau se présenta d'abord à Galilée sous la forme de deux petits corps adhérant au globe de Saturne, et Descartes, qui malheureusement voulut tout expliquer dans ses *Principes de la Philosophie*, attribua, dans la troisième Partie de son Ouvrage, l'état stationnaire de ces prétendus satellites à ce que Saturne présente toujours la même face au centre de son tourbillon. Nous savons maintenant que cet état répugne à la loi de la pesanteur universelle, et cette raison suffirait pour faire rejeter l'explication de Descartes, quand même nous ne connaîtrions point la cause de ces apparences. Je ne crois pas l'immobilité de l'anneau moins contraire à cette grande loi de la nature, et je ne doute pas que des observations ultérieures, faites sous le point de vue que je viens d'indiquer, ne confirment les résultats de la théorie et les observations de M. Herschel.

MÉMOIRE

SUR LA

DIMINUTION DE L'OBLIQUITÉ DE L'ÉCLIPTIQUE

QUI RÉSULTE DES OBSERVATIONS ANCIENNES.

———

Connaissance des Temps pour l'an 1811; juillet 1809.

Quoique la diminution successive de l'obliquité de l'écliptique, à mesure que l'on approche des temps modernes, soit maintenant incontestable, cependant on voit toujours, avec un extrême intérêt, les grandes inégalités du système du monde se développer lentement avec les siècles. La postérité, qui pourra comparer aux résultats de la Théorie une longue suite d'observations très précises, jouira de ce sublime spectacle beaucoup mieux que nous, à qui l'antiquité n'a transmis que des observations le plus souvent incertaines; mais, ces observations, soumises à une saine critique, pouvant, par l'intervalle qui nous en sépare, répandre un grand jour sur plusieurs éléments importants de l'Astronomie, elles méritent toute l'attention des géomètres et des astronomes.

DES OBSERVATIONS ANTÉRIEURES A NOTRE ÈRE.

Observations chinoises.

Les observations chinoises que je vais rapporter sont extraites des *Lettres édifiantes*, de l'*Histoire de l'Astronomie chinoise* du savant P. Gaubil, publiée par le P. Souciet, et principalement d'un manuscrit précieux envoyé de Chine par le même P. Gaubil, en 1734, et que j'ai publié dans la *Connaissance des Temps* de 1809.

La plus ancienne observation qui nous soit parvenue relativement à l'obliquité de l'écliptique est celle de Tchéou-kong, frère de Vou-vang, empereur de la Chine, et qui, vers l'an 1100 avant notre ère, s'occupait, avec un soin particulier, d'observations astronomiques. Après la mort de son frère, il fut régent de l'empire, et sa mémoire est encore en grande vénération à la Chine, comme étant celle de l'un des meilleurs princes qui l'aient gouvernée. Ses observations sur la longueur du gnomon aux solstices sont les plus anciennes observations astronomiques dont on puisse faire usage. Toutes les observations antérieures d'éclipses ou de solstices qui nous ont été transmises sont rapportées d'une manière trop vague pour qu'elles puissent servir aux déterminations astronomiques; elles sont propres seulement à éclairer la Chronologie, et, pour avoir d'autres observations véritablement utiles à l'Astronomie, il faut descendre de l'époque de Tchéou-kong à l'éclipse de la Lune observée à Babylone l'an 720 avant notre ère, et rapportée dans l'*Almageste* de Ptolémée. Cette grande antiquité des observations de Tchéou-kong et leur importance me font espérer que l'on suivra avec intérêt les détails dans lesquels je vais entrer à leur égard. Voici d'abord ce que le P. Gaubil rapporte dans son *Histoire de l'Astronomie ancienne des Chinois*, insérée dans le Tome XXVI des *Lettres édifiantes*, page 142 :

« Tchéou-kong, de même que son père le prince Ou-en-ouang et un de ses ancêtres, le prince Kong-hicou dont on a parlé, aimait à observer les ombres des gnomons. A la ville de Tching-tcheou, il traça une méridienne avec soin; il nivela le lieu de l'observation, il mesura l'ombre avant midi, après midi; la nuit, il observa l'étoile polaire. Ce prince fit faire aussi des observations à des lieux à l'ouest, à l'est, au nord, au sud de Tching-tcheou.

» A la ville de Tching-tcheou, un gnomon de 8 pieds donnait, au midi du jour du solstice d'été, une ombre de 1 pied 5 pouces. La déclinaison du Soleil étant supposée de 23° 29', l'observation de

Tcheou-kong donne la latitude boréale de 34°22′3″. Le centre de la ville de Hon-an-fou a été observé à la hauteur de 34°43′15″, avec un instrument de Chapoutot, par plusieurs hauteurs du Soleil. Différence de l'observation des missionnaires avec celle de Tcheou-kong, 21′12″, dont Hon-an-fou serait plus boréal que selon l'observation de Tcheou-kong. Quoiqu'on ne puisse pas savoir au juste l'emplacement de la ville de Tching-tchéou, il paraît que la différence avec Hon-an-fou ne saurait donner une différence de 21′12″. Le défaut d'exactitude dans les observations, surtout du gnomon, pourrait produire une partie de la différence. Les missionnaires supposaient une déclinaison de l'écliptique de 23°29′, ils se servaient des réfractions, parallaxes, diamètre du Soleil, selon les nouvelles Tables de M. de Lahire, et ils se croyaient assurés de la vérification de l'instrument. La différence peut venir aussi de quelque changement dans l'obliquité de l'écliptique. »

J'observerai d'abord que les Chinois divisent le pied en 10 pouces, le pouce en 10 fen, le fen en 10 li, le li en 10 hao, etc., en sorte que la longueur de l'ombre est 1 pied 5 pouces. Quant à la latitude de 34°43′15″ de la ville de Tching-tchéou, la même que l'on a désignée sous les noms de Loyang et de Hon-an-fou, le P. Gaubil, dans une note de la page citée des *Lettres édifiantes*, dit que l'observation en fut faite dans le mois de juin 1712; que, selon une observation, cette latitude fut trouvée de 34°52′8″; suivant une autre, de 34°46′15″; enfin, suivant une troisième, de 34°43′15″. Cette dernière lui parait préférable aux deux autres. La différence de ces résultats prouve l'inexactitude de ces observations, et cela, joint à l'incertitude du lieu précis de l'observation de Tcheou-kong, fait désirer la connaissance de la longueur de l'ombre au solstice d'hiver, à l'époque de ce prince.

Voici ce que je trouve sur cet objet dans le manuscrit cité du P. Gaubil (*Connaissance des Temps* de 1809, p. 393) :

« De tous temps, les Chinois ont observé les ombres du Soleil à midi, et à d'autres temps, mais la plus ancienne observation qui reste est celle de Tcheou-kong, frère de Vou-vang, dans la ville de Loyang. Selon la tradition, un gnomon de 8 pieds donnait, à midi, l'ombre de 1 pied 5 pouces au solstice d'été. Cette ombre est dans l'ancien Livre de Tcheou-li et ailleurs, et les auteurs des Han supposent cette observation incontestable.

» Loyang est la ville de Hon-an-fou dans le Hon-an ; selon l'observation du P. Regis, cette ville est à la hauteur de 34°46′15″. Le P. Demaille observa avec le P. Regis aussi bien qu'à Caifongfou et Hang-tcheou.

» 1 pied 5 pouces d'ombre pour un gnomon de 8 pieds donne une latitude de près de 34°22′, en supposant la déclinaison de l'écliptique de 23°29′. Tcheou-kong gouvernait l'empire, pour son neveu, l'an 1100 avant J.-C., et c'est lui qui fit bâtir le palais impérial à Loyang. C'était une seconde cour de l'empire de Tcheou. Si l'on admettait donc une déclinaison de 23°55′ au temps de l'observation, on aurait une latitude de 34°48′51″, ce qui est remarquable.

» C'est encore une tradition que, au solstice d'hiver, Tcheou-kong observa avec le même gnomon une ombre de 13 pieds. Cette tradition n'est pas si sûre que la première. Cette ombre donnerait une vraie hauteur du centre, 31°18′42″ ; l'ombre d'été donne 79°7′11″, différence 47°48′29″ ; la moitié, 23°54′14″30‴, serait l'obliquité de l'écliptique, ce qui est digne de remarque. Si l'on calculait seule l'ombre du solstice d'hiver, et, en supposant la déclinaison de 23°29′, on trouverait une latitude bien plus grande que par la hauteur solsticiale d'été. »

Dans le Tome II, page 21, de son *Histoire de l'Astronomie chinoise*, publiée par le P. Souciet, le P. Gaubil attribue la même observation aux auteurs de l'Astronomie Sfefen, dans la même ville de Loyang ; mais, dans le manuscrit que je viens de citer, il rapporte ce qui suit (*Connaissance des Temps* pour l'année 1809, p. 394) :

« Les auteurs de l'Astronomie Sfefen ont marqué pour Loyang, aux deux solstices, les ombres observées par Tcheou-kong, et rapportées dans la première observation. Ces auteurs ont marqué des ombres méridiennes pour les autres jours de l'année, pour les équinoxes. Ces ombres sont si fautives qu'on ne peut faire aucun fond sur ces observations. Ces auteurs supposèrent sans doute irréformable l'observation faite par Tcheou-kong.

» Dans plusieurs Astronomies chinoises, on a d'abord mis les ombres solsticiales attribuées à Tcheou-kong pour Loyang; ensuite on donne des règles pour augmenter ou diminuer la quantité de ces ombres, selon que les lieux sont plus au sud ou plus au nord que Loyang. Ce que je dis ici est marqué clairement dans quelques Astronomies; mais, dans d'autres, les éditeurs n'ont pas eu soin de marquer les règles de l'augmentation ou de la diminution des ombres observées par Tcheou-kong, pour trouver des ombres qui répondent à des lieux plus au sud ou plus au nord; de là vient que, dans les calendriers pour Nanking, ou Hin-tcheou ou autres, on trouve les ombres pour Loyang. »

D'après ce qui précède, il me semble que l'on ne peut révoquer en doute que l'observation citée n'appartienne tout entière à Tcheou-kong. Le savant Fréret a calculé cette observation importante dans la troisième Partie de son excellente dissertation touchant la certitude et l'antiquité de la chronologie chinoise. Voici ce qu'il dit :

« La plus ancienne observation des solstices, connue avec certitude, est celle du prince Tcheou-kong, frère de Vou-vang, fondateur de la dynastie Tcheou. Tcheou-kong fut régent de l'empire depuis l'an 1104 jusqu'à l'an 1098; l'observation est de l'une de ces six années. La date précise de l'observation pour le quantième du cycle et de la lunaison n'est pas marquée; mais on connaît le lieu de l'observation et la longueur des ombres. Ce détail est rapporté dans le Tcheou-li, qui fait partie du Li-ki ou du Livre des Rites.

» On employa un gnomon de 8 pieds chinois. Au solstice d'été, l'ombre était de 1 pied $\frac{5}{10}$, et au solstice d'hiver elle fut de 13 pieds, ce qui donne pour l'obliquité de l'écliptique 23°54′14″, la même quantité, à peu près, que celle qui est supposée par les anciens astronomes grecs, Pythéas, Ératosthène, Hipparque et Ptolémée.

» La hauteur du pôle de Loyang, lieu de l'observation, déterminée par la hauteur du Soleil sur l'horizon, et par l'obliquité résultante de l'écliptique, se trouvera de 34°47'3". Regis et Mailla l'ont trouvée, par une observation faite avec des instruments exacts, de 34°46'15". Par l'obliquité de 23°29', telle que la supposent nos astronomes modernes, Loyang serait, par 34°32' seulement, différente de 15'3"; ce qui donne lieu de présumer que l'obliquité de l'écliptique doit avoir changé.

» L'observation de Tcheou-kong est d'un temps antérieur au règne de Salomon, et voisin du temps de la guerre de Troie ; son exactitude montre qu'il devait y avoir plusieurs siècles qu'on observait à la Chine. »

Les calculs de Fréret ont besoin d'une légère correction ; en les rectifiant et ayant égard à la réfraction et à la parallaxe du Soleil, supposée de 8",7, je trouve 79°22'39",6 pour la hauteur du bord supérieur du Soleil au solstice d'été, et 31°35'1",8 pour celle du même bord au solstice d'hiver. En retranchant les demi-diamètres apparents du Soleil, aux deux solstices, et que je trouve respectivement de 15'47",7 et de 16'14",3, on aura, pour les hauteurs correspondantes du centre du Soleil, 79°6'51",9 et 31°18'47",5, ce qui donne 23°54'2",2 pour l'obliquité de l'écliptique et 34°47'10" pour la hauteur du pôle, qui, tenant à très peu près le milieu entre les trois observations des missionnaires, prouve l'exactitude des déterminations de Tcheou-kong.

Fréret, par des calculs ingénieux et certains, a fixé, dans la même dissertation, l'époque de la régence de Tcheou-kong entre 1098 et 1104 ans avant notre ère. J'observerai qu'à cet égard il est parfaitement d'accord avec le P. Gaubil. Je supposerai donc que ces observations se rapportent à l'an 1100 avant notre ère. J'ai donné, dans le Tome III de ma *Mécanique céleste*, Livre VI, Chap. XVI (¹), une formule par laquelle on peut déterminer, pour un temps très éloigné,

____

(¹) *OEuvres de Laplace*, t. III, p. 168.

l'obliquité de l'écliptique. t exprimant un nombre d'années écoulées depuis 1750, on a, pour cette obliquité évaluée en degrés décimaux :

$$26°,0796 - 3676'',6[1 - \cos(t43'',0446)] - 10330'',4\sin(t99'',1227).$$

Ici, $t = -2850$, ce qui donne, en degrés décimaux, l'obliquité correspondante de l'écliptique, égale à 26°,5163, ou, en degrés ordinaires, 23°51'53''; il faut l'augmenter de 5'' environ, parce que l'obliquité de l'écliptique, en 1750, a été de cette quantité plus grande que suivant la formule précédente; ainsi, 1100 ans avant notre ère, l'obliquité de l'écliptique était de 23°51'58'', résultat qui ne diffère que de 2'4'' de celui que donnent les longueurs observées de l'ombre du gnomon aux deux solstices. On ne peut pas désirer un plus parfait accord, vu l'incertitude que présente ce genre d'observations, surtout à cause de la pénombre, qui rend l'ombre mal terminée.

Si l'on ne considérait, avec le P. Gaubil, que la seule observation du solstice d'été, et si l'on supposait, comme lui, la hauteur du pôle à Loyang égale à 34°43'15''; en retranchant son complément, 55°16'45'', de la hauteur 79°6'52'' du centre du Soleil, déterminée par la longueur de l'ombre au solstice d'été, on aurait l'obliquité de l'écliptique égale à 23°50'7''. Le résultat de ma formule tient à fort peu près le milieu entre cette obliquité et celle que donnent les longueurs observées de l'ombre, aux deux solstices. Cet accord est une confirmation remarquable des valeurs des masses de Vénus et de Mars, que M. Delambre a déterminées par la comparaison d'un très grand nombre d'observations du Soleil avec les formules des perturbations du mouvement de la Terre, que j'ai données dans le troisième Volume de la *Mécanique céleste*.

Tchéou-kong avait déterminé, par ses observations, le moment du solstice d'hiver, mais elles ne nous ont point été transmises; nous savons seulement qu'il fixait ce solstice à deux degrés chinois de ν, constellation qui commence par ε du Verseau (Tome XXVI des *Lettres édifiantes*, p. 124). Nous fixerons encore l'époque de cette détermination à l'an 1100 avant notre ère. Tchéou-kong et les astronomes chinois rapportaient alors les constellations à l'équateur; de plus, deux degrés chinois font 1°58′17″; retranchant cette quantité de 270°, la différence 268°1′43″ était l'ascension droite de ε du Verseau, à l'époque de 1100 ans avant notre ère. Déterminons cette ascension droite par les observations modernes.

Au commencement de 1750, la longitude de ε du Verseau était de 308°14′10″; sa latitude était boréale et de 8°6′20″.

Comparant les Catalogues de Bradley et de Mayer avec celui de Piazzi, cette étoile ne parait pas avoir de mouvement propre sensible, et sa précession annuelle est de 50″,1.

Je trouve, par les formules du Chapitre XVI du sixième Livre de la *Mécanique céleste,* pour l'époque de 1100 ans avant notre ère.

$$\Psi = 40°\ 2′43″,$$
$$V = 23°32′49″;$$

Ψ étant la précession des équinoxes depuis cette époque jusqu'en 1750, cette précession étant rapportée à l'écliptique fixe de 1750. V est l'obliquité de l'équateur sur cette écliptique à la même époque. Ainsi, à cette époque, la longitude de ε du Verseau, comptée de l'intersection de l'équateur avec l'écliptique fixe de 1750, était, l'an 1100 avant notre ère, 268°11′27″. De là je conclus son ascension droite, relativement à la même intersection, égale à 268°9′2″.

Je trouve ensuite, par les formules du Chapitre cité :

$$\varphi' = 25′44″; \qquad \theta = -1°33′25″;$$

φ' étant l'inclinaison de l'écliptique d'alors sur l'écliptique de 1750, et θ étant la longitude de son nœud sur la même écliptique, à partir de l'équinoxe fixe de 1750. De là je conclus que l'ascension droite de l'équinoxe vrai avec l'équinoxe précédent, c'est-à-dire avec l'intersection de l'équateur avec l'écliptique fixe de 1750, était, dans l'année 1100 avant notre ère, égale à − 42′12″: l'ascension droite de ε, par rapport à l'équinoxe vrai, était donc alors 268°51′14″, plus grande de 49′31″ que la détermination de Tcheou-kong. Cette différence paraîtra fort petite, si l'on considère l'incertitude de l'époque

précise des observations sur lesquelles cette détermination est fondée,
et surtout l'incertitude des observations elles-mêmes. Il suffirait de
remonter de cinquante-quatre ans au delà de 1100 avant notre ère,
pour faire disparaître cette différence, et alors l'observation se rap-
porterait au temps de Ou-en-ouang, père de Tcheou-kong, et que
le P. Gaubil nous dit avoir beaucoup aimé et cultivé l'Astronomie.
Les astronomes chinois déterminaient l'instant du solstice, en observant des longueurs égales de l'ombre du gnomon, quarante ou cin-
quante jours avant et après le solstice; et sur cela, il peut y avoir
déjà quelque erreur dans la détermination de Tcheou-kong. Mais la
plus grande erreur à craindre dans cette détermination est dans la
manière de rapporter le solstice aux étoiles. Pour y parvenir on
observait, la nuit, l'instant du passage au méridien des étoiles qui y
passaient douze heures après l'instant du solstice; on pouvait déterminer ainsi l'ascension droite du point opposé au solstice d'été, et
par conséquent celle du solstice d'hiver. Mais pour cela, il fallait
mesurer un intervalle de douze heures. Il paraît qu'on se servait de
clepsydres; on mesurait le temps qu'un vase employait à se remplir
à diverses hauteurs, en y faisant couler l'eau d'un vase plus élevé
(*Traité de l'Astronomie chinoise* du P. Gaubil, publié par le P. Souciet,
Ire Partie, p. 37). On sent combien ce moyen de mesurer le temps
offre d'incertitude, et trois minutes d'erreur sur un intervalle de
douze heures suffisent pour expliquer l'erreur de la détermination
de Tcheou-kong. Les astronomes chinois se servaient encore de la
position de la Lune par rapport aux étoiles, dans les éclipses de
Lune, pour avoir celle du Soleil, et par conséquent aussi celle du
solstice d'hiver, où ils fixaient le commencement de leur année.

Il faut descendre de mille ans, depuis l'époque de Tcheou-kong,
pour avoir une seconde observation des ombres solsticiales du gnomon à la Chine. Vers l'an 104 avant notre ère, les astronomes Lieou-
hiang et Lo-hia-hong observèrent la longueur de l'ombre d'un gnomon de 8 pieds aux solstices d'hiver et d'été; ils la trouvèrent de
13 pieds 1 pouce 4 fen, ou de 13^{pi},14 au premier de ces solstices,

et de 1 pied 5 pouces 8 fen, ou de 1^{pi},58 au second (Tome II de *l'Histoire de l'Astronomie chinoise*, publiée par le P. Souciet, p. 8). Cette observation est rapportée à la ville de Siganfou, alors capitale de l'empire ; mais c'est une erreur que le P. Gaubil a rectifiée dans le manuscrit cité, dans lequel on lit ce qui suit (*Connaissance des Temps* de 1809) :

« Licou-hiang, père de Licou-hin, écrivait plus de 50 ans avant J.-C. Cet auteur dit qu'un gnomon de 8 pieds donnait l'ombre solsticiale et méridienne d'hiver, de 13 pieds 1 pouce 4 fen. L'ombre solsticiale et méridienne d'été était de 1 pied 5 pouces 4 fen. Litchun-foung, astronome de la dynastie des Tang, se plaint qu'on a mal à propos appliqué ces ombres méridiennes à Siganfou. Licou-hiang ne dit ni le lieu, ni le temps de ces observations. »

L'ombre au solstice d'été n'est pas exactement la même que celle qui a été publiée dans l'Histoire citée de l'Astronomie chinoise ; mais je pense qu'il faut préférer celle-ci, l'ombre indiquée dans le manuscrit donnant une obliquité de l'écliptique évidemment trop grande. Il est très vraisemblable que, dans ce manuscrit, le P. Gaubil a écrit par méprise, au lieu de 8 fen, le même nombre de fen qu'il avait écrit pour le solstice d'hiver. En adoptant donc 1^{pi},58 et 13^{pi},14 pour les longueurs des ombres aux solstices d'hiver et d'été, et en ayant égard à la réfraction et à la parallaxe du Soleil, je trouve 31°2'23″ et 78°33'41″ pour les hauteurs du centre du Soleil qui résultent de ces observations. La moitié de leur différence donne 23°45'39″ pour l'obliquité de l'écliptique. En l'ajoutant au complément de 78°33'41″, on aura la hauteur du pôle égale à 35°11'58″, hauteur bien différente de celle de Siganfou, que les jésuites ont trouvée de 34°16'45″. Litchun-foung avait donc raison de se plaindre que l'on ait appliqué à Siganfou ces ombres méridiennes.

Pour comparer ma formule à cette observation, je suppose $t = -1850$, et alors elle donne, pour l'obliquité de l'écliptique, 23°43'59″,4. En l'augmentant de 5″, comme nous l'avons fait dans l'observation précédente, on aura 23°44'4″,4, ce qui ne diffère que de 1′34″,6 du résultat de cette seconde observation. Ces deux observations sont les seules, avant le commencement de notre ère, que le P. Gaubil nous ait fait connaitre, et il est vraisemblable que ce savant missionnaire n'a pu en découvrir d'autres, l'incendie des livres, qui eut lieu 213 ans avant le commencement de l'ère chrétienne, ayant fait disparaitre la plupart des observations antérieures.

Observations grecques.

L'observation de Pythéas à Marseille eut lieu entre les époques des deux observations précédentes. Dans le Livre II de sa *Géographie*, Chapitre IV, Strabon dit : *Suivant Hipparque, à Byzance, la proportion de l'ombre au gnomon est la même que Pythéas prétend avoir observée à Marseille*, et dans le Chapitre V du même Livre, il ajoute : *A Byzance, au solstice d'été, la proportion de l'ombre au gnomon est celle de 42 moins $\frac{1}{5}$ à 120.*

C'est sans doute d'après cette observation que Ptolémée, dans son *Almageste* (Livre XII, Chap. VI), fait passer par Marseille le 14ᵉ parallèle, dans lequel la longueur de l'ombre au solstice d'été est de 20 parties $\frac{5}{6}$, celle du gnomon étant de 60 parties. Pythéas fut, au plus tard, contemporain d'Aristote; on peut donc, sans erreur sensible, rapporter son observation à l'an 350 avant notre ère. En la corrigeant de la réfraction et de la parallaxe, elle donne 19°28′29″ pour la distance solsticiale du centre du Soleil au zénith de Marseille. La latitude de l'observatoire de cette ville est de 43°17′49″ : si l'on en retranche la distance précédente, on aura 23°49′20″ pour l'obliquité de l'écliptique au temps de Pythéas.

Les nouvelles Tables solaires publiées par le Bureau des Longitudes, et qui sont fondées sur les formules du Livre VI de la *Mécanique céleste*, Chap. XVI, donnent 23°46′7″ pour l'obliquité de l'écliptique correspondant à l'année 350 avant notre ère. La différence 3′13″ est dans les limites des erreurs dont l'observation de Pythéas est susceptible.

Environ un siècle après l'observation de Pythéas, Ératosthène entreprit de mesurer la Terre, et il fonda cette mesure sur des observations solsticiales du gnomon, faites à Syène et à Alexandrie (CLÉOMÈDE, Livre I, *Sur la contemplation des orbes célestes*, Chapitre X de la grandeur de la Terre). Ératosthène employa un style vertical élevé dans un segment sphérique, le sommet du style étant au centre du segment; il trouva la distance entre les zéniths de Syène et d'Alexandrie égale à la cinquantième partie de la circonférence; ainsi, le Soleil étant, suivant cet astronome, au zénith de Syène le jour du solstice d'été, il trouvait le même jour sa distance au zénith d'Alexandrie, de 7°12′0″. Cette distance était celle du bord supérieur du Soleil; car les anciens astronomes ne corrigeaient point la hauteur du Soleil observée au gnomon, pour avoir celle du centre du Soleil; c'est la raison pour laquelle leurs latitudes étaient trop petites du demi-diamètre du Soleil. Cela est évident pour Alexandrie, dont Ptolémée suppose la latitude de 30°58′, tandis que, par les observations de Nouet, elle est de 31°13′5″, plus grande par conséquent de 15′5″, ce qui est à peu près le demi-diamètre du Soleil. Il faut donc corriger la hauteur apparente du Soleil observée par Ératosthène, au solstice d'été à Alexandrie, du demi-diamètre du Soleil, de la réfraction et de la parallaxe; ce qui donne 7°27′58″ pour la distance du centre du Soleil au zénith d'Alexandrie, au même solstice. En la retranchant de la latitude d'Alexandrie observée par Nouet, la différence 23°45′7″ sera l'obliquité de l'écliptique au temps d'Ératosthène, ou vers l'an 250 avant notre ère. Suivant les formules de la *Mécanique céleste* elle était, à cette époque, de 23°45′19″, ce qui s'accorde d'une manière remarquable avec les observations d'Ératosthène. Ces observations, celle de Pythéas, et les observations chinoises précédentes, concourent donc à faire voir que l'obliquité de l'écliptique, antérieurement à notre ère, était à fort peu près telle que la donnent les formules de la *Mécanique céleste*. Considérons maintenant les observations postérieures à notre ère.

Observations chinoises.

La première de ces observations est de l'année 173 de notre ère. Elle est ainsi rapportée dans le manuscrit cité du P. Gaubil (*Connaissance des Temps* de 1809, p. 395) :

« Le 9 novembre 173, à Loyang, ombre méridienne 10 pieds. Le 7 février 174, ombre méridienne 9 pieds 6 pouces. Les ombres furent observées avec soin. »

Le gnomon était de 8 pieds.

La hauteur du centre du Soleil qui résulte de la première ombre est de $38°22'14'',0$, en la corrigeant de la réfraction et de la parallaxe. Celle qui résulte de la dernière ombre, et ainsi corrigée, est de $39°31'9'',4$. Soit x la hauteur de l'équateur à Loyang. Si l'on calcule par les nouvelles Tables du Soleil, que le Bureau des Longitudes vient de publier, la déclinaison de cet astre pour le 9 novembre 173 à midi à Loyang, plus oriental que Paris de $7^h 20^m 6^s$; si de plus on multiplie par y la variation ou déclinaison, correspondant à 10' d'accroissement dans le lieu du Soleil; enfin, si l'on désigne par z un accroissement dans l'obliquité de l'écliptique, on aura les deux équations

$$x - 16°56'58'',9 - y.2'53'',1 - z.0,69421 = 38°22'14'',0,$$
$$x - 15°37'44'',3 + y.3'5'',9 - z.0,63730 = 39°31'9'',4.$$

Ces deux équations donnent

$$x = 55°14'14'',4 + z.0,66668;$$

et, par conséquent, la latitude de Loyang, qui résulte de ces observations, est

$$34°45'45'',6 - \tfrac{1}{2}.z.$$

Par un milieu entre les observations des PP. Regis et Mailla, cette latitude est de $34°46'15''$, et l'on a vu que ce résultat diffère peu de celui des observations de Tcheou-kong; on a ainsi

$$-\tfrac{2}{3}z = 29'',4,$$

ce qui donne $z = -44'',1$. L'obliquité de l'écliptique donnée par les Tables citées était, à cette époque, de $13'54''$ plus grande qu'en 1800 : les observations précédentes donnent, par conséquent, un accroissement de $13'9'',9$ dans cette obliquité, ce qui diffère très peu du résultat des formules de la *Mécanique céleste*, sur lesquelles ces Tables sont fondées. Pour admettre une obliquité invariable, il faudrait faire $z = -13'54''$, et alors on aurait $34°55'1'',6$ pour la latitude de Loyang, ce qui est inadmissible.

En supposant z nul, dans les équations précédentes, on aura

$$y = -1,7242;$$

les observations précédentes paraissent donc indiquer une diminution de $17'$ dans le lieu du Soleil, déterminé par les Tables. Cette diminution est trop grande pour pouvoir être admise, et il est plus naturel de l'attribuer aux erreurs des observations. En supposant y et z nuls, on aura par la première observation $34°40'47'',1$ pour la hauteur du pôle, et $34°51'6'',3$ par la seconde observation, ce qui donne par un milieu $34°45'56'',7$ pour cette hauteur.

L'an 461, Tsou-tchong, habile astronome chinois, détermina l'instant du solstice d'hiver. Voici ce que rapporte, sur cet objet, le manuscrit cité du P. Gaubil (*Connaissance des Temps* de 1809, p. 389).

« Ce solstice fut déterminé à Nanking l'année sin-tcheou, 5ᵉ de Taming, au jour y-yeou, 31 ke après minuit; c'est l'an 461, le 20 décembre 7ʰ26ᵐ24ˢ du matin.

» L'astronome Tsou-tchong détermina ce solstice, et c'est le premier solstice chinois dont on trouve la détermination détaillée. La voici : au jour gin-su de la dixième lune, ombre méridienne 10 pieds 7 pouces 7 fen 5 li. Au jour ting-ouey de la onzième lune, ombre méridienne 10 pieds 8 pouces 1 fen 7 li 5 hao. Au jour vou-chin, onzième lune, ombre méridienne 10 pieds 7 pouces 5 fen 2 ou 3 li.

» Le 1er janvier 462 fut ting-yeou, ainsi gin-su fut le 27 novembre 461, ting-ouey fut le 11 janvier 462, et vou-chin fut le 12 janvier 462.

» Tsou-tchong examina la différence de l'ombre les 11 et 12 janvier, et par la règle de trois qu'il emploie, il trouva entre le 11 et le 12 janvier le moment où l'ombre fut égale au midi du 27 novembre; il compta les jours ke, fen, entre ce moment et le midi du 27 novembre; il en prit la moitié, qu'il ajouta au midi du 27 novembre, et il trouva ainsi ce solstice le 20 décembre, à 31 ke après minuit, ou $7^h 26^m 24^s$ du matin. Jusqu'à la venue des Jésuites, les astronomes chinois se sont servis de cette méthode pour déterminer les solstices.

» La hauteur du gnomon, 8 pieds : le pied a 10 pouces, le pouce a 10 li, 1 li a 10 hao.

» Tsou-tchong prit de grandes précautions pour que le gnomon fût bien perpendiculaire; le plan fut de niveau, et il mesura exactement l'ombre; il voulait relever les défauts de la méthode de Hoching-tien. Selon cette méthode, l'an 461, le solstice aurait dû arriver au jour kiaching (19 décembre) $7^h 12^m$ après midi. L'année solaire de Hoching-tien était de 365 jours 24 ke $60^m 71^s$, ou $5^h 53^m 44^s$; Tsou-tchong entreprit de faire voir le défaut de cette année, et il dit que l'an solaire était de 365 jours $5^h 49^m 40^s$; il ne dit pas sur quelles observations il fit cette détermination. Cet auteur corrigea encore le temps du solstice de l'an 173, et il le détermina le 22 décembre à $9^h 7^m$ du matin. »

Les observations sur lesquelles Tsou-tchong fonda sa détermination de l'année sont évidemment ce solstice de 173, et celui qu'il détermina en 461; car l'intervalle de ces deux solstices, tel que Tsou-tchong les a déterminés, est de 288 révolutions solaires et de 288 années juliennes moins 2 jours $1^h 40^m 36^s$, ce qui donne, pour la longueur de l'année, 365 jours $5^h 49^m 39^s$, la même à 1^s près que celle de Tsou-tchong.

Si l'on nomme x la hauteur de l'équateur à Nanking, y le nombre par lequel on doit multiplier la variation de déclinaison, correspondante à 10′ d'accroissement dans la longitude du Soleil; enfin, si l'on désigne par z un accroissement dans l'obliquité de l'écliptique, les observations de Tsou-tchong donneront les trois équations suivantes :

$$x - 21°39'59'' - y . 1'41'',0 - z.0,90669 = 36°18'51'',$$
$$x - 21°42'48'',5 + y . 1'41'',0 - z.0,90678 = 36°12'48'',0,$$
$$x - 21°39'25'',7 + y . 1'44'',7 - z.0,90093 = 36°21'58'',0;$$

ces trois équations donnent

$$x = 57°56'55'' + z.0,90527,$$

ce qui donne la latitude de Nanking égale à

$$32°3'5'' - z.0,90527.$$

Suivant l'observation du P. Fontaney, missionnaire jésuite, la latitude de Nanking est de 32°4'; en la comparant à la précédente, on a

$$z = -1'0'',7 ;$$

mais les observations étant susceptibles d'une minute d'erreur, et la ville de Nanking ayant une si grande étendue, que la différence en latitude de ses points extrêmes est beaucoup plus grande, on peut regarder ces observations comme étant conformes aux formules de la *Mécanique céleste*. L'obliquité de l'écliptique donnée par les formules de la *Mécanique céleste* était alors de 23°39'25'',7 ; elle était donc, par l'observation de Tsou-tchong, de 23°38'8'',2. En supposant z nul, on aura

$$y = -1,12850,$$
$$x = 57°56'8''.$$

Cette valeur de x diffère peu de la précédente. La valeur de y semble indiquer, comme celle de l'observation précédente, une diminution dans la longitude du Soleil donnée par les Tables; mais les observations modernes ne permettent pas d'admettre cette diminution. Quoi qu'il en soit, les observations de Tsou-tchong méritent d'autant plus de confiance, que l'intention de cet habile observateur ayant été de relever les fautes de ses prédécesseurs, il a mis un soin particulier à les faire avec exactitude. C'est d'ailleurs au solstice déterminé par ces observations que Cocheou-king a comparé ses propres observations, pour avoir la longueur de l'année, qu'il trouva de 365 jours, 2425, la même exactement que notre année grégorienne.

Nous trouvons dans l'an 629, une observation faite avec soin par un habile astronome, dans l'intention encore de relever une faute de ses prédécesseurs. « On a vu dans la seconde observation, dit le P. Gaubil (*Connaissance des Temps*, année 1809, p. 397), que Litchun-foung s'était récrié contre des ombres solsticiales appliquées mal à propos à Siganfou. Cet astronome voulut donc observer exactement l'ombre méridienne des solstices à Siganfou, avec un gnomon de 8 pieds; il fit son observation l'an ki-tcheou (629) de l'empire de Tching-koan, à la ville de Tchang-gan ou Siganfou, capitale de l'empire; au jour koucy-hang de la cinquième lune (19 juin) fut le solstice d'été; l'ombre méridienne fut de 1 pied 4 pouces 6 fen.

» Au jour ping-yn de la onzième lune (19 décembre) fut le solstice d'hiver, ombre méridienne 12 pieds 6 pouces 3 fen. »

L'ombre d'été donne pour la hauteur du centre du Soleil, corrigée de la réfraction et de la parallaxe, 79°23′31″,6.

L'ombre d'hiver donne, pour la même hauteur ainsi corrigée, 32°3′21″,3.

La différence de ces deux hauteurs est 47°20′10″,3, dont la moitié, 23°40′5″,1, est l'obliquité de l'écliptique déterminée par ces observations. Suivant les nouvelles Tables qui sont fondées sur les formules de la *Mécanique céleste*, l'obliquité de l'écliptique devait être, à cette époque, 23°38′1″. La différence est peu considérable, vu l'incertitude des observations elles-mêmes.

La hauteur du pôle à Siganfou, qui en résulte, est 34°16′33″,5; cette hauteur a été observée de 34°16′0″ par les missionnaires jésuites. Cet accord est une preuve de la justesse de ces observations.

Je viens enfin aux observations nombreuses et précises du plus grand astronome qu'ait eu la Chine, de Cocheou-king. Aucun observateur avant lui n'a laissé des observations aussi exactes que les siennes; leur exactitude est même supérieure à celle des observations de Tycho : elle est due à la grandeur de l'instrument dont il a fait usage, et aux précautions qu'il a prises pour en assurer la justesse. Rapportons d'abord les observations du manuscrit cité (*Connaissance des Temps* de 1809, p. 392);

« Solstice d'hiver à Peking; ce solstice est marqué à l'an ting-tcheou de l'empire de Cobilay (1277), à $7^h 43^m$ du matin du jour kouey-mao (14 décembre).

» Solstice d'été à Peking, an vou-yn de l'empire de Cobilay (1278), à $10^h 43^m 12^s$ du soir, du jour y-se de la cinquième lune (14 juin).

» Solstice d'hiver à Peking, an vou-yn de Cobilay (1278), $1^h 28^m 48^s$ après midi du jour vou-chin (14 décembre).

» Solstice d'été à Peking, an ki-mao de Cobilay (1279), $4^h 33^m 36^s$ du matin au jour sin-hao (15 juin) de la cinquième lune.

» Solstice d'hiver à Peking, an ki-mao de Cobilay (1279), $7^h 28^m 48^s$ du soir du jour kouey-tcheou (14 décembre), onzième lune.

» Solstice d'hiver à Peking, an kent-chin de Cobilay (1280), $1^h 26^m 24^s$ après minuit du jour ki-ouey de la onzième lune (14 décembre).

» Ces solstices furent déterminés par Cocheou-king, selon la méthode de Tsou-tchong rapportée ci-dessus (¹). Tsou-tchong n'employa que trois observations; son gnomon était de 8 pieds. Cocheou-king employa sept, huit, neuf, dix observations correspondantes, et il se servait d'un gnomon de 40 pieds. Le dernier solstice est l'époque de l'Astronomie de Cobilay, rangée par Cocheou-king.

» Ces solstices méritent d'être examinés, à cause des ombres méridiennes que Cocheou-king observa avec ce gnomon (*Connaissance des Temps* de 1809, p. 399). Il fit un petit trou à une lame de cuivre pour recevoir l'image du Soleil. Ce trou était, dit-il, comme celui d'une aiguille; c'est du centre de ce trou qu'il prit la hauteur du gnomon, et il mesurait l'ombre jusqu'au centre de l'image. Jusqu'ici,

____

(¹) *Connaissance des Temps* de 1809, p. 389.

dit-il, on se servait de gnomons de 8 pieds, et par leur moyen, on n'observait que le bord supérieur du Soleil. On avait, ajoute-t-il, de la peine à distinguer le terme de l'ombre, et le gnomon de 8 pieds était trop petit. Ce sont les raisons, poursuit Cocheou-king, qui m'ont porté à me servir d'un gnomon de 40 pieds, et à prendre l'image du centre du Soleil.

» A Peking, au solstice d'été, un gnomon de 40 pieds, ombre méridienne du centre du Soleil 11 pieds 7 pouces; au solstice d'hiver 79 pieds 8 pouces.

» C'est aux années 1277, 1278, 1279 et 1280 que Cocheou-king fit ces observations; et, vu les précautions qu'il prit pour le niveau et pour le mesurage, elles paraissent exactes.

» L'an 1279, au jour y-ouey de la deuxième lune (31 mars), ombre méridienne du centre du Soleil 26 pieds 3 fen 4 li 5 hao (¹) :

		pi	po	fen	li	hao
Le 16 mars, ombre méridienne............		32	1	9	5	5
Le 29 août, ombre méridienne.............		25	8	9	9	0
Le 29 juin, ombre méridienne.............		12	2	6	4	0
Le 29 novembre, ombre méridienne........		76	7	4	0	0
L'an 1278, 10 juin, ombre méridienne......		11	7	7	7	5

» Il y a beaucoup d'autres ombres méridiennes observées avec ce gnomon de 40 pieds. Si on le souhaite, on en fera part. »

On doit bien regretter, vu l'exactitude de ces observations, qu'elles ne soient pas en plus grand nombre, et que l'offre du P. Gaubil n'ait point eu d'effet. On doit inviter les savants et les missionnaires qui seront à portée de se les procurer, à nous les faire connaître et à nous donner sur l'Astronomie chinoise, et en particulier sur celle de Cocheou-king, tous les renseignements qu'ils pourront obtenir.

Discutons d'abord les observations au gnomon qui n'ont point été faites aux solstices. Ces observations, réduites en pieds, renfermant un grand nombre de décimales, paraissent avoir été faites ou du moins rapportées avec plus de précision que celles des solstices.

(¹) Le pied a 10 pouces, le pouce 10 fen, le fen 10 li, le li 10 hao.

Les trois observations méridiennes faites vers les solstices, sont celles des 10 juin 1278, 29 juin 1279 et 29 novembre 1279. Les longueurs correspondantes observées du gnomon sont

$$11^{pi},7775, \quad 12^{pi},264, \quad 76^{pi},74.$$

Ces longueurs donnent pour les distances correspondantes du Soleil au zénith, corrigées de la réfraction et de la parallaxe et réduites au solstice, ·

$$16°20'35'',6, \quad 16°20'38',9, \quad 63°24'57'',0.$$

La moyenne des deux premières observations donne $16°20'37'',2$ pour la distance du Soleil au zénith, au solstice d'été; en la retranchant de la distance du Soleil au zénith, au solstice d'hiver, la moitié de la différence donnera $23°32'9'',9$ pour l'obliquité apparente de l'écliptique. La nutation était alors $-7'',4$; ainsi l'obliquité vraie était $23°32'2'',5$ en 1279. Suivant les nouvelles Tables, cette obliquité devait être $23°32'27'',7$. La différence $25''$ est dans les limites des erreurs des observations. La moitié de la somme des deux distances du Soleil au zénith donne $39°52'47''$, 1 pour la distance apparente de l'équateur au zénith ou pour la hauteur apparente du pôle. En en retranchant $7'',4$ à raison de la nutation, vers le milieu de 1279, on aura $39°52'39'',7$ pour la hauteur vraie du pôle.

Les deux longueurs d'ombres solsticiales 11^{pi}, 7 et 79^{pi}, 8 donnent pour les distances respectives du Soleil au zénith, corrigées de la réfraction et de la parallaxe,

$$16°18'28'',9 \quad \text{et} \quad 63°24'24'',0;$$

d'où résulte $23°32'57'',5$ pour l'obliquité de l'écliptique, $39°51'26'',5$ pour la hauteur du pôle. Ces résultats diffèrent un peu des précédents; mais on peut croire, avec quelque probabilité, que la différence vient des décimales négligées dans les longueurs solsticiales des ombres, dans lesquelles il paraît que l'on n'a conservé que la première décimale.

Considérant présentement les observations faites vers les équinoxes, savoir celles du 16 mars, du 31 mars et du 29 août 1279, les
longueurs observées des ombres donnent, pour les distances apparentes du centre du Soleil au zénith, corrigées de la réfraction et de
la parallaxe,

$$38°50'27'',4, \quad 33°4'0'',5, \quad 32°55'48'',5.$$

En prenant donc $39°52'47''$,1 pour la distance apparente de l'équateur
au zénith, on a les trois déclinaisons boréales suivantes du Soleil,

$$1°2'19'',7, \quad 6°48'46'',6, \quad 6°56'58'',6;$$

ce qui donne, pour les longitudes apparentes du Soleil,

$$2°36'5'',2, \quad 17°16'36'',7, \quad 5^{s}12°22'1'',3.$$

Ces longitudes, calculées par les nouvelles Tables, sont

$$2°35'10'',6, \quad 17°17'24'',1, \quad 5^{s}12°23'5'',0.$$

Les erreurs des Tables sont donc

$$-54'',6, \quad +47'',4, \quad +1'3'',7.$$

Ces erreurs sont dans les limites de celles dont les observations sont
susceptibles.

Ces observations sont très propres à déterminer l'équation du
centre du Soleil à leur époque; elles donnent cette équation plus
grande de 122″ qu'en 1800 et, par là, elles confirment avec évidence
sa diminution successive, de même que les observations vers les solstices confirment la diminution successive de l'obliquité de l'écliptique.

Il nous reste à considérer les observations des solstices de Cocheou-
king. En calculant, par les nouvelles Tables, les longitudes du Soleil
pour les instants de ces solstices, on a les résultats suivants :

		Longitude du Soleil.	Erreurs des Tables.
1277.	14 décembre	8.29.59.41,8	—0.18,2
1278.	14 juin	3. 0. 2.14,2	2.14,2
1278.	14 décembre	8.29.59.15,0	—0.15,0
1279.	14 juin	3. 0. 2.24,0	2.24,0
1279.	14 décembre	9. 0. 0.19,1	0.19,1
1280.	14 décembre	9. 0. 0.35,8	0.35,8

Les erreurs sont peu considérables, mais il est remarquable qu'elles soient les plus grandes aux deux solstices d'été, et presque nulles aux quatre solstices d'hiver. On peut expliquer cette différence en observant que Cocheou-king a déterminé l'instant de chaque solstice, au moyen d'un grand nombre de longueurs méridiennes, avant et après le solstice. Concevant donc qu'il ait choisi des observations voisines des équinoxes, temps où la variation journalière de la déclinaison est considérable, cet astronome supposait le grand axe de l'orbe solaire perpendiculaire à la ligne des équinoxes, comme on le voit dans l'*Histoire abrégée de l'Astronomie chinoise*; et en 1280 l'apogée était avancée de 3ˢ34′ suivant les nouvelles Tables. Cocheou-king se trompait donc en fixant l'instant du solstice au milieu de l'intervalle de temps écoulé entre les deux équinoxes ou entre les deux instants où les deux ombres avant et après le solstice étaient égales. Il est facile de voir qu'il retardait d'une demi-heure environ le solstice d'été, et qu'il avançait de la même quantité le solstice d'hiver; en sorte que les erreurs des Tables au solstice d'été doivent surpasser de 2′27″ environ les erreurs au solstice d'hiver. C'est en effet ce qui a lieu, à fort peu près, dans les observations précédentes. L'erreur moyenne dans les observations précédentes des solstices d'hiver est 5″,4; dans les solstices d'été, elle est 2′19″,1; ainsi l'erreur moyenne des six observations précédentes est 1′12″,5; en la divisant par 521, nombre des années écoulées depuis 1279 jusqu'en 1800, le quotient 0″,14 sera ce dont il faut augmenter le mouvement séculaire du Soleil, suivant les solstices précédents, ce qui diminuerait d'environ 3″,5 la longueur de l'année. Les observations rapportées ci-dessus, des longueurs de

l'ombre, vers les équinoxes, donnent — 3″,6 pour l'erreur moyenne
des Tables, après l'équinoxe du printemps, et + 1′3″,7 pour l'erreur avant l'équinoxe d'automne; en sorte que l'erreur moyenne des
Tables, donnée par ces observations, est 60″,1, et l'on doit remarquer
que cette erreur est indépendante de celle que l'on a pu commettre
sur la position de l'équateur. Il en résulte un accroissement de 11″
environ dans le mouvement séculaire du Soleil. Quoi qu'il en soit,
la petitesse de ces erreurs prouve la bonté des observations et fait
regretter de n'en pas avoir un plus grand nombre.

On voit dans l'*Histoire de l'Astronomie chinoise* du P. Gaubil, publiée
par le P. Souciet, p. 72, troisième Partie (¹), qu'au solstice d'hiver
de l'an 1280, Cocheou-king détermina le lieu du Soleil dans la constellation *ki* (²), et qu'il trouva le solstice éloigné du 6ᵉ degré chinois
de la constellation *hiu*, de 315°,1075 chinois, c'est-à-dire éloigné de
321°,1075 du commencement de la constellation *hiu*. Cette constellation commence à l'étoile β du Verseau; ainsi le solstice était, suivant Cocheou-king, éloigné de cette étoile de 321°,1075 chinois. Cet
astronome, et généralement les astronomes chinois, jusqu'à l'arrivée
des Jésuites, ont divisé la circonférence en degrés, de manière que
chaque degré représentait le moyen mouvement du Soleil dans un
jour. Ce degré variait ainsi avec la durée qu'ils supposaient à l'année
solaire. Or, Cocheou-king la faisait de 365ᵈ,2425, ce qui réduit les
321°,1075 chinois à 316°29′58″ degrés sexagésimaux. La longitude
de β du Verseau pour le 1ᵉʳ janvier 1281, et calculée par les formules
du Tome III de ma *Mécanique céleste*, est de 10ˢ13°22′5″; le solstice
d'hiver en était donc éloigné de 316°35′45″ : l'erreur de Cocheou-king
n'était donc que de 5′47″, ce qui est très peu considérable.

(¹) *Observations mathématiques, astronomiques, géographiques, etc.*, rédigées et
publiées par le P. Étienne Souciet. Paris, 1732.

(²) « Cocheou-king commençait les degrés du Zodiaque par le sixième de la constellation *hiu*. »

Observations arabes et perses.

M. Caussin a bien voulu, à ma prière, traduire la partie de l'Ouvrage d'Ebn-Jounis, qui renferme les observations arabes. Sa traduction est imprimée dans le 7ᵉ Volume des *Notices des manuscrits;* elle contient la collection la plus nombreuse des observations arabes, et parmi elles il s'en trouve plusieurs relatives à l'obliquité de l'écliptique. On y voit que l'an 214 de l'hégire, les astronomes d'Almamon ont observé à Bagdad l'obliquité de l'écliptique, de 23°35′, et que trois ans après ils l'observèrent à Damas de 23°33′52″. Cependant Ebn-Jounis rapporte le passage suivant d'Ebn-hatem-Alnairizi : « L'obliquité de l'écliptique des astronomes d'Almamon est celle qui subsiste encore de notre temps; elle fut observée par eux avec beaucoup d'exactitude, et quoiqu'ils n'aient pas également réussi dans leurs observations, attendu les connaissances qui leur manquaient, celle-ci a été très bien faite, à cause de la grandeur et de la bonté de l'instrument, et du peu de difficulté de l'opération et du peu de secours qu'ils avaient. Cette obliquité est de 23°35′. » Les astronomes arabes paraissent s'être arrêtés généralement à cette détermination; mais je ne trouve d'observations détaillées que celles d'Albatenius et d'Ebn-Jounis. Dans son Ouvrage *de Scientia stellarum,* Chapitre IV, Albatenius dit : « Avec un instrument formé de plusieurs côtés et d'une très longue alidade, tel que Ptolémée le décrit dans l'*Almageste,* après avoir vérifié la position de l'instrument aussi bien qu'il est possible, j'ai trouvé dans la ville d'Aracte la plus petite distance méridienne du Soleil au zénith, de 12°26′, et la plus grande de 59°36′. » Ces deux distances, corrigées de la réfraction et de la parallaxe, deviennent 12°26′10″ et 59°37′32″; la moitié de leur différence donne 23°35′41″ pour l'obliquité de l'écliptique, à l'époque d'Albatenius, c'est-à-dire vers l'an 880. Les formules de la *Mécanique celeste* donnent, à cette époque, 23°35′53″, ce qui s'accorde d'une manière remarquable avec l'observation d'Albatenius.

Voici maintenant l'observation d'Ebn-Jounis, extraite du Chapitre XI de son Ouvrage :

« J'ai mesuré la plus grande déclinaison, et j'ai trouvé 23°35′, en faisant la parallaxe du Soleil différente de celle rapportée par Ptolémée, comme je l'expliquerai dans cette Table. J'ai trouvé, avec les instruments de notre seigneur le prince des fidèles Alaziz-Billah-Nazar-Aboulmansor, la hauteur du Soleil à midi, corrigée de l'effet de la parallaxe qui la diminuait, 36°21′30″, le Soleil étant alors dans le premier degré du Capricorne. J'ai pris cette mesure avec toute la justesse et tout le soin possibles. J'ai trouvé pareillement la hauteur corrigée de l'effet de la parallaxe au commencement du Cancer et lorsqu'elle était à son maximum, 83°31′30″. Retranchant la plus petite de ces deux hauteurs de la plus grande, on a 47°10′ dont la moitié ou la plus grande déclinaison est 23°35′. C'est ce que j'ai adopté dans cette Table.

» J'ai comparé aussi, un grand nombre de fois, les hauteurs méridiennes au commencement du Cancer et du Capricorne avec des hauteurs correspondantes avant et après midi, et j'ai trouvé qu'elles s'accordaient avec la plus grande déclinaison que j'ai observée : c'est pourquoi je puis garantir son exactitude.

» J'ai choisi ces deux points de l'écliptique pour cette recherche, parce que, quand il y aurait dans le lieu du Soleil erreur de plusieurs minutes, cela ne produirait aucune différence sensible, le changement de déclinaison étant alors très petit. »

Quoique l'auteur dise qu'il a employé une parallaxe du Soleil différente de celle de Ptolémée, qui n'est point indiquée dans la partie de l'Ouvrage que nous possédons, tout porte à croire cependant que la différence est peu considérable. Nous pouvons donc adopter ici, sans erreur sensible, la parallaxe de Ptolémée pour rétablir les observations d'Ebn-Jounis, telles que son instrument les a données. Cette parallaxe est de 2′51″ et devient 2′18″ à 36°21′30″ de hauteur; ainsi la plus petite hauteur méridienne observée par Ebn-Jounis était de 36°19′12″. En la diminuant de 1′19″, à raison de la réfraction, et en l'augmentant de 7″ à raison de la parallaxe, telle que la donnent les observations modernes, on aura 36°18′0″ pour la plus petite hauteur vraie du Soleil. Pour corriger semblablement l'observation de la plus grande hauteur, il faut en retrancher 18″, à raison de la fausse parallaxe, et 7″ à raison de la réfraction; il faut ensuite l'augmenter de 1″ à raison de la vraie parallaxe, ce qui donne 83°31′6″ pour cette hauteur ainsi corrigée. La moitié de la différence des deux hauteurs donne 23°36′33″ pour l'obliquité de l'écliptique au temps d'Ebn-Jounis, c'est-à-dire vers l'an 1000. La moitié de leur somme donne 30°5′27″ pour la latitude du Caire.

Cette latitude a été trouvée de 30°3′20″ par les astronomes français dans la maison de l'Institut, à fort peu de distance du lieu où l'on présume, avec beaucoup de vraisemblance, que l'astronome arabe a observé. En faisant usage de l'observation française, et en la comparant avec la plus grande hauteur du Soleil déterminée par Ebn-Jounis, on doit avoir une obliquité plus exacte, plus indépendante de la fausse parallaxe qu'il attribuait au Soleil, de la réfraction, des erreurs de division de l'instrument et de celles des observations. La latitude 30°3′20″, ajoutée à 83°31′6″, donne 113°34′26″ : si l'on en retranche 90°, on aura 23°34′26″ pour l'obliquité vers l'an 1000. Les formules de la *Mécanique céleste* donnent 23°34′50″, ce qui s'accorde, autant qu'on peut le désirer, avec les observations d'Ebn-Jounis.

L'Astronomie des Perses nous offre une observation détaillée de l'obliquité de l'écliptique faite par Ulugbey en 1437, avec un grand instrument, qui probablement était un gnomon d'une très grande hauteur. Ce grand observateur trouva à Samarkande, capitale de ses États, les hauteurs du Soleil aux deux solstices, corrigées de la parallaxe qu'il supposait au Soleil, égales à 73°52′54″ au solstice d'été, et à 26°52′20″ au solstice d'hiver. Il faisait la parallaxe du Soleil de 2′29″,4. Les hauteurs, telles qu'il les a observées, étaient donc 73°52′12″,5 et 26°50′6″,7. En les corrigeant de la réfraction et de la parallaxe vraie, elles deviennent 73°51′58″,4 et 26°48′22″,6; ce

qui donne 23°31′48″ pour l'obliquité de l'écliptique en 1437, et
39°39′49″ pour la latitude de Samarkande. Suivant les formules
de la *Mécanique céleste*, l'obliquité de l'écliptique à cette époque
devait être de 23°31′5″, ce qui ne diffère que de 43″ du résultat
des observations d'Ulugbey.

Rassemblons maintenant les résultats que nous venons de trouver.

Observations antérieures à notre ère.

| | Obliquité de l'écliptique | | Excès de la première sur la seconde. |
	par les observations.	par les formules.	
1100. Tchcou-kong	23.54. 2	23.51.58	2. 4
350. Pytheas	23.49.20	23.46. 7	3.13
230. Érathostène	23.45. 7	23.45.19	—0.12
100. Licou-hiang	23.45.39	23.44. 4	1.35

Observations postérieures à notre ère.

173. Observation chinoise	23.41. 7	23.41.51	—0.44
461. Tsou-tchong	23.38.25	23.39.26	—1. 1
629. Litchun-foung	23.40. 5	23.38. 1	2. 4
880. Albatenius	23.35.41	23.35.53	—0.12
1000. Ebn-Jounis	23.34.26	23.34.50	—0.24
1279. Cocheou-king	23.32. 3	23.32.28	—0.25
1437. Ulugbey	23.31.48	23.31. 5	0.43

L'ensemble de ces observations établit d'une manière incontestable
la diminution successive de l'obliquité de l'écliptique : leur accord
avec les formules de la *Mécanique céleste* ne laisse aucun lieu de
douter que cette diminution est uniquement due à l'attraction des
planètes les unes sur les autres et sur le Soleil. Les différences très
petites qui existent encore entre les formules et les observations étant
alternativement positives et négatives, elles n'indiquent aucun changement à faire dans les valeurs des masses que j'ai employées; ces
valeurs sont ainsi fort approchées, et pour les rectifier il faut attendre
les nouvelles observations que la suite des siècles doit procurer à l'Astronomie.

DÉPRESSION DU MERCURE DANS UN TUBE DE BAROMÈTRE

DUE A SA CAPILLARITÉ.

Connaissance des Temps pour l'an 1812; juillet 1810.

Il est nécessaire de connaître cette dépression pour rendre les baromètres comparables. On trouve pour cet objet, dans les *Transactions philosophiques* de 1776, une Table de correction que M. Charles Cavendish a formée par l'expérience. A cette époque, la théorie de l'action capillaire n'était pas connue, mais cette théorie ayant été depuis découverte et ramenée au principe fondamental des affinités chimiques, celui d'une action mutuelle des molécules de la matière, décroissante avec une extrême rapidité, de manière à devenir insensible aux plus petites distances perceptibles, il convient de fonder sur ce principe la Table des dépressions du mercure, et de n'emprunter de l'observation que les données indispensables, comme on le fait en Astronomie. On a ainsi l'avantage d'obtenir ces données avec toute la précision possible, en comparant l'ensemble des phénomènes qui en dépendent aux résultats de la théorie, et l'on évite les petites irrégularités qu'introduisent dans une Table formée par l'expérience les erreurs des observations. Ici, les données sont l'angle que la surface du mercure fait avec les parois du tube au contact, et la dépression du mercure au-dessous du niveau, dans un tube de verre très étroit. La dessiccation plus ou moins parfaite des tubes peut influer sur ces données. On sait que leur surface intérieure est tapissée d'une couche aqueuse

qu'il est très difficile d'enlever. C'est dans cette couche que se meut
le mercure du baromètre; son épaisseur suffit pour rendre insensible
l'action du verre sur le mercure, et la dépression de ce liquide dans
le baromètre est due à l'action réciproque de l'eau et du mercure.
L'ébullition du mercure dans le tube diminue de plus en plus l'épaisseur de l'enveloppe aqueuse; mais il paraît que, dans les meilleurs
baromètres, elle reste encore assez épaisse pour que l'action du verre
soit insensible. On observe, dans l'excellent baromètre à siphon de
l'Observatoire, que la convexité de la goutte qui termine les deux
colonnes de ce liquide est sensiblement égale dans les deux branches,
et j'ai conclu des expériences de M. Gay-Lussac que cette convexité
est celle qui a lieu dans un tube de verre très humecté, pourvu que
l'eau ne recouvre aucune partie de la surface de la goutte, car si la
surface entière est recouverte, j'ai fait voir qu'alors cette surface
devient celle d'une demi-sphère. Cependant, si l'on fait bouillir très
longtemps le mercure dans un tube de baromètre, on parvient, en
diminuant l'épaisseur de la couche aqueuse, à rendre sensible l'action
du verre sur le mercure. On sait, par les belles expériences du béné-
dictin Casbois, que, par une ébullition longtemps continuée, la surface de la goutte devient de moins en moins convexe, ensuite plane,
et enfin concave; dans ce dernier cas, les phénomènes capillaires
changent de nature, et la dépression se change en ascension; mais,
dans la construction des baromètres, on ne prolonge point l'ébullition jusqu'à ce point; ainsi l'action du verre sur le mercure n'y étant
point sensible, les différences qui peuvent exister dans la matière du
verre de ces tubes n'ont point d'influence sur les effets dus à leur
capillarité. Nous supposerons donc, conformément à l'expérience,
que l'angle de contact de la surface du mercure avec les parois du
tube est le même qu'à l'air libre. Cet angle et la dépression du mercure, dans des tubes très étroits, sont fort difficiles à déterminer par
l'expérience. On peut les conclure de divers phénomènes, tels que
l'épaisseur d'une large goutte de mercure sur un plan de verre horizontal; la différence de niveau du sommet de la surface du mercure

et du contact de cette surface avec les parois d'un vase de verre vertical; la dépression du mercure dans des tubes de verre très étroits: cette même dépression, lorsque le tube de mercure est introduit dans un tube de verre humecté, de manière que la surface du mercure se recouvre d'une petite colonne d'eau. J'ai conclu de l'ensemble de ces phénomènes, observés avec des instruments très précis par M. Gay-Lussac, que l'angle de contact de la surface du mercure avec le verre est de 48° de la division décimale de l'angle droit, et que le mercure, dans un tube de verre dont le diamètre serait de $0^{mm},0001$, s'abaisserait de 94766^{mm} au-dessous du niveau. La Table suivante est fondée sur ces données, suivant lesquelles l'action du mercure sur lui-même est, à volume égal, à très peu près six fois et un tiers plus grande que celle du mercure sur l'eau.

Pour former cette Table, il a fallu intégrer, par approximation, l'équation différentielle du second ordre de la surface du mercure dans un tube cylindrique de verre. Cette équation, que j'ai donnée dans ma *Théorie de l'action capillaire*, fournit une expression fort simple du rayon osculateur de la courbe génératrice de la surface. En considérant donc cette courbe comme une suite de petits arcs de cercle, décrits avec ces divers rayons, et qui se touchent par leurs extrémités, on aura les coordonnées de la courbe d'une manière d'autant plus précise que l'on aura divisé l'amplitude de la courbe en un plus grand nombre de parties. Cette amplitude, à partir du sommet, est l'angle que le côté de la courbe fait avec l'horizon; l'amplitude totale est donc de $52°$. On l'a divisée en douze parties égales et l'on a supposé la dépression du mercure dans le baromètre successivement de $4^{mm},5$, $4^{mm},0$, $3^{mm},5$, $2^{mm},0$, $1^{mm},5$, $1^{mm},0$. Au-dessous de 1^{mm}, on a fait varier les dépressions de dixième en dixième jusqu'à $0^{mm},1$; enfin on a considéré la dépression de $0^{mm},05$. La dépression étant toujours réciproquement proportionnelle au rayon osculateur du sommet de la courbe, on a eu, par cette propriété, le premier rayon osculateur. Ce rayon a donné les valeurs de l'abscisse et de l'ordonnée correspondantes à la première division, en la considérant comme un arc de cercle, les abscisses étant prises à partir du sommet de la surface sur son axe de révolution. Ces premières valeurs, substituées dans l'expression du rayon osculateur de la courbe, ont donné le second rayon osculateur, et à son moyen on a déterminé les accroissements de l'abscisse et de l'ordonnée dans la seconde division, en considérant encore, dans cette partie, la courbe comme un arc de cercle décrit avec le second rayon osculateur. On a ainsi obtenu les secondes valeurs de l'abscisse et de l'ordonnée, au moyen desquelles on a déterminé un troisième rayon osculateur. En continuant ainsi jusqu'à la dernière division, la valeur obtenue pour la dernière ordonnée a exprimé le demi-diamètre du tube correspondant à la dépression supposée. Au-dessous de $0^{mm},8$ de dépression, les rayons osculateurs, vers le sommet de la courbe, sont si considérables, qu'il a été nécessaire, dans cette partie, d'employer de plus petites divisions de l'amplitude; on ne l'a donc fait croître que de deux en deux degrés, jusqu'à douze degrés, et, pour les six premiers degrés, on a calculé les coordonnées au moyen de séries convergentes que j'ai tirées de l'équation différentielle de la surface d'un liquide, lorsque le dernier angle de contingence est très petit. Voici les formules et les séries dont on a fait usage.

Soit $V^{(r)}$ l'inclinaison du côté de la courbe, à l'extrémité inférieure de la $r^{\text{ième}}$ division; soient $z^{(r)}$ et $u^{(r)}$ l'abscisse et l'ordonnée correspondantes à la même extrémité; soient encore $b^{(r)}$ le rayon osculateur de la courbe au même point et b ce même rayon au sommet de la courbe; l'équation différentielle de la courbe donnera

$$\frac{1}{b^{(r)}} = \frac{2}{b} + 2 a z^{(r)} - \frac{1}{u^{(r)}} \sin V^{(r)},$$

a étant ensuite un coefficient constant égal à $\frac{1}{6,5}$, le millimètre étant pris pour unité. On aura ensuite

$$u^{(r+1)} = u^{(r)} + 2 b^{(r)} \sin \tfrac{1}{2}(V^{(r+1)} - V^{(r)}) \cos \tfrac{1}{2}(V^{(r+1)} + V^{(r)}),$$
$$z^{(r+1)} = z^{(r)} + 2 b^{(r)} \sin \tfrac{1}{2}(V^{(r+1)} - V^{(r)}) \sin \tfrac{1}{2}(V^{(r+1)} + V^{(r)}).$$

On a, pour la première division,

$$u^{(1)} = b \sin V^{(1)};$$
$$z^{(1)} = 2\,b \sin^2 \tfrac{1}{2} V^{(1)}.$$

La dépression du mercure dans le baromètre est $\frac{1}{ab}$ [*voir le Supplément à la Théorie de l'action capillaire*, p. 59 et suivantes, Tome IV de la *Mécanique céleste* ([1])]. Les expressions de z et $\frac{dz}{du}$, de la page 60 de ce *Supplément*, donnent les séries suivantes dont on a fait usage pour les dépressions au-dessous de $0^{mm},8$:

$$z = \frac{1}{ab}\left(\overline{2},8860566\,u^3 + \overline{3},1700532\,u^5 + \overline{5},1018673\,u^7 \right.$$
$$\left. + \overline{8},7838040\,u^9 + \overline{10},2719206\,u^{11} + \ldots\right),$$

$$\operatorname{tang} V = \frac{1}{ab}\left(\overline{1},1870866\,u + \overline{3},7721132\,u^3 + \overline{5},8800186\,u^5 \right.$$
$$\left. + \overline{7},6868940\,u^7 + \overline{9},2719206\,u^9 + \ldots\right),$$

les coefficients des puissances de u étant ici représentés par leurs logarithmes, pour la facilité du calcul; les chiffres surmontés d'une barre horizontale étant des caractéristiques négatives. Ainsi, en donnant à u une valeur telle que V tombe entre quatre et six degrés, on a déterminé fort exactement les coordonnées relatives à cette inclinaison des côtés de la courbe. De là, au moyen des formules précédentes, on a calculé ces coordonnées pour $V = 6^{\circ}$, et l'on a fait croître cet angle de deux en deux degrés jusqu'à douze degrés; au delà, on a supposé les accroissements successifs, de quatre degrés jusqu'à $V = 52^{\circ}$.

Pour coordonner les divers résultats obtenus par la méthode précédente, dans une Table relative à des accroissements égaux du diamètre du tube, j'ai observé que les différences des logarithmes des dépressions, divisées par les différences des diamètres des tubes, forment une suite de quotients qui varient avec lenteur. Il m'a été facile, au

---

([1]) *OEuvres de Laplace*, T. IV, p. 479 et suivantes.

moyen de cette propriété, de former la Table suivante, dont M. Bouvard a bien voulu faire la plupart des calculs. La même propriété peut servir encore à l'interpolation de la Table. On trouve, dans le *Journal de Nicholson* du mois d'octobre 1809, une Table semblable, formée par le développement en série des expressions de z et de $\sin V$, et sur des données peu différentes de celles que nous avons employées. Ces deux Tables s'accordent à peu près entre elles et avec celle que M. Charles Cavendish a fondée sur les expériences. Mais la méthode que nous venons d'exposer me paraît être plus exacte et d'un calcul plus facile; elle a, de plus, l'avantage de faire connaître l'influence de la variation de l'angle de la surface du mercure, avec le tube, sur la capillarité. On sait que, par le frottement du mercure contre les parois du tube, et peut-être encore par une viscosité propre à ce liquide, cet angle peut éprouver des variations considérables; il diminue d'une manière sensible quand le baromètre monte, et il augmente quand le baromètre descend, la surface de la goutte de mercure devenant plus convexe dans le premier cas, et moins convexe dans le second. Pour rétablir cette surface dans son état naturel, on frappe doucement et à plusieurs reprises le tube du baromètre; mais il est difficile de lui rendre parfaitement cet état. Heureusement, si le baromètre est fort large, les variations dans l'angle de contact influent peu sur la dépression du sommet de la goutte, quoiqu'elles aient une influence sensible sur sa hauteur. La méthode exposée ci-dessus donne le moyen d'apprécier cette influence. Car, la dépression restant la même, elle fait connaître l'accroissement que prennent les deux coordonnées de la courbe de révolution de la surface, dans la dernière division de l'amplitude de cette courbe. Ensuite, l'angle de contact restant le même, elle donne les variations des coordonnées extrêmes, relatives à une variation donnée dans la dépression. Il est facile d'en conclure, par les méthodes différentielles, les variations du sommet de la goutte et de sa hauteur, dues à une variation donnée de l'angle de contact, et, par conséquent, la variation de dépression relative à une variation observée dans la hauteur de la goutte. Je trouve ainsi que, pour un tube de $11^{mm},4$ de diamètre intérieur, une diminution de $0^{mm},1$ dans la hauteur de la goutte produit, dans la dépression du sommet, due à la capillarité, une diminution de $0^{mm},015$, ou environ sept fois plus petite.

Table des dépressions du mercure dans le baromètre, dues à sa capillarité [1].

Diamètre intérieur des tubes en millimètres.	Dépressions en millimètres.
2	4,579
3	2,902
4	2,053
5	1,507
6	1,136
7	0,877
8	0,684
9	0,534
10	0,419
11	0,330
12	0,260
13	0,204
14	0,161
15	0,127
16	0,099
17	0,077
18	0,060
19	0,047
20	0,036

[1] On trouvera plus loin une Table analogue, mais plus détaillée, à la suite d'un Mémoire de Laplace extrait de la *Connaissance des Temps* de 1809.

DU MILIEU QU'IL FAUT CHOISIR

ENTRE

LES RÉSULTATS D'UN GRAND NOMBRE D'OBSERVATIONS.

Connoissance des Temps pour l'an 1813; juillet 1811.

Ce Mémoire est la reproduction presque littérale du Mémoire déjà inséré au Tome XII, page 401, Article VIII.

SUR L'INÉGALITÉ

À LONGUE PÉRIODE

DU MOUVEMENT LUNAIRE.

Connaissance des Temps pour l'an 1813: juillet 1811.

Il est difficile de révoquer en doute l'existence d'une inégalité à longue période dans le mouvement de la Lune, inégalité que j'ai indiquée aux Astronomes pour concilier les anomalies observées dans ce mouvement. Il paraît bien prouvé que dans les quarante-cinq années écoulées depuis 1756 jusqu'en 1801, le moyen mouvement sidéral de la Lune a été plus lent que depuis 1692 jusqu'en 1756. Cette différence est indépendante des valeurs que l'on peut attribuer à la précession des équinoxes; puisque, dans toutes les observations, la Lune a été comparée aux étoiles. Une inégalité proportionnelle au cosinus de E, E étant la longitude moyenne du périgée lunaire plus deux fois celle du nœud, fait disparaître ces anomalies : c'est ce que je vais établir par les observations.

Les Tables de la Lune de M. Bürg, publiées par le Bureau des Longitudes, donnent — 10″ pour l'excès de l'époque de 1692, déterminée par les observations, sur l'époque de ces Tables. Mais M. Bürg étant parti, pour déterminer le mouvement des étoiles ou précession, des positions déterminées en 1750, par Bradley, Mayer et La Caille, et de celles de Maskelyne, en 1800; et Maskelyne ayant supposé aux étoiles une ascension droite trop faible de 4″, en 1800, comme il l'a reconnu lui-même, on voit que M. Bürg a trouvé un mouvement de précession trop grand de $4''$ dans l'espace d'un demi-siècle; il faut donc diminuer d'environ $5''$, l'époque de 1692 qu'il a déterminée par les observations, ce qui donne $-15''$ pour la correction de l'époque des Tables, en 1692. Les corrections des autres époques ont été déterminées par M. Burckardt : elles sont le résultat d'un travail important, qu'il a fait pour perfectionner les Tables de la Lune. Voici toutes ces corrections :

$$
\begin{aligned}
1692 &\dots\dots\dots\dots\dots\dots\dots\dots\dots\dots\quad -\ 15,0 \\
1755 &\dots\dots\dots\dots\dots\dots\dots\dots\dots\dots\quad +\ 12,0 \\
1779 &\dots\dots\dots\dots\dots\dots\dots\dots\dots\dots\quad +\ \ 9,9 \\
1801 &\dots\dots\dots\dots\dots\dots\dots\dots\dots\dots\quad +\ \ 2,2
\end{aligned}
$$

J'ai appliqué à ces corrections l'équation $y\cos E$; et, en désignant par ε la correction de l'époque des Tables en 1756, et par δ celle du moyen mouvement annuel de la Lune, j'ai formé les équations de condition suivantes :

$$
\begin{aligned}
x\ \ -15,0 &= \varepsilon - 64.\delta + y.0,25540, \\
x'\ +12,0 &= \varepsilon - y.0,91619, \\
x''\ +\ \ 9,9 &= \varepsilon \div 23.\delta - y.0,34055, \\
x'''\ +\ \ 2,2 &= \varepsilon + 45.\delta + y.0,40554,
\end{aligned}
$$

x, x', x'', x''' étant les erreurs des époques déterminées par les observations. Le coefficient de y en 1779 n'est pas rigoureusement le cosinus de l'argument de l'inégalité à cette époque. Comme on a fait usage, pour déterminer cette époque, des observations depuis 1765 jusqu'en 1791, il faut prendre une moyenne entre les cosinus dans tout cet intervalle, et cette moyenne est égale à la différence des sinus extrêmes, divisée par la variation de l'argument dans cet intervalle.

Si l'on suppose y nul, ou qu'il n'existe point, dans le mouvement lunaire, d'inégalité à longue période; si de plus, on cherche alors par la méthode du n° 39 du troisième Livre de la *Mécanique céleste* (¹), le système des valeurs de ε et de δ, qui donne un minimum

(¹) *Œuvres de Laplace*, T. II, p. 134.

pour la plus grande des erreurs x, x', x'', x''', on trouve

$$x = x'' = -x' = 8',5, \qquad x''' = -2',7,$$
$$6 = 0'',158, \qquad \varepsilon = 3'',5.$$

On ne peut donc pas, sans l'inégalité à longue période, éviter une erreur de $8'',5$ au moins sur quelques-unes des époques précédentes, et une semblable erreur ne paraît pas admissible, surtout pour les époques de 1756 et de 1801. Si l'on ne considère que les trois dernières époques, on trouve que le système qui donne un *minimum* pour la plus grande des erreurs est

$$x' = -x'' = x^7 = 1'',45,$$
$$6 = -0'',218, \qquad \varepsilon = 13'',45.$$

Les erreurs précédentes sont admissibles; mais ce système donne

$$x = 42'',8,$$

ce qui est inadmissible. L'inégalité à longue période paraît donc nécessaire pour concilier toutes ces époques.

Déterminons maintenant son coefficient. Si l'on cherche, par la méthode citée, le système qui donne un *minimum* pour la plus grande des erreurs, on trouve

$$x = -x' = x'' = -x''' = -0'',761;$$
$$\varepsilon = 0, \qquad 6 = 0'',1906,$$
$$y = -13'',92.$$

On peut donc, au moyen de l'inégalité à longue période, satisfaire à toutes les époques, en n'y supposant que des erreurs en plus ou en moins de $0'',76$. En corrigeant, au moyen des valeurs précédentes, l'époque des Tables citées, pour 1766, on trouve cette époque égale à $5^s 1^\circ 8' 54'',4$; et M. Bürg a trouvé par les observations $5^s 1^\circ 8' 54'',5$; ce qui s'accorde parfaitement.

Ces valeurs donnent, pour la correction des époques des Tables de M. Bürg, la formule

$$+ i.19',06 - 13',92 . \cos E,$$

i étant le nombre des siècles depuis 1756.

En indiquant aux Astronomes l'inégalité lunaire à longue période, j'ai observé qu'elle se présentait, dans la théorie de la Lune, sous trois formes différentes. Sous la première, elle est proportionnelle au sinus de E diminué de trois fois la longitude du périgée solaire; sous la seconde forme, elle est proportionnelle au sinus de E moins une fois la longitude de ce périgée, et elle dépend de l'ellipticité de la Terre; et sous la troisième forme, elle est proportionnelle au cosinus de E, comme nous venons de le supposer, et elle dépend de la différence des deux hémisphères austral et boréal de la Terre.

Plus je réfléchis sur cet objet, et plus je suis porté à croire que cette dernière forme est la seule qui puisse être sensible.

La différence des deux hémisphères terrestres parait indiquée par la mesure du degré du méridien au Cap de Bonne-Espérance; elle l'est plus encore par la constitution même de la Terre, dont les mers recouvrent en plus grande partie l'hémisphère austral que l'hémisphère boréal. La comparaison, sous ce point de vue, de la théorie aux observations de la Lune pourra répandre un grand jour sur cet objet.

En considérant l'expression générale du rayon du sphéroïde terrestre, que j'ai donnée dans le troisième Livre de la *Mécanique céleste* ('), et celle de l'attraction qui en résulte sur un corps placé à une distance quelconque de la Terre, on voit que ces expressions sont liées l'une à l'autre, de manière que les termes de la première sont divisés dans la seconde par les puissances successives de la distance du corps attiré au centre de gravité de la Terre; et, de plus, sont multipliés respectivement par les exposants de ces puissances, diminués de deux unités. Ceux qui dépendent de l'ellipticité de la Terre ont pour diviseur le cube de la distance, et ce sont les seuls sensibles dans les phénomènes de la précession et de la nutation. Ils produisent encore dans le mouvement lunaire, en longitude et en latitude, deux inégalités sensibles que j'ai déterminées dans le septième Livre de la *Mécanique céleste* (²) et qui, comparées aux

(') *OEuvres de Laplace*, T. II.
     Id.,   T. III.

observations, donnent l'ellipticité de la Terre avec plus de précision que les mesures géodésiques. Les termes dépéndants de la différence des deux hémisphères, de l'expression générale du rayon du sphéroïde terrestre, sont divisés dans l'expression de son attraction, successivement par les puissances quatrième, sixième, etc., de la distance et, de plus, sont multipliés respectivement par 2, 4, etc.; ils sont donc, à la distance de la Lune, d'ordres très différents, quoiqu'ils puissent être du même ordre à la surface de la Terre. A cette surface, ils peuvent se détruire mutuellement; mais la distance les sépare et, à la distance de la Lune, le premier, qui a pour diviseur la quatrième puissance de cette distance, l'emporte de beaucoup sur les suivants. Cependant ces termes ont à la surface une influence différente sur les variations des arcs du méridien, de la pesanteur et de la parallaxe lunaire. On peut, à la rigueur, en multipliant par des constantes convenables les termes du rayon du sphéroïde terrestre, rendre insensibles à la surface ceux qui dépendent de la différence des deux hémisphères, en donnant au premier de ces termes, à la distance de la Lune, une influence sensible sur le mouvement de cet astre. Toutefois, il n'est pas naturel de le supposer plus grand, à la surface de la Terre, que celui qui dépend de l'ellipticité; il faut donc que l'inégalité de cent quatre-vingts ans qui en résulte, et qui est proportionnelle à $\cos E$, soit considérablement augmentée par les intégrations, pour compenser par cette augmentation la petitesse de son facteur.

La théorie de la Lune, considérée avec une attention particulière, présente une circonstance qui augmente considérablement cette inégalité. Les termes dépendants des produits de deux dimensions, des forces perturbatrices, acquièrent par les intégrations successives, dans l'expression de la longitude vraie, des diviseurs égaux au carré du coefficient du temps, dans l'argument des inégalités. Ces termes viennent du rayon vecteur et de la latitude lunaire. Le rayon vecteur, en vertu de la différence des deux hémisphères terrestres, acquiert une inégalité dont l'argument est la longitude moyenne de la Lune, plus celle du périgée, plus celle du nœud. Chacune de ces inégalités

a pour diviseur le coefficient du temps, dans le mouvement du
périgée, plus deux fois le mouvement du nœud, comme il est
facile de s'en convaincre par la théorie de la Lune exposée dans le
septième Livre de la *Mécanique céleste* (¹). En les substituant dans
l'expression différentielle de la longitude vraie de la Lune, elles produisent l'inégalité à longue période, affectée du même diviseur. Or
ce diviseur est rendu très petit par la circonstance remarquable qui,
dans la théorie lunaire, double à peu près le mouvement du périgée
lunaire déterminé par une première approximation, circonstance qui
a pendant quelque temps trompé les géomètres sur la correspondance de la théorie de la pesanteur universelle avec le mouvement
de ce périgée. Ensuite l'intégration de l'expression différentielle de
la longitude vraie donne de nouveau à l'inégalité à longue période
le même diviseur qui, se trouvant ainsi élevé au carré, augmente
considérablement, par sa petitesse extrême, le coefficient de cette
inégalité, et peut ainsi la rendre sensible. Je ne fais qu'indiquer
cette remarque, qu'il sera temps d'approfondir lorsque les observations postérieures, ou une discussion très exacte des observations
de La Hire et de Flamsteed, auront entièrement mis hors de doute
l'existence de cette inégalité déjà si vraisemblable. MM. Bouvard et
Arago ont bien voulu entreprendre, à ma prière, cette discussion,
dont je présenterai le résultat dans le Volume prochain de la *Connaissance des Temps* (²).

(¹) *OEuvres de Laplace*, T. III.
(²)   *Id.,*   T. XIII.

SUR L'INÉGALITÉ

A LONGUE PÉRIODE

DU MOUVEMENT LUNAIRE.

Connaissance des Temps pour l'an 1815; novembre 1812.

Je vais présenter ici le résultat des comparaisons que MM. Bouvard
et Arago ont bien voulu faire, à ma prière, des Tables de M. Bürg,
publiées par le Bureau des Longitudes, avec les observations de
La Hire et de Flamsteed. Les positions et les mouvements des étoiles
auxquelles la Lune a été comparée dans ces observations sont déduits des Catalogues de Bradley, Mayer et La Caille pour 1750, comparés aux derniers Catalogues de Maskelyne et Piazzi; ainsi, quand
il resterait encore quelque légère incertitude sur la précession des
équinoxes, elle ne peut influer sur le moyen mouvement sidéral de la
Lune, et sur les anomalies qu'il présente.

Les observations de La Hire, que l'on a calculées, sont au nombre
de soixante-douze : elles ont été faites depuis le 4 juillet 1685 jusqu'au 27 novembre 1686, en sorte que leur époque moyenne répond
à 1686,4. Leur ensemble donne $+ 1'',25$ pour la correction de l'é-
poque des Tables, c'est-à-dire pour ce qu'il faut ajouter à cette
époque afin qu'elle coïncide avec la longitude moyenne déduite des
observations. Si l'on rejette les observations qui surpassent $30''$, et
dont le nombre est dix, on a $+ 1'',08$ pour la correction de l'époque
des Tables; ce qui diffère très peu du résultat précédent : nous em-
ploierons la totalité des observations. Mais cette correction est

affectée de l'inégalité à longue période de ces Tables, et la valeur de
cette inégalité était alors 10″,80; la correction réelle de l'époque des
Tables, considérées indépendamment de cette inégalité, est donc
— 9″,55.

On a choisi quatre-vingts observations de Flamsteed, faites depuis
le 23 janvier 1690 jusqu'au 11 juin 1693. Leur époque moyenne répond à 1691,4, et leur ensemble donne + 1″,45 pour la correction
des Tables. Cette correction est + 1″,70, si l'on rejette quinze observations dont l'erreur surpasse 30″. A cette époque la grande inégalité
était de — 9″,0, ce qui donne — 7″,55 pour la correction de l'époque
des Tables.

M. Bürg, que j'avais engagé à faire de semblables calculs, m'a fait
l'honneur de m'envoyer le résultat, qui donne — 8″,03 pour la correction de cette époque de ses Tables telles que le Bureau des Longitudes les a publiées. Ce dernier résultat est fondé sur la discussion
de cent soixante-cinq observations de Flamsteed. En prenant une
moyenne entre les deux résultats, on peut fixer à — 7″,79 la correction de l'époque des Tables en 1691,4.

On a vu, dans la *Connaissance des Temps* de 1813 (¹), que cette
correction est + 12″,0 pour 1756; + 9″,9 pour 1779, et + 2″,2
pour 1801; ainsi le moyen mouvement de la Lune surpasse celui des
Tables de 12″,0 + 7″,79, depuis 1691,4 jusqu'en 1756 : il est, au
contraire, plus petit, depuis 1756 jusqu'en 1801, de 12″,0 — 2″,2.

Cette diminution dans le moyen mouvement actuel de la Lune
est confirmée par les calculs que le Bureau des Longitudes a fait
exécuter, pour comparer les nouvelles Tables que M. Burckhardt
vient de lui présenter, avec celles de M. Bürg. Les Tables dans
lesquelles la somme des carrés des erreurs est la plus petite de-
vaient être préférées, suivant la règle que j'ai donnée pour cet objet
dans ma *Théorie analytique des probabilités, etc.* (²). Les Tables de

---

(¹) *OEuvres de Laplace*, T. XIII.
(²)   *Id.*,   T. VII, Livre II.

M. Burckhardt ont obtenu cet avantage, soit en longitude, soit en latitude.

Cent soixante-six observations faites à Greenwich et à l'Observatoire impérial ont donné — o″,37 pour la correction de l'époque des Tables de M. Bürg, en 1804,5 ; cent trente-sept observations faites à l'École Militaire, par M. Burckhardt, ont donné — 2″,46 pour la correction de l'époque des moyennes Tables, en 1811,5. Ainsi les observations de ces dernières années confirment la diminution actuelle du mouvement moyen de la Lune.

Pour corriger ces anomalies du moyen mouvement de la Lune. j'avais indiqué à M. Bürg une inégalité à longue période, proportionnelle au sinus d'un argument formé de deux fois la longitude moyenne des nœuds de l'orbe lunaire, plus celle de son périgée, moins trois fois la longitude moyenne du périgée de l'orbe solaire. Par ce moyen, toutes les observations sont bien représentées depuis 1685 jusqu'en 1811. Mais elles le sont également bien par l'inégalité proportionnelle au cosinus de l'argument formé de deux fois la longitude moyenne du nœud lunaire, plus celle du périgée lunaire, et que la théorie indique comme devant être beaucoup plus sensible que la première. J'ai engagé, par cette raison, M. Burckhardt à employer cette dernière inégalité dans ses Tables, et si, comme cela devient extrêmement vraisemblable par les calculs précédents, cette inégalité est confirmée par les observations futures ('), elle répandra un grand jour sur la différence des deux hémisphères de la Terre. différence dont elle dépend.

(¹) *OEuvres de Laplace*, T. V, Livro XVI, p. 408.

SUR LES COMÈTES [1].

Connaissance des Temps pour l'an 1816; novembre 1813.

Parmi les hypothèses que l'on a proposées sur l'origine des comètes, la plus vraisemblable me parait être celle de M. Herschell, qui consiste à les regarder comme de petites nébuleuses formées par la condensation de la matière nébuleuse répandue avec tant de profusion dans l'univers. Les comètes seraient ainsi, relativement au système solaire, ce que les aérolithes sont par rapport à la Terre, à laquelle ils paraissent étrangers. Lorsque ces astres deviennent visibles pour nous, ils offrent une ressemblance si parfaite avec les nébuleuses qu'on les confond souvent avec elles, et ce n'est que par leur mouvement, ou par la connaissance de toutes les nébuleuses renfermées dans la partie du ciel où ils se montrent, que l'on parvient à les en distinguer. Cette hypothèse explique d'une manière heureuse la grande extension que prennent les têtes et les queues des comètes, à mesure qu'elles s'approchent du Soleil, et l'extrême rareté de ces queues qui, malgré leur immense profondeur, n'affaiblissent point sensiblement l'éclat des étoiles que l'on voit à travers, en sorte qu'il est très probable que plusieurs ont enveloppé la Terre sans avoir été aperçues.

Lorsque les nébuleuses parviennent dans cette partie de l'espace où l'attraction du Soleil est prédominante, et que nous appellerons *sphère d'activité* de cet astre, il les force à décrire des orbes elliptiques

---

[1] Consulter, pour les commentaires provoqués par ce Mémoire : *Étude sur la probabilité des comètes hyperboliques et l'origine des comètes*, par M. L. FABRY (*Annales de la Faculté des Sciences de Marseille*, T. IV, p. 1).

ou hyperboliques. Mais leur vitesse étant également possible suivant toutes les directions, elles doivent se mouvoir indifféremment dans tous les sens et dans toutes les inclinaisons à l'écliptique, ce qui est conforme à ce que l'on observe. Si leurs orbes sont elliptiques, ils sont très allongés, puisque leurs grands axes sont au moins égaux au rayon de la sphère d'activité du Soleil; mais ces orbes peuvent être hyperboliques, et si les axes de ces hyperboles ne sont pas très grands par rapport à la moyenne distance du Soleil à la Terre, le mouvement des comètes qui les décrivent paraîtra sensiblement hyperbolique. Cependant, sur cent comètes dont on a déjà les éléments, aucune n'a paru se mouvoir dans une hyperbole, ce qui forme une objection spécieuse contre l'hypothèse précédente, à moins que les chances qui donnent une hyperbole sensible ne soient extrêmement rares par rapport aux chances contraires. La conformité de cette hypothèse avec les phénomènes que nous offrent les comètes m'a fait soupçonner que cela est ainsi, et, pour m'en assurer, j'ai appliqué à cet objet le Calcul des probabilités. J'ai trouvé qu'en effet il y a un grand nombre à parier contre l'unité qu'une nébuleuse qui pénètre dans la sphère d'activité solaire, de manière à pouvoir être observée, décrira ou une ellipse très allongée ou une hyperbole qui, par la grandeur de son axe, se confondra sensiblement avec une parabole dans la partie que l'on observe. Cette application de l'analyse des probabilités pouvant intéresser les géomètres et les astronomes, je vais l'exposer ici.

Les comètes sont si petites qu'elles ne deviennent visibles que si leur distance périhélie est peu considérable. Jusqu'à présent, cette distance n'a surpassé que deux fois le diamètre de l'orbe terrestre, et le plus souvent elle a été au-dessous du rayon de cet orbe. On conçoit que, pour approcher si près du Soleil, leur vitesse au moment de leur entrée dans sa sphère d'activité doit avoir une grandeur et une direction comprises dans d'étroites limites. Il faut donc déterminer quel est, dans ces limites, le rapport des chances qui donnent une hyperbole sensible aux chances qui donnent un orbe que l'on puisse

confondre avec une parabole. Il est clair que ce rapport dépend de la
loi de possibilité des distances périhélies des comètes observables, et
l'examen du tableau des éléments des orbes cométaires déjà calculés
nous montre que, au delà d'une distance périhélie égale au rayon de
l'orbe terrestre, les possibilités des distances périhélies diminuent
avec une grande rapidité à mesure que ces distances augmentent. La
loi de ces possibilités doit donc être assujettie à cette condition ; mais
étant, à cela près, inconnue, nous ne pouvons que déterminer la
limite du rapport dont il s'agit, ou sa valeur dans le cas le plus favorable aux hyperboles sensibles. Si l'on suppose le rayon de la sphère
d'activité du Soleil égal à cent mille fois sa distance à la Terre, ce qui
paraît être encore au-dessous de ce qu'indique la petitesse de la parallaxe des étoiles, l'analyse donne, dans le cas le plus favorable,
$\frac{5717}{5711}$ pour la probabilité qu'une nébuleuse qui pénètre dans la sphère
d'activité solaire, de manière à pouvoir être observée, décrira une
hyperbole dont le grand axe égalera au moins cent fois la distance du
Soleil à la Terre. Une pareille hyperbole se confondra sensiblement
avec une parabole ; il y a ainsi, dans le cas le plus favorable aux hyperboles sensibles, à fort peu près cinquante-six à parier contre
l'unité que, sur cent comètes, aucune ne doit avoir un mouvement
sensiblement hyperbolique ; il n'est donc pas surprenant que, jusqu'ici, l'on n'ait point observé de mouvement semblable.

L'attraction des planètes, et peut-être encore la résistance des
milieux éthérés, a dû changer plusieurs orbes cométaires, dans des
ellipses dont le grand axe est beaucoup moindre que le rayon de la
sphère d'activité du Soleil. On peut croire que ce changement a eu
lieu pour l'orbe de la comète de 1682, dont le grand axe ne surpasse
que trente-cinq fois la distance du Soleil à la Terre. Un changement
plus grand encore est arrivé à l'orbe de la comète de 1770, dont le
grand axe n'égale que six fois environ cette distance.

Une comète perd, à chaque retour à son périhélie, une partie de sa
substance, que la chaleur et la lumière du Soleil élèvent en vapeurs
et dispersent dans l'espace, à une distance de la comète telle que son

attraction ne peut les faire retomber à sa surface. Cet astre doit donc,
après plusieurs retours, se dissiper en entier ou se réduire à un
noyau fixe qui présentera des phases comme les planètes. La comète
de 1682, la seule dans laquelle on ait jusqu'à présent observé des
phases, paraît approcher de cet état de fixité. Si ce noyau est trop
petit pour être aperçu, ou si les substances évaporables qui restent à
sa surface sont en trop petite quantité pour former, par leur évapora-
tion, une tête de comète sensible, l'astre disparaîtra pour toujours.
Peut-être est-ce une des causes qui rendent si rares les réapparitions
des comètes ; peut-être encore cette cause a-t-elle fait disparaître plus
tôt qu'on ne devait s'y attendre, plusieurs comètes dont on pouvait
suivre la trace dans l'espace, au moyen des éléments de leurs orbites ;
peut-être enfin la même cause a rendu invisible la comète de 1770,
qui, si elle a continué de se mouvoir dans l'ellipse qu'elle a décrite
pendant son apparition, est revenue, depuis cette époque, au moins
sept fois à son périhélie.

Soient

V la vitesse d'une comète à l'instant où elle pénètre dans la sphère
   d'activité du Soleil ;

r le rayon vecteur de la comète au même instant ;

a le demi-grand axe de l'orbite qu'elle va décrire autour du Soleil ;

e l'excentricité de cette orbite ;

D sa distance périhélie.

En prenant pour unité de masse celle du Soleil et pour unité de distance sa moyenne distance à la Terre, et, de plus, négligeant les
masses des comètes et des planètes relativement à cet astre, on aura,
comme l'on sait (¹) :

$$\frac{1}{a} = \frac{2}{r} - V^2,$$

$$r V \sin \varpi = \sqrt{a(1 - e^2)},$$

$$D = a(1 - e);$$

(¹) *Œuvres de Laplace*, T. I, Livre II, Chapitre IV.

ϖ étant l'angle que la direction de la vitesse V fait avec le rayon vecteur r. Ces équations donnent, en éliminant a et e,

$$\sin^2\varpi = \frac{2D - \frac{2D^2}{r} + D^2V^2}{r^2V^2},$$

d'où l'on tire

$$1 - \cos\varpi = 1 - \frac{\sqrt{1 - \frac{D}{r}}}{rV}\sqrt{r^2V^2\left(1 + \frac{D}{r}\right) - 2D}.$$

Maintenant, si l'on imagine une sphère dont le centre soit celui de
la comète et dont le rayon soit égal à la vitesse V, cette vitesse pourra
être également dirigée vers tous les points de la moitié de cette
sphère comprise dans la sphère d'activité du Soleil. La probabilité
d'une direction formant l'angle ϖ avec le rayon vecteur sera $2\pi\sin\varpi$,
π étant la demi-circonférence dont le rayon est l'unité; en divisant
donc l'intégrale $2\pi\int d\varpi\sin\varpi$ par la surface de la demi-sphère, on
aura la probabilité que la direction de la vitesse V sera comprise dans
les limites zéro et ϖ; cette probabilité est ainsi $1 - \cos\varpi$. Les limites
de la distance périhélie qui correspondent à ces limites de ϖ sont zéro
et D; en supposant donc toutes les valeurs de D également possibles,
on a pour la probabilité que la distance périhélie sera comprise entre
zéro et D

$$1 - \frac{\sqrt{1 - \frac{D}{r}}}{rV}\sqrt{r^2V^2\left(1 + \frac{D}{r}\right) - 2D}.$$

Il faut multiplier cette valeur par dV; en l'intégrant ensuite dans des
limites déterminées et divisant l'intégrale par la plus grande valeur
de V, valeur que nous désignerons par U, on aura la probabilité que
la valeur de V sera comprise dans ces limites. Cela posé, la plus
petite valeur de V est celle qui rend nulle la quantité renfermée sous
le radical précédent, ce qui donne

$$rV = \frac{\sqrt{2D}}{\sqrt{1 + \frac{D}{r}}}.$$

Supposons ensuite à l'autre limite

$$rV = i\sqrt{r};$$

et cherchons, dans ces limites, la valeur de l'intégrale

$$(a) \qquad \int dV \left[1 - \frac{\sqrt{1 - \dfrac{D}{r}}}{rV} \sqrt{r^2 V^2 \left(1 + \frac{D}{r} \right) - 2D} \right].$$

Soit

$$\sqrt{r^2 V^2 \left(1 + \frac{D}{r} \right) - 2D} = \left(rV \sqrt{1 + \frac{D}{r}} - z \right);$$

on aura

$$rV = \frac{2D + z^2}{2z \sqrt{1 + \dfrac{D}{r}}};$$

la formule (a) devient ainsi

$$V + \frac{\sqrt{1 - \dfrac{D}{r}}}{r} \int dz \left(\frac{1}{2} - \frac{4D}{2D + z^2} + \frac{D}{z^2} \right).$$

En intégrant, elle devient

$$(b) \qquad V + \frac{\sqrt{1 - \dfrac{D}{r}}}{r} \left(\frac{z}{2} - 2\sqrt{2D} \text{ arc tang } \frac{z}{\sqrt{2D}} - \frac{D}{z} \right) + C.$$

C étant une constante arbitraire. Pour la déterminer, nous observerons que les deux limites de rV étant, par ce qui précède,

$$\frac{\sqrt{2D}}{\sqrt{1 + \dfrac{D}{r}}}, \quad i\sqrt{r},$$

les limites correspondantes de z sont

$$\sqrt{2D}, \quad i\sqrt{r} \sqrt{1 + \frac{D}{r}} \left[1 - \sqrt{1 - \frac{2D}{i^2 r \left(1 + \dfrac{D}{r} \right)}} \right].$$

Cette dernière limite est

$$\frac{D}{i\sqrt{r}}\left[1 - \frac{D}{2r}\left(1 - \frac{1}{i^2}\right) + \dots\right].$$

En déterminant donc C de manière que la formule (b) soit nulle à la première limite et s'étende jusqu'à la seconde, cette formule devient

$$\frac{(\pi - 2)\sqrt{2D}}{2r} - \frac{D}{ir\sqrt{r}}.$$

Si l'on divise cette fonction par U, on aura

$$\frac{(\pi - 2)\sqrt{2D}}{2rU} - \frac{D}{iUr\sqrt{r}}$$

pour la probabilité que la distance périhélie d'un astre qui entre dans la sphère d'activité du Soleil sera comprise dans les limites zéro et D, la valeur de V^2 n'excédant pas $\frac{i^2}{r}$. Cette valeur est $\frac{2}{r} - \frac{1}{a}$; on a donc

$$\frac{1}{a} = \frac{2 - i^2}{r};$$

l'orbe est elliptique ou parabolique lorsque i^2 est inférieur ou égal à 2, elle est hyperbolique lorsque i^2 surpasse 2. Si l'on suppose, par exemple, $a = -100$, on aura

$$i^2 = \frac{r + 200}{100},$$

et la probabilité que la distance périhélie étant comprise entre zéro et D, l'orbite sera ou elliptique, ou parabolique, ou une hyperbole dont le demi-grand axe sera au moins égal à 100, est

$$\frac{(\pi - 2)\sqrt{2D}}{2rU} - \frac{10D}{rU\sqrt{r(r + 200)}}.$$

La probabilité d'une valeur de i plus considérable, ou d'une hyperbole dont le demi-grand axe serait moindre que 100, est égale à

$$\frac{10D}{rU\sqrt{r(r + 200)}},$$

car, en supposant i infini, on aura $\dfrac{(\pi - 2)\sqrt{2}D}{2rU}$ pour la probabilité que
la distance périhélie sera comprise entre zéro et D. Si l'on en retranche
la probabilité que les orbes seront des ellipses, ou des paraboles,
ou des hyperboles d'un demi-grand axe égal ou supérieur à 100, on
aura

$$\frac{10D}{rU\sqrt{r(r + 200)}},$$

pour la probabilité des hyperboles d'un grand axe au-dessous de cette
valeur. Ainsi la distance périhélie étant supposée comprise entre zéro
et D, la probabilité que l'orbe sera ou une ellipse, ou une parabole,
ou une hyperbole d'un demi-grand axe au moins égal à 100, est à la
probabilité qu'il sera une hyperbole d'un demi-grand axe inférieur,
comme

$$\frac{(\pi - 2)}{10}\sqrt{\frac{r}{2D}(r + 200)} - 1:1.$$

Si l'on suppose $r = 100000$ et $D = 2$, des distances périhélies plus
grandes étant tellement rares que l'on peut en faire abstraction, ce
rapport devient celui de $5712,7$ à l'unité; il y a donc à fort peu près
cinquante-six à parier contre l'unité que, sur cent orbes cométaires
observables, aucun ne doit être une hyperbole d'un demi-grand axe
inférieur à 100.

L'analyse précédente suppose toutes les valeurs de D comprises
entre zéro et 2, également possibles relativement aux comètes que
l'on peut apercevoir. Cependant l'examen du tableau des éléments
des orbites cométaires déjà calculées fait voir que les distances périhélies qui surpassent l'unité sont en bien plus petit nombre que
celles qui sont au-dessous. Nommons $\varphi(D)$ la probabilité d'une distance périhélie D relative à une comète observable. On vient de voir
que la probabilité que la distance périhélie d'une comète observable
sera comprise entre zéro et D, D étant fort petit par rapport à r, est,
dans le cas où toutes ces distances sont également possibles, égale à

$$\frac{(\pi - 2)\sqrt{2D}}{2rU};$$

et que la probabilité que le demi-grand axe sera inférieur à $\dfrac{r}{2-i^2}$, est

$$\frac{\mathrm{D}}{i\,\mathrm{U}\,r\sqrt{r}}.$$

Pour avoir le rapport de ces probabilités, dans le cas où ces distances ne sont pas également possibles, il faut, suivant l'analyse des probabilités, différentier ces deux quantités par rapport à D et multiplier les différentielles par $\varphi(\mathrm{D})$; alors, suivant cette analyse, les probabilités précédentes seront respectivement comme les intégrales de ces produits, ou comme

$$\frac{(\pi-2)}{2r\mathrm{U}}.\int\varphi(\mathrm{D})\,d\sqrt{2\mathrm{D}} : \frac{1}{i\,\mathrm{U}\,r\sqrt{r}}\int d\mathrm{D}\,\varphi(\mathrm{D});$$

les intégrales étant prises depuis $\mathrm{D}=o$ jusqu'à sa limite, que l'on peut ici supposer infinie, car $\varphi(\mathrm{D})$ est nul lorsque D surpasse 5. Ainsi la probabilité que le demi-grand axe de l'orbite sera inférieur à $\dfrac{r}{2-i^2}$ est

$$(q)\qquad\qquad \frac{2\int d\mathrm{D}\,\varphi(\mathrm{D})}{(\pi-2)i\sqrt{r}\displaystyle\int\frac{d\mathrm{D}\varphi(\mathrm{D})}{\sqrt{2\mathrm{D}}}}.$$

Dans le cas de $\varphi(\mathrm{D})$ constant, la fonction précédente devient

$$\frac{\sqrt{2\mathrm{D}}}{(\pi-2)i\sqrt{r}},$$

ce qui est conforme à ce qui précède; mais, si $\varphi(\mathrm{D})$ diminue quand D augmente, alors la formule (q) diminue. Pour le faire voir, il suffit de prouver que, dans ce cas, on a

$$\frac{2\int d\mathrm{D}\,\varphi(\mathrm{D})}{\displaystyle\int\frac{d\mathrm{D}\,\varphi(\mathrm{D})}{\sqrt{2\mathrm{D}}}}<\sqrt{2\mathrm{D}}$$

ou

$$2\int d\mathrm{D}\,\varphi(\mathrm{D})<\sqrt{2\mathrm{D}}\int\frac{d\mathrm{D}\,\varphi(\mathrm{D})}{\sqrt{2\mathrm{D}}},$$

et, en différentiant,

$$\varphi(\mathrm{D}) < \frac{1}{\sqrt{2\mathrm{D}}} \int \frac{d\mathrm{D}\,\varphi(\mathrm{D})}{\sqrt{2\mathrm{D}}} = \varphi(\mathrm{D}) - \frac{1}{\sqrt{2\mathrm{D}}} \int d\mathrm{D}\,\sqrt{2\mathrm{D}}\,\frac{d\varphi(\mathrm{D})}{d\mathrm{D}}.$$

Or cette inégalité est évidente, car, $\varphi(\mathrm{D})$ diminuant lorsque D augmente, $\frac{d\varphi(\mathrm{D})}{d\mathrm{D}}$ est une quantité négative.

En examinant la Table des éléments des orbes cométaires déjà calculés, on voit qu'on s'éloignera peu de la vérité en faisant $\varphi(\mathrm{D}) = kc^{-\mathrm{D}}$, c étant le nombre dont le logarithme hyperbolique est l'unité. Alors la formule (q) devient

$$\frac{\sqrt{\pi}}{(\pi - 2)\,i\,\sqrt{2r}\,\int s^{\frac{1}{4}}\,dsc^{-s}}.$$

En supposant, comme ci-dessus, $r = 100000$, et observant que l'on a

$$\log 10 \int s^{\frac{1}{4}}\,dsc^{-s} = 0{,}957\,3211,$$

la fraction précédente devient

$$\frac{1}{8264{,}3};$$

il y a donc alors, à fort peu près, 8263 à parier contre l'unité qu'une nébuleuse qui pénètre dans la sphère d'activité du Soleil décrira un orbe dont le demi-grand axe sera au moins égal à 100. Ainsi l'on peut regarder la supposition de $\varphi(\mathrm{D})$ constant, et ne s'étendant que jusqu'à $\mathrm{D} = 2$, comme la limite des suppositions favorables aux mouvements hyperboliques sensibles, en sorte qu'il y a au moins 56 à parier contre l'unité que, sur cent comètes observables, aucune n'aura un semblable mouvement.

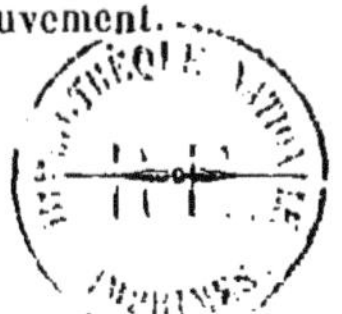

L'APPLICATION DU CALCUL DES PROBABILITÉS

A LA PHILOSOPHIE NATURELLE (¹).

Connaissance des Temps pour l'an 1818; 1815.

Quand on veut connaître les lois des phénomènes, et atteindre à une grande exactitude, on combine les observations ou les expériences de manière à faire ressortir les éléments inconnus, et l'on prend un milieu entre elles. Plus les observations sont nombreuses, et moins elles s'écartent de leur résultat moyen, plus ce résultat approche de la vérité. On remplit cette dernière condition par le choix des méthodes, par la précision des instruments, et par le soin que l'on met à bien observer. Ensuite, on détermine par la théorie des probabilités le résultat moyen le plus avantageux, ou celui qui donne le moins de prise à l'erreur. Mais cela ne suffit pas; il est encore nécessaire d'apprécier la probabilité que l'erreur de ce résultat est comprise dans des limites données : sans cela, on n'a qu'une connaissance imparfaite du degré d'exactitude obtenu. Des formules propres à cet objet sont donc un vrai perfectionnement de la méthode de la philosophie naturelle, qu'il est bien important d'ajouter à cette méthode. C'est une des choses que j'ai eues principalement en vue dans ma *Théorie analytique des Probabilités* (²), où je suis parvenu à des formules de ce genre qui ont l'avantage remarquable d'être indépendantes de la loi de probabilité des erreurs, et de ne renfermer

(¹) Lu à la première classe de l'Institut, le 18 septembre 1815.
(²) *OEuvres de Laplace*, Tome VII.

que des quantités données par les observations mêmes et par leurs expressions analytiques. Je vais en rappeler ici les principes.

Chaque observation a pour expression analytique une fonction des éléments que l'on veut déterminer; et si ces éléments sont à peu près connus, cette fonction devient une fonction linéaire de leurs corrections. En l'égalant à l'observation même, on forme ce que l'on nomme *équation de condition*. Si l'on a un grand nombre d'observations semblables, on les combine de manière à former autant d'équations finales qu'il y a d'éléments; et en résolvant ces équations, on détermine les corrections des éléments. L'art consiste donc à combiner les équations de condition de la manière la plus avantageuse. Pour cela on doit observer que la formation d'une équation finale, au moyen des équations de condition, revient à multiplier chacune de celles-ci par un facteur indéterminé, et à réunir ces produits; mais il faut choisir le système de facteurs qui donne la plus petite erreur à craindre. Or il est visible que si l'on multiplie chaque erreur dont un élément déterminé par un système est encore susceptible, par la probabilité de cette erreur, le système le plus avantageux sera celui dans lequel la somme de ces produits, tous pris positivement, est un minimum; car une erreur positive ou négative peut être considérée comme une perte. En formant donc cette somme de produits, la condition du minimum déterminera le système de facteurs le plus avantageux, et le minimum d'erreur à craindre sur chaque élément. J'ai fait voir, dans l'Ouvrage cité, que ce système est celui des coefficients des éléments dans chaque équation de condition; en sorte que l'on forme une première équation finale en multipliant respectivement chaque équation de condition par son coefficient du premier élément, et en réunissant toutes ces équations ainsi multipliées. On forme une seconde équation finale en employant les coefficients du second élément, et ainsi de suite. J'ai donné dans le même Ouvrage l'expression du minimum d'erreur, quel que soit le nombre des éléments. Ce minimum donne la probabilité des erreurs dont les corrections de ces éléments sont encore susceptibles, et qui est proportionnelle au

nombre dont le logarithme hyperbolique est l'unité, élevé à une
puissance dont l'exposant est le carré de l'erreur pris en moins, et
divisé par le carré du minimum d'erreur, multiplié par le rapport
de la circonférence au diamètre. Le coefficient du carré négatif de
l'erreur, dans cet exposant, peut donc être considéré comme le module de la probabilité des erreurs, puisque, l'erreur restant la même,
la probabilité décroît avec rapidité quand il augmente; en sorte que
le résultat obtenu pèse, si je puis ainsi dire, vers la vérité, d'autant
plus que ce module est plus grand. Je nommerai, par cette raison, ce
module, *poids* du résultat. Par une analogie remarquable de ces poids
avec ceux des corps, comparés à leur centre commun de gravité, il
arrive que, si un même élément est donné par divers systèmes composés chacun d'un grand nombre d'observations, le résultat moyen
le plus avantageux de leur ensemble est la somme des produits de
chaque résultat partiel par son poids, cette somme étant divisée par
la somme de tous les poids. De plus, le poids total des divers systèmes est la somme de leurs poids particls; en sorte que la probabilité des erreurs du résultat moyen de leur ensemble est proportionnelle au nombre qui a l'unité pour logarithme hyperbolique, élevé à
une puissance dont l'exposant est le carré de l'erreur, pris en moins,
et multiplié par la somme de tous les poids. Chaque poids dépend, à
la vérité, de la loi de probabilité des erreurs dans chaque système, et
presque toujours cette loi est inconnue; mais je suis heureusement
parvenu à éliminer le facteur qui la renferme, au moyen de la somme
des carrés des écarts des observations du système, de leur résultat
moyen. Il serait donc à désirer, pour compléter nos connaissances
sur les résultats obtenus par l'ensemble d'un grand nombre d'observations, qu'on écrivît, à côté de chaque résultat, le poids qui lui
correspond. Pour en faciliter le calcul, je développe son expression
analytique lorsque l'on n'a pas plus de quatre éléments à déterminer.
Mais cette expression devenant de plus en plus compliquée à mesure
que le nombre des éléments augmente, je donne un moyen fort
simple pour déterminer le poids d'un résultat, quel que soit le

nombre des éléments. Alors, un procédé régulier pour arriver à ce que l'on cherche est préférable à l'emploi des formules analytiques. Quand on a ainsi obtenu l'exponentielle qui représente la loi de probabilité des erreurs d'un résultat, l'intégrale du produit de cette exponentielle, par la différentielle de l'erreur, étant prise dans des limites déterminées, elle donnera la probabilité que l'erreur du résultat est comprise dans ces limites, en la multipliant par la racine carrée du poids du résultat, divisé par la circonférence dont le diamètre est l'unité. On trouve, dans l'Ouvrage cité (¹), des formules très simples pour obtenir cette intégrale, et M. Kramp, dans son *Traité des Réfractions astronomiques*, a réduit ce genre d'intégrales en Tables fort commodes.

Pour appliquer cette méthode avec succès, il faut varier les circonstances des observations de manière à éviter les causes constantes d'erreur. Il faut que les observations soient rapportées fidèlement et sans prévention, en n'écartant que celles qui renferment des causes d'erreur évidentes. Il faut qu'elles soient nombreuses, et qu'elles le soient d'autant plus qu'il y a plus d'éléments à déterminer; car le poids du résultat moyen croit comme le nombre des observations divisé par le nombre des éléments. Il est encore nécessaire que les éléments suivent, dans ces observations, une marche différente; car si la marche de deux éléments était rigoureusement la même, ce qui rendrait leurs coefficients proportionnels dans les équations de condition, ces éléments ne formeraient qu'une seule inconnue, et il serait impossible de les distinguer par ces observations. Enfin, il faut que les observations soient précises, afin que leurs écarts du résultat moyen soient peu considérables. Le poids du résultat est, par là, beaucoup augmenté, son expression ayant pour diviseur la somme des carrés de ces écarts. Avec ces précautions on pourra faire usage de la méthode précédente, et déterminer le degré de confiance que méritent les résultats déduits d'un grand nombre d'observations.

(¹) *Œuvres de Laplace*, Tomo VII, p. 101.

Dans les Recherches que j'ai lues dernièrement à la Classe sur les phénomènes des marées, j'ai appliqué cette méthode aux observations de ces phénomènes. J'en donne ici deux applications nouvelles : l'une est relative aux valeurs des masses de Jupiter, de Saturne et d'Uranus; l'autre se rapporte à la loi de variation de la pesanteur. Pour le premier objet, j'ai profité de l'immense travail que M. Bouvard vient de terminer sur les mouvements de Jupiter et de Saturne, dont il a construit de nouvelles Tables très précises. Il a fait usage de toutes les oppositions et de toutes les quadratures observées depuis Bradley, et qu'il a discutées de nouveau avec le plus grand soin, ce qui lui a donné pour le mouvement de Jupiter, en longitude, 126 équations de condition. Elles renferment cinq éléments, savoir : le moyen mouvement de Jupiter, sa longitude moyenne à une époque fixe, la longitude de son périhélie à la même époque, l'excentricité de son orbite; enfin la masse de Saturne, dont l'action est la source principale des inégalités de Jupiter. Ces équations ont été réduites, par la méthode la plus avantageuse, à cinq équations finales dont la résolution a donné la valeur des cinq éléments. M. Bouvard trouve ainsi la masse de Saturne égale à la 3512e partie de celle du Soleil. On doit observer que cette masse est la somme des masses de Saturne, de ses satellites et de son anneau. Mes formules de probabilité font voir qu'il y a 11000 à parier contre un que l'erreur de ce résultat n'est pas un centième de sa valeur, ou, ce qui revient à très peu près au même, qu'après un siècle de nouvelles observations ajoutées aux précédentes et discutées de la même manière, le nouveau résultat ne différera pas d'un centième de celui de M. Bouvard. Il y a plusieurs milliards à parier contre un que ce dernier résultat n'est pas en erreur d'un cinquantième, car le nombre à parier contre un croit, par la nature de son expression analytique, avec une grande rapidité quand l'intervalle des limites de l'erreur augmente.

Newton avait trouvé, par les observations de Pound sur la plus grande élongation du quatrième satellite de Saturne, la masse de cette planète égale à la 3012e partie de celle du Soleil, ce qui sur-

passe d'un sixième le résultat de M. Bouvard. Il y a des millions de
milliards à parier contre un que celui de Newton est en erreur, et l'on
n'en sera point surpris si l'on considère l'extrême difficulté d'observer
les plus grandes élongations des satellites de Saturne. La facilité d'observer celles des satellites de Jupiter a rendu beaucoup plus exacte la
valeur de la masse de cette planète, que Newton a fixée par les observations de Pound à la 1067ᵉ partie de celle du Soleil. M. Bouvard, par
l'ensemble de 129 oppositions et quadratures de Saturne, la trouve
un 1071ᵉ de cet astre, ce qui diffère très peu de la valeur de Newton.
Ma méthode de probabilité, appliquée aux 129 équations de condition
de M. Bouvard, donne 1 000 000 à parier contre un que son résultat
n'est pas en erreur d'un centième de sa valeur; il y a 900 à parier
contre un que son erreur n'est pas d'un cent cinquantième.

M. Bouvard a fait entrer dans ses équations la masse d'Uranus
comme indéterminée; il en a déduit cette masse égale à la 17918ᵉ
partie de celle du Soleil. Les perturbations qu'elle produit dans le
mouvement de Saturne étant peu considérables, on ne doit pas
encore attendre des observations de ce mouvement une grande précision dans cette valeur. Mais il est si difficile d'observer les élongations des satellites d'Uranus, que l'on peut justement craindre une
erreur considérable dans la valeur de la masse qui résulte des
observations de M. Herschel. Il était donc intéressant de voir ce que
donnent, à cet égard, les perturbations du mouvement de Saturne. Je
trouve qu'il y a 213 à parier contre un que l'erreur du résultat de
M. Bouvard n'est pas un cinquième; il y a 2456 à parier contre un
qu'elle n'est pas un quart. Après un siècle de nouvelles observations
ajoutées aux précédentes, et discutées de la même manière, ces
nombres à parier croîtront au delà de leurs carrés; on aura donc
alors la valeur de la masse d'Uranus, avec une grande probabilité
qu'elle sera contenue dans d'étroites limites.

Je viens maintenant à la loi de la pesanteur. Depuis Richer qui
reconnut, le premier, la diminution de cette force à l'équateur par le

ralentissement de son horloge transportée de Paris à Cayenne, on a
déterminé l'intensité de la pesanteur, dans un grand nombre de
lieux, soit par le nombre des oscillations diurnes d'un même pendule, soit en mesurant directement la longueur du pendule à secondes. Les observations qui m'ont paru mériter le plus de confiance
sont au nombre de trente-sept et s'étendent depuis 67° de latitude
boréale jusqu'à 51° de latitude australe. Quoique leur marche soit
fort régulière, elles laissent cependant à désirer une précision plus
grande encore. La longueur du pendule isochrone qui en résulte suit
à fort peu près la loi de variation la plus simple, celle du carré du
sinus de la latitude, et les deux hémisphères ne présentent point, à
cet égard, de différence sensible, ou du moins qui ne puisse être
attribuée aux erreurs des observations. Mais, s'il existe entre eux une
légère différence, les observations du pendule, par leur facilité et la
précision que l'on peut y apporter maintenant, sont très propres à la
faire découvrir. M. Mathieu a bien voulu discuter, à ma prière, les
observations dont je viens de parler, et il a trouvé que, la longueur du
pendule à secondes à l'équateur étant prise pour l'unité, le coefficient du terme proportionnel au carré du sinus de la latitude est
551 cent-millièmes. Mes formules de probabilité, appliquées à ces
observations, donnent 2127 à parier contre un que le vrai coefficient
est compris dans les limites 5 millièmes et 6 millièmes.

Si la Terre est un ellipsoïde de révolution, on a son aplatissement
en retranchant le coefficient de la loi de la pesanteur de 868 cent-
millièmes. Le coefficient 5 millièmes répond ainsi à l'aplatissement $\frac{1}{273}$; il y a donc 4254 à parier contre un que l'aplatissement
de la Terre est au-dessous. Il y a des millions de milliards à parier
contre un que cet aplatissement est moindre que celui qui répond à
l'homogénéité de la Terre, et que les couches terrestres augmentent
de densité à mesure qu'elles approchent du centre de cette planète.
La grande régularité de la pesanteur à sa surface prouve qu'elles sont
disposées symétriquement autour de ce point. Ces deux conditions,

suites nécessaires de l'état fluide, ne pourraient pas évidemment subsister pour la Terre, si elle n'avait point eu primitivement cet état, qu'une chaleur excessive a pu seule donner à la Terre entière.

1. Supposons que l'on ait une suite d'équations de conditions de la forme

$$(1) \qquad \varepsilon^{(i)} = p^{(i)} z + q^{(i)} z' + r^{(i)} z'' + t^{(i)} z''' + v^{(i)} z^{\mathrm{IV}} + \lambda^{(i)} z^{\mathrm{V}} + \ldots - \omega^{(i)},$$

z, z', z'', ... étant des éléments m des corrections d'éléments que l'on cherche à déterminer par l'ensemble de ces équations, dont le nombre est supposé fort grand; $p^{(i)}$, $q^{(i)}$, ... étant des quantités données par les expressions analytiques des observations; $\omega^{(i)}$ étant la quantité donnée par l'observation même, et $\varepsilon^{(i)}$ étant l'erreur de l'observation. J'ai fait voir dans le n° 21 du second Livre de ma *Théorie analytique des probabilités* (¹), que si n est le nombre des éléments, on aura les n équations finales les plus propres à déterminer les éléments : 1° en multipliant chaque équation finale par son coefficient de z, et en réunissant toutes les équations résultantes de ces produits, ce qui donne

$$\mathrm{S}\,p^{(i)} \varepsilon^{(i)} = z\,\mathrm{S}\,p^{(i)2} + z'\,\mathrm{S}\,p^{(i)} q^{(i)} + z''\,\mathrm{S}\,p^{(i)} r^{(i)} + \ldots - \mathrm{S}\,p^{(i)} \omega^{(i)},$$

le signe S indiquant la somme des quantités qu'il affecte, depuis $i = 0$ jusqu'à $i = s - 1$, s étant le nombre des observations ou des équations de condition; 2° en multipliant chaque équation de condition par son coefficient de z'; ce qui donne, en réunissant ces produits,

$$\mathrm{S}\,q^{(i)} \varepsilon^{(i)} = z\,\mathrm{S}\,p^{(i)} q^{(i)} + z'\,\mathrm{S}\,q^{(i)2} + z''\,\mathrm{S}\,q^{(i)} r^{(i)} + \ldots - \mathrm{S}\,q^{(i)} \omega^{(i)},$$

et ainsi de suite. On résoudra ces équations en y supposant

$$\mathrm{S}\,p^{(i)} \varepsilon^{(i)} = 0, \qquad \mathrm{S}\,q^{(i)} \varepsilon^{(i)} = 0, \qquad \mathrm{S}\,r^{(i)} \varepsilon^{(i)} = 0, \qquad \ldots,$$

et l'on aura les valeurs de z, z', z'', ... les plus avantageuses. Il résulte du numéro cité, que la probabilité de l'erreur u de la valeur de z ainsi déterminée, est de la forme $\dfrac{\sqrt{P}\,c^{-Pu^2}}{\sqrt{\pi}}$, c étant le nombre dont le logarithme hyperbolique est l'unité, et π étant le rapport de la circonférence au diamètre. En multipliant cette probabilité par $u\,du$, et prenant l'intégrale depuis $u = 0$ jusqu'à u infini, on aura, par le numéro cité, ce que j'ai nommé dans ce numéro le *minimum* d'erreur à craindre; ce minimum est donc $\dfrac{1}{2\sqrt{\pi}\,P}$. J'ai donné dans le même numéro l'expression de ce minimum d'erreur; cette expression donnera donc la valeur de P, ou du poids du résultat; et l'on trouve que s'il n'y a qu'une correction ou élément z, on a

$$P = \frac{s\,S p^{(i)2}}{2\,S \varepsilon^{(i)2}}.$$

S'il y a deux éléments z et z', on aura la valeur de P, relative au premier élément, en changeant $S p^{(i)2}$ dans $S p^{(i)2} - \dfrac{(S p^{(i)} q^{(i)})^2}{S q^{(i)2}}$, en faisant donc généralement

$$P = \frac{s}{2\,S \varepsilon^{(i)2}}\,\frac{A}{B},$$

et désignant, pour abréger, $S p^{(i)2}$ par $p^{(2)}$, $S p^{(i)} q^{(i)}$ par $\overline{pq}$, $S q^{(i)2}$ par $q^{(2)}$, on aura

$$A = p^{(2)} q^{(2)} - \overline{pq}^{\,2},$$
$$B = q^{(2)}.$$

S'il y a trois éléments z, z', z'', on aura A en changeant, dans la valeur précédente de A, $p^{(2)}$ dans $p^{(2)} - \dfrac{\overline{pr}^{\,2}}{r^{(2)}}$, $\overline{pq}$ dans $\overline{pq} - \dfrac{\overline{pr}\,\overline{qr}}{r^{(2)}}$, et $q^{(2)}$ dans $q^{(2)} - \dfrac{\overline{qr}^{\,2}}{r^{(2)}}$, et multipliant le tout par $r^{(2)}$. On aura B en faisant les mêmes substitutions et la même multiplication relativement à la valeur précédente de B; on a ainsi

$$A = p^{(2)} q^{(1)} r^{(2)} - p^{(2)} \overline{qr}^{\,2} - q^{(1)} \overline{pr}^{\,2} - r^{(1)} \overline{pq}^{\,2} + 2\,\overline{pq}\,\overline{pr}\,\overline{qr},$$
$$B = q^{(2)} r^{(2)} - \overline{qr}^{\,2}.$$

S'il y a quatre éléments, on aura les valeurs de A et de B en changeant, dans les deux précédentes, $p^{(2)}$ dans $p^{(2)} - \frac{\overline{pt}^2}{t^{(2)}}$, $\overline{pq}$ dans $\overline{pq} - \frac{\overline{pt}\,\overline{qt}}{t^{(2)}}$, $\cdots$ et multipliant le tout par $t^{(2)}$, ce qui donne

$$
\begin{aligned}
A = {}& p^{(2)}q^{(2)}r^{(2)}t^{(2)} - p^{(2)}q^{(2)}\overline{rt}^2 - p^{(2)}r^{(2)}\overline{qt}^2 - p^{(2)}t^{(2)}\overline{qr}^2 \\
& - q^{(2)}r^{(2)}\overline{pt}^2 - q^{(2)}t^{(2)}\overline{pr}^2 - r^{(2)}t^{(2)}\overline{pq}^2 \\
& + \overline{pq}^2\,\overline{rt}^2 + \overline{pr}^2\,\overline{qt}^2 + \overline{pt}^2\,\overline{qr}^2 \\
& + 2p^{(2)}\overline{qr}\,\overline{qt}\,\overline{rt} + 2q^{(2)}\overline{pr}\,\overline{pt}\,\overline{rt} \\
& + 2r^{(2)}\overline{pq}\,\overline{pt}\,\overline{qt} + 2t^{(2)}\overline{pq}\,\overline{pr}\,\overline{qr} \\
& - 2\overline{pq}\,\overline{pr}\,\overline{qt}\,\overline{rt} - 2\overline{pq}\,\overline{pt}\,\overline{qr}\,\overline{rt} - 2\overline{pr}\,\overline{pt}\,\overline{qr}\,\overline{qt},
\end{aligned}
$$

$$
B = q^{(2)}r^{(2)}t^{(2)} - q^{(2)}\overline{rt}^2 - r^{(2)}\overline{qt}^2 - t^{(2)}\overline{qr}^2 + 2\overline{qr}\,\overline{qt}\,\overline{rt}.
$$

En continuant ainsi, on aura la valeur de P relative au premier élément, quel que soit le nombre des éléments. En y changeant p en q et q en p, on aura la valeur de P relative au second élément; p en r et r en p, on aura la valeur de P relative au troisième élément, et ainsi de suite.

La valeur de A devient plus compliquée à mesure que le nombre des éléments augmente; son expression pour six éléments est d'une longueur excessive, et son calcul numérique serait impraticable. Il vaut mieux alors avoir un procédé simple et régulier pour y parvenir; c'est ce que l'on obtient de la manière suivante :

Supposons qu'il y ait six éléments, et qu'ainsi l'équation de condition (1) soit de la forme

$$(2) \qquad \varepsilon^{(i)} = \lambda^{(i)} z^{v} + s^{(i)} z^{iv} + t^{(i)} z''' + r^{(i)} z'' + q^{(i)} z' + p^{(i)} z - \omega^{(i)}.$$

En multipliant cette équation par $\lambda^{(i)}$, et réunissant les produits semblables, relatifs à toutes les équations de condition que l'équation (2) représente, on aura

$$S\lambda^{(i)}\varepsilon^{(i)} = z^{v}S\lambda^{(i)2} + z^{iv}S\lambda^{(i)}s^{(i)} + z'''S\lambda^{(i)}t^{(i)} + \ldots - S\lambda^{(i)}\omega^{(i)}.$$

Par les conditions de la méthode la plus avantageuse, on a

$$S\lambda^{(i)}\varepsilon^{(i)}=0,$$

l'équation précédente donnera donc

$$z^{v} = - z^{iv}\frac{S\lambda^{(i)}v^{(i)}}{S\lambda^{(i)2}} - z^{\prime\prime\prime}\frac{S\lambda^{(i)}\ell^{(i)}}{S\lambda^{(i)2}} - \ldots + \frac{S\lambda^{(i)}\omega^{(i)}}{S\lambda^{(i)2}}.$$

En substituant cette valeur de z^{v} dans l'équation (2), on aura celle-ci

$$(3)\quad
\begin{cases}
\varepsilon^{(i)} = \quad z^{iv}\left(v^{(i)} - \lambda^{(i)}\frac{S\lambda^{(i)}v^{(i)}}{S\lambda^{(i)2}}\right) \\
\qquad + z^{\prime\prime\prime}\left(\ell^{(i)} - \lambda^{(i)}\frac{S\lambda^{(i)}\ell^{(i)}}{S\lambda^{(i)2}}\right) + \ldots - \omega^{(i)} + \lambda^{(i)}\frac{S\lambda^{(i)}\omega^{(i)}}{S\lambda^{(i)2}}.
\end{cases}$$

On a ainsi, en faisant successivement $i=0$, $i=1$, ..., $i=s-1$, un nouveau système d'équations de condition, qui ne renferme plus que cinq éléments, z^{iv}, $z^{\prime\prime\prime}$, ...

Faisons, pour abréger,

$$v_1^{(i)} = v^{(i)} - \lambda^{(i)}\frac{S\lambda^{(i)}v^{(i)}}{S\lambda^{(i)2}},$$

$$\ell_1^{(i)} = \ell^{(i)} - \lambda^{(i)}\frac{S\lambda^{(i)}\ell^{(i)}}{S\lambda^{(i)2}},$$

$$\cdots\cdots\cdots\cdots\cdots\cdots\cdots,$$

$$\omega_1^{(i)} = \omega^{(i)} - \lambda^{(i)}\frac{S\lambda^{(i)}\omega^{(i)}}{S\lambda^{(i)2}},$$

l'équation (3) deviendra

$$(4)\qquad \varepsilon^{(i)} = v_1^{(i)}z^{iv} + \ell_1^{(i)}z^{\prime\prime\prime} + r_1^{(i)}z^{\prime\prime} + q_1^{(i)}z' + p_1^{(i)}z - \omega_1^{(i)}.$$

En multipliant cette équation par $v_1^{(i)}$, et réunissant les produits semblables, relatifs à toutes les équations que celle-ci représente, en observant ensuite que l'on a $S v_1^{(i)}\varepsilon^{(i)}=0$, en vertu des deux équations $S\lambda^{(i)}\varepsilon^{(i)}=0$, $S v^{(i)}\varepsilon^{(i)}=0$, que donnent les conditions de la méthode la plus avantageuse, on aura

$$0 = z^{iv}S v_1^{(i)2} + z^{\prime\prime\prime}S v_1^{(i)}\ell_1^{(i)} + \ldots$$

Si l'on tire de cette équation la valeur de z^{iv}, on aura, en la substituant dans l'équation (4),

$$(5) \qquad \varepsilon^{(i)} = l_2^{(i)} z'' + r_2^{(i)} z'' + q_2^{(i)} z' + p_2^{(i)} z - \omega_2^{(i)},$$

en faisant

$$l_2^{(i)} = l_1^{(i)} - v_1^{(i)} \frac{S v_1^{(i)} l_1^{(i)}}{S v_1^{(i)2}},$$

$$r_2^{(i)} = r_1^{(i)} - v_1^{(i)} \frac{S v_1^{(i)} r_1^{(i)}}{S v_1^{(i)2}},$$

$$\dotfill$$

En multipliant encore l'équation (5) par $l_2^{(i)}$, et réunissant les produits semblables relatifs à toutes les équations de condition représentées par l'équation (5), en observant ensuite que l'on a $S l_2^{(i)} \varepsilon^{(i)} = 0$, en vertu des équations

$$S \lambda^{(i)} \varepsilon^{(i)} = 0, \qquad S v^{(i)} \varepsilon^{(i)} = 0, \qquad S l^{(i)} \varepsilon^{(i)} = 0,$$

on aura une équation d'où l'on tirera la valeur de z'', qui, substituée dans l'équation (5), donnera

$$(6) \qquad \varepsilon^{(i)} = r_3 z'' + q_3 z' + p_3 z - \omega_3^{(i)},$$

en faisant

$$r_3 = r_2 - l_2 \frac{S l_2^{(i)} r_2^{(i)}}{S l_2^{(i)2}}, \qquad \ldots$$

En continuant ainsi, on parvient à une équation de la forme

$$(7) \qquad \varepsilon^{(i)} = p_5^{(i)} z - \omega_5^{(i)}.$$

Il résulte du n° 20 du second Livre de ma *Théorie analytique des probabilités* (¹) que si la valeur de z est déterminée par l'équation (7) et que u soit l'erreur de cette valeur, la probabilité de cette erreur est

$$\sqrt{\frac{s S p_5^{(i)2}}{2 S \varepsilon^{(i)2}}} \, c^{-\frac{s S p_5^{(i)2}}{2 S \varepsilon^{(i)2}} u^2};$$

on a donc

$$P = \frac{s S p_5^{(i)2}}{2 S \varepsilon^{(i)2}}.$$

(¹) *OEuvres de Laplace*, t. VII, p. 318.

Maintenant il s'agit de former la quantité Sp_3''. Pour cela, j'observe que les équations de condition, représentées par l'équation (2), donnent les six équations suivantes, en les multipliant d'abord par leur coefficient de z^{v} et les ajoutant, ensuite en les multipliant par leur coefficient de z^{IV} et les ajoutant, et ainsi de suite :

$$(A)\quad
\begin{cases}
\overline{\lambda\omega} = \lambda^{(2)} z^{v} + \overline{\lambda v}\, z^{IV} + \overline{\lambda \ell}\, z''' + \overline{\lambda r}\, z'' + \overline{\lambda q}\, z' + \overline{\lambda p}\, z, \\[4pt]
\overline{v\omega} = \overline{\lambda v}\, z^{v} + v^{(2)} z^{IV} + \overline{v\ell}\, z''' + \overline{vr}\, z'' + \overline{vq}\, z' + \overline{vp}\, z, \\[4pt]
\overline{\ell\omega} = \overline{\lambda \ell}\, z^{v} + \overline{v\ell}\, z^{IV} + \ell^{(2)} z''' + \overline{\ell r}\, z'' + \overline{\ell q}\, z' + \overline{\ell p}\, z, \\[4pt]
\overline{r\omega} = \overline{\lambda r}\, z^{v} + \overline{rv}\, z^{IV} + \overline{r\ell}\, z''' + r^{(2)} z'' + \overline{rq}\, z' + \overline{rp}\, z, \\[4pt]
\overline{q\omega} = \overline{\lambda q}\, z^{v} + \overline{qv}\, z^{IV} + \overline{q\ell}\, z''' + \overline{qr}\, z'' + q^{(2)} z' + \overline{qp}\, z, \\[4pt]
\overline{p\omega} = \overline{\lambda p}\, z^{v} + \overline{pv}\, z^{IV} + \overline{p\ell}\, z''' + \overline{pr}\, z'' + \overline{pq}\, z' + p^{(2)} z.
\end{cases}$$

On doit observer que, dans ces équations, on a

$$\lambda^{(2)} = S\lambda^{(i)2}, \qquad \overline{\lambda v} = S\lambda^{(i)} v^{(i)}, \qquad \ldots,$$

et ainsi du reste.

On formera de la même manière les cinq équations suivantes :

$$(B)\quad
\begin{cases}
\overline{v_1\omega_1} = v_1^{(2)}\, z^{IV} + \overline{v_1 \ell_1}\, z''' + \overline{v_1 r_1}\, z'' + \overline{v_1 q_1}\, z' + \overline{v_1 p_1}\, z, \\[4pt]
\overline{\ell_1\omega_1} = \overline{\ell_1 v_1}\, z^{IV} + \ell_1^{(2)}\, z''' + \overline{\ell_1 r_1}\, z'' + \overline{\ell_1 q_1}\, z' + \overline{\ell_1 p_1}\, z, \\[4pt]
\overline{r_1\omega_1} = \overline{r_1 v_1}\, z^{IV} + \overline{r_1 \ell_1}\, z''' + r_1^{(2)}\, z'' + \overline{r_1 q_1}\, z' + \overline{r_1 p_1}\, z, \\[4pt]
\overline{q_1\omega_1} = \overline{q_1 v_1}\, z^{IV} + \overline{q_1 \ell_1}\, z''' + \overline{q_1 r_1}\, z'' + q_1^{(2)}\, z' + \overline{q_1 p_1}\, z, \\[4pt]
\overline{p_1\omega_1} = \overline{p_1 v_1}\, z^{IV} + \overline{p_1 \ell_1}\, z''' + \overline{p_1 r_1}\, z'' + \overline{p_1 q_1}\, z' + p_1^{(2)}\, z.
\end{cases}$$

On aura les valeurs de $v_1^{(2)}$, $\overline{v_1 \ell_1}$, $\ldots$, au moyen des coefficients des équations (A), en observant que

$$v_1^{(2)} = v^{(2)} - \frac{\overline{\lambda v}^{\,2}}{\lambda^{(2)}}, \qquad \overline{v_1 \ell_1} = \overline{v\ell} - \frac{\overline{\lambda v}\,\overline{\lambda \ell}}{\lambda^{(2)}}, \qquad \overline{v_1 r_1} = \overline{vr} - \frac{\overline{\lambda v}\,\overline{\lambda r}}{\lambda^{(2)}}, \qquad \ldots,$$

$$\ell_1^{(2)} = \ell^{(2)} - \frac{\overline{\lambda \ell}^{\,2}}{\lambda^{(2)}}, \qquad \ldots, \qquad \overline{v_1 \omega_1} = \overline{v\omega} - \frac{\overline{\lambda v}\,\overline{\lambda \omega}}{\lambda^{(2)}}, \qquad \ldots.$$

On formera de la même manière les quatre équations suivantes :

$$(C)\quad\begin{cases}\overline{l_2\omega_2} = l_3^{(2)}\,z''' + \overline{l_2 r_2}\,z'' + \overline{l_2 q_2}\,z' + \overline{l_2 p_2}\,z,\\[4pt]\overline{r_2\omega_2} = \overline{r_2 l_2}\,z''' + r_2^{(2)}\,z'' + \overline{r_2 q_2}\,z' + \overline{r_2 p_2}\,z,\\[4pt]\overline{q_2\omega_2} = \overline{q_2 l_2}\,z''' + \overline{q_2 r_2}\,z'' + q_2^{(2)}\,z' + \overline{q_2 p_2}\,z,\\[4pt]\overline{p_2\omega_2} = \overline{p_2 l_2}\,z''' + \overline{p_2 r_2}\,z'' + \overline{p_2 q_2}\,z' + p_2^{(2)}\,z,\end{cases}$$

où l'on a

$$l_2^{(2)} = l_1^{(2)} - \frac{\overline{c_1 l_1}^{\,2}}{c_1'^{2}}, \qquad \overline{l_2 r_2} = \overline{l_1 r_1} - \frac{\overline{c_1 l_1}\,\overline{c_1 r_1}}{c_1'^{2}},$$

$$\overline{l_2\omega_2} = \overline{l_1\omega_1} - \frac{\overline{c_1 l_1}\,\overline{c_1\omega_1}}{c_1'^{(2)}}, \qquad \ldots$$

Comme on n'a plus ici que quatre éléments, on peut appliquer à ces équations les formules du n° 1, mais on peut continuer d'éliminer et former ainsi la valeur de $p_s^{(2)}$.

2. Pour appliquer cette méthode à un exemple, je prends les six équations suivantes :

$$129z^v + 46,310z^{iv} + 1,1128z''' + 1,3371z'' + 5722z' + 2602z = -1002,900.$$
$$46,310z^v + 21,543z^{iv} + 3,6213z''' + 1,2484z'' - 5459z' + 696,13z = -343,455.$$
$$1,1128z^v + 3,6213z^{iv} + 57,1911z''' - 3,2252z'' - 39749,1z' - 1959,0z = -40,335.$$
$$1,3371z^v + 1,2484z^{iv} - 3,2252z''' + 71,8720z'' - 153106,5z' + 6788,2z = 237,782.$$
$$5722z^v - 5459z^{iv} - 39749,1z''' - 153106,5z'' + 424865729z' - 12729398z = -738297,8.$$
$$2602z^v + 696,13z^{iv} - 1959,0z''' + 6788,2z'' - 12729398z' + 795938z = 7212,6.$$

Ces équations sont celles auxquelles M. Bouvard est parvenu par 129 tant oppositions que quadratures de Saturne, et dont il a conclu les corrections des éléments du mouvement de cette planète. z^v est la correction de la longitude moyenne, en 1750; z^{iv} est la correction séculaire du moyen mouvement; z''' est la correction de l'équation du centre; z'' est le produit de l'équation du centre par la correction du périhélie; z' est la masse de Jupiter et z est celle d'Uranus. La seconde décimale est l'unité.

Au moyen de ces équations, qui sont renfermées dans le système (A), j'ai formé les cinq suivantes, renfermées dans le système (B) :

$$4,9181\,z^{IV} + 3,2217\,z''' + 0,7684\,z'' - 7513,2\,z' - 237,97\,z = \ldots,$$
$$3,2217\,z^{IV} + 57,1815\,z''' - 3,2367\,z'' - 39798,5\,z' - 1981,4\,z = \ldots,$$
$$0,7684\,z^{IV} - 3,2367\,z''' + 71,8581\,z'' - 153165,8\,z' + 6761,2\,z = \ldots,$$
$$- 7513,2\,z^{IV} - 39798,5\,z''' - 153165,8\,z'' + 42461192\,z' - 12844814\,z = \ldots,$$
$$- 237,97\,z^{IV} - 1981,4\,z''' + 6761,2\,z'' - 12844814\,z' + 743454\,z = \ldots.$$

De ces équations j'ai tiré les quatre suivantes, renfermées dans le système (C) :

$$55,071\,z''' - 3,7401\,z'' - 34876,8\,z' - 1825,5\,z = \ldots,$$
$$- 3,7401\,z''' + 71,7380\,z'' - 151992,0\,z' + 6798,4\,z = \ldots,$$
$$- 34876,8\,z''' - 151992,0\,z'' + 41313428\,z' - 13208352\,z = \ldots,$$
$$- 1825,5\,z''' + 6798,4\,z'' - 13208352\,z' + 731939\,z = \ldots.$$

Ces dernières équations m'ont conduit aux trois suivantes :

$$71,4840\,z'' - 154360,6\,z' + 6674,4\,z = \ldots,$$
$$- 154360,6\,z'' + 39104664\,z' - 14364450\,z = \ldots,$$
$$6674,4\,z'' + 14364450\,z' + 671427\,z = \ldots.$$

Enfin, j'ai tiré de ce dernier système d'équations les deux suivantes :
$$57724487\,z' + 48067\,z = \ldots,$$
$$48067\,z' + 48244\,z = \ldots.$$

Je me suis arrêté à ce système parce qu'il est facile d'en conclure les valeurs de P, relatives aux deux éléments z' et z, que je désirais particulièrement connaitre, et j'ai trouvé par les formules du n° 1, pour z',

$$P = \frac{s}{2\,S\,\varepsilon^{(i)}}\left[57724487 - \frac{(48067)^2}{48244}\right],$$

et pour z,

$$P = \frac{s}{2\,S\,\varepsilon^{(i)}}\left[48244 - \frac{(48067)^2}{57724487}\right].$$

Le nombre s des observations est ici 129, et M. Bouvard a trouvé

$$S\varepsilon^{(i)\prime} = 31096,$$

on a donc, pour z',

$$\log P = 5,0778548,$$

et, pour z,

$$\log P = 1,9999383.$$

La masse de Jupiter est

$$\frac{1}{1067,09}(1 + z'),$$

et M. Bouvard a trouvé $z' = -0,00332$, ce qui donne la masse de Jupiter égale à $\frac{1}{1070,5}$.

La probabilité que l'erreur de z' est comprise dans les limites $\pm$ U, égale

$$\frac{\sqrt{P}}{\sqrt{\pi}}.\int du\, c^{-Pu^2},$$

l'intégrale étant prise dans les limites $u = \pm$ U. On trouve ainsi la probabilité que l'erreur de la valeur de la masse de Jupiter, déterminée par M. Bouvard, est comprise dans les limites $\pm \frac{1}{150}$ de $\frac{1}{1067,09}$, égale à $\frac{900}{901}$, et la probabilité que cette erreur est comprise dans les limites $\pm \frac{1}{100}$ de $\frac{1}{1067,09}$, égale à $\frac{999307}{999308}$. La masse d'Uranus est

$$\frac{1}{19504}(1 + z),$$

et M. Bouvard a trouvé $z = 0,08848$, ce qui donne $\frac{1}{17918}$ pour la masse d'Uranus. La probabilité que l'erreur de la masse d'Uranus ainsi déterminée est comprise dans les limites $\pm \frac{1}{5}$ de $\frac{1}{19504}$, est $\frac{212,8}{213,8}$.

Relativement à la masse de Saturne, M. Bouvard l'a supposée, dans ses équations de condition du mouvement de Jupiter en longitude, égale à

$$\frac{1+z}{3534,08},$$

et il a trouvé $z = 0,00633$, ce qui donne $\frac{1}{3512}$ pour la masse de Saturne. En appliquant mes formules à ces équations de condition, je trouve

$$\log P = 4,885146.$$

La probabilité que la masse de Saturne ainsi déterminée est dans les limites $\pm \frac{1}{100}$ de $\frac{1}{3534,08}$, égale $\frac{11170}{11171}$.

3. Appliquons encore les formules de probabilité aux observations du pendule à secondes.

En représentant par z' la longueur du pendule à l'équateur, par $p^{(i)}$ le carré du sinus de latitude, et par z son coefficient dans la loi de la pesanteur, M. Mathieu a formé, en comparant à cette loi les trente-sept observations dont j'ai parlé ci-dessus, trente-sept équations de condition de la forme

$$\varepsilon^{(i)} = z p^{(i)} + z' - \omega^{(i)}.$$

En les résolvant par la méthode la plus avantageuse, il en a tiré deux équations finales qui lui ont donné les valeurs de z et z', et il en a déduit, pour l'expression de la longueur du pendule,

$$(a) \qquad 1,00000431 62 + 0,0055188 p^{(i)}.$$

Dans cette expression, la longueur du pendule n'est comparée à aucune de nos mesures linéaires, parce que les observations, telles que M. Mathieu les a considérées, ne sont, à proprement parler, que celles du nombre des oscillations diurnes qu'un même pendule a faites dans les divers lieux. Il faut donc, pour avoir en mesures linéaires la longueur du pendule à secondes décimales, comparer cette longueur à ces mesures, dans un lieu donné. C'est ce que Borda a exécuté avec un soin et une précision extrêmes, à l'Observatoire de Paris, où il a trouvé cette longueur égale à $0^{m},741887$.

De là j'ai conclu, pour l'expression générale de la longueur de ce pendule,

$$0^m,739505 + 0^m,0040780 \, p^{(i)}.$$

Maintenant, pour avoir la probabilité que le coefficient de $p^{(i)}$ ou de la loi de la pesanteur est compris dans les limites données, il faut connaitre les valeurs de $Sp^{(i)}$, $Sp^{(i)'}$ et $S\varepsilon^{(i)'}$. M. Mathieu a trouvé

$$Sp^{(i)} = 14,255136,$$
$$Sp^{(i)'} = 7,9569564,$$
$$S\varepsilon^{(i)'} = 0,00000093890182.$$

On a d'ailleurs ici $q^{(i)} = 1$; ce qui donne $Sq^{(i)} = s$, s étant le nombre des observations qui, dans le cas présent, est égal à trente-sept. Cela posé, j'observe que si l'on nomme u et u' les erreurs simultanées des valeurs de z et z', déterminées par la méthode la plus avantageuse, la probabilité de ces erreurs est, par le n° 21 du second Livre de ma *Théorie analytique des probabilités* (¹), proportionnelle à l'exponentielle

$$c^{-\frac{(F u^2 + 2 G u u' + H u'^2) s}{E \cdot 2 S \varepsilon^{(i)'}}},$$

et l'on a, par le même numéro,

$$F = Sp^{(i)'}[sSp^{(i)'} - (Sp^{(i)})^2],$$
$$G = Sp^{(i)} [sSp^{(i)'} - (Sp^{(i)'})^2],$$
$$H = s[sSp^{(i)'} - (Sp^{(i)})^2],$$
$$E = sSp^{(i)'} - (Sp^{(i)})^2,$$

ce qui change l'exponentielle précédente dans celle-ci

$$c^{-\frac{s(u^2 Sp^{(i)'} + 2 u u' Sp^{(i)} + s u'^2)}{2 S \varepsilon^{(i)'}}}.$$

Mais, si l'on prend pour unité la longueur du pendule à l'équateur, il faudra diviser la formule (a) par son premier terme, et alors

(¹) *Œuvres de Laplace*, Tome VII, p. 327.

elle devient à fort peu près

$$(b) \qquad\qquad \imath = 0,0055145 \, p^{(i)}.$$

On voit aussi que l'erreur de ce nouveau coefficient de $p^{(i)}$ est $u - u'$, nous la désignerons par ι, en sorte que $u - u' = \iota$. En faisant de plus

$$P = \frac{[s\, \mathrm{S}p^{(i)^2} - (\mathrm{S}p^{(i)})^2]\, s}{(\mathrm{S}p^{(i)^2} + 2\mathrm{S}p^{(i)} + s)\, 2\,\mathrm{S}\varepsilon^{(i)^2}},$$

$$\iota' = u - \frac{\iota(\mathrm{S}p^{(i)} + s)}{\mathrm{S}p^{(i)^2} + 2\mathrm{S}p^{(i)} + s},$$

l'exponentielle précédente devient

$$c^{-\,\mathrm{P}\iota^2 - \frac{s\,\mathrm{S}p^{(i)^2} + 2\mathrm{S}p^{(i)} + s\,\iota\,\iota'^2}{2\,\mathrm{S}\varepsilon^{(i)^2}}}.$$

En multipliant cette exponentielle par $d\iota\, d\iota'$, en l'intégrant par rapport à ι', depuis $\iota' = -\infty$ jusqu'à $\iota' = \infty$, et relativement à ι, dans des limites données; enfin, en divisant cette double intégrale par la même double intégrale, prise relativement à ι et à ι' depuis $-\infty$ jusqu'à $+\infty$, on aura la probabilité que la valeur de ι est comprise dans les limites données. L'expression de cette probabilité sera ainsi

$$\frac{\sqrt{\mathrm{P}} \int d\iota\, c^{-\mathrm{P}\iota^2}}{\sqrt{\pi}}.$$

Les valeurs précédentes de s, $\mathrm{S}p^{(i)^2}$, $\mathrm{S}p^{(i)}$ et $\mathrm{S}\varepsilon^{(i)^2}$ donnent

$$\log \mathrm{P} = 7,3884431.$$

Au moyen de cette valeur de $\log \mathrm{P}$, on peut déterminer la probabilité que le vrai coefficient de $p^{(i)}$, dans la formule (b), est compris dans des limites données. Je trouve ainsi que la probabilité qu'il est compris entre $0,0050145$ et $0,0060145$ est $\dfrac{1}{2128,1}$.

CALCUL DES PROBABILITÉS

APPLIQUÉ

A LA PHILOSOPHIE NATURELLE.

Connaissance des Temps pour l'an 1818; 1815.

J'ai donné, dans ma *Théorie analytique des probabilités* et dans ce qui précède, des formules générales pour avoir la probabilité que les erreurs des résultats obtenus par l'ensemble d'un grand nombre d'observations, et déterminées par la méthode la plus avantageuse, sont comprises dans des limites données. L'avantage de ces formules est d'être indépendantes de la loi de probabilité des erreurs des observations, loi toujours inconnue et qui ne permet pas de réduire en nombres les expressions qui la renferment. Je suis heureusement parvenu à éliminer de mes formules le facteur $\frac{2k''}{k}a^2s$, qui dépend de cette loi, en observant que le nombre s des observations étant fort grand, ce facteur est très probablement égal à la somme des carrés des erreurs des observations, et que cette somme est très probablement la somme des carrés des restes des équations de condition, lorsqu'on y a substitué les éléments déterminés par la méthode la plus avantageuse. Je suppose que l'on a sous les yeux les n°s 19, 20 et 21 du second Livre de ma *Théorie analytique des probabilités* [1]. L'importance de ces formules dans la philosophie naturelle exige que

[1] *OEuvres de Laplace*, T. VII.

l'incertitude qu'elles peuvent laisser soit dissipée, et la seule qui reste encore est relative aux égalités dont je viens de parler. Je me propose ici d'éclaircir ce point délicat de la théorie des probabilités et de faire voir que ces égalités peuvent être employées sans erreur sensible.

La somme des carrés des erreurs des observations étant supposée égale à $\frac{2k'}{k}a^2s + a^2r\sqrt{s}$, la probabilité que la valeur de r est comprise dans les limites données est, par le n° 19 cité,

$$\frac{1}{2\sqrt{\pi}}\int \mathcal{E}'\,dr\,c^{-\frac{k^2r^2}{4}},$$

l'intégrale étant prise dans les limites données. Représentons l'équation générale de condition des éléments z, z', … par celle-ci :

$$\varepsilon^{(i)} = p^{(i)}z + q^{(i)}z' + \ldots - \alpha^{(i)},$$

$\varepsilon^{(i)}$ étant l'erreur de l'observation. Les éléments z, z', … étant déterminés par la méthode la plus avantageuse, désignons par u, u', … leurs erreurs, nous aurons, en nommant $\varepsilon'^{(i)}$ le reste de la fonction

$$p^{(i)}z + q^{(i)}z' + \ldots - \alpha^{(i)},$$

lorsqu'on y a substitué pour z, z', … leurs valeurs ainsi déterminées

$$\varepsilon^{(i)} = \varepsilon'^{(i)} + p^{(i)}u + q^{(i)}u' + \ldots,$$

ce qui donne

$$S\varepsilon^{(i)2} = S\varepsilon'^{(i)2} + 2S\varepsilon'^{(i)}(p^{(i)}u + q^{(i)}u' + \ldots) + S(p^{(i)}u + q^{(i)}u' + \ldots)^2,$$

le signe intégral S s'étendant à toutes les valeurs de i, depuis $i = 0$ jusqu'à $i = s - 1$. Mais, par les conditions de la méthode la plus avantageuse, on a

$$Sp^{(i)}\varepsilon'^{(i)} = 0, \qquad Sq^{(i)}\varepsilon'^{(i)} = 0, \qquad \ldots;$$

on a donc

$$S\varepsilon^{(i)2} = S\varepsilon'^{(i)2} + S(p^{(i)}u + q^{(i)}u' + \ldots)^2.$$

En comparant cette valeur de $S\varepsilon^{(i)2}$ à sa valeur précédente

$$\frac{2k'}{k}a^2s + a^2r\sqrt{s},$$

on aura

$$a^2 r \sqrt{s} = S\varepsilon'^{(i)^2} - \frac{2k''}{k} a^2 s + S(p^{(i)} u + q^{(i)} u' + \ldots)^2.$$

Faisons

$$S\varepsilon'^{(i)^2} - \frac{2k''}{k} a^2 s = t\sqrt{s},$$

$$u = \frac{v}{\sqrt{s}}, \qquad u' = \frac{v'}{\sqrt{s}}, \qquad \ldots,$$

nous aurons

$$a^2 r = t + \frac{S(p^{(i)} v + q^{(i)} v' + \ldots)^2}{s\sqrt{s}};$$

l'exponentielle $c^{-\frac{k^2 r^2}{k}}$ devient ainsi

$$c^{-\frac{k^2}{k a^2}\left[t + \frac{S(p^{(i)}v + q^{(i)}v' + \ldots)^2}{s\sqrt{s}}\right]^2};$$

ainsi la probabilité de t est proportionnelle à cette exponentielle.

La probabilité de l'existence simultanée des quantités u, u', $\ldots$ est, par le n° 21 du second Livre de la *Théorie analytique des probabilités*, proportionnelle à l'exponentielle

$$c^{-\frac{k}{4k'^2 a^2 s} S(p^{(i)}v + q^{(i)}v' + \ldots)^2},$$

la probabilité de l'existence simultanée de t, v, v', $\ldots$ est donc proportionnelle à

$$c^{-\frac{k^2}{k a^2}\left[t + \frac{S(p^{(i)}v + q^{(i)}v' + \ldots)^2}{s\sqrt{s}}\right]^2 - \frac{k}{4k'^2 a^2 s} S(p^{(i)}v + q^{(i)}v' + \ldots)^2}.$$

En substituant pour $\frac{4k'' a^2 s}{k}$ sa valeur $2S\varepsilon'^{(i)^2} - 2t\sqrt{s}$, cette exponentielle se réduit, en négligeant les termes de l'ordre $\frac{1}{s}$, à la fonction suivante :

$$\left[1 - \frac{t\sqrt{s}}{2(S\varepsilon'^{(i)^2})^2} S(p^{(i)}v + \ldots)^2\right].$$

$$c^{-\frac{k^2}{k a^2}\left[t + \frac{S(p^{(i)}v + q^{(i)}v' + \ldots)^2}{s\sqrt{s}}\right]^2 - \frac{S(p^{(i)}v + q^{(i)}v' + \ldots)^2}{2S\varepsilon'^{(i)^2}}}.$$

Maintenant, pour avoir la probabilité que la valeur de v est comprise dans des limites données, il faut : 1° multiplier cette fonction par $dt\,dv\,dv'\ldots$; 2° prendre l'intégrale du produit, pour toutes les valeurs possibles de t, v', ... et, par rapport à v, intégrer seulement dans les limites données; 3° diviser le tout par cette même intégrale, prise par rapport à toutes les valeurs possibles de t, v, v', ... La valeur inconnue de $\dfrac{2k''a^2s}{k}$ pouvant varier depuis zéro jusqu'à l'infini, la valeur de t peut varier depuis $\dfrac{S\varepsilon'^{(i)'}}{\sqrt{s}}$ jusqu'à l'infini négatif, et comme $S\varepsilon'^{(i)'}$ est de l'ordre de s, t peut varier depuis l'infini négatif jusqu'à une valeur positive de l'ordre $\sqrt{s}$; l'exponentielle précédente deviendra donc, à l'extrémité de l'intégrale prise par rapport à t, de la forme $c^{-Q't}$, et pourra être négligée à cause de la grandeur supposée à s; ainsi l'on peut prendre l'intégrale relative à t, depuis $t = -\infty$ jusqu'à $t = \infty$. Pareillement les intégrales relatives à v, v', ... peuvent être prises dans les mêmes limites. Si l'on fait

$$ t + \frac{S(p^{(i)}v + q^{(i)}v' + \ldots)^2}{s\sqrt{s}} = z; $$

l'intégrale relative à z pourra être prise, par rapport à z, depuis $z = -\infty$ jusqu'à $z = \infty$.

De là il est facile de conclure que la probabilité que v est compris dans des limites données est égale à l'intégrale

$$ \int dv\,dv'\ldots c^{-\frac{S(p^{(i)}v + q^{(i)}v' + \ldots)^2}{2S\varepsilon^{(i)'}}}\left\{ 1 + \frac{[S(p^{(i)}v + q^{(i)}v' + \ldots)^2]^2}{2(S\varepsilon'^{(i)'})^2 s} \right\}, $$

l'intégrale étant prise depuis v', v'', ... égaux à $-\infty$ jusqu'à leurs valeurs infinies et, par rapport à v, dans les limites données, et étant divisée par la même intégrale étendue aux valeurs infinies positives et négatives de v, v', v'', ...

La considération de la différence entre $\dfrac{2k''}{k}a^2s$ et $S\varepsilon'^{(i)'}$ n'introduit donc, dans l'expression de la probabilité dont il s'agit, qu'un terme de l'ordre $\dfrac{1}{s}$, ordre que je me suis permis de négliger dans l'Ouvrage cité, vu la grandeur supposée à s.

LONGUEUR DU PENDULE A SECONDES [1].

Connaissance des Temps pour l'an 1820: 1817.

La variation de la pesanteur est le phénomène le plus propre à nous éclairer sur la constitution de la Terre. Les causes dont elle dépend ne sont pas limitées aux parties voisines de la surface terrestre; elles s'étendent aux couches les plus profondes, en sorte qu'une irrégularité un peu considérable dans une couche située à mille lieues de profondeur deviendrait sensible sur la longueur du pendule à secondes. On conçoit que plus cette irrégularité serait profonde, plus son effet s'étendrait au loin sur la Terre. On pourrait ainsi juger de sa profondeur par l'étendue de l'irrégularité correspondante dans la longueur du pendule. Il est donc bien important de donner aux observations de cette longueur une précision telle que l'on soit assuré que les anomalies observées ne sont point dues aux erreurs dont elles sont susceptibles. Déjà l'on a fait sur cet objet un grand nombre d'expériences dans les deux hémisphères, et, quoiqu'elles laissent beaucoup à désirer, cependant leur marche régulière et conforme à la théorie de la pesanteur indique évidemment, dans les couches terrestres, une symétrie qu'elles n'ont pu acquérir que dans un état primitif de fluidité, état que la chaleur seule a pu donner à la Terre entière. Les difficultés que présente la mesure du pendule disparaissent en grande partie lorsqu'on transporte le même

[1] Lu à l'Académie des Sciences, le 28 octobre 1816.

pendule sur différents points de la surface terrestre. A la vérité, on
n'obtient ainsi que les rapports des longueurs du pendule à secondes
dans ces lieux divers; mais il suffit, pour en conclure les longueurs
absolues, de mesurer avec soin sa longueur dans un de ces lieux.
Parmi toutes les mesures absolues, celle que nous devons à Borda me
paraît être la plus exacte, soit par le procédé dont il a fait usage et
par les précautions qu'il a prises, soit par la longueur du pendule
qu'il a fait osciller, soit par le grand nombre de ses expériences, soit
enfin par la précision qui caractérisait cet excellent observateur. Le
peu de différence qu'offrent les résultats de vingt expériences ne
laisse aucun doute sur l'exactitude du résultat moyen. En leur appliquant mes formules de probabilité, je trouve qu'une erreur d'un centième de millimètre serait d'une invraisemblance extrême, si l'on
était bien sûr qu'il n'y a point eu de cause constante d'erreur.

En examinant avec attention l'ingénieux appareil de Borda, on
aperçoit une de ces causes, dont l'effet, quoique très petit, n'est
point à négliger dans une recherche aussi délicate. Cet appareil est
composé de ces trois parties : 1° Un couteau, dont le tranchant s'appuie sur un plan horizontal, est traversé dans son milieu, perpendiculairement à ce tranchant, par une petite verge qui, dans sa partie
supérieure, porte un poids que l'on peut faire glisser à volonté, pour
donner à cette partie de l'appareil, prise isolément, la même durée
d'oscillation qu'à l'appareil entier; 2° Un fil métallique très mince et
d'un diamètre égal dans toute sa longueur, est suspendu par son
extrémité supérieure à l'extrémité inférieure de la verge dont je viens
de parler; il est attaché par son extrémité inférieure à une petite
calotte dont la concavité recouvre la partie supérieure d'une boule de
métal et y adhère par la pression de l'atmosphère et par un léger
enduit étendu sur cette partie de la boule. Le fil forme la seconde
partie de l'appareil : la calotte et la boule en forment la troisième
partie.

On a jusqu'ici supposé dans le calcul que le tranchant du couteau
est infiniment mince; mais, en le considérant avec une loupe, il pré-

sente la forme d'un demi-cylindre dont le rayon surpasse un centième
de millimètre. Un premier aperçu porte à croire qu'il faut ajouter ce
rayon à la longueur du pendule, mais, en y réfléchissant, on reconnaît facilement que cette addition serait fautive. En effet, le pendule
oscille à chaque instant autour des points de contact du cylindre avec
le plan, et ces points varient sans cesse; il n'y a donc que le calcul
des forces que le pendule éprouve par l'action de la pesanteur, et par
le frottement du couteau sur le plan, qui puisse faire connaître la
correction due au rayon du cylindre. En faisant ce calcul dans la supposition que le couteau ne glisse point sur le plan, je parviens à ce
résultat singulier, savoir qu'au lieu d'ajouter le rayon du cylindre à
la longueur du pendule, il faut l'en retrancher. Cette correction est
d'autant moins sensible sur la longueur du pendule à secondes que
le pendule mis en oscillations est plus long; dans les expériences de
Borda, elle se réduit au quart du rayon du cylindre; elle surpasse ce
rayon dans celles que MM. Bouvard, Biot et Mathieu ont faites à l'Observatoire royal, avec un appareil beaucoup plus court; par conséquent ces observateurs ont dû trouver, et ont trouvé en effet, une
longueur du pendule à secondes plus grande que celle de Borda
d'environ deux centièmes de millimètre. Il est remarquable qu'en
appliquant la correction précédente au résultat de ces deux mesures,
leur différence soit réduite au-dessous d'un demi-centième de millimètre, ce qui prouve à la fois l'exactitude des expériences et la précision de l'appareil imaginé par Borda, précision qu'il sera bien difficile de surpasser.

Si le tranchant du couteau glissait sur le plan qui le soutient, la
correction dépendrait de la loi de résistance du frottement, et il
deviendrait presque impossible de la déterminer. Il est donc utile de
laisser sur ce plan de légères aspérités qui ne permettent pas au
couteau de glisser. Il convient, de plus, de n'imprimer au pendule
que des oscillations assez petites pour que les points du tranchant,
en contact avec le plan, ne puissent pas surmonter le frottement
qu'ils éprouvent.

La démonstration des résultats précédents m'a conduit à examiner avec un soin particulier la nature du pendule composé que forme l'appareil de Borda et la formule donnée par ce savant géomètre pour conclure, de la durée de ses oscillations, la longueur du pendule simple qui bat les secondes. Borda considérait son appareil comme formant une masse dont toutes les parties sont fixement liées entre elles; cependant il est composé de trois parties distinctes, qui peuvent osciller les unes autour des autres; il est donc nécessaire, dans une matière aussi délicate et où l'on veut atteindre à la précision d'un centième de millimètre, d'apprécier l'influence de cette mobilité respective des parties de l'appareil sur la durée des oscillations. C'est ce que je fais dans l'analyse suivante, de laquelle il résulte que la mobilité respective des trois parties de l'appareil et la flexibilité du fil n'ont aucune influence sensible sur la durée des retours du centre de la boule à la verticale, et qu'ainsi l'on peut calculer cette durée comme si le fil était inflexible et fixement attaché aux deux autres parties de l'appareil. On obtiendra plus de précision dans le résultat si l'on emploie, comme Borda l'a fait, un fil d'une grande longueur; si, pour mettre le pendule en mouvement, on l'écarte un peu de la verticale, de manière que le centre de la boule, le fil et le point de suspension soient sur une même droite, et qu'ensuite on abandonne le pendule à l'action de la pesanteur; enfin, si l'on rend le plus égales qu'il est possible les durées des oscillations de l'appareil entier et de sa première partie prise isolément.

1. Concevons que le tranchant du couteau forme un demi-cylindre dont r soit le rayon. Nommons dm une molécule de cette partie de l'appareil; z sa distance à l'axe du cylindre; γ l'angle que le plan qui passe par cette molécule et par l'axe du cylindre forme avec le plan passant par le même axe et par le centre de gravité de la partie de l'appareil, plan qui passe également par l'axe de la petite verge de cette partie. Soit encore φ l'angle que ce dernier plan fait avec le plan vertical passant par l'axe du cylindre. Désignons par X la dis-

tance de cet axe à un plan fixe vertical qui lui soit parallèle. Nommons enfin g la pesanteur et dt l'élément du temps.

La distance de la molécule dm au plan fixe vertical sera

$$X + z\sin(\varphi + \gamma),$$

et sa distance au plan fixe horizontal passant par l'axe du cylindre sera

$$z\cos(\varphi + \gamma).$$

En désignant donc par δ une variation arbitraire, la somme des forces détruites à chaque instant dans la première partie de l'appareil, et multipliées chacune par l'élément de sa direction, sera à très peu près, en négligeant les quantités de l'ordre φ', φ étant supposé très petit,

$$- \delta\varphi\left[\frac{d^2\varphi}{dt^2}\int z^2\,dm + \frac{d^2X}{dt^2}\int z\,dm\cos(\varphi + \gamma) + g\int z\,dm\sin(\varphi + \gamma)\right],$$

$$- \delta X\left[\frac{d^2\varphi}{dt^2}\int z\,dm\cos(\varphi + \gamma) + m\frac{d^2X}{dt^2}\right],$$

m étant la masse entière de la première partie de l'appareil.

On a, par la nature du centre de gravité,

$$\int z\,dm\sin\gamma = 0, \qquad \int z\,dm\cos\gamma = ml,$$

l étant la distance du centre de gravité à l'axe du cylindre; la fonction précédente devient ainsi

$$- \delta\varphi\left(\frac{d^2\varphi}{dt^2}\int z^2\,dm + lm\frac{d^2X}{dt^2}\cos\varphi + glm\sin\varphi\right),$$

$$- \delta X\left(m\frac{d^2X}{dt^2} + ml\frac{d^2\varphi}{dt^2}\cos\varphi\right),$$

quantité qui, en négligeant les termes de l'ordre φ^2, se réduit à

$$- \delta\varphi\left(\frac{d^2\varphi}{dt^2}\int z^2\,dm + ml\frac{d^2X}{dt^2} + gml\varphi\right),$$

$$- \delta X\left(m\frac{d^2X}{dt^2} + ml\frac{d^2\varphi}{dt^2}\right).$$

La première partie de l'appareil est encore assujettie à la résistance

que le plan sur lequel appuie le tranchant du couteau oppose à son
déplacement. Je nomme T cette résistance. Sa direction est opposée
au mouvement des points du couteau en contact avec le plan. La
variation de cette direction est donc $-(r\,\delta\varphi + \delta X)$; ainsi le produit
de la force T par l'élément de sa direction est

$$- T(r\,\delta\varphi + \delta X).$$

Si la force de résistance est telle que le tranchant ne puisse pas
glisser sur le plan, alors $r\,\delta\varphi + \delta X$ est nul, ce qui fait disparaître le
produit précédent. De plus, les deux variables X et φ ne sont plus
indépendantes et l'on a entre elles l'équation

$$dX = - r\,d\varphi,$$

d'où l'on tire

$$\frac{d^2 X}{dt^2} = - r\,\frac{d^2\varphi}{dt^2};$$

la somme de toutes les forces dont la première partie de l'appareil est
animée, et multipliées par les éléments de leurs directions, devient
ainsi

$$- \delta\varphi\left[\left(\int z^2\,dm - 2mlr + mr^2\right)\frac{d^2\varphi}{dt^2} + gml\varphi\right].$$

2. Considérons maintenant la seconde partie de l'appareil. Elle
est, comme on l'a vu, formée d'un fil attaché, par son extrémité supérieure, à l'extrémité inférieure de la verge de la première partie de
l'appareil, et tenant suspendue à son extrémité inférieure la troisième
partie de l'appareil. Concevons ce fil comme formé d'une infinité de
petits poids égaux, représentés par dm', et séparés par des intervalles
égaux entre eux et à l'élément ds du fil. Nommons a la distance de
l'extrémité supérieure du fil à l'axe du cylindre formant le tranchant
du couteau. Nommons encore h la longueur totale du fil et s sa longueur prise depuis son extrémité supérieure jusqu'à la molécule $i^{ème}$.
La distance de cette molécule au plan vertical fixe considéré dans le
numéro précédent sera $X + a\varphi + x$, x étant la distance de la molé-

cule à la verticale qui passe par l'extrémité supérieure du fil. La somme des forces détruites dans la molécule, et multipliées respectivement par les éléments de leurs directions, sera donc

$$-\left[(a-r)\frac{d^2\varrho}{dt^2}+\frac{d^2x}{dt^2}\right]dm'[(a-r)\delta\varrho+\delta x].$$

En faisant $dm'=\varrho\,ds$ et désignant par le signe S une intégrale étendue à toutes les molécules du fil, la somme des forces détruites dans le fil entier, et multipliées par les éléments de leurs directions, sera

$$-(a-r)^2 m'\,\delta\varrho\,\frac{d^2\varrho}{dt^2}-(a-r)\,\delta\varrho\,S\,\varrho\,ds\,\frac{d^2x}{dt^2},$$

$$-(a-r)\frac{d^2\varrho}{dt^2}\,S\,\varrho\,ds\,\delta x-S\,\varrho\,ds\,\frac{d^2x}{dt^2}\,\delta r.$$

Les molécules du fil pouvant osciller les unes autour des autres, il faut considérer séparément chacune de ces oscillations. Pour cela, je nomme $\psi^{(i)}$ l'angle que l'élément ds, placé à la distance s ou $i\,ds$ de l'origine du fil, fait avec la verticale. On aura $dx=\psi^{(i)}ds$, $\psi^{(i)}$ étant supposé fort petit. On aura donc $x=\int\psi^{(i)}ds$; ce qui donne, en n'ayant égard qu'à la variation $\delta\psi^i$,

$$S\,\delta x=(h-s)\,\delta\psi^{(i)};$$

car $\psi^{(i)}$ ne commence à s'introduire, dans la valeur de x, qu'à la distance s de l'origine du fil, et il entre dans toutes les valeurs de x, depuis $s=s$ jusqu'à $s=h$. On voit de la même manière que

$$\int\frac{d^2x}{dt^2}\,\delta x=\delta\psi^{(i)}\int ds\,\frac{d^2x}{dt^2},$$

l'intégrale étant prise depuis $s=s$ jusqu'à $s=h$. La somme précédente devient ainsi

$$-(a-r)^2 m'\,\delta\varrho\,\frac{d^2\varrho}{dt^2}-(a-r)\,\delta\varrho\,S\,\varrho\,ds\,\frac{d^2x}{dt^2},$$

$$-\sum\delta\psi^{(i)}\,ds\left[(a-r)\varrho(h-s)\frac{d^2\varrho}{dt^2}+\int\varrho\,ds\,\frac{d^2x}{dt^2}\right],$$

le signe intégral Σ se rapportant à toutes les valeurs de i, depuis $i = 0$ jusqu'à $i = \dfrac{h}{ds}$.

Si l'on nomme y la distance de la molécule $\rho\,ds$ au plan horizontal passant par l'axe du demi-cylindre qui forme le tranchant du couteau, la somme des actions de la pesanteur sur le fil entier, multipliées par les variations de leurs directions, sera $Sg\rho\,ds\,dy$. Si l'on n'a égard qu'à la variation de φ, on a

$$\delta y = - a\varphi\,\delta\varphi;$$

l'intégrale précédente devient ainsi

$$- a g \rho h \varphi\,\delta\varphi.$$

La variation δy dépend encore de la variation $\delta\psi^{(i)}$. En effet, on a

$$dy = ds\cos\psi^{(i)} = ds(1 - \tfrac{1}{2}\psi^{(i)2}).$$

De là il est facile de conclure que l'intégrale $Sg\rho\,ds\,dy$ contient le terme

$$- g\rho(h - s)\psi^{(i)}\,\delta\psi^{(i)}\,ds.$$

La somme des actions de la pesanteur sur le fil, multipliées par les éléments de leurs directions, est donc

$$- g\rho h a\varphi\,\delta\varphi - \Sigma\,\delta\psi^{(i)}\,ds\,g\rho(h - s)\psi^{(i)}.$$

3. Il nous reste maintenant à considérer la troisième partie de l'appareil. Soient M la masse de cette partie; L la distance de son centre de gravité au point de suspension par le fil. Soit φ' l'angle formé par un plan vertical mené par ce point et par le centre de gravité de M, perpendiculairement au plan d'oscillation du pendule. Soient encore z la distance d'une molécule dM de la masse M, à l'axe passant par son point de suspension, perpendiculairement au plan d'oscillation, et $\varphi' + \gamma'$ l'angle que forme z avec la verticale. Nommons enfin x' la distance de l'extrémité inférieure du fil à la verticale qui passe par l'ex-

trémité supérieure. Cela posé, la somme des forces détruites dans la masse M sera

$$- S' \left[\begin{array}{c} \dfrac{d^2 X}{dt^2} + a \dfrac{d^2 \varphi}{dt^2} + \dfrac{d^2 x'}{dt^2} \\[2mm] + z \dfrac{d^2 \varphi'}{dt^2} \cos(\varphi' + \gamma') \end{array} \right] dM \left[\begin{array}{c} \delta X + a\,\delta\varphi + \delta x' \\[2mm] + z\,\delta\varphi' \cos(\varphi' + \gamma') \end{array} \right],$$

$$- S' \left[z \dfrac{d^2 \varphi'}{dt^2} \sin(\varphi' + \gamma') \right] dM\, \delta\varphi'\, z \sin(\varphi' + \gamma'),$$

le signe S' se rapportant à toutes les molécules de la masse M. On a, par la nature du centre de gravité,

$$S'z\,dM \sin\gamma' = 0, \qquad S'z\,dM \cos\gamma' = ML,$$

L étant la distance du centre de gravité de la masse M à son point de suspension par le fil. En substituant au lieu de δX, $- r\,\delta\varphi$, et au lieu de $\delta x'$, $\Sigma\,\delta\psi^{(i)}\,ds$, la somme précédente devient

$$- M \left[(a - r) \dfrac{d^2\varphi}{dt^2} + \dfrac{d^2 x'}{dt^2} + L \dfrac{d^2\varphi'}{dt^2} \right] [(a - r)\,\delta\varphi + \Sigma\,\delta\psi^{(i)}\,ds],$$

$$- \left\{ ML \left[(a - r) \dfrac{d^2\varphi}{dt^2} + \dfrac{d^2 x'}{dt^2} \right] + \dfrac{d^2\varphi'}{dt^2} S'z^2\,dM \right\} \delta\varphi'.$$

On a ensuite, pour la somme des actions de la pesanteur sur la masse M, multipliées par les éléments de leurs directions,

$$- g M(a\varphi\,\delta\varphi + L\varphi'\,\delta\varphi') - g M \Sigma\psi^{(i)}\,ds\,\delta\psi^{(i)}.$$

Maintenant la somme des forces détruites et des actions de la pesanteur, multipliées par les éléments de leurs directions, doit être nulle en vertu du principe des vitesses virtuelles; en formant donc cette somme et en y égalant d'abord à zéro le coefficient de $\delta\varphi$, on aura, en négligeant les termes de l'ordre r^2 et observant que $\rho h = m'$,

$$(1) \quad \left\{ \begin{array}{l} 0 = \left(\displaystyle\int z^2\,dm - 2\,mlr \right) \dfrac{d^2\varphi}{dt^2} + (M + m')(a - r)^2 \dfrac{d^2\varphi}{dt^2} \\[3mm] \quad + ML(a - r) \dfrac{d^2\varphi'}{dt^2} + M(a - r) \dfrac{d^2 x'}{dt^2} + (a - r)S\rho\,ds \dfrac{d^2 x}{dt^2} \\[3mm] \quad + gml\varphi + ag(M + m')\varphi; \end{array} \right.$$

en égalant à zéro le coefficient de $\delta\varphi'$, on aura

$$(2) \qquad 0 = ML\left[(a-r)\frac{d^2\varphi}{dt^2} + g\varphi' + \frac{d^2x'}{dt^2}\right] + \frac{d^2\varphi'}{dt^2}S'z^2\,dM;$$

enfin en égalant à zéro le coefficient de $\delta\psi^{(i)}$, on aura

$$0 = (a-r)\rho(h-s)\frac{d^2\varphi}{dt^2} + \int\varphi\,ds\frac{d^2x}{dt^2} + g\rho(h-s)\psi^{(i)}$$
$$+ M\left[(a-r)\frac{d^2\varphi}{dt^2} + \frac{d^2x'}{dt^2} + L\frac{d^2\varphi'}{dt^2} + g\psi^{(i)}\right].$$

La masse M étant beaucoup plus grande que celle du fil, nous désignerons par α le rapport de celle-ci à la première. En négligeant les termes de l'ordre α, cette dernière équation donnera, pour $\psi^{(i)}$, une valeur indépendante de i et qui sera par conséquent la même pour toutes les valeurs de i; elle sera évidemment égale à très peu près à $\frac{x'}{h}$, c'est-à-dire que le fil, par la tension du poids M, forme à très peu près une ligne droite, ce que l'on voit d'ailleurs *a priori*. En substituant donc $\frac{x'}{h}$ pour $\psi^{(i)}$ dans les termes de cette équation dépendants de la masse du fil, et en y faisant $x = \frac{sx'}{h}$, cette équation donnera aux quantités près de l'ordre α^2 :

$$0 = (a-r)\rho(h-s)\frac{d^2\varphi}{dt^2} + \frac{\rho}{2h}(h^2-s^2)\frac{d^2x'}{dt^2} + g\rho\frac{(h-s)}{h}x'$$
$$+ M\left[(a-r)\frac{d^2\varphi}{dt^2} + \frac{d^2x'}{dt^2} + L\frac{d^2\varphi'}{dt^2} + g\psi^{(i)}\right].$$

On aura la somme de toutes les équations semblables que fournit l'infinité des valeurs de i, en multipliant l'équation précédente par ds et en l'intégrant depuis $s = 0$ jusqu'à $s = h$, ce qui donne, en observant que x' est égal à la somme de toutes les valeurs de $\psi^{(i)}ds$,

$$(3) \qquad \begin{cases} 0 = (a-r)h\frac{d^2\varphi}{dt^2}(M + \tfrac{1}{2}m') \\[2mm] \quad + h\frac{d^2x'}{dt^2}(M + \tfrac{1}{3}m') + MLh\frac{d^2\varphi'}{dt^2} + gx'(M + \tfrac{1}{2}m'). \end{cases}$$

Cette équation, réunie aux équations (1) et (2), déterminera les valeurs de φ, x' et φ', en observant de mettre dans l'équation (1)

$$\tfrac{1}{2}m'(a-r)\frac{d^2 x'}{dt^2}$$

au lieu de

$$(a-r)\mathrm{S}\varrho\,ds\,\frac{d^2 x}{dt^2}.$$

4. Pour intégrer les équations (1), (2) et (3), je suppose

$$\varphi = \mathrm{K}\cos(nt+\varepsilon), \qquad \varphi' = \mathrm{K}'\cos(nt+\varepsilon), \qquad x' = \mathrm{K}''h\cos(nt+\varepsilon).$$

En substituant ces valeurs dans ces équations, en faisant

$$\mathrm{S}'z^2\,d\mathrm{M} = \mathrm{ML}q$$

et

$$\mathrm{A} = gml - n^2\Big(\int z^2\,dm - 2\,mlr\Big),$$

on aura les trois équations suivantes

$$o = \mathrm{K}\,|\,\mathrm{A} + (\mathrm{M}+m')\,[ag - n^2(a-r)^2]|$$
$$- \mathrm{K}'\mathrm{ML}(a-r)n^2 - \mathrm{K}''(\mathrm{M}+\tfrac{1}{2}m')(a-r)hn^2,$$
$$o = \mathrm{K}(a-r)n^2 - \mathrm{K}'(g-n^2q) + \mathrm{K}''hn^2,$$
$$o = \mathrm{K}(\mathrm{M}+\tfrac{1}{2}m')(a-r)n^2 + \mathrm{K}'\mathrm{ML}n^2$$
$$- \mathrm{K}''[(\mathrm{M}+\tfrac{1}{2}m')g - (\mathrm{M}+\tfrac{1}{3}m')hn^2].$$

Si l'on ajoute la première de ces équations à la seconde multipliée par $(\mathrm{M}+\tfrac{1}{2}m')(a-r)$, on aura

$$o = \mathrm{K}[\mathrm{A} + (\mathrm{M}+m')ag - \tfrac{1}{2}m'(a-r)^2 n^2]$$
$$- \mathrm{K}'[\mathrm{ML}(a-r)n^2 + (\mathrm{M}+\tfrac{1}{2}m')(a-r)(g-n^2q)].$$

Si l'on ajoute la seconde équation multipliée par

$$(\mathrm{M}+\tfrac{1}{2}m')g - (\mathrm{M}+\tfrac{1}{3}m')hn^2,$$

à la troisième multipliée par hn^2, on aura

$$o = \mathrm{K}[\tfrac{1}{6}m'(a-r)hn^4 + (\mathrm{M}+\tfrac{1}{2}m')g(a-r)n^2]$$
$$- \mathrm{K}'[(\mathrm{M}+\tfrac{1}{2}m')g(g-n^2q) - (\mathrm{M}+\tfrac{1}{3}m')hn^2(g-n^2q) - \mathrm{ML}hn^4]:$$

d'où l'on tire

$$o = [\mathrm{ML}(a-r)n^2 + (\mathrm{M}+\tfrac{1}{2}m')(a-r)(g-n^2q)]$$
$$\times [\tfrac{1}{6}m'(a-r)hn^4 + (\mathrm{M}+\tfrac{1}{4}m')g(a-r)n^2]$$
$$- [(\mathrm{M}+\tfrac{1}{2}m')g(g-n^2q) - (\mathrm{M}+\tfrac{1}{3}m')hn^2(g-n^2q) - \mathrm{ML}hn^4]$$
$$\times [\mathrm{A}+(\mathrm{M}+m')ag - \tfrac{1}{2}m'(a-r)^2 n^2].$$

Pour déterminer la valeur de n^2, je donne à cette équation la forme suivante, en faisant $\dfrac{m'}{\mathrm{M}} = i$, et négligeant les quantités de l'ordre i^2, ir et $\mathrm{A}m'$, à cause de la petitesse de la masse du fil relativement à M,

$$(4) \quad \begin{cases} 0 = gn^4(h+a-2r)(\mathrm{L}-q) + g^2 n^2(h+q+a-2r) - g^3 \\[4pt] \quad - i[\tfrac{1}{3}n^6 ah(\mathrm{L}-q) \\[4pt] \qquad + n^4 g(\tfrac{1}{3}hq + \tfrac{1}{3}ah - h\mathrm{L} + \tfrac{3}{4}aq - \tfrac{1}{2}a\mathrm{L}) \\[4pt] \qquad\quad - n^2 g^2(\tfrac{1}{3}h + \tfrac{3}{4}q + \tfrac{3}{4}a) + \tfrac{3}{4}g^3] \\[4pt] \quad - \dfrac{\mathrm{A}}{a\mathrm{M}}[(g-hn^2)(g-n^2q) - \mathrm{L}hn^4]; \end{cases}$$

$\dfrac{g}{n^2}$ est la longueur du pendule simple dont les oscillations sont de même durée que celles de tout l'appareil.

En faisant d'abord A et i nuls et $a - 2r = a'$, on a

$$\frac{g}{n^2} = h + a' + q - \frac{n^2}{g}(h+a')(q-\mathrm{L}),$$

d'où l'on tire à fort peu près

$$\frac{g}{n^2} = h + a' + \mathrm{L} + \frac{\mathrm{L}(q-\mathrm{L})}{h+a'+\mathrm{L}} + \frac{\mathrm{L}(q-\mathrm{L})^2}{(h+a'+\mathrm{L})^2};$$

nommons F cette valeur de $\dfrac{g}{n^2}$ qui a l'exactitude nécessaire à cause de la petitesse de $\dfrac{\mathrm{L}(q-\mathrm{L})}{h}$, quantité de l'ordre $\dfrac{\mathrm{L}^2}{h}$ et à très peu près égale aux deux cinquièmes du carré du diamètre de la boule, divisé par la distance du centre de la boule à l'axe du tranchant du couteau; nommons encore I le coefficient de $-i$ dans l'équation (4); cette équation donnera

$$\frac{g}{n^2} = \mathrm{F} - \frac{i\mathrm{I}}{g^2 n^2}.$$

En y substituant pour $\frac{K}{n^2}$, $h + a' + L$, et négligeant les termes des ordres $\frac{a^2}{h}$, $\frac{q^2}{h}$, $\frac{L^2}{h}$, on aura

$$\frac{K}{n^2} = F - \frac{i}{6}(h + 2a' + 3L - q).$$

Il nous reste à considérer l'influence de la valeur de A que nous avons supposée nulle en vertu de cette valeur de $\frac{K}{n^2}$. Supposons que, en égalant les oscillations de l'appareil entier aux oscillations de la première partie de l'appareil, on se soit trompé d'une quantité α, en sorte que n' étant la valeur qui rend nulle la fonction

$$mlg - n'^2 \int z^2 \, dm,$$
$$\frac{1}{n'} = \frac{1 + \alpha}{n},$$

il est facile de voir que la correction qui en résultera dans la valeur précédente de $\frac{g}{n^2}$, ou de la longueur du pendule simple qui répond à n, sera $\frac{2\alpha m}{M} l$, quantité qui a été insensible dans les expériences de Borda à cause de la petitesse de la fraction $\frac{m}{M}$ et de la quantité l, et parce que l'on avait eu une attention particulière à rendre égales les oscillations de l'appareil entier et de sa première partie, ce qui a rendu α extrêmement petit. Mais dans les appareils d'une petite longueur il faut redoubler d'attention pour remplir cet objet.

En vertu de la valeur de n^2 que nous venons de considérer, les trois parties de l'appareil font des oscillations de même durée, mais les grandeurs des angles qu'elles forment avec la verticale ne sont pas les mêmes, en sorte que les centres de gravité de ces trois parties et le point de suspension ne sont pas constamment sur une même droite. Ces grandeurs dépendent des valeurs de K, K' et K". On trouve facilement, par ce qui précède, que si l'on néglige les termes affectés de r, on a

$$K = K'\left[1 - \frac{i}{2} - \frac{(q - L)}{h + a + L}\right], \qquad K'' = K'\left[1 - \frac{(q - L)}{h + a + L}\right].$$

On voit donc que si le centre d'oscillation de la troisième partie de l'appareil coïncidait avec son centre de gravité et si la masse du fil était infiniment petite, ce qui fait disparaître i et $q - L$, l'appareil oscillerait à très peu près comme si toutes ses parties étaient fixes. Voyons la différence qui résulte de leur mobilité respective dans la valeur de $\frac{g}{n^2}$.

On a par le n° 1, dans le cas où tout l'appareil est fixe,

$$\overline{m}l_1 \frac{g}{n^2} = \int z^2\, d\overline{m} - 2\overline{m}l_1 r,$$

$\overline{m}$ étant la masse de tout l'appareil, l_1 étant la distance de son centre de gravité à l'axe du cylindre formant le tranchant du couteau, et l'intégrale $\int z^2\, d\overline{m}$ se rapportant à l'appareil entier. On a par le n° 1, relativement à la première partie de l'appareil,

$$\int z^2\, d\overline{m} = 2mlr + \frac{g}{n^2} ml.$$

Ensuite, on a relativement au fil

$$\int z^2\, d\overline{m} = m'(\tfrac{1}{3}h^2 + ah + a^2),$$

et relativement à la troisième partie de l'appareil, on a

$$\int z^2\, d\overline{m} = M[(h + a + L)^2 + L(q - L)].$$

On a enfin

$$\overline{m} = m + m' + M,$$
$$\overline{m}l_1 = ml + m'(\tfrac{1}{2}h + a) + M(h + a + L).$$

On aura donc

$$[ml + m'(\tfrac{1}{2}h + a) + M(h + a + L)]\, \frac{g}{n^2}$$
$$= 2mlr + \frac{g}{n^2} ml + m'(\tfrac{1}{3}h^2 + ah + a^2)$$
$$+ M[(h + a + L)^2 + L(q - L)]$$
$$- 2r[ml + m'(\tfrac{1}{2}h + a) + M(h + a + L)],$$

d'où l'on tire en négligeant les termes de l'ordre $\frac{ia^2}{h}$ et $\frac{iL(q - L)}{h}$, et faisant comme ci-dessus $a - 2r = a'$,

$$\frac{g}{n^2} = h + a' + L + \frac{L(q - L)}{h + a' + L} - \frac{i}{6}(h + 2a' + 2L).$$

On voit donc que la mobilité des diverses parties de l'appareil ne fait qu'ajouter à la valeur de $\frac{g}{n^2}$, ou à l'expression de la longueur du pendule simple, les termes

$$\frac{L(q - L)^2}{(h + a' + L)^2} + \frac{i}{6}(q - L).$$

Ces termes sont insensibles dans un long appareil et ils ne s'élèvent pas à $\frac{1}{300}$ de millimètre dans un appareil qui n'aurait que $0^m,742$ de longueur. Mais la considération du demi-cylindre qui termine le tranchant du couteau diminue la longueur du pendule, comptée de l'axe de suspension, du diamètre de ce cylindre et, par conséquent, elle diminue cette longueur comptée du plan sur lequel le couteau s'appuie du rayon r de ce cylindre. Cette correction est sensible sur la longueur du pendule à secondes, déterminée par les oscillations d'un court appareil.

5. Je vais maintenant considérer les deux autres valeurs de n^2 de l'équation (4) du numéro précédent. Ces deux valeurs étant fort grandes relativement à celle que nous venons de déterminer, on pourra négliger dans cette équation les termes indépendants de n^2. En la mettant ainsi sous cette forme

$$E\frac{n^4}{g^2} - G\frac{n^2}{g} + H = o,$$

on aura à fort peu près, en négligeant a et L par rapport à h et la très petite quantité r,

$$E = (q - L)\left(\tfrac{1}{3}ia + \frac{\int z^2\,dm}{aM}\right);$$

$$G = q - L + \tfrac{1}{3}iq + \tfrac{1}{3}ia + \frac{\int z^2\,dm}{aM} - iL,$$

$$H = 1.$$

Nous supposons ici $q - $ L d'un ordre supérieur à iL et à $\dfrac{\int z^2\,dm}{a\mathrm{M}}$, alors G^2 est d'un ordre supérieur à 4E, l'équation précédente en n donnera ainsi ces deux valeurs $\dfrac{g}{n^2}$

$$\frac{g}{n^2} = \mathrm{G} - \frac{\mathrm{E}}{\mathrm{G}}, \qquad \frac{g}{n^2} = \frac{\mathrm{E}}{\mathrm{G}}.$$

L'isochronisme des oscillations de la première partie de l'appareil et de l'appareil entier donne

$$n^2 \int z^2\,dm = mlg,$$

n étant ici la première des trois valeurs de n, qui donne à fort peu près $\dfrac{g}{n^2} = h + a + $ L; on aura donc à très peu près

$$\frac{\int z^2\,dm}{a\mathrm{M}} = \frac{m}{\mathrm{M}}\,\frac{lh}{a},$$

les deux dernières valeurs de $\dfrac{g}{n^2}$ deviendront ainsi

$$\frac{g}{n^2} = q - \mathrm{L} + \tfrac{1}{3}iq - i\mathrm{L},$$

$$\frac{g}{n^2} = \tfrac{1}{3}ia + \frac{m}{\mathrm{M}}\,\frac{lh}{a}.$$

Relativement à la première des valeurs de $\dfrac{g}{n^2}$, on a par le numéro précédent

$$\mathrm{K} = \mathrm{K}'\left[1 - \tfrac{1}{3}i - \frac{(q - \mathrm{L})}{h + a + \mathrm{L}} \right],$$

$$\mathrm{K}'' = \mathrm{K}'\left[1 - \frac{(q - \mathrm{L})}{h + a + \mathrm{L}} \right].$$

Si relativement à la seconde valeur de $\dfrac{g}{n^2}$ l'on désigne par $\overline{\mathrm{K}}, \overline{\mathrm{K}'}, \overline{\mathrm{K}''}$, $\bar n$ et $\bar\varepsilon$ ce que nous avons désigné par K, K$'$, K$''$, n et ε relativement à la première valeur, on aura à fort peu près par le n° 4

$$\overline{\mathrm{K}} = \overline{\mathrm{K}'}\,\frac{\tfrac{1}{3}iq - \tfrac{1}{2}i\mathrm{L}}{q - \mathrm{L} - \dfrac{m}{\mathrm{M}}\,\dfrac{lh}{a}}, \qquad \overline{\mathrm{K}''} = -\,\overline{\mathrm{K}'}\,\frac{\mathrm{L}}{h}.$$

Nommons encore relativement à la troisième des valeurs de $\frac{g}{n^2}$, $\overline{\overline{\mathrm{K}}}$, $\overline{\overline{\mathrm{K}'}}$, $\overline{\overline{\mathrm{K}''}}$, $\overline{\overline{n}}$, $\overline{\overline{\varepsilon}}$ ce que nous avons désigné par K, K′, K″, n, ε relativement à la première, on aura à très peu près

$$\overline{\overline{\mathrm{K}'}} = \frac{ia\overline{\overline{\mathrm{K}}}}{6(q - \mathrm{L})}, \qquad \overline{\overline{\mathrm{K}''}} = -\frac{a\overline{\overline{\mathrm{K}}}}{h}.$$

Maintenant, pour mettre l'appareil en mouvement, on l'écarte un peu de la verticale, de manière que le centre de la boule, le fil et le point de suspension soient sur une même droite, et ensuite on l'abandonne à la pesanteur; on aura

$$\varepsilon = 0, \qquad \overline{\varepsilon} = 0, \qquad \overline{\overline{\varepsilon}} = 0,$$
$$\mathrm{K} + \overline{\mathrm{K}} + \overline{\overline{\mathrm{K}}} = \mathrm{K}' + \overline{\mathrm{K}'} + \overline{\overline{\mathrm{K}'}} = \mathrm{K}'' + \overline{\mathrm{K}''} + \overline{\overline{\mathrm{K}''}},$$

d'où l'on tire à fort peu près

$$\overline{\mathrm{K}'} = -\frac{(q - \mathrm{L})}{h}\,\mathrm{K}', \qquad \overline{\overline{\mathrm{K}'}} = -\frac{i}{2}\,\mathrm{K}'.$$

Dans ce genre d'expériences on observe les retours de l'extrémité inférieure du fil à la verticale, et l'on suppose le nombre de ces retours égal à $n\mathrm{T}$, n étant la première des valeurs de n et T étant la durée de l'expérience.

La distance de cette extrémité à la verticale est

$$(a\mathrm{K} + h\mathrm{K}')\cos nt + \left(a\overline{\mathrm{K}} + h\overline{\mathrm{K}''}\right)\cos \overline{n}t + \left(a\overline{\overline{\mathrm{K}}} + h\overline{\overline{\mathrm{K}''}}\right)\cos \overline{\overline{n}}t.$$

Cette distance est donc à fort peu près

$$(a + h)\left[1 - \frac{(q - \mathrm{L})}{h}\right]\mathrm{K}'\cos nt + \frac{\mathrm{L}(q - \mathrm{L})}{h}\,\mathrm{K}'\cos \overline{n}t.$$

En concevant donc un pendule de la longueur $h + a$ et oscillant de manière que la durée de ses oscillations corresponde à la première valeur de n, les extrémités du fil de l'appareil et de ce pendule retourneront, dans un temps donné, le même nombre de fois à la verticale. Seulement à la fin de l'expérience, lorsque le pendule arrivera à la verticale, l'extrémité inférieure du fil en pourra être encore éloignée de la quantité $+\dfrac{L(q-L)}{h}$, mais cette distance presque insensible par elle-même sera décrite en vertu de la vitesse du fil près de la verticale dans un temps déterminé inappréciable, en sorte que les extrémités du fil et du pendule paraîtront toujours revenir ensemble à la verticale.

Il résulte de l'analyse précédente qu'avec la précaution indiquée pour mettre l'appareil en mouvement la mobilité de ses trois parties et la flexibilité du fil n'ont aucune influence sensible sur la durée des retours du centre de la boule et de l'extrémité inférieure du fil à la verticale, et qu'ainsi l'on peut calculer cette durée comme si le fil était inflexible et fixement attaché aux deux autres parties de l'appareil.

6. Soit D la distance du centre de gravité de la calotte, qui recouvre la boule, au centre de cette boule. Soit L′ la distance de l'extrémité inférieure du fil à ce même centre. Soit encore p le rapport de la masse de la calotte à la somme M des masses de la boule et de la calotte. On aura

$$L = L' - pD.$$

Ensuite, le centre d'oscillation d'une sphère étant, comme on sait, au-dessous du centre de la sphère d'une quantité égale aux $\frac{2}{5}$ du carré du rayon de la sphère, divisé par la distance du point de suspension au centre de la sphère, si l'on nomme R le rayon de cette boule, on aura, pour la partie de Lq relative à la boule, la quantité

$$(1-p)(L'^2 + \tfrac{2}{5}R^2).$$

La partie de Lq relative à la calotte est la somme des produits de chaque molécule de la calotte par le carré de sa distance à un axe perpendiculaire au plan d'oscillation et passant par l'extrémité inférieure du fil. Cette distance étant fort petite, cette somme peut être négligée sans erreur sensible et je me suis assuré que même dans les courts appareils dont on a fait usage cette erreur n'est pas de $\frac{1}{305}$ de millimètre. Mais on corrigera, en grande partie, cette erreur déjà insensible, en considérant la masse de la calotte comme réunie à son centre de gravité, ce qui donne $p(L' - D)^2$ pour la somme dont il s'agit. La distance du point de suspension au centre de la boule est $h + a + L'$; en la désignant donc par f, l'expression de $\frac{g}{n^2}$ ou de la longueur du pendule simple, oscillant en même temps que l'appareil, sera par le n° 4 à très peu près

$$\frac{g}{n^2} = f - r - pD + \frac{\frac{2}{5}(1-p)R^2 + pD^2}{f - r - pD} - \frac{i}{6}\left(f - r + L' - 3pD + a - \frac{2}{5}\frac{R^2}{L'}\right);$$

h étant la longueur du fil, on a

$$a + L' = f - h;$$

on peut d'ailleurs, vu la petitesse de i, substituer R au lieu de L' dans le terme $\frac{2i}{30}\frac{R^2}{L'}$; la formule précédente devient ainsi

$$(A) \quad \frac{g}{n^2} = f - r - pD + \frac{\frac{2}{5}(1-p)R^2 + pD^2}{f - r - pD} - \frac{i}{6}(2f - r - h - 3pD - \tfrac{2}{5}R).$$

Borda suppose dans son calcul $D = R = L'$, et dans les termes multipliés par i la différence qui peut exister entre ces trois quantités est insensible. Alors h est égal à $f - a - R$. Pour comparer la formule précédente à celle de ce savant géomètre j'observe que, dans son appareil et en prenant avec lui pour unité la $\frac{2}{100000}$ partie d'une grande règle qui lui servait de module, on a

$$a = 1968, \quad f = 203015,17, \quad R = 937,$$
$$p = 0,0038015, \quad i = 0,0013861.$$

Borda n'a point eu égard à la valeur de r; en la supposant nulle, la formule précédente donne

$$\frac{g}{n^2} = 202965,855,$$

ce qui ne diffère que d'une quantité insensible de la valeur $202965,82$ que Borda trouve par sa formule.

LONGUEUR DU PENDULE A SECONDES.

Connaissance des Temps pour l'an 1820; 1817.

Huygens a observé que si l'on fait osciller un pendule composé et qu'ensuite on prenne pour point de suspension le centre d'oscillation, les oscillations nouvelles seront de même durée que les premières. De plus, la distance des deux points de suspension est la longueur du pendule simple qui correspond à cette durée. Je vais examiner ici l'influence que doivent avoir sur ces résultats les rayons des petits cylindres sur lesquels se font ces oscillations.

En conservant les dénominations du n° 1 du Mémoire cité, on a, pour un pendule représenté par la première partie de l'appareil de Borda, l'équation

$$0 = \left(\int z^2 \, dm - 2mlr + mr^2 \right) \frac{d^2\varphi}{dt^2} + gml\varphi.$$

Supposons que ce pendule ait un second couteau placé très près du centre d'oscillation de ce pendule dans sa première suspension et que la durée des oscillations, lorsque le pendule oscille sur le second couteau, reste la même qu'auparavant, on aura dans ce nouvel état

$$0 = \left(\int z'^2 \, dm - 2ml'r' + mr'^2 \right) \frac{d^2\varphi}{dt^2} + gml'\varphi,$$

φ', z', l' et r' étant ce que deviennent alors φ, z, l et r. Pour déterminer z on observera que si l'on nomme q la distance des axes des petits cylindres qui forment les tranchants des couteaux, on aura par le n° 1 du Mémoire cité

$$z \cos\gamma + z' \cos\gamma' = q,$$
$$z \sin\gamma = z' \sin\gamma',$$

d'où l'on tire

$$\int z'^2 \, dm = mq^2 - 2mql + \int z^2 \, dm,$$
$$ml' = \int z' \, dm \cos\gamma' = mq - ml.$$

On a ainsi, en négligeant les carrés de r et de r',

$$0 = \left(mq^2 - 2mql + \int z^2 \, dm - 2mqr' + 2mlr' \right) \frac{d^2\varphi}{dt^2} + gm(q - l)\varphi.$$

Retranchant la première équation de celle-ci, on aura

$$0 = (q - 2l) \left\{ \left[q - 2r' + \frac{2l(r - r')}{q - 2l} \right] \frac{d^2\varphi}{dt^2} + g\varphi \right\}.$$

Si l'on suppose égaux les rayons des petits cylindres qui forment les tranchants des couteaux, ce qui donne $r = r'$, on aura

$$0 = (q - 2l) \left[(q - 2r) \frac{d^2\varphi}{dt^2} + g\varphi \right].$$

Cette équation peut être satisfaite par l'une ou l'autre des deux équations suivantes

$$0 = q - 2l,$$
$$0 = (q - 2r) \frac{d^2\varphi}{dt^2} + g\varphi.$$

La première nous montre que les durées des oscillations seront les mêmes, dans les deux situations du pendule, si le centre de gravité divise en deux parties égales la plus courte distance des surfaces des deux couteaux. La seconde équation fait voir que, si l'on obtient autrement l'identité de durée des oscillations, alors la longueur du pendule simple correspondant à cette durée est la plus courte distance des surfaces des couteaux. Ainsi le théorème d'Huygens subsiste relativement à cette distance.

N. B. — Mathieu, d'après une nouvelle discussion de toutes les observations du pendule, trouve en partant des expériences de Borda sur cet objet, réduites au niveau de la mer, l'expression suivante de la longueur du pendule à secondes sexagésimales

$$0^m,990787 + 0^m,0053982 \sin^2 \text{latitude}.$$

Dans cette expression j'ai diminué de $\frac{2}{1000}$ de millimètre le résultat de Borda sur cette longueur, pour la correction du rayon du cylindre qui formait le tranchant du couteau, rayon que j'évalue à $\frac{2}{1000}$ de millimètre.

Les expériences que l'on va faire avec un soin particulier, dans les deux hémisphères, répandront de nouvelles lumières sur le coefficient du carré du sinus de la latitude ou sur la variation de la pesanteur à la surface de la Terre.

APPLICATION DU CALCUL DES PROBABILITÉS

AUX OPÉRATIONS GÉODÉSIQUES (*).

Connaissance des Temps pour l'an 1820: 1818.

Ce Mémoire est reproduit, avec additions, dans le deuxième Supplément : *Application du Calcul des Probabilités aux opérations géodésiques*, t. VII, p. 531.

(*) Lu à l'Académie des Sciences, le 4 août 1817.

LA ROTATION DE LA TERRE.

Connaissance des Temps pour l'an 1841 : 1819.

Toute l'Astronomie repose sur l'uniformité du mouvement de rotation de la Terre. La durée de ce mouvement est l'étalon du temps que nous appliquons aux périodes des révolutions célestes. Les plus anciennes observations n'y font voir aucun changement. S'il y en avait un, il serait principalement sensible dans la longueur observée du mois lunaire, qui nous paraîtrait diminuer si la durée du jour augmentait sans cesse. A la vérité, toutes les éclipses observées par les Chaldéens, les Grecs et les Arabes, indiquent avec évidence, par leur comparaison aux observations modernes, une diminution progressive dans la longueur du mois. Mais ayant reconnu la cause de ce phénomène, j'ai trouvé que ses effets répondent si exactement aux observations que l'on ne peut attribuer qu'une très petite partie de cette diminution à un accroissement dans la durée du jour qui, depuis Hipparque, n'a pas changé de $\frac{1}{100}$ de seconde. L'axe de rotation de la Terre est aussi invariable à sa surface que la vitesse de rotation. Il se meut dans le Ciel autour des pôles de l'écliptique, suivant des lois que la théorie de la pesanteur universelle a déterminées, mais il répond toujours aux mêmes points de la Terre, les observations les plus exactes ne faisant apercevoir aucun changement dans les latitudes géographiques. Il est donc certain que la Terre se meut uniformément autour d'un axe invariable.

L'existence d'axes semblables dans les corps solides est connue depuis longtemps. On sait que chacun de ces corps a trois axes principaux rectangulaires autour desquels le corps peut tourner uniformément, l'axe de rotation demeurant en repos. Mais cette propriété remarquable est-elle commune aux corps qui, comme la Terre, sont recouverts d'un fluide? La condition de l'équilibre du fluide s'ajoute alors aux conditions des axes principaux, elle change la figure du corps lorsqu'on le fait tourner autour d'un axe différent. Il s'agit donc de savoir si, parmi tous les changements possibles, il en est un dans lequel l'axe de rotation et la figure du fluide sont invariables. La théorie que j'ai donnée dans le troisième Livre de la *Mécanique céleste* (¹), sur l'attraction des sphéroïdes, m'a fourni le moyen de résoudre cette question délicate du système du monde; elle m'a conduit au théorème suivant :

Supposons que la Terre soit un sphéroïde formé de couches de densités variables suivant une loi quelconque et recouvert d'un fluide. Imaginons un second sphéroïde qui pénètre le premier et dont les couches soient les mêmes, avec la seule différence que leurs densités soient diminuées de la densité du fluide. Si l'on fait tourner le premier sphéroïde autour de l'un des axes principaux du second sphéroïde, le fluide qui le recouvre pourra toujours être en équilibre et alors sa figure et l'axe de rotation seront invariables, en sorte que les trois axes principaux du sphéroïde imaginaire deviendront ceux de la Terre entière (²).

Les actions du Soleil et de la Lune influent sur la figure de la mer qui, par là, varie sans cesse. Parmi ces forces d'où naissent les phénomènes du flux et du reflux, quelques-unes sont constantes, d'autres changent avec lenteur. Celles qui sont rigoureusement constantes concourent, avec la force centrifuge, à produire la figure permanente de la Terre. Les forces lentement variables changent insensiblement cette figure et, vu la tendance de la mer à se remettre promptement en équilibre, on peut supposer qu'abstraction faite des oscillations jour-

---

(¹) *Œuvres de Laplace*, T. II.
(²) *Œuvres de Laplace*, T. XII, p. 453; *voir* également T. V, Livre XI, Ch. III.

nalières sa figure est celle qui correspond à cet équilibre. Je fais voir que toutes ces forces laissent subsister le théorème précédent. Mais ces forces étant incomparablement moindres que la force centrifuge, la variation qu'elles produisent dans la figure permanente de la Terre est insensible.

Si, par le centre de gravité supposé immobile d'un système de corps, on imagine un plan fixe, la somme des produits de chaque molécule par l'aire que sa projection décrit dans un temps donné est constante; le plan du maximum de cette somme ou des aires est invariable ainsi que ce maximum. Concevons maintenant que ce système soit celui du sphéroïde terrestre, de la mer et de l'atmosphère, et que ces fluides ayant été primitivement agités d'une manière quelconque, les mouvements relatifs de leurs molécules se sont peu à peu détruits en vertu des obstacles qu'elles éprouvent à se mouvoir entre elles; le système a pris à la longue une figure stable et un mouvement de rotation uniforme autour d'un axe fixe; le plan invariable est devenu l'équateur terrestre et la vitesse de rotation est celle qui donne le maximum primitif et invariable des aires. On se formera une idée juste de la manière dont la Terre est parvenue à cet état en considérant qu'une légère résistance, proportionnelle aux vitesses relatives des molécules fluides, introduit dans les expressions analytiques de ces vitesses des exponentielles du temps décroissantes et qui finissent par amener un état permanent. Elles y parviennent d'autant plus vite que la densité des fluides est moindre que celle du sphéroïde qu'ils recouvrent, car j'ai prouvé, dans le quatrième Livre de la *Mécanique céleste* (¹), que cette condition est indispensable pour la stabilité de l'équilibre des mers, en sorte qu'une petite agitation dans un océan de mercure, qui les remplacerait, suffirait pour le répandre sur les continents terrestres. Cette infériorité dans la densité de la mer est une suite de la fluidité primitive de la Terre, car alors les couches les plus denses ont dû se porter vers le centre. Cette consi-

______
(¹) *OEuvres de Laplace*, T. II, p. 216.

dération, jointe à celle de la régularité des couches terrestres prouvée par les expériences du pendule, indique avec une grande probabilité qu'en vertu d'une chaleur excessive toutes les parties de la Terre ont été primitivement fluides.

Le système du sphéroïde terrestre et des fluides qui le recouvrent est troublé par les actions du Soleil et de la Lune, qui changent continuellement la position de son équateur. L'explication de ce changement observé sous les noms de *précession* et de *nutation* est, à mon sens, le résultat le plus frappant et le moins attendu de la découverte de la pesanteur universelle. Les anciens avaient bien connu que la cause du flux et du reflux de la mer réside dans ces deux astres. Képler avait conclu, de ce phénomène et des lois des mouvements célestes, l'attraction mutuelle de toutes les parties de la matière. Mais personne avant Newton n'avait soupçonné la cause de la précession des équinoxes, cause d'autant plus cachée qu'elle dépend de l'aplatissement de la Terre, inconnu jusqu'alors. La manière dont ce grand géomètre a déduit la précession de l'ellipticité du sphéroïde terrestre et de la théorie du mouvement rétrograde des nœuds de l'orbe lunaire, deux choses qu'il avait tirées de sa découverte, cette manière, dis-je, quoique inexacte à plusieurs égards, est un des plus beaux traits de son génie.

Le plan du maximum des aires, dont j'ai introduit la considération dans la dynamique et ce maximum lui-même étant déterminés par l'état primordial du système, la théorie connue de la variation des arbitraires conduit facilement aux équations différentielles du mouvement de ce plan. On parvient ainsi aux expressions très simples de la précession et de la nutation que j'ai données dans le cinquième Livre de la *Mécanique céleste* (¹). A la vérité, le plan du maximum des aires n'est pas rigoureusement celui de l'équateur; mais on voit, *a priori* et par l'analyse exposée dans le quatrième Livre de la *Mécanique céleste,* que la pesanteur ramenant sans cesse vers l'équilibre

______
(¹) *Œuvres de Laplace,* T. II.

les fluides qui recouvrent le sphéroïde terrestre et ne leur permettant
de faire que de légères oscillations autour de cet état, les deux plans
du maximum des aires et de l'équateur ne diffèrent jamais l'un de
l'autre que de quantités insensibles. Le plan de ce maximum ne
changerait pas si toutes les parties du système venaient à s'unir
fixement entre elles; la considération de ce plan montre donc avec
évidence que la précession et la nutation sont les mêmes que si la
mer et l'atmosphère formaient une masse solide avec le sphéroïde
terrestre. La pesanteur est le lien qui les unit au sphéroïde et qui lui
transmet les impressions qu'elles reçoivent des attractions du Soleil
et de la Lune.

Les lois de la Mécanique et de la pesanteur universelle suffisent
donc pour donner à la mer un état ferme d'équilibre qui n'est que
très peu altéré par les attractions célestes. Sa pesanteur qui la ramène
sans cesse vers cet état et sa densité moindre que celle de la Terre,
conséquences nécessaires de ces lois, sont les véritables causes qui la
contiennent dans ses limites et l'empêchent de se répandre sur les
continents, condition nécessaire à la conservation des êtres orga-
nisés. La nécessité de cette condition pourrait paraître une raison
suffisante de son existence, mais on doit bannir de la Philosophie
naturelle ce genre d'explications qui en arrêterait infailliblement les
progrès. Il faut rattacher autant qu'il est possible les phénomènes
aux lois de la nature et savoir s'arrêter quand ce but ne peut pas être
atteint, se rappelant toujours que la vraie marche de la Philosophie
consiste à remonter, par la voie de l'induction et du calcul, des phénomènes aux lois et des lois aux forces.

Je termine ces recherches par la considération du mouvement du
système formé de la Terre et de la Lune. En rapportant ce système à
son plan invariable je fais voir qu'abstraction faite de l'action du
Soleil, le nœud ascendant de l'orbe lunaire sur ce plan coïncide
toujours avec le nœud descendant de l'équateur terrestre et que ces
nœuds ont un mouvement rétrograde uniforme, les plans de l'orbe
lunaire et de l'équateur conservant sur le plan invariable des incli-

naisons constantes. Ces résultats sont analogues à ceux que j'ai démontrés dans le second Livre de la *Mécanique céleste* (¹), relativement aux orbes de deux planètes mues autour du Soleil.

L'action du Soleil sur le système de la Terre et de la Lune modifie les résultats précédents. Elle imprime aux nœuds de l'orbe lunaire et du plan du maximum des aires, des mouvements tels que ces deux plans se réunissent toujours à l'équateur, le plan du maximum des aires partageant l'angle formé par l'équateur et l'orbe lunaire, en deux angles dont les sinus sont en raison constante. Le mouvement rétrograde des nœuds de la Lune, combiné avec l'action de cet astre sur le sphéroïde terrestre, donne naissance à la nutation observée par Bradley, et la réaction de ce sphéroïde sur la Lune produit les deux inégalités lunaires dépendantes de l'aplatissement de la Terre. Ces inégalités, comparées par M. Bürg à plus de trois mille observations et récemment par M. Burckhardt à l'ensemble des observations lunaires depuis Bradley jusqu'à ce jour, s'accordent à donner $\frac{1}{305}$ pour l'aplatissement de la Terre, ce qui diffère peu de l'aplatissement $\frac{1}{310}$ qui résulte des mesures des degrés terrestres. Mais si l'on considère, d'une part, l'accord des deux inégalités lunaires, et le nombre immense d'observations qui ont servi à déterminer leurs coefficients, on jugera que ces inégalités offrent le moyen le plus précis de connaitre la vraie figure de la Terre. Elles sont une preuve incontestable de la gravitation du centre de la Lune vers chaque molécule terrestre, comme la précession, la nutation et le reflux démontrent la gravitation de ces molécules vers le centre de la Lune. La gravitation de molécule à molécule est prouvée par l'accroissement régulier du pendule de l'équateur aux pôles, et par son accord avec la théorie, ce qui donne à ce genre d'observations une grande importance.

Soient $a(1 + \alpha y)$ le rayon d'une couche quelconque du sphéroïde terrestre et ρ sa densité ; α étant un très petit coefficient constant et l'origine des rayons terrestres étant très près du centre de gravité de

(¹) *OEuvres de Laplace*, T. I.

la Terre. Concevons par cette origine un axe quelconque et faisons passer un plan fixe par cet axe, menons ensuite par le même axe un plan qui passe par un point quelconque de la couche du sphéroïde et nommons ω l'angle formé par ces deux plans. Enfin, nommons θ l'angle que le rayon $a(1 + \alpha y)$ de la couche forme avec l'axe et faisons $\cos\theta = \mu$. Cela posé, les trois coordonnées rectangulaires du point seront

$$a(1 + \alpha y)\mu, \quad a(1 + \alpha y)\sqrt{1 - \mu^2}\cos\omega,$$
$$a(1 + \alpha y)\sqrt{1 - \mu^2}\sin\omega;$$

y pourra être considéré comme fonction de a et de μ.

$$\sqrt{1 - \mu^2}\cos\omega, \quad \sqrt{1 - \mu^2}\sin\omega.$$

Supposons cette fonction réduite dans une série de la forme

$$y^{(1)} + y^{(2)} + y^{(3)} + y^{(4)} + \dots,$$

$y^{(1)}$, $y^{(2)}$, ... étant des fonctions rationnelles et entières de μ, de $\sqrt{1 - \mu^2}\cos\omega$ et de $\sqrt{1 - \mu^2}\sin\omega$; la première d'une dimension; la seconde de deux dimensions et ainsi de suite, ces fonctions étant telles que l'on ait, quel que soit i,

$$0 = -\frac{d\left[(1 - \mu^2)\left(\dfrac{dy^{(i)}}{d\mu}\right)\right]}{d\mu} + \frac{\dfrac{d^2 y^{(i)}}{d\omega^2}}{1 - \mu^2} + i(i + 1)y^{(i)}.$$

En désignant par V la somme des molécules du sphéroïde, divisées par leurs distances à un point extérieur attiré, dont r soit la distance à l'origine des rayons du sphéroïde, on aura par la formule (5) du n° 14 du troisième Livre de la *Mécanique céleste* ([1])

$$V = \frac{M}{r} + \frac{4\alpha\pi}{r} \int \rho\, d\left(\frac{a^4 y^{(1)}}{3r} + \frac{a^5 y^{(1)}}{5r^2} + \frac{a^6 y^{(3)}}{7r^3} + \dots\right),$$

M est la masse du sphéroïde, π est le rapport de la circonférence au

<hr>

([1]) *OEuvres de Laplace*, T. II, p. 50.

diamètre, ρ est une fonction de a et la différentielle ainsi que l'intégrale de cette équation se rapportent à la variable a, l'intégrale étant prise depuis $a = 0$ jusqu'à $a = \mathrm{a}$, a étant la valeur de a, relative à la couche extérieure du sphéroïde; enfin, μ et ω dans $y^{(1)}$, $y^{(2)}$, ..., sont relatifs aux points où le rayon r traverse les couches du sphéroïde.

Si l'on fait $a = 1$ à la surface de la mer, la somme de ses molécules divisées par leurs distances au point attiré sera la différence de deux sommes relatives l'une à un sphéroïde de même densité que la mer et dont les couches seraient semblables à celle du sphéroïde terrestre, et l'autre à un sphéroïde de même densité que la mer, qui aurait pour rayon celui de la surface de la mer. En désignant donc ce dernier rayon par

$$1 + \alpha\left(y'^{(1)} + y'^{(2)} + y'^{(3)} + \ldots\right),$$

et prenant pour unité la densité de la mer, la valeur de V relative à l'Océan sera

$$\frac{M'}{r} + \frac{4\alpha\pi}{r}\left(\frac{y'^{(1)} - \mathrm{a}^1 y^{(1)}}{3r} + \frac{y'^{(2)} - \mathrm{a}^1 y^{(2)}}{5r^2} + \ldots\right),$$

M' étant la masse de la mer; $y^{(1)}$, $y^{(2)}$, ... étant ici relatifs à la surface du sphéroïde. La somme des molécules de la Terre entière, divisées par leurs distances au point attiré, est ainsi

$$\frac{M + M'}{r} + \frac{4\alpha\pi}{r}\int(\rho - 1)\,d\left(\frac{a^1 y^{(1)}}{3r} + \frac{a^3 y^{(2)}}{5r^2} + \frac{a^5 y^{(3)}}{7r^3} + \ldots\right)$$
$$+ \frac{4\alpha\pi}{r}\left(\frac{y'^{(1)}}{3r} + \frac{y'^{(2)}}{5r^2} + \frac{y'^{(3)}}{7r^3} + \ldots\right).$$

La condition de l'équilibre de la mer donne à sa surface, par le n° 23 du troisième Livre de la *Mécanique céleste*, cette somme égale à une constante plus $\frac{g}{2}\left(\mu^2 - \frac{1}{3}\right)$, g étant la pesanteur. Or, on a à la surface $r = 1 + \alpha y$; on aura donc en négligeant les quantités de l'ordre α^2 et désignant par $\alpha\varphi$ le rapport de la force centrifuge à la pesanteur, à l'équateur, pesanteur à très peu près égale à la masse

$M + M'$ de la Terre,

$$(m) \quad \begin{cases} - (M + M')(y'^{(1)} + y'^{(2)} + y'^{(3)} + \ldots) \\[2mm] + 4\pi \int (\rho - 1)\, d\left(\dfrac{a^3 y'^{(1)}}{3} + \dfrac{a^5 y'^{(2)}}{5} + \dfrac{a^6 y'^{(3)}}{7} + \ldots \right) \\[2mm] + 4\pi \left(\dfrac{y'^{(1)}}{3} + \dfrac{y'^{(2)}}{5} + \dfrac{y'^{(3)}}{7} + \ldots \right) \\[2mm] = (M + M') \dfrac{2}{3}\left(\mu^2 - \dfrac{1}{3} \right). \end{cases}$$

Maintenant, si l'on place l'origine des μ au centre de gravité d'un sphéroïde formé de couches dont le rayon soit $a(1 + \alpha y)$ et dont la densité soit $\rho - 1$, on a par le n° 31 du troisième Livre de la *Mécanique céleste*

$$0 = \int (\rho - 1)\, d(a^4 y^{(1)}).$$

Si l'on prend ensuite pour axe des μ l'un des axes principaux du même sphéroïde, on a par le n° 32 du même Livre

$$\int (\rho - 1)\, d(a^5 y^{(2)}) = H\left(\mu^2 - \frac{1}{3} \right) + H'(1 - \mu^2)\cos 2\omega,$$

H et H' étant des constantes; on a donc, en comparant respectivement dans l'équation précédente de l'équilibre les fonctions semblables $y^{(1)}$, y'^2, $\ldots$

$$y'^{(1)} = 0,$$

$$y'^{(2)} = \frac{\dfrac{4\pi}{5}\left[H\left(\mu^2 - \dfrac{1}{3} \right) + H'(1 - \mu^2)\cos 2\omega \right] - \dfrac{1}{2}(M + M')\rho\left(\mu^2 - \dfrac{1}{3} \right)}{M + M' - \dfrac{4\pi}{5}},$$

$$y'^{(3)} = \frac{\dfrac{4\pi}{7} \int (\rho - 1)\, d(a^6 y^{(3)})}{M + M' - \dfrac{4\pi}{7}},$$

$$y'^{(4)} = \frac{\dfrac{4\pi}{9} \int (\rho - 1)\, d(a^7 y^{(4)})}{M + M' - \dfrac{4\pi}{9}},$$

$$\dots\dots\dots\dots\dots\dots\dots\dots$$

Ainsi, la figure de la mer sera déterminée par celle du sphéroïde qu'elle recouvre.

La condition nécessaire pour que l'origine des rayons terrestres coïncide avec le centre de gravité de la Terre entière donne, par le n° 32 du troisième Livre de la *Mécanique céleste*,

$$o = y'^{(1)} + \int (\rho - 1)\, d[\,a^i y'^{(1)}\,].$$

Cette condition étant remplie par ce qui précède, on voit que le centre commun de gravité de la mer et du sphéroïde qu'elle recouvre coïncide avec le centre de gravité du second sphéroïde où nous avons placé l'origine des rayons terrestres.

La condition nécessaire pour que l'axe des μ soit un axe principal de la Terre entière est, par le numéro cité, que la fonction

$$y'^{2} + \int (\rho - 1)\, d[\,a^i y'^{2}\,]$$

soit de la forme

$$h\left(\mu^2 - \frac{1}{3}\right) + h'(1 - \mu^2)\cos 2\varpi;$$

les valeurs précédentes de y'^{2} et de $\int (\rho - 1)\, d[\,a^i y'^{2}\,]$ remplissent cette condition; ainsi l'axe principal de rotation du second sphéroïde devient, dans l'état d'équilibre de la mer, un axe principal de rotation de la Terre entière.

Il existe donc, dans un sphéroïde quelconque recouvert d'un fluide, un axe autour duquel le système du sphéroïde et du fluide peut tourner uniformément, l'axe de rotation étant invariable.

L'action du Soleil et de la Lune influe sur la figure de la mer qui par là varie à chaque instant. Parmi ces variations d'où naissent le flux et le reflux de la mer, quelques-unes sont constantes; d'autres s'exécutent avec une grande lenteur. Celles qui sont rigoureusement constantes concourent avec la force centrifuge à produire la figure permanente de la Terre. Les variations très lentes changent insensiblement cette figure et, vu leur lenteur et la tendance de la mer à se mettre promptement en équilibre, on peut supposer que sa figure est celle qui correspond à cet équilibre. Toutes ces forces laissent subsister le théorème précédent. En effet, si l'on nomme v la déclinaison d'un astre L, Ψ son ascension droite et r sa distance au centre de la Terre, il faut, par le n° 24 du Livre troisième de la *Mécanique céleste*, retrancher, du second membre de l'équation précédente (m), la quantité

$$\frac{L}{r^3}\left(p^{(2)} + \frac{1}{r}p^{(3)} + \ldots\right),$$

la fonction

$$\frac{1}{r}\left(1 + \frac{1}{r}p^{(1)} + \frac{1}{r^2}p^{(2)} + \frac{1}{r^3}p^{(3)} + \ldots\right)$$

étant le développement, dans une série ordonnée suivant les puissances de $\frac{1}{r}$, du radical

$$\frac{1}{\sqrt{r^2 - 2r[\cos v \cos\theta + \sin v \sin\theta \cos(nt + \varepsilon + \omega - \Psi)] + 1}},$$

nt étant le mouvement de rotation de la Terre; on a généralement

$$0 = \frac{d\left[(1-\mu^2)\left(\frac{dp^{(i)}}{d\mu}\right)\right]}{d\mu} + \frac{\frac{d^2p^{(i)}}{d\omega^2}}{1-\mu^2} + i(i+1)p^{(i)}.$$

Si l'on n'a égard qu'aux variations croissantes avec une grande lenteur, on aura

$$p^{(2)} = \frac{3}{2}\left(\cos^2 v \cos^2\theta + \frac{1}{2}\sin^2 v \sin^2\theta - \frac{1}{3}\right);$$

on peut négliger les termes dépendant de $p^{(3)}$, $p^{(4)}$, ..., vu la petitesse de $\frac{1}{r^3}$, $\frac{1}{r^4}$, ...; l'équation (m) donnera ainsi, en faisant $\frac{L}{r^3} = \alpha L'$,

$$y'^{(2)} = \frac{\frac{3L'}{2r^3}\left(\cos^2 v\cos^2\theta + \frac{1}{2}\sin^2 v \sin^2\theta - \frac{1}{3}\right) - \frac{M+M'}{2}\rho\left(\mu^2 - \frac{1}{3}\right) + \frac{4\pi}{5}\int(\rho - 1)\,d[\alpha^5 y'^{(2)}]}{M + M' - \frac{4\pi}{5}},$$

d'où il est facile de conclure que $y'^{(2)}$ sera toujours de la forme $h\left(\mu^2 - \frac{1}{3}\right) + h'(1-\mu^2)\cos 2\omega$, et qu'ainsi l'axe de rotation du sphéroïde imaginaire sera toujours axe principal de la Terre entière. La force centrifuge étant incomparablement plus grande que l'action des astres, on voit que, par cette action, la figure de la Terre n'est altérée que de quantités très petites relativement à l'aplatissement de cette planète.

La tendance des eaux de la mer à reprendre bientôt leur état d'équilibre, en vertu de leur pesanteur et des obstacles qu'elles éprouvent à se mouvoir entre elles, fait que l'équateur terrestre ne s'éloigne jamais que de quantités insensibles du plan du maximum des aires décrites autour du centre de gravité de la Terre, par toutes les molécules de cette planète. Les mouvements de ce plan, produits par l'action du Soleil et de la Lune, sont donc à très peu près ceux de notre équateur. Déterminons ces mouvements. On voit, par le n° 21 du premier Livre de la *Mécanique céleste* (¹), que le plan du maximum des aires serait invariable sans l'action des forces étrangères; les constantes qui déterminent la position de ce plan sont donc des arbitraires, qui deviennent variables lorsqu'on a égard à l'action de ces forces. Nommons x', y', z' les trois coordonnées rectangulaires d'une molécule de la Terre, rapportées à un plan fixe passant par le centre de gravité de la Terre. En désignant par $c\,dt$, $c'\,dt$, $c''\,dt$, le double des aires décrites pendant l'instant dt, par toutes les molécules de la Terre autour de ce centre, et projetées sur les plans des x' et des y', des x' et des z', des y' et des z', on aura

$$c = \int dm \left(\frac{x'\,dy' - y'\,dx'}{dt} \right),$$

$$c' = \int dm \left(\frac{x'\,dz' - z'\,dx'}{dt} \right),$$

$$c'' = \int dm \left(\frac{y'\,dz' - z'\,dy'}{dt} \right),$$

l'intégrale $\int$ s'étendant à toutes les molécules de la Terre.

Maintenant, si l'on nomme V le quotient de la masse d'un astre attirant, divisée par sa distance à la molécule dm, il est facile de voir,

(¹) *OEuvres de Laplace*, T. I.

par l'analyse et les formules du n° 64 du second Livre de la *Mécanique céleste*, que l'on aura

$$\frac{dc}{dt} = \int dm\left[x'\left(\frac{dV}{dy'}\right) - y'\left(\frac{dV}{dx'}\right)\right],$$

$$\frac{dc'}{dt} = \int dm\left[x'\left(\frac{dV}{dz'}\right) - z'\left(\frac{dV}{dx'}\right)\right],$$

$$\frac{dc''}{dt} = \int dm\left[y'\left(\frac{dV}{dz'}\right) - z'\left(\frac{dV}{dy'}\right)\right].$$

Pour fixer nos idées, imaginons, comme dans le n° 21 du premier Livre de la *Mécanique céleste*, que le plan des x' et des y' soit celui de l'écliptique à une époque donnée, que l'axe des x' forme avec la ligne d'intersection de ce plan et du plan du maximum des aires un angle Ψ, en sorte que Ψ soit la longitude de l'extrémité de l'axe des x', comptée de cette intersection. Soit θ l'inclinaison du plan du maximum des aires sur l'écliptique fixe, et dans le plan de ce maximum prenons un axe mobile qui forme l'angle φ avec la ligne d'intersection dont nous venons de parler. En supposant Ψ nul après les différentiations, ce qui revient à supposer l'axe des x' infiniment voisin de cette intersection; en faisant de plus $\int dm\,V = V'$, on aura, par le n° 21 du premier Livre de la *Mécanique céleste*,

$$\int dm\left[x'\left(\frac{dV}{dy'}\right) - y'\left(\frac{dV}{dx'}\right)\right] = -\left(\frac{dV'}{d\Psi}\right) = \frac{dc}{dt},$$

$$\int dm\left[x'\left(\frac{dV}{dz'}\right) - z'\left(\frac{dV}{dx'}\right)\right] = \frac{-\cos\theta\left(\frac{dV'}{d\Psi}\right) - \left(\frac{dV'}{d\varphi}\right)}{\sin\theta} = \frac{dc'}{dt},$$

$$\int dm\left[y'\left(\frac{dV}{dz'}\right) - z'\left(\frac{dV}{dy'}\right)\right] = -\left(\frac{dV'}{d\theta}\right) = \frac{dc''}{dt}.$$

On a par le même numéro, en faisant $K = \sqrt{c^2 + c'^2 + c''^2}$,

$$\cos\theta = \frac{c}{K},$$

$$\tang\Psi = \frac{-c'}{c''};$$

de là on tirera, en supposant toujours Ψ nul après les différentiations,

$$(o) \quad d\Psi = -\frac{-\left(\frac{dV'}{d\theta}\right)}{K\sin\theta}, \qquad d\theta = \frac{\left(\frac{dV'}{d\varphi}\right) + \cos\theta\left(\frac{dV'}{d\Psi}\right)}{K\sin\theta}, \qquad dK = \frac{\left(\frac{dV'}{d\varphi}\right)}{K}.$$

Ces équations, auxquelles M. Poisson est parvenu le premier, ont généralement lieu, soit que le système soit entièrement solide, soit que, comme la Terre, il soit en partie solide et en partie fluide, et dans le cas même où des satellites et des anneaux en feraient partie.

Si l'on nomme A, B, C les moments d'inertie de la Terre entière par rapport à ses trois axes principaux, C étant relatif à l'axe principal de rotation, et si l'on désigne par X, Y, Z les trois coordonnées rectangulaires d'un astre L, rapportées au centre de gravité de la Terre, l'axe des X étant l'intersection du plan du maximum des aires avec l'écliptique fixe, l'axe des Y étant perpendiculaire à cette intersection dans le plan de cette écliptique, et l'axe des Z étant perpendiculaire à cette écliptique; on trouvera facilement, par le n° 3 du cinquième Livre de la *Mécanique céleste*, en nommant r la distance de l'astre L au centre de la Terre et T la masse de la Terre entière :

$$V' = \frac{LT}{r} + \frac{3L}{4r^3}(2C - B - A)\left[\frac{1}{3}r^2 - (Y\sin\theta + Z\cos\theta)^2\right]$$
$$+ \frac{3L}{4r^3}(B - A)\left\{\begin{array}{l}(X^2 - Y^2\cos^2\theta - Z^2\sin^2\theta + 2YZ\sin\theta\cos\theta)\cos 2\varphi \\ + (2XY\cos\theta - 2XZ\sin\theta)\sin 2\varphi\end{array}\right\}.$$

Pour différentier cette expression par rapport à l'angle Ψ qu'elle ne renferme point explicitement, on observera que

$$\left(\frac{dX}{d\Psi}\right) = -Y,$$
$$\left(\frac{dY}{d\Psi}\right) = X,$$
$$\left(\frac{dZ}{d\Psi}\right) = 0,$$

comme il est facile de s'en assurer.

Cette valeur de V' est relative à l'équateur terrestre dans l'état d'équilibre de l'Océan, tandis que la valeur de V', dans les équations précédentes (o), se rapporte au plan du maximum des aires; mais on a vu que ces deux plans ne s'écartent l'un de l'autre que de quantités de l'ordre des forces perturbatrices : en négligeant donc les termes de l'ordre du carré de ces forces, on pourra confondre ces deux valeurs. Cela posé, si l'on fait abstraction des termes périodiques dépendant de l'angle φ, et qui restent insensibles après les intégrations, à cause de la rapidité du mouvement de rotation de la Terre; si l'on observe de plus que $K = Cn$, n étant la vitesse de rotation de la Terre; enfin, si l'on suppose

$$p = \frac{3L}{r^3}[(Y^2 - Z^2)\sin\theta\cos\theta + YZ(\cos^2\theta - \sin^2\theta)],$$

$$p' = \frac{3L}{r^3}[XY\sin\theta + XZ\cos\theta],$$

les équations (o) donneront

$$\frac{d\Psi}{dt}\sin\theta = \frac{2C - A - B}{2nC}\,p,$$

$$\frac{d\theta}{dt} = -\frac{2C - A - B}{2nC}\,p';$$

équations auxquelles je suis parvenu dans le n° 4 du cinquième Livre de la *Mécanique céleste* ([1]), et qui renferment, sous la forme la plus simple, tout ce qui concerne les mouvements de l'équateur terrestre, qui, comme on l'a vu, peut être confondu avec le plan du maximum des aires, auquel les valeurs précédentes de $d\Psi$ et de $d\theta$ se rapportent. Mais la considération de ce plan a l'avantage de montrer clairement que les phénomènes de la précession et de la nutation sont les mêmes que si la mer formait une masse solide avec la Terre, la tendance des eaux de l'Océan vers l'état d'équilibre ne leur permettant de faire que de légères excursions autour de cet état. C'est sur cette tendance et sur le principe de la conservation des aires que

[1] *OEuvres de Laplace*, T. II, p. 328.

j'ai fondé, dans le n° 12 du Livre cinquième de la *Mécanique céleste*, la démonstration de ce théorème.

Considérons la Terre et la Lune comme formant un système. Si l'on prend son centre de gravité pour origine des coordonnées; si l'on nomme X, Y, Z les coordonnées du centre de gravité de la Terre, x_1, y_1, z_1 celles d'une quelconque de ses molécules dm; x, y, z les coordonnées de la Lune et T la masse de la Terre, on aura

$$c = \int dm \, \frac{x_1\,dy_1 - y_1\,dx_1}{dt} + \mathrm{L}\,\frac{x\,dy - y\,dx}{dt}$$

$$= \int dm \, \frac{(x_1 - \mathrm{X})(dy_1 - d\mathrm{Y}) - (y_1 - \mathrm{Y})(dx_1 - d\mathrm{X})}{dt}$$

$$+ \mathrm{L}\,\frac{(x - \mathrm{X})(dy - d\mathrm{Y}) - (y - \mathrm{Y})(dx - d\mathrm{X})}{dt}$$

$$- (\mathrm{T} + \mathrm{L})\,\frac{\mathrm{X}\,d\mathrm{Y} - \mathrm{Y}\,d\mathrm{X}}{dt};$$

car on a, par la propriété du centre de gravité du système,

$$\int x_1\,dm + \mathrm{L}\,x = 0, \qquad \int dm\,\frac{dx_1}{dt} + \mathrm{L}\,\frac{dx}{dt} = 0,$$

$$\int y_1\,dm + \mathrm{L}\,y = 0, \qquad \int dm\,\frac{dy_1}{dt} + \mathrm{L}\,\frac{dy}{dt} = 0.$$

n étant la vitesse de rotation de la Terre et C désignant la somme des produits des molécules terrestres par le carré de leurs distances à l'axe de rotation, on a

$$\int dm \, \frac{(x_1 - \mathrm{X})(dy_1 - d\mathrm{Y}) - (y_1 - \mathrm{Y})(dx_1 - d\mathrm{X})}{dt} = \mathrm{C}n \cos\theta',$$

θ' étant l'inclinaison de l'équateur terrestre au plan fixe. On a pareillement

$$\mathrm{L}\,\frac{(x - \mathrm{X})(dy - d\mathrm{Y}) - (y - \mathrm{Y})(dx - d\mathrm{X})}{dt} = \mathrm{L}\,n'a^2\sqrt{1 - e^2}\,\cos\gamma,$$

n' étant la vitesse moyenne angulaire du mouvement de la Lune autour de la Terre, a étant sa moyenne distance à la Terre, e étant le rapport de l'excentricité au demi-grand axe de son orbite, et γ étant

l'inclinaison de cette orbite au plan fixe. On a ensuite, par la nature
du centre de gravité du système,

$$TX + L x = 0,$$
$$TY + L y = 0;$$

d'où il est facile de conclure

$$\frac{X\,dY - Y\,dX}{dt} = \frac{L^2}{(T+L)^2}\,\frac{(x-X)(dy-dY)-(y-Y)(dx-dX)}{dt}$$
$$= \frac{L^2}{(T+L)^2}\,a^2 n'\sqrt{1-e^2}\cos\gamma;$$

on a donc

$$(p) \qquad\qquad c = C n \cos\theta' + \frac{LT}{T+L}\,a^2 n'\sqrt{1-e^2}\cos\gamma.$$

Si l'on nomme Q l'angle que l'intersection de l'équateur terrestre
et du plan fixe forme avec une ligne fixe prise sur ce plan, le cosinus
de l'angle que cet équateur forme avec un plan perpendiculaire au
plan fixe, et passant par la ligne fixe, sera $\sin\theta'\cos Q$. Pareillement,
si l'on nomme I l'angle que l'intersection de l'orbe lunaire et du plan
fixe forme avec la ligne fixe, $\sin\gamma\cos I$ sera le cosinus de l'angle
formé par l'orbe lunaire et le plan perpendiculaire ; il faudra donc,
pour avoir c', substituer respectivement ces cosinus, au lieu de $\cos\theta'$
et de $\cos\gamma$, dans l'équation précédente, ce qui donne

$$c' = C n \sin\theta' \cos Q + \frac{LT}{T+L}\,a^2 n'\sqrt{1-e^2}\sin\gamma\cos I.$$

On aura de la même manière, en changeant, dans cette équation,
Q et I en $\frac{\pi}{2}+Q$ et $\frac{\pi}{2}+I$,

$$- c'' = C n \sin\theta' \sin Q + \frac{LT}{T+L}\,a^2 n'\sqrt{1-e^2}\sin\gamma\sin I.$$

Si l'on prend pour plan fixe le plan invariable, on aura, par le
n° 21 du premier Livre de la *Mécanique céleste*, $c' = 0$, $c'' = 0$; d'où
l'on tire d'abord, en regardant θ' et γ comme positifs,

$$Q = \pi + I;$$

l'intersection de l'équateur terrestre et du plan invariable coïncide
donc constamment avec l'intersection de l'orbe lunaire et du même
plan, de manière que le nœud ascendant de l'équateur coïncide avec
le nœud descendant de l'orbe lunaire. Les deux angles θ' et γ ont
entre eux la relation

$$\sin\theta' = \frac{LT}{Cn(T+L)}\,a^2 n'\sqrt{1-e^2}\,\sin\gamma.$$

De plus cette équation, combinée avec l'expression précédente de la
constante c, nous montre que les deux angles θ' et γ sont constants.
Ainsi, dans les mouvements respectifs de l'équateur terrestre et de
l'orbe lunaire, ces deux plans conservent une intersection commune
et des inclinaisons constantes au plan invariable, et cette intersection a un mouvement séculaire rétrograde et uniforme, puisque ce
mouvement ne peut dépendre que de l'inclinaison de l'orbe lunaire
sur l'équateur. Ce résultat est analogue à celui que j'ai donné dans le
n° 62 du second Livre de la *Mécanique céleste* sur les mouvements des
orbites de deux planètes qui s'attirent mutuellement et qui sont atti-
rées par le Soleil.

Pour déterminer le mouvement rétrograde des nœuds de l'équateur
et de l'orbe lunaire, je reprends l'équation ci-dessus

$$\frac{d\Psi}{dt}\sin\theta = \frac{(2C - A - B)}{2nC}\,p.$$

En prenant pour plan de projection un plan passant par le centre de
gravité de la Terre, parallèlement au plan invariable du système de la
Terre et de la Lune, il est clair que le mouvement rétrograde des
nœuds de l'équateur sur ce plan sera égal au mouvement rétrograde
de l'intersection de l'équateur et de l'orbe lunaire sur le plan invariable. Or on a dans l'expression de p, et en supposant que L soit la
Lune,

$$Y = r\cos\gamma\sin U, \qquad Z = r\sin\gamma\sin U,$$

U étant la distance angulaire de la Lune au nœud de son orbite, qui
coïncide avec le nœud de l'équateur; on doit ensuite changer θ en θ':

enfin on peut, au lieu de l'élément dt du temps, substituer

$$\frac{r^2\, dU}{\sqrt{(T+L)a(1-e^2)}};$$

on aura donc ainsi

$$\frac{dT}{dt}\sin\vartheta' = \frac{3L\sin^2 U}{r}\; \frac{dU(2C-A-B)}{2nC\sqrt{(T+L)a(1-e^2)}}$$
$$\times\,[(\cos^2\gamma-\sin^2\gamma)\sin\vartheta'\cos\vartheta'+(\cos^2\vartheta'-\sin^2\vartheta')\sin\gamma\cos\gamma].$$

On a

$$r = \frac{a(1-e^2)}{1+e\cos(U-\omega)},$$

ω étant la longitude du périgée lunaire. En négligeant donc les termes périodiques, on aura

$$\frac{dT}{dt}\sin\vartheta' = \frac{3L(2C-A-B)\,dU}{4nC[a(1-e^2)]^{\frac{1}{2}}\sqrt{T+L}}$$
$$\times\,[(\cos^2\gamma-\sin^2\gamma)\sin\vartheta'\cos\vartheta'+(\cos^2\vartheta'-\sin^2\vartheta')\sin\gamma\cos\gamma].$$

Si l'on suppose

$$\varepsilon = \frac{nC(T+L)}{LTa^2 n'\sqrt{1-e^2}},$$

on aura

$$\sin\gamma = \varepsilon\sin\vartheta'.$$

De là il est facile de conclure que l'on aura, pour le moyen mouvement rétrograde des nœuds dans le temps t, en observant que $\dfrac{T+L}{a^3} = n'^2$,

$$\Psi = \frac{3Ln't}{4(T+L)}\;\frac{n'}{n}\;\frac{(2C-A-B)}{a(1-e^2)^{\frac{3}{2}}}$$
$$\times\,[(\cos^2\gamma-\sin^2\gamma)\cos\vartheta'+(\cos^2\vartheta'-\sin^2\vartheta')\varepsilon\cos\gamma].$$

Considérons maintenant l'action du Soleil sur le système formé de la Terre et de la Lune. Le plan du maximum des aires, au lieu d'être invariable, changera sans cesse, mais, comme au moment où l'action du Soleil cesserait, il serait le plan invariable du maximum des aires, on voit, par ce qui précède, que ce plan doit toujours passer par l'intersection de l'équateur et de l'orbe lunaire, et qu'il doit diviser l'angle formé par ces deux derniers plans en deux autres dont les sinus sont en raison constante.

Concevons que, dans l'équation (p), le plan fixe auquel on rapporte les mouvements de l'équateur et de l'orbe lunaire soit celui de l'écliptique; alors θ' et γ seront les inclinaisons respectives de ces deux derniers plans à l'écliptique. Si l'on fait

$$c_1 = c + \frac{L^2}{T+L} a^2 n' \sqrt{1-e^2} \cos\gamma,$$

l'équation (p) deviendra

$$c_1 = C n \cos\theta' + L a^2 n' \sqrt{1-e^2} \cos\gamma.$$

Le second membre de cette équation sera la somme des aires décrites par toutes les molécules de la Terre et de la Lune autour du centre de gravité de la Terre, supposé immobile, et projetées sur l'écliptique; c_1 est une arbitraire que l'action du Soleil sur ces molécules fait varier; or si, faisant abstraction de l'excentricité de l'orbe solaire et des inégalités périodiques dépendantes du mouvement du Soleil, on conçoit cet astre distribué en forme d'anneau autour de la Terre, il est clair que la résultante de son action sur le sphéroïde terrestre, projetée sur l'écliptique, passera par le centre de gravité de la Terre, et qu'il en sera de même de la résultante de son action sur la Lune; la somme des aires décrites par toutes les molécules de la Terre et de la Lune, projetées sur l'écliptique, ne sera donc point altérée par cette action.

Cela posé, si l'on désigne par la caractéristique δ une variation dépendante de l'aplatissement de la Terre, de la masse de la Lune et du sinus ou cosinus de la longitude du nœud de l'orbe lunaire, divisé par le coefficient du temps dans l'expression de cette longitude, la variation δc_1 sera nulle par ce que l'on vient de voir, et l'équation précédente donnera

$$0 = C \, \delta n \cos\theta' + L \cos\gamma \, \delta\left(a^2 n' \sqrt{1-e^2}\right)$$
$$- C n \, \delta\theta' \sin\theta' - L \, \delta\gamma \sin\gamma \, a^2 n' \sqrt{1-e^2}.$$

On voit, par les deuxième et cinquième Livres de la *Mécanique céleste*, que a, n, n' et γ ne peuvent avoir un terme de l'espèce dont il s'agit, c'est-à-dire affecté du diviseur dont je viens de parler. L'équation précédente donne donc

$$o = C\,n\,\partial\theta'\sin\theta' + L\,\partial\gamma\,\sin\gamma\,a^2 n'\sqrt{1-e^2}.$$

$\partial\theta'$ est l'inégalité observée sous le nom de *nutation*; ainsi cette inégalité produit, par la réaction du sphéroïde terrestre sur la Lune, une inégalité correspondante dans l'inclinaison de l'orbe lunaire à l'écliptique, ce qui confirme ce que j'ai dit à cet égard dans le n° 20 du septième Livre de la *Mécanique céleste*.

LA LOI DE LA PESANTEUR

EN SUPPOSANT LE SPHÉROIDE TERRESTRE HOMOGÈNE
ET DE MÊME DENSITÉ QUE LA MER.

Connaissance des Temps pour l'an 1821; 1818.

Dans l'hypothèse de l'homogénéité du sphéroïde terrestre, l'analyse conduit à une expression très simple de la pesanteur à la surface de la mer et qui offre cela de remarquable, savoir : que si la mer est de même densité que le sphéroïde, la pesanteur à sa surface est indépendante de sa figure. Pour un point quelconque, situé soit à la surface de la mer, soit à celle d'un continent ou d'une île, la pesanteur est égale à une constante, plus le produit du carré du sinus de la latitude par cinq quarts du rapport de la force centrifuge à la pesanteur à l'équateur, moins le produit de la pesanteur à l'équateur par la moitié de la hauteur du point au-dessus du niveau de la mer, hauteur que l'on peut déterminer par le baromètre; le rayon moyen de la Terre est pris pour l'unité.

La démonstration de ce résultat est fondée sur un théorème que j'ai donné dans le troisième Livre de la *Mécanique céleste* et que je vais rappeler ici. Soit V la somme des molécules du sphéroïde terrestre, divisées par leurs distances respectives à un point attiré dont je désignerai par r la distance à un point pris très près du centre de gravité de la Terre. La considération de cette somme est d'une grande importance dans la théorie des phénomènes célestes, parce que ses différences partielles expriment les forces attractives du sphéroïde dans des directions quelconques. Si l'on conçoit une sphère homogène du rayon a et si l'on fixe à son centre l'origine des r, V sera la masse de la sphère divisée par le rayon r; ainsi l'on aura, π étant la demi-circonférence dont le rayon est l'unité,

$$V = \frac{4}{3}\,\pi\,\frac{a^3}{r}.$$

Maintenant, si l'on imagine à la surface de la sphère une molécule dm, sa distance au point attiré sera $\sqrt{r^2 - 2ar\cos\nu + a^2}$, ν étant l'angle compris entre le rayon r mené au point attiré et le rayon a mené à la molécule dm; V sera donc, relativement à cette molécule,

$$\frac{dm}{\sqrt{r^2 - 2ar\cos\nu + a^2}}$$

et la valeur de $\left(\dfrac{dV}{dr}\right)$ sera

$$-\frac{dm(r - a\cos\nu)}{(r^2 - 2ar\cos\nu + a^2)^{\frac{3}{2}}}.$$

Si le point attiré est à la surface de la sphère, on aura $r = a$ et alors $\left(\dfrac{dV}{dr}\right)$ devient

$$\frac{-dm}{2a\sqrt{2a^2(1 - \cos\nu)}},$$

ou $-\dfrac{1}{2a}V$; on a donc cette équation remarquable

$$(1) \qquad\qquad a\left(\frac{dV}{dr}\right) + \frac{1}{2}V = 0,$$

et, comme elle a lieu pour chaque molécule d'un système de molécules disséminées sur la surface de la sphère, elle aura lieu pour le système entier, en supposant V relatif à ce système.

Cette équation cesse d'avoir lieu si l'on suppose la molécule dm très près du point attiré et très peu élevée au-dessus de la sphère, en sorte qu'en désignant par a' son rayon, la différence $r - a'$ des deux rayons r et a' soit fort petite. La fonction $a'\left(\dfrac{dV}{dr}\right) + \dfrac{1}{2}V$ étant égale à

$$(f) \qquad \frac{r-a'}{2} \int \frac{dm(r-a'-2a'\cos\nu)}{(r^2-2a'r\cos\nu+a'^2)^{\frac{3}{2}}},$$

cette intégrale, à cause de la grandeur de son diviseur, pourrait alors ne pas devenir insensible par la petitesse de son facteur $r-a'$. Mais on voit que si, près du point attiré, la molécule dm diminue comme le carré $r^2-2a'r\cos\nu+a'^2$ de la distance de ce point à cette molécule, alors l'intégrale (f) devient insensible et l'équation (1) subsiste.

Si l'on conçoit présentement un sphéroïde très peu différent d'une sphère et si l'on suppose le point attiré à sa surface et, à ce point, une sphère osculatrice du rayon a fort peu différent du rayon du sphéroïde, alors V désignant la somme des molécules de l'excès du sphéroïde sur la sphère, divisées par leur distance au point attiré, l'intégrale (f) deviendra nulle, parce que les molécules dm de cet excès sont nulles au point de contact et, près de ce point, elles croissent comme le carré de leur distance à ce point. L'équation (1) subsiste donc pour ce point. Relativement à la sphère, on a

$$a\left(\frac{dV}{dr}\right) + \frac{1}{2}V = -\frac{2}{3}\pi\frac{a^3}{r};$$

en supposant donc que V est relatif au sphéroïde entier, on aura, pour le point attiré situé à ce contact,

$$(2) \qquad a\left(\frac{dV}{dr}\right) + \frac{1}{2}V = -\frac{2}{3}\pi a^2;$$

c'est l'équation que j'ai donnée dans le n° 10 du troisième Livre de la *Mécanique céleste* (¹).

Ici l'origine des r est fixée au centre de la sphère osculatrice du rayon a. Si l'on désigne par $a(1+\alpha y)$ le rayon du sphéroïde, z étant

---

(¹) *OEuvres de Laplace*, T. II, p. 30.

une quantité très petite, ce centre ne s'écartera du centre de gravité
du sphéroïde que d'une quantité de l'ordre α; l'attraction du sphéroïde, décomposée vers l'origine des r, est $-\left(\dfrac{dV}{dr}\right)$ et il est facile de
voir qu'elle est la même, aux quantités près de l'ordre α^2, quelle que
soit cette origine, pourvu qu'elle ne s'écarte du centre de gravité du
sphéroïde que d'une quantité de l'ordre α, puisque ces attractions
partielles sont les résultantes de l'attraction totale composée avec des
forces de l'ordre α, qui lui sont perpendiculaires; ainsi, l'équation
précédente subsiste en fixant l'origine de r à un point quelconque
très près du centre de gravité.

Telle est la démonstration que j'ai donnée de cette équation dans
l'endroit cité de la *Mécanique céleste*. Quelques géomètres, ne l'ayant
pas bien saisie, l'ont jugée inexacte. Lagrange, dans le tome VIII du
Journal de l'École Polytechnique, a donné une démonstration de cette
équation, fondée sur une analyse à peu près semblable à celle qui
m'avait fait découvrir cette équation (*Mémoires de l'Académie des
Sciences*, année 1775, p. 83) (¹). C'est pour simplifier cette matière
que j'ai préféré de donner dans la *Mécanique céleste* la démonstration
précédente.

Si le point attiré est élevé d'une quantité $\alpha a y'$ au-dessus du sphé-
roïde, V étant de la forme $\dfrac{4}{3}\pi\dfrac{a^3}{r} + \alpha Q$, il ne variera, par ce déplacement du point et en négligeant les quantités de l'ordre α^2, que de la
quantité $-\dfrac{4}{3}\pi a^2 \alpha y'$. La différence partielle $a\left(\dfrac{dV}{dr}\right)$ variera de la
quantité $+\dfrac{8}{3}\pi a^2 \alpha y'$. La variation du premier membre de l'équa-
tion (2) sera donc $2\pi a^2 \alpha y'$; on aura donc alors

$$(3) \qquad a\left(\frac{dV}{dr}\right) + \frac{1}{2}V = -\frac{2a^3\pi}{3} + 2a^2\pi\alpha y'.$$

On peut considérer la Terre entière comme étant formée d'un
sphéroïde dont le rayon est celui de la surface de la mer et de la partie

(¹) *OEuvres de Laplace*, t. IX, p. 84.

du sphéroïde terrestre qui s'élève au-dessus de la surface du premier sphéroïde, et qui forme les continents et les îles; la Terre étant supposée homogène et de même densité que la mer, nous nommerons V la somme des molécules du sphéroïde dont le rayon est celui de la mer, divisées par leurs distances à un point attiré que nous supposerons à la surface de la mer; nous nommerons V' cette somme, relativement à la partie du sphéroïde terrestre dont nous venons de parler. $V + V'$ sera cette même somme relative à la Terre entière et l'on aura, par la condition de l'équilibre de la mer (Livre III de la *Mécanique céleste*, n° 24).

$$(4) \qquad \mathrm{const.} = V + V' - \frac{1}{2}\,\alpha \varphi\, P\, r^2 \left(\mu^2 - \frac{1}{3} \right),$$

P étant la pesanteur de l'équateur, $\alpha \varphi$ étant le rapport de la force centrifuge à cette pesanteur et μ étant le sinus de la latitude. La différentielle du second membre de cette équation, prise par rapport à r et divisée par $-dr$, sera l'expression de la pesanteur que nous désignerons par p; on a donc

$$(5) \qquad p = -\left(\frac{dV}{dr} \right) - \left(\frac{dV'}{dr} \right) + \alpha \varphi\, r\, P \left(\mu^2 - \frac{1}{3} \right).$$

En faisant, pour simplifier, $a = 1$, nous pourrons, dans le dernier terme, supposer $r = 1$. Si l'on retranche de cette équation l'équation (4) multipliée par $\frac{1}{2}$ on aura

$$p = \mathrm{const.} - \left(\frac{dV}{dr} \right) - \frac{1}{2} V - \left(\frac{dV'}{dr} \right) - \frac{1}{2} V' + \frac{5}{4} \alpha \varphi\, P \left(\mu^2 - \frac{1}{3} \right);$$

mais on a, en vertu de l'équation (2),

$$-\left(\frac{dV}{dr} \right) - \frac{1}{2} V = \frac{2}{3} \pi,$$

et, en vertu de l'équation (1),

$$-\left(\frac{dV'}{dr} \right) - \frac{1}{2} V' = 0;$$

on a donc

$$p = \text{const.} + \frac{5}{4}\,\alpha\rho\,\mathrm{P}\mu^2.$$

Telle est donc la loi de la pesanteur à la surface de la mer, et l'on voit qu'elle est indépendante de la figure de la mer et de celle du sphéroïde terrestre.

Pour avoir la loi de la pesanteur à la surface des continents, considérons une atmosphère extrêmement rare, élevée d'une quantité de l'ordre α, mais telle qu'elle enveloppe la Terre entière. En nommant V_1 et V'_1 ce que deviennent V et V' relativement à un point de la surface de cette atmosphère pris au-dessus de la mer, la condition de l'équilibre de cette surface donnera

$$(6) \qquad \text{const.} = V_1 + V'_1 - \frac{1}{2}\,\alpha\rho\,\mathrm{P}\left(\mu^2 - \frac{1}{3}\right).$$

En supposant V_1 égal à $\frac{4\pi}{3r} + \alpha Q$, Q pourra être supposé le même à la surface de la mer et à celle de l'atmosphère. En nommant donc αh la hauteur du point de l'atmosphère, au-dessus de la mer, on aura

$$V_1 = \frac{4\pi}{3(r + \alpha h)} + \alpha Q = V - \frac{4\pi}{3}\,\alpha h.$$

V'_1 étant de l'ordre α, on peut le supposer le même aux deux surfaces de la mer et de l'atmosphère; l'équation de l'équilibre de l'atmosphère deviendra ainsi

$$\text{const.} = V + V' - \frac{4}{3}\pi\alpha h - \frac{1}{2}\,\alpha\rho\,\mathrm{P}\left(\mu^2 - \frac{1}{3}\right).$$

Si l'on retranche de cette équation l'équation (4) relative à l'équilibre de la mer, on aura

$$\alpha h = \text{const.}$$

Ainsi les points de la surface de l'atmosphère sont également élevés au-dessus de la surface de la mer, en sorte que ces deux surfaces sont semblables.

En nommant p' la pesanteur à la surface de l'atmosphère, on aura

$$p' = -\left(\frac{dV_1}{dr}\right) - \left(\frac{dV'_1}{dr}\right) + \alpha\rho\,\mathrm{P}\left(\mu^2 - \frac{1}{3}\right).$$

Retranchant de cette équation l'équation (6) multipliée par $\frac{1}{2}$, et observant qu'en vertu de l'équation (3)

$$-\left(\frac{dV_1}{dr}\right) - \frac{1}{2}V_1 = \frac{2}{3}\pi - 2\pi\alpha h,$$

et qu'en vertu de l'équation (1), $\left(\frac{dV'_1}{dr}\right) + \frac{1}{2}V'_1 = 0$, V_1 étant de l'ordre α, on aura

$$(7) \qquad p' = \text{const.} - 2\pi\alpha h + \frac{5}{4}\alpha\varphi\,\mathrm{P}\,\mu^2,$$

αh étant constant pour tous les points de la surface de l'atmosphère situés au-dessus de la mer, on voit que la pesanteur suit, à cette surface, la même loi qu'à la surface de la mer.

Pour avoir la pesanteur à la surface de l'atmosphère, au-dessus des continents, nous considérerons la Terre comme formée du sphéroïde terrestre et de la mer. Soient V'' la somme des molécules du sphéroïde terrestre, divisées par leurs distances à un point de la surface de l'atmosphère situé au-dessus d'un continent, et V''' la même somme relative aux molécules de la mer. L'équation de l'équilibre de l'atmosphère donnera

$$\text{const.} = V'' + V''' - \frac{1}{2}\alpha\varphi\,\mathrm{P}\left(\mu^2 - \frac{1}{3}\right),$$

et p' étant toujours la pesanteur à la surface de l'atmosphère, on aura

$$p' = -\left(\frac{dV''}{dr}\right) - \left(\frac{dV'''}{dr}\right) + \alpha\varphi\,\mathrm{P}\left(\mu^2 - \frac{1}{3}\right).$$

Si l'on retranche de cette équation la précédente multipliée par $\frac{1}{2}$, et si l'on observe que, αh étant ici l'élévation du point de l'atmosphère au-dessus du sphéroïde terrestre ou du continent, l'équation (3) donne

$$-\left(\frac{dV''}{dr}\right) - \frac{1}{2}V'' = \frac{2}{3}\pi - 2\pi\alpha h,$$

et que V'' étant de l'ordre α, l'équation (1) donne

$$-\left(\frac{dV''}{dr}\right) - \frac{1}{\alpha} V'' = 0,$$

on aura

$$p' = \text{const.} - 2\pi\alpha h + \frac{5}{4}\alpha\rho P\mu^2,$$

expression qui est la même que l'équation (7); seulement αh, au lieu d'être constant comme au-dessus de la mer, est une variable dépendante de la figure du sphéroïde terrestre et qui est proportionnelle à la hauteur du baromètre.

Pour conclure de l'expression de p' la pesanteur à la surface du sphéroïde, il faut la multiplier par $1 + 2\alpha h$, et alors, en désignant par p la pesanteur à la surface du sphéroïde, on aura, en observant que $\frac{4}{3}\pi = p$, aux quantités près de l'ordre α,

$$p = H + \frac{1}{2}\alpha h P + \frac{5}{4}\alpha\rho P\mu^2,$$

expression qui a lieu encore à la surface de la mer, la constante H étant la même aux deux surfaces du sphéroïde et de la mer et αh exprimant la hauteur de l'atmosphère au-dessus du point que l'on considère. Si l'on nomme l cette hauteur à un point quelconque de l'équateur et P la pesanteur à ce point, on aura

$$H = P\left(1 - \frac{1}{2}\alpha l\right),$$

ce qui donne

$$p = P\left[1 - \frac{1}{2}(\alpha l - \alpha h) + \frac{5}{4}\alpha\rho\mu^2\right].$$

ADDITION AU MÉMOIRE PRÉCÉDENT.

L'expression de la pesanteur p à la surface des continents et qui
est donnée par l'équation suivante, qui termine le Mémoire cité,

$$p = P\left[1 - \tfrac{1}{2}(\alpha l - \alpha h) + \tfrac{5}{4}\alpha\varphi\mu^2\right],$$

cette expression, dis-je, a lieu généralement, quel que soit le rapport
de la densité de la mer à celle du sphéroïde terrestre supposé homogène, comme je le ferai voir dans le volume suivant (¹). En ajoutant
donc à la pesanteur observée p la quantité

$$\tfrac{1}{2}P(\alpha l - \alpha h),$$

que donne la hauteur du baromètre, on aura une pesanteur corrigée,
dont l'accroissement sera $\tfrac{5}{4}\alpha\varphi P\mu^2$ ou $0,004325\,P\mu^2$. L'ensemble des
expériences du pendule, faites dans les deux hémisphères, donne à
fort peu près, pour cet accroissement, $0,0054\,P\mu^2$; l'hypothèse de
l'homogénéité du sphéroïde terrestre est donc exclue par ces expériences, qui prouvent, de plus,

1° Que la densité des couches du sphéroïde terrestre croît de la
surface au centre;

2° Que ces couches sont, à très peu près, régulièrement disposées
autour du centre de gravité de la Terre;

3° Que la surface de ce sphéroïde, dont la mer recouvre une partie,
a une figure peu différente de celle qu'elle prendrait, en vertu des
lois de l'équilibre, si elle devenait fluide;

(¹) *OEuvres de Laplace*, T. XII, p. 415 et suivantes.

4° Que la profondeur de la mer est une petite fraction de la différence des deux axes de la Terre;

5° Que les irrégularités de la Terre et les causes qui troublent sa surface ont peu de profondeur;

6° Enfin, que la Terre entière a été primitivement fluide.

Ces résultats de l'analyse et de l'expérience me semblent devoir être placés dans le petit nombre des vérités que nous offre la Géologie (¹).

(¹) *OEuvres de Laplace.* T. XII, p. 405.

SUR L'INFLUENCE

DE LA

GRANDE INÉGALITÉ DE JUPITER ET DE SATURNE

DANS LE

MOUVEMENT DES CORPS DU SYSTÈME SOLAIRE.

Connaissance des Temps pour l'an 1821; 1818.

Cette grande inégalité, dont la période est de neuf siècles et qui s'élève à $\frac{1}{3}$ de degré sexagésimal pour Jupiter et à $\frac{4}{5}$ de degré pour Saturne, se répand, par l'action de ces deux grands corps, sur tout le système solaire. Elle acquiert pour diviseur, dans les perturbations des éléments planétaires, le très petit coefficient du temps, de son argument; et, en se transmettant par l'action du Soleil, de la Terre à la Lune, elle acquiert de nouveau le même diviseur, ce qui la rend plus grande dans le mouvement de ce satellite que dans celui de la Terre. C'est ainsi que la variation séculaire de l'excentricité de l'orbe terrestre devient beaucoup plus sensible dans le moyen mouvement de la Lune que par elle-même. L'irrégularité que ce dernier mouvement semble présenter aux astronomes m'a fait rechercher l'influence que la grande inégalité de Jupiter et de Saturne doit avoir sur lui et généralement sur les mouvements des corps du système solaire. Voici le résultat de mes recherches :

Les coefficients des inégalités produites par cette cause, dans les éléments des planètes, sont insensibles; ils ne sont que d'une seconde centésimale environ pour Mars et Uranus et de $\frac{n}{10}$ de seconde pour la Terre. L'inégalité qui en résulte dans le mouvement de la Lune est d'une seconde centésimale. Dans les mouvements des satellites de Jupiter, elle est beaucoup plus sensible : son coefficient est, en secondes centésimales, $44'',3$ pour le quatrième satellite; $18'',8$ pour le troisième; $12'',8$ pour le second et, pour le premier, une seconde. Les moyens mouvements de ces astres, déterminés par M. Delambre, doivent être modifiés en vertu de ces inégalités. Mais elles n'altèrent point le rapport que j'ai trouvé entre les moyens mouvements des trois premiers satellites, suivant lequel la longitude moyenne du premier, plus deux fois celle du troisième, égale trois fois la longitude moyenne du second, parce que le même rapport a lieu généralement entre les coefficients de leurs inégalités à longues périodes.

Je désignerai, comme dans le Livre VI de la *Mécanique céleste*, par n, n', n'', n''', ...; ε, ε', ε'', ...; ϖ, ϖ', ϖ'', ...; a, a', a'', ...; e, e', e'', ...; r, r', r'', ... les moyens mouvements pendant une année julienne, les longitudes moyennes à l'époque de 1750, les longitudes moyennes des périhélies à la même époque, les demi-grands axes des orbites, les rapports des excentricités aux demi-grands axes, enfin, les rayons vecteurs de Mercure, Vénus, la Terre, Mars, Jupiter, Saturne et Uranus. En nommant x la quantité

$$5n^{v}t - 2n^{iv}t - 1155^{s},89 + 15^{u},15,$$

t exprimant un nombre d'années juliennes depuis 1750, on a par le n° 23 du Livre X de la *Mécanique céleste*, dans le mouvement de Jupiter, l'inégalité

$$496^{s},71 \sin(n^{iv}t + \varepsilon^{iv} - x).$$

Cette inégalité peut être considérée comme une véritable équation du centre; or l'équation du centre de Jupiter, $+2e^{iv}\sin(n^{iv}t + \varepsilon^{iv} - \varpi^{iv})$, donne, par les n°s 50 et 55 du second Livre de la *Mécanique céleste*, dans l'expression des perturbations du rayon vecteur r divisé par a, le terme

$$[0,4] te^{iv}\sin(nt + \varepsilon - \varpi^{iv});$$

on peut donner à ce terme la forme

$$\boxed{0.4}\left[\begin{array}{l}\sin(nt+\varepsilon)\int dt\,e^{\text{IV}}\cos\varpi^{\text{IV}}\\[4pt]-\cos(nt+\varepsilon)\int dt\,e^{\text{IV}}\sin\varpi^{\text{IV}}\end{array}\right].$$

En comparant l'inégalité $496'',71\sin(n^{\text{IV}}t+\varepsilon^{\text{IV}}-x)$ à l'équation du centre de Jupiter $+2e^{\text{IV}}\sin(n^{\text{IV}}t+\varepsilon^{\text{IV}}-\varpi^{\text{IV}})$, on a

$$2e^{\text{IV}}\cos\varpi^{\text{IV}}=496'',71\cos x,$$
$$2e^{\text{IV}}\sin\varpi^{\text{IV}}=496'',71\sin x.$$

En substituant ces valeurs dans les intégrales précédentes, on aura, en exprimant par $\dfrac{\delta r}{a}$ cette partie des perturbations de $\dfrac{r}{a}$,

$$\frac{\delta r}{a}=\frac{\boxed{0.4}}{2f}\,496'',71\cos(nt+\varepsilon-x),$$

f étant égal au coefficient de t dans x ou à $5n^{\text{V}}-2n^{\text{IV}}-155'',89$; ce qui donne, par le n° 23 du Livre X de la *Mécanique céleste*,

$$2f=8779'',5.$$

De là résulte, dans le mouvement de la planète dont x est le rayon vecteur, l'inégalité

$$-2\,\boxed{0.4}\,\frac{496'',71}{8779'',5}\sin(nt+\varepsilon-x),$$

de même que le terme $-e\cos(nt+\varepsilon-\varpi)$ de l'expression de r produit, dans ce mouvement, le terme $+2e\sin(nt+\varepsilon-\varpi)$.

L'inégalité précédente est relative à Mercure. Pour Vénus $\boxed{0.4}$ se change dans $\boxed{1.4}$ et $nt+\varepsilon$ devient $n't+\varepsilon'$ et ainsi des autres planètes. J'ai donné, dans le Livre VI de la *Mécanique céleste*, les valeurs numériques de $\boxed{0.4}$, $\boxed{1.4}$, … [1]. La plus grande de ces valeurs est celle de $\boxed{3.4}$. Elle est égale à $16'',108$ et se rapporte à la planète Mars pour laquelle l'inégalité précédente devient ainsi

$$-1'',82\sin(n^{\text{V}}t+\varepsilon^{\text{V}}-x).$$

[1] *OEuvres de Laplace*, T. III, p. 92.

Relativement à la Terre, on a

$$\boxed{2.1} = 5'',12974$$

et l'inégalité devient

$$- 0'',5804 \sin(n''t \div \varepsilon'' - x).$$

Cette inégalité est totalement insensible pour Mercure et Vénus. Elle doit être calculée différemment pour Uranus, où elle n'est sensible que par l'action de Saturne dont le mouvement renferme, par le n° 23 du Livre X de la *Mécanique céleste*, l'inégalité

$$- 2066'',92 \sin(n^{\text{v}}t + \varepsilon^{\text{v}} - x);$$

il est facile de conclure, par l'analyse précédente, qu'il en résulte, dans le mouvement d'Uranus, l'inégalité

$$2\boxed{6,5}\,\frac{2066'',92}{8779'',5}\sin(n^{\text{vi}}t + \varepsilon^{\text{vi}} - x).$$

On a, par le n° 24 du Livre VI,

$$\boxed{6,5} = 2'',6958,$$

ce qui donne

$$1'',27 \sin(n^{\text{vi}}t + \varepsilon^{\text{vi}} - x),$$

pour cette inégalité.

Je vais maintenant considérer l'influence de la grande inégalité, dans le mouvement des satellites. Je commence par la Lune. c'' étant l'excentricité de l'orbe terrestre, si l'on désigne par i le rapport du moyen mouvement du Soleil à celui de la Lune, l'équation séculaire de la Lune sera, par le Livre VII de la *Mécanique céleste*, $- \frac{3}{2} i \int c''^2 n'' \, dt$. En représentant donc par $\delta c''$ une inégalité à longue période dans l'excentricité c'', cette inégalité produira, dans le mouvement de la Lune, l'inégalité

$$- 3 i \int c'' \, \delta c'' n'' \, dt,$$

inégalité qui pourra devenir sensible par la petitesse du coefficient du temps t dans l'argument de $\delta c''$, ce coefficient devenant diviseur par l'intégration. Maintenant, si dans le terme

$$\boxed{2.4}\,\frac{496'',71}{8779'',5}\cos(n''t + \varepsilon'' - x),$$

que contient, par ce qui précède, l'expression de $\frac{r''}{a''}$, on change $\cos(n''t + \varepsilon'' - x)$ dans

$$\cos(x - \varpi'')\cos(n''t + \varepsilon'' - \varpi'') + \sin(x - \varpi'')\sin(n''t + \varepsilon'' - \varpi''),$$

et qu'on le compare à la variation

$$- \delta e''\cos(n''t + \varepsilon'' - \varpi'') - e''\delta\varpi''\sin(n''t + \varepsilon'' - \varpi'')$$

du terme $- e''\cos(n''t + \varepsilon'' - \varpi'')$ que contient l'expression de $\frac{r''}{a''}$, on aura

$$\delta e'' = - \boxed{2,4}\,\frac{496'',71}{8779'',5}\cos(x - \varpi''):$$

l'inégalité lunaire qui en résulte devient ainsi

$$0'',997\sin(x - \varpi'').$$

Il faut employer une autre analyse pour les satellites de Jupiter, parce qu'ils reçoivent immédiatement de Jupiter l'empreinte de sa grande inégalité. Pour cela, je reprends l'expression des perturbations, en longitude, d'un satellite de Jupiter, donnée par la formule (2) du n° 2 du Livre VIII de la *Mécanique céleste*. Dans cette expression, le terme $\frac{2a}{\mu}\int n\,dt\,r\left(\frac{dR}{dr}\right)$ est le seul qui puisse donner une inégalité sensible, dépendant de la grande inégalité de Jupiter. Dans ce terme, a est la distance moyenne du satellite à Jupiter, nt est son moyen mouvement, r est son rayon vecteur et μ est la masse de Jupiter. Par le n° 1 du même Livre l'expression de R contient le terme $- \frac{S r^2}{4 r'^{iv}}$, S étant la masse du Soleil. C'est le seul terme à considérer ici; on a donc

$$\frac{2a}{\mu}\int n\,dt\,r\left(\frac{dR}{dr}\right) = - \frac{a}{\mu}S\frac{\int n\,dt\,r^2}{r'^{iv}},$$

la partie de $\delta r'^{iv}$ dépendant de la grande inégalité de Jupiter est, par le n° 23 du Livre X de la *Mécanique céleste*,

$$- 0,002008 \cos(n^{IV} t + \varepsilon^{IV} - x),$$
$$- 0,000264 \cos(x + 48°,27).$$

En supposant donc l'expression de δr^{IV}, du même numéro, réduite aux termes suivants

$$r^{IV} = 5,208735 - 0,24999 \cos(n^{IV} t + \varepsilon^{IV} - \varpi^{IV}),$$
$$- 0,002008 \cos(n^{IV} t + \varepsilon^{IV} - x),$$
$$- 0,000264 \cos(x + 48°,27),$$

en substituant ensuite a pour r et en observant que

$$\frac{\mu}{a^3} = n^2, \qquad \frac{S}{a^{IV^3}} = \frac{S}{(5,208735)^3} = n^{IV^2},$$

le terme $\dfrac{a}{\mu} \cdot \dfrac{\int n\, dt\, S\, r^2}{r^{IV^3}}$ donne, dans le mouvement du quatrième satellite, l'inégalité

$$- 44'',334 \sin(x + 23°,41).$$

Les trois premiers satellites sont assujettis à des inégalités semblables et qui seraient séparément réciproques à leurs moyennes vitesses angulaires; en sorte que, pour obtenir leurs coefficients, il suffirait de diminuer le coefficient $- 44'',334$ de l'inégalité du quatrième satellite, dans le rapport du moyen mouvement du quatrième satellite au moyen mouvement de chaque satellite. Mais j'ai fait voir, dans le n° 16 du Livre VIII de la *Mécanique céleste*, que les inégalités à longue période de ces trois satellites sont liées entre elles, de manière que le coefficient de l'inégalité du premier satellite moins trois fois celui de l'inégalité du second, plus deux fois celui de l'inégalité du troisième, doit donner un résultat nul. En appliquant à ce cas les formules du numéro cité, je trouve les coefficients relatifs au premier, au second et au troisième satellite, respectivement égaux à

$$- 0'',994, \quad - 12'',847, \quad - 18'',774 \ (^1).$$

(¹) Consulter *OEuvres de Laplace*, T. V, p. 461-462, 507-508.

SUR LA FIGURE DE LA TERRE

ET

LA LOI DE LA PESANTEUR A SA SURFACE.

Connaissance des Temps pour l'an 1821; 1818 (¹).

Les géomètres ont, jusqu'à présent, considéré la Terre comme un sphéroïde formé de couches de densités quelconques et recouvert en entier d'un fluide en équilibre. Ils ont donné les expressions de la figure de ce fluide et de la pesanteur à sa surface, mais ces expressions, quoique fort étendues, ne représentent pas exactement la nature. L'Océan laisse à découvert une partie du sphéroïde terrestre, ce qui doit altérer les résultats obtenus dans l'hypothèse d'une inondation générale et donner naissance à de nouveaux résultats. A la vérité, la recherche de sa figure présente alors plus de difficultés, mais les progrès de l'analyse, surtout dans cette partie, donnent le moyen de les vaincre et de considérer les continents et les mers tels que l'observation nous les présente; c'est l'objet de l'analyse suivante, dont voici les principales conséquences.

La Terre étant un sphéroïde peu différent d'une sphère et recouvert en partie par la mer, la surface de ce fluide, supposé en équilibre et fort peu dense, est du même ordre que celle du sphéroïde. Ainsi cette surface est elliptique lorsque le sphéroïde terrestre est un ellipsoïde, mais son aplatissement n'est pas le même que celui du sphéroïde. Généralement les deux surfaces, quoique du même ordre, ne

(¹) Lu à l'Académie des Sciences, le 4 août 1818.

sont pas semblables; seulement, elles dépendent l'une de l'autre. La théorie des attractions des sphéroïdes, exposée dans le troisième Livre de la *Mécanique céleste*, m'a conduit aux expressions les plus simples de cette dépendance réciproque et de la loi que suit la pesanteur sur chacune des surfaces. L'expression de cette loi est du même ordre que celle du rayon terrestre, et il en résulte ce théorème général, quelle que soit la densité de la mer :

La pesanteur à la surface du sphéroïde, réduite au niveau de la mer, en n'ayant égard qu'à la hauteur au-dessus de ce niveau, suit la même loi qu'à la surface de la mer.

Cette loi, bien déterminée par les observations du pendule, fera connaître la figure de la mer au moyen d'un rapport très simple que l'analyse établit entre elles; les observations du baromètre donneront l'élévation des continents au-dessus de la mer. On connaîtra donc les figures de la mer et du sphéroïde terrestre et les lois que la pesanteur suit à leurs surfaces par le concours de ces observations, qu'il importe de multiplier en leur donnant une grande précision et en ayant soin de les rendre comparables. Le théorème précédent sur la loi de la pesanteur s'étend aux degrés des méridiens et des parallèles. Ces degrés, mesurés sur le sphéroïde et réduits au niveau de la mer, en n'ayant égard qu'à la hauteur, suivent les mêmes lois qu'à la surface de la mer.

L'expression de la pesanteur à laquelle je parviens donne ce résultat singulier, savoir que le sphéroïde terrestre, étant supposé homogène et de même densité que la mer, quelles que soient d'ailleurs la figure, l'élévation et l'étendue des continents, l'accroissement de la pesanteur à la surface de la mer est égal au produit du carré du sinus de la latitude par la force centrifuge à l'équateur augmentée d'un quart. Des plateaux de densités quelconques et de hautes montagnes dont on recouvrirait les continents changeraient la figure de la mer sans altérer la loi de la pesanteur à sa surface.

Dans le nombre infini des figures que comprend l'expression analytique des surfaces de la mer et du sphéroïde terrestre, on péut en choisir une qui réprésente l'élévation et les contours des continénts et des iles. Ainsi je trouve qu'un pétit térme du trcisième ordre, ajouté à la partie elliptique du rayon terréstre, suffit pour rendre, conformément à ce que l'observation semble indiquer, la mer plus profonde vers le pôle austral que vers le pôle boréal, et même pour laisser ce dernier pôle à découvert. Mais la figure du sphéroïde terrestre est beaucóup plus compliquée. Cependant, au milieu des inégalités qu'elle présente, on reconnait, par les expériences du pendule, que sa surface et celle de la mer sont à fort peu près elliptiques. Le rayon de la surface de la mer, diminué du rayon du sphéroïde, est l'expression de la profondeur de la mer; cette expression, lorsqu'elle devient négative, représente l'élévation des continents, d'où il suit que la profondeur de la mer est peu considérable et du même ordre que les hauteurs des continents au-dessus de son niveau.

La petitesse de cette profondeur, sur laquelle les observations du pendule que l'on fait maintenant dans les deux hémisphères répandront un nouveau jour, est un résultat important pour la Géologie. Elle explique, sans l'intervention de grandes catastrophes, comment la mer a pu recouvrir et abandonner le même sol à plusieurs reprises. On conçoit en effet que, si par des causes quelconques, telles que les éruptions des volcans sous-marins, le fond de la mer s'affaisse dans une vaste étendue, ses eaux, en remplissant les cavités formées par cet affaissement, découvriront un espace d'autant plus considérable que la mer est moins profonde. Si, dans la suite des temps, des causes semblables et les matières que les courants apportent élèvent une partie de ce fond, la mer viendra recouvrir l'espace qu'elle avait abandonné.

Je viens de considérer l'Océan comme un tout dont les diverses parties communiquent entre elles, ce qui a lieu pour la Terre, car les petites mers isolées, telles que la mer Caspienne, ne sont à proprement parler que de grands lacs. Mais on peut supposer au sphéroïde terrestre une figure telle que l'Océan ne puisse y être en équi-

libre qu'en se divisant en plusieurs mers distinctes. L'analyse nous
montre qu'alors l'équilibre peut s'établir d'une infinité de manières
et que les surfaces de ces mers sont semblables, c'est-à-dire assujetties à une même équation. Seulement leurs niveaux peuvent être différents. Si l'on imagine une atmosphère incompressible, très rare et
peu élevée, qui enveloppe toutes ces mers et le sphéroïde terrestre,
sa surface extérieure sera semblable à celle des mers, en sorte que
l'élévation des points de cette surface qui correspondent à chaque
mer sera constante, mais elle pourra être différente d'une mer à
l'autre. Une communication qui viendrait à s'ouvrir entre ces mers
les réduirait au même niveau, et ce changement pourrait à la fois
inonder et découvrir des parties considérables de la surface terrestre.
Il suit de là que, si l'Océan était dans un parfait équilibre, sa communication avec la mer Rouge et la Méditerranée maintiendrait au même
niveau ces deux mers. La différence observée entre leurs niveaux est
donc la partie constante de l'effet des causes diverses qui troublent
sans cesse cet équilibre.

La pesanteur et les degrés des méridiens et des parallèles, mesurés
sur le sphéroïde terrestre et réduits au niveau de la surface de l'atmosphère que je viens de considérer, en n'ayant égard qu'à la hauteur,
sont les mêmes qu'à cette surface. C'est encore l'ellipticité de cette
surface que donnent les deux inégalités de la Lune dépendant de
l'aplatissement de la Terre, en sorte qu'elle est à la fois déterminée
par ces inégalités et par les mesures des degrés et de la pesanteur.
Les ellipticités obtenues par chacun de ces trois moyens sont à peu
près les mêmes et égales à $\frac{1}{300}$. Cette identité remarquable prouve la
petitesse des causes perturbatrices de la figure elliptique de la Terre.

Il suit de ces recherches que la surface du sphéroïde terrestre est
à peu près celle qui convient à l'équilibre de cette surface supposée
fluide, mais son aplatissement moindre que dans le cas de l'homogénéité indique évidemment que la densité de ses couches croit de la
surface au centre. Je trouve, par l'ensemble des phénomènes qui
dépendent de l'aplatissement de la Terre, que si la densité des

couches augmente en progression arithmétique, la moyenne densité
de la Terre est $\frac{31}{20}$ de la densité de la couche extérieure du sphéroïde.
En supposant donc la pesanteur spécifique de cette couche égale à
celle du granit, ou à trois, la densité moyenne de la Terre sera quatre
fois et deux tiers celle de l'eau, ce qui tient le milieu entre les résultats que Maskelyne et Cavendish ont obtenus par l'observation directe
de l'attraction mutuelle des corps à la surface de la Terre. La régularité de la pesanteur à cette surface prouve que les couches sont à
très peu près elliptiques et disposées symétriquement autour du
centre de gravité de la Terre. Une telle disposition ne peut exister
que dans le cas où la Terre entière a été primitivement fluide, car
alors ses couches ont pris, en vertu des lois de l'équilibre, une forme
elliptique qu'elles ont conservée en se refroidissant lentement. C'est
la seule cause naturelle que l'on puisse assigner à ces phénomènes.

L'Analyse fait voir que l'équilibre de la mer est toujours possible,
quel que soit l'axe de rotation du sphéroïde terrestre. Si la masse ou
la densité de la mer était infiniment petite, l'axe principal de rotation
de la Terre serait celui du sphéroïde. La mer étant peu profonde et
sa densité n'étant qu'un cinquième environ de celle de la Terre, on
conçoit qu'en écartant un peu dans tous les sens l'axe de rotation de
l'axe principal, la série de ces écarts doit en offrir un qui donne à la
Terre entière un axe de rotation invariable. On voit ainsi généralement la possibilité de cet axe, dont toutes les observations astronomiques établissent l'existence, et qui, dans le cas où la mer recouvrirait tout le sphéroïde terrestre, serait un axe principal de ce
sphéroïde, en supposant les densités de ses couches diminuées de la
densité de la mer.

Tous ces résultats subsisteraient encore dans le cas où de vastes
plateaux et de hautes montagnes recouvriraient une partie du sphéroïde terrestre.

La longueur de ces recherches m'oblige d'en remettre la partie
analytique au Volume suivant. Mais il est facile, sans le secours de
l'Analyse, de démontrer les propositions énoncées précédemment sur

la pesanteur et les degrés à la surface de l'atmosphère que j'ai supposée recouvrir la mer et le sphéroïde terrestre. Pour cela, j'imagine
un canal rentrant en lui-même et composé de quatre branches dont
deux, horizontales, soient couchées, l'une sur la surface de la mer,
l'autre sur la surface de l'atmosphère, les deux autres branches étant
verticales. Clairaut a fait voir, dans son bel Ouvrage sur la figure de
la Terre, qu'un fluide qui remplirait ce canal y serait en équilibre.
Or, dans les deux branches couchées sur les deux surfaces, le fluide
serait de lui-même en équilibre par les conditions de l'équilibre de
chaque surface; les pressions des deux colonnes verticales doivent
donc être égales, quel que soit l'éloignement respectif de ces colonnes.
La pesanteur est la même dans chaque colonne, aux quantités près de
l'ordre de l'ellipticité de la Terre. Les longueurs des colonnes ne
peuvent donc différer que de quantités de l'ordre du produit de cette
ellipticité par la hauteur de l'atmosphère, hauteur que je suppose du
même ordre. En négligeant donc les quantités de l'ordre du carré de
l'ellipticité, ou du second ordre, les colonnes seront égales, c'est-
à-dire que les points de la surface de l'atmosphère seront tous également
élevés au-dessus de la surface de la mer. On voit de plus que la
pesanteur à la surface de l'atmosphère sera, aux quantités près du
second ordre, la pesanteur à la surface de la mer réduite à la première
surface, eu égard à sa hauteur; on voit encore que la direction de la
pesanteur à la surface de l'atmosphère formera, avec la verticale, un
angle qui ne différera que d'une quantité du second ordre de l'angle
que fait, avec la même verticale, cette direction à la surface de la mer
ou à la surface du sphéroïde, d'où il suit que les degrés mesurés sur
le sphéroïde et réduits à la surface de l'atmosphère, à raison de sa
hauteur, sont ceux de la surface elle-même.

LA FIGURE DE LA TERRE.

Connaissance des Temps pour l'an 1822 : 1820.

Ce Mémoire est inséré au Tome XII, p. 459-469, sous le titre : *Addition au Mémoire sur la figure de la Terre.*

APPLICATION DU CALCUL DES PROBABILITÉS

AUX OPÉRATIONS GÉODÉSIQUES DE LA MÉRIDIENNE.

Connaissance des Temps pour l'an 1822; 1820.

Ce Mémoire est reproduit au § 1 du troisième Supplément : *Application des formules géodésiques de probabilité à la Méridienne de France,* Tome VII, p. 581-585 ([1]).

([1]) La comparaison du Mémoire dont nous venons de donner le titre avec celui qui a été inséré au Tome VII permet toutefois de relever une petite erreur dans le § 1 du troisième Supplément. Tome VII. À la page 583, lignes 7-8, on lit :

« Il y a un contre un à parier que l'erreur tombe dans les limites $\pm 8^m,0757$. »

Et à la page 585, ligne 10 :

« De là il suit que les limites $\pm 8^m,0937$, etc. »

L'un de ces deux nombres est donc erroné.

Le Mémoire de la *Connaissance des Temps,* 1822, donne deux fois la même valeur pour l'erreur moyenne, soit $\pm 8^m,0937$.

En réalité il faudrait $\pm 8^m,0940$. Effectivement

$$\frac{2}{\pi}\int_0^t e^{-t^2}\,dt = \frac{1}{2} \qquad \text{(Pari un contre un)}$$

pour

$$t = 0,476936 \qquad \text{(Faye, 1881, t. I, p. 225, ou Liagre, 1879, p. 273).}$$

D'autre part, Tome VII, p. 583, on a

$$t = \frac{5689,797}{11706,40},$$

d'où, pour l'erreur moyenne,

$$s = \pm 8^m,0940.$$

Le nombre $\pm 8^m,0937$, donné par Laplace, diffère un peu, sans doute, parce que la valeur de t, déduite des formules de Laplace, Tome VII, p. 104, n'a pas été calculée avec autant de précision que celle employée plus haut et tirée de Faye.

LES INÉGALITÉS LUNAIRES

DUES A L'APLATISSEMENT DE LA TERRE (¹).

Connaissance des Temps pour l'an 1823; 1820.

J'ai publié, dans les Mémoires de l'Institut (²) et dans le septième Livre de la *Mécanique céleste* (³), l'analyse par laquelle j'ai reconnu dans le mouvement lunaire deux inégalités, l'une en longitude, et l'autre en latitude, qui dépendent de l'aplatissement de la Terre. Les coefficients de ces inégalités ont été comparés aux observations, d'abord par M. Bouvard, ensuite par MM. Bürg et Burckhardt, qui les ont déduits du nombre immense d'observations qu'ils ont employées pour la formation de leurs Tables lunaires. Toutes ces comparaisons donnent à la Terre un aplatissement à très peu près égal à $\frac{1}{306}$; et, ce qui est remarquable, l'aplatissement conclu de l'inégalité en longitude s'accorde avec celui que donne l'inégalité en latitude. Cet accord prouve l'exactitude de cet aplatissement, le même, à fort peu près, que celui qui résulte, soit des mesures des degrés des méridiens, soit des expériences du pendule.

Quelques géomètres se sont, depuis, occupés de l'analyse des inégalités précédentes. Leurs résultats s'accordent avec les miens, rela-

(¹) Lu au Bureau des Longitudes, le 19 janvier 1820.
(²) *OEuvres de Laplace,* T. XII, p. 257.
(³)   *Id.,*   T. III, p. 266.

tivement à l'inégalité en latitude; mais ils en diffèrent environ de $\frac{1}{6}$, par rapport à l'inégalité en longitude. Cette différence qui, si je m'étais trompé, troublerait l'accord des deux inégalités, m'a fait examiner de nouveau mon analyse, et je l'ai trouvée juste. Elle est fondée sur les équations différentielles du mouvement troublé, dans lesquelles la différentielle du temps est supposée constante, et que j'ai développées dans le second Livre de la Mécanique céleste. Ces équations sont propres à cette recherche; et l'on voit, en suivant l'analyse du Livre VII, Chapitre II, qu'elles donnent, avec autant de facilité que d'exactitude, l'inégalité dont il s'agit.

Les géomètres dont j'ai parlé ont fait usage des équations où la différentielle du mouvement vrai en longitude est supposée constante, et sur lesquelles j'ai fondé ma théorie de la Lune, comme étant plus avantageuses pour obtenir, par des approximations convergentes, les diverses inégalités du mouvement de cet astre, dues à l'action du Soleil. Car, dans des recherches aussi compliquées, le choix des méthodes n'est point indifférent, et celles qui conviennent à une question peuvent ne pas convenir aux autres : ainsi, dans la théorie des planètes, il est préférable d'employer, comme je l'ai fait dans la *Mécanique céleste,* les équations différentielles où l'élément du temps est supposé constant; l'emploi des autres équations exige quelques attentions assez délicates dont l'omission peut induire en erreur. Cela est arrivé à Clairaut, relativement à l'inégalité produite par l'action de la Lune dans le mouvement de la Terre (*Mémoires de l'Académie des Sciences,* année 1754); et l'on peut conclure de ce qui précède qu'une omission semblable a été faite par les géomètres qui ont voulu dériver de ces équations les inégalités du mouvement lunaire dues à l'aplatissement de la Terre. Mais, pour m'en assurer encore plus, j'ai cherché les coefficients de ces inégalités, par les mêmes équations, en faisant usage de toutes les considérations délicates que cette recherche exige; et je suis parvenu aux résultats que j'avais trouvés par ma première analyse; ce qui en confirme l'exactitude. J'ai pensé que cette confirmation de l'un des résultats de la pesanteur universelle, les plus curieux et les plus utiles dans la théorie de la Terre, pourrait intéresser les géomètres.

Je supposerai ici que l'on a sous les yeux le septième Livre de la *Mécanique céleste* dont ce qui suit doit être regardé comme la continuation, les numéros étant ceux de ce Livre. On a vu, dans le Chapitre II, que la valeur de Q est augmentée, par l'aplatissement de la Terre, du terme

$$- 2\beta u^3 s \sin fv,$$

en faisant

$$\beta = \left(\alpha\rho - \frac{1}{2}\,\alpha\rho \right) D^2 \sin\lambda \cos\lambda.$$

La troisième des équations (L) du n° 1 donnera ainsi, en la développant, en y faisant $s = H \sin fv$ et en ne comparant que les termes dépendants de fv,

$$o = (1 - f^2) H \sin fv + (g^2 - 1) H \sin fv + \frac{2\beta u}{h^2} \sin fv.$$

Car cette équation (L), développée, se change dans l'équation (L') du n° 13; or il est clair que, si, dans le développement, on substituait pour s, H $\sin fv$, au lieu de $\gamma \sin(gv - \theta)$ (¹), H $\sin fv$ aurait le même coefficient que $\gamma \sin(gv - \theta)$; seulement il faudrait changer, dans le coefficient de $\gamma \sin(gv - \theta)$ de l'équation (L'), g en f. Ainsi la valeur de G n'entrant que dans la partie de ce coefficient, de l'ordre m^3, on voit que le coefficient de H $\sin fv$ ne doit différer du coefficient de $\gamma \sin(gv - \theta)$ et qui est égal à $g^2 - 1$, que de quantités de l'ordre m^5. En ne portant donc l'approximation que jusqu'aux termes de l'ordre m^4, on aura

$$H = \frac{-2\beta \bar{u}}{h^2(g^2 - f^2)},$$

$\bar{u}$ étant la partie constante de u. Le dénominateur de cette quantité est exact aux quantités près de l'ordre m^3; et, comme il est de l'ordre m^2, la valeur de H est exacte aux quantités près de l'ordre m^4.

<hr>

(¹) *OEuvres de Laplace*, T. III, p. 199.

Maintenant la fonction $\dfrac{\partial Q}{\partial v}\dfrac{dv}{u^2}$ donne le terme

$$-3f\bar{u}\gamma\sin(gv-fv-\vartheta),$$

ce qui donne dans $\dfrac{2}{h^2}\displaystyle\int\dfrac{\partial Q}{\partial v}\dfrac{dv}{u^2}$ le terme

$$\frac{2.3f\,\bar{u}(g+f)}{h^3(g^2-f^2)}\gamma\cos(gv-fv-\vartheta).$$

Si, dans la seconde des équations (L) du n° 1, on n'a égard qu'aux termes qui peuvent produire le même argument; si l'on substitue au lieu de $\dfrac{\partial Q}{\partial u}+\dfrac{s}{u}\dfrac{\partial Q}{\partial s}$ sa valeur relative à l'action du Soleil, donnée dans le n° 3; et si l'on augmente Q de la quantité qui dépend de l'aplatissement de la Terre, on aura

$$\frac{d^2u}{dv^2}+\left(1-\frac{3}{2}m^2\right)u=-\frac{2\bar{u}}{h^2}\int\frac{\partial Q}{\partial v}\frac{dv}{u^2}-\frac{\frac{3}{2}s^2}{h^2}$$
$$-\frac{4.3\bar{u}^2}{h^2}\gamma\cos(gv-fv-\vartheta).$$

Le terme

$$-\frac{2\bar{u}}{h^2}\int\frac{\partial Q}{\partial v}\frac{dv}{u^2},$$

produit le suivant :

$$\frac{-2.3\bar{u}^2\gamma f(g+f)}{h^4(g^2-f^2)}\cos(gv-fv-\vartheta);$$

le terme $-\dfrac{3}{2}\dfrac{s^2}{h^2}$ produit le suivant :

$$\frac{3.3\bar{u}}{h^2(g^2-f^2)}\gamma\cos(gv-fv-\vartheta).$$

En nommant donc δu la partie de u relative à cet argument, et négligeant $(g-f)^2$, comme étant de l'ordre m^4, on aura à très peu près

$$\delta u=\frac{\left[-2f(g+f)\bar{u}^2+\dfrac{3\bar{u}}{h^2}\right]}{h^2(g^2-f^2)\left(1-\dfrac{3}{2}m^2\right)}\beta\gamma\cos(gv-fv-\vartheta)-\frac{4.3\bar{u}^2}{h^2}\gamma\cos(gv-fv-\vartheta),$$

équation dans laquelle on peut supposer $f = 1$ dans le numérateur du premier terme du second membre, $f - 1$ étant incomparablement plus petit que $g - 1$.

Considérons maintenant le dénominateur

$$h u^2 \sqrt{1 + \frac{2}{h^2} \int \frac{\partial Q}{\partial v} \frac{dv}{u^2}},$$

de l'expression de dt donnée par la première des équations (L) du n° 1. Ce dénominateur est à très peu près égal à

$$h u^2 \left[1 + \frac{1}{h^2} \int \frac{\partial Q}{\partial v} \frac{dv}{u^2} \right];$$

cette fonction devient, en y substituant $\overline{u} + \delta u$, pour u,

$$h \overline{u}^{-1} + \frac{h \overline{u}^{-3}}{h^2 (g^2 - f^2) \left(1 - \frac{3}{2} m^2 \right)} \left\{ \begin{array}{l} -3(g-1) - 3m^2 \\[4pt] +6 \left(\frac{1}{h^2 \overline{u}} - 1 \right) \\[4pt] -8(g^2 - 1)\left(1 - \frac{3}{2} m^2 \right) \end{array} \right\} \beta \gamma \cos(gv - fv - \theta).$$

On a, par les n°s 4, 6 et 10,

$$h^2 \overline{u} = \frac{a_1}{a} = 1 - \frac{1}{2} m^2;$$

ainsi, dans le second terme de la fonction précédente, le numérateur est de l'ordre m^2, et, par conséquent, du même ordre que le dénominateur ; on peut donc substituer, dans l'un et dans l'autre, $\frac{3}{2} m^2$, au lieu de $g^2 - f^2$, et $\frac{3}{4} m^2$, au lieu de $g - 1$, ce qui réduit ce terme à

$$h \overline{u}^{-1} \left[1 - \frac{19}{2} \frac{\beta}{a^2} \gamma \cos(gv - fv - \theta) \right],$$

$\overline{u}$ étant à fort peu près égal à $\frac{1}{a}$, et h^2 étant à peu près égal à a.

De là on tire

$$n \, dt = dv \left[1 + \frac{19}{2} \frac{\beta}{a^2} \gamma \cos(gv - fv - \theta) \right],$$

d'où résulte, par l'intégration, dans l'expression de la longitude moyenne, l'inégalité

$$\frac{19}{2}\frac{3}{a^2}\frac{\gamma}{g-f}\sin(gv-fv-\theta),$$

ce qui est conforme à ce que j'ai trouvé dans le second Chapitre [1].

On voit par l'analyse précédente que le coefficient de l'argument $\sin(gv-fv-\theta)$ n'est divisé que par la première puissance du facteur qui multiplie v dans cet argument : cela résulte encore de ce que l'on sait d'ailleurs touchant les inégalités du mouvement des corps célestes, données par une première approximation : le carré du coefficient de l'angle v ne peut y être introduit comme diviseur qu'en vertu de la partie de ce coefficient qui est relative au corps perturbateur. Dans l'argument précédent, cette partie est $(f-1)$, et elle dépend de la précession des équinoxes. On trouve, en effet, par ce qui précède, qu'elle peut introduire un terme qui a pour diviseur $(g-f)^2$. Mais, comme ce terme a $f-1$ pour facteur, il en résulte que, vu la petitesse de la fraction $\dfrac{f-1}{g-1}$, il peut être négligé, comme nous l'avons fait. Il suit de là que les termes dépendant des carrés de l'excentricité et de l'inclinaison de l'orbe lunaire n'introduiraient, dans l'expression de la longitude moyenne, que des termes de l'ordre de ces carrés, ayant pour diviseur la première puissance de $g-1$; ils sont donc très petits par rapport à l'inégalité que nous avons déterminée. Mais l'importance de ces inégalités lunaires dans la recherche de l'aplatissement de la Terre m'a déterminé à considérer ces termes. Pour cela, j'observerai d'abord que la valeur exacte de μ ou du sinus de la déclinaison de la Lune, considérée dans le second Chapitre, n° 20, est

$$\frac{s\cos\lambda + \sin\lambda\sin fv}{\sqrt{1+s^2}};$$

elle rentre dans celle du numéro cité, en négligeant le cube de s,

[1] *OEuvres de Laplace*, T. III, p. 272.

auquel il faut ici avoir égard. En faisant

$$\beta = 2\left(\alpha\rho - \frac{1}{2}\alpha q\right) D^2 \sin\lambda \cos\lambda,$$

l'aplatissement de la Terre introduit dans Q le terme

$$-\frac{\beta u^2 s \sin f v}{(1+s^2)^{\frac{5}{2}}}.$$

Il introduit, par conséquent, dans la fonction

$$\frac{us\frac{\partial Q}{\partial u} + (1+s^2)\frac{\partial Q}{\partial s}}{h^2 u^2}$$

le terme

$$-\beta\left(1 - \frac{7}{4}\gamma^2\right)\frac{u}{h^2}\sin f v.$$

On a, par les n°s 4, 6 et 10,

$$\frac{u}{h^2} = \frac{1 + 2e^2 + \frac{5}{4}\gamma^2}{aa_1}, \quad . \quad \frac{1}{aa_1} = \frac{1}{a^2}\left(1 + \frac{1}{2}m^2\right).$$

De là il est facile de conclure que l'inégalité précédente en latitude devient

$$-2\left(\alpha\rho - \frac{1}{2}\alpha q\right)\frac{D^2}{a^2}\frac{\sin\lambda\cos\lambda}{g^2 - f^2}\left[\left(1 + 2e^2 + \frac{1}{2}m^2 - \frac{1}{2}\gamma^2\right)\right]\sin f v,$$

mais cette expression a besoin d'une correction fondée sur ce que $g^2 - 1$ n'est point exactement le coefficient qu'aurait $\sin f v$ dans l'équation (L'') du n° 13, en introduisant $H \sin f v$ dans l'expression de s. Il est facile de voir que les deux coefficients doivent différer, d'abord parce qu'il faut changer g en f dans le coefficient de $\gamma \sin(g v - \theta)$, ce qui donne à très peu près

$$\frac{(g^2 - 1)(g - 1)(1 - 3m)}{2(1 - m)}B_1^{(0)}$$

pour la quantité dont il faut diminuer le coefficient $(g^2 - 1)$ de

$\gamma \sin(gv - \theta)$ dans l'équation (L″) pour avoir le coefficient de $\sin fv$, coefficient que nous désignerons par $g_1^2 - 1$. La petitesse de $B_1^{(0)}$, qui, par le n° 16, est égal à $0,0283831$, rend cette diminution insensible.

On trouve, en effet, qu'elle est égale à $(g^2 - 1)0,00047845$. Ainsi elle n'altère pas d'un vingt-millième le coefficient de l'inégalité précédente; on peut donc la négliger.

Les deux coefficients $g_1^2 - 1$ et $g^2 - 1$ peuvent différer dans les puissances s^3, s^5, ... que donne le développement des forces perturbatrices dans les équations (L) et (L″) des n°ˢ 1 et 13. Mais si l'on substitue dans s^3, par exemple, au lieu de s, $\gamma \sin(gv - \theta) + H \sin fv$, et qu'on néglige le carré de H, il est facile de voir que les coefficients de $\gamma \sin(gv - \theta)$ et de $H \sin fv$ seront égaux entre eux et à $\frac{3}{4}\gamma^2$. La quantité $g_1^2 - f^2$ est le dénominateur qu'il faudrait rigoureusement substituer à $g^2 - f^2$ dans l'expression de l'inégalité précédente en latitude; on peut donc y conserver sans erreur sensible le dénominateur $g^2 - f^2$.

Le facteur $1 + 2e^2 + \frac{1}{2}m^2 - \frac{1}{2}\gamma^2$ est égal à $1,004757$; il diffère très peu de l'unité. Cependant, il est utile d'y avoir égard dans la recherche délicate de l'aplatissement de la Terre. Pour avoir égard aux carrés de l'excentricité et de l'inclinaison de l'orbite lunaire, dans l'inégalité lunaire en longitude, il devient très avantageux d'employer l'analyse du Livre VII, Chapitre II.

MM. Bürg et Burckhardt ont comparé les inégalités précédentes : le premier, à toutes les observations de Maskelyne; le second, à l'ensemble des observations de Maskelyne et de Bradley. L'un et l'autre sont parvenus à la même inégalité lunaire en latitude, dont ils ont fixé le coefficient à $8″,0$ en secondes sexagésimales; on peut donc regarder ce coefficient comme bien déterminé. En le comparant à l'expression analytique précédente, on trouve $\frac{1}{300}$ à très peu près pour l'aplatissement $\alpha\rho$ de la Terre.

Relativement à l'inégalité en longitude, Bürg l'a fixée à $6″,8$, et Burckhardt à $7″,0$. On voit donc qu'ils sont à très peu près d'accord sur cet objet. Par l'analyse précédente, le coefficient de l'inégalité lunaire en longitude est à très peu près égal au coefficient de l'inégalité lunaire en latitude, multiplié par $\frac{19}{2}\gamma$, du moins, si l'on néglige les carrés de l'excentricité et de l'inclinaison de l'orbe lunaire; ces coefficients sont donc dans le rapport de l'unité à 0,85576; en sorte qu'au coefficient 8″,0 de l'inégalité en latitude répond le coefficient 6″,846 pour l'inégalité en longitude, ce qui diffère très peu de la moyenne 6″,9 des résultats de MM. Bürg et Burckhardt. Cela montre avec quelle précision ces inégalités donnent l'aplatissement de la Terre.

LE PERFECTIONNEMENT DE LA THÉORIE

ET DES

TABLES LUNAIRES.

Connaissance des Temps pour l'année 1823: 1820 ([1]).

L'Académie des Sciences, en proposant pour sujet de prix la formation de Tables lunaires uniquement fondées sur la théorie de la pesanteur universelle, a eu pour objet de faire disparaître la seule exception que présentait, à cet égard, l'ensemble des Tables des mouvements célestes.

Déjà, par les travaux des géomètres, la théorie lunaire se rapprochait beaucoup des observations; et, dans le septième Livre de la *Mécanique céleste*, j'étais parvenu à réduire à $8'',5$ la plus grande différence entre les coefficients des inégalités de mon analyse et ceux des Tables de M. Bürg. Il était donc naturel de penser qu'au moyen d'approximations portées plus loin la théorie représenterait les observations dans les limites des erreurs dont elles sont susceptibles. Les deux pièces que l'Académie vient de couronner remplissent cette condition. Elles sont, l'une et l'autre, le résultat d'un immense travail; et leur comparaison avec nos Tables lunaires ne laisse aucun lieu de douter que les formules qu'elles contiennent, réduites en Tables, satisferaient aux observations. C'est ce que l'auteur de la première pièce, M. Damoiseau, a prouvé directement en formant, d'après sa théorie, de nouvelles Tables qui, comparées à soixante observations de Bradley, et à

([1]) Lu au Bureau des Longitudes, le 29 mars 1820.

soixante observations faites depuis 1802, n'ont donné que de légères erreurs du même ordre que celles des Tables de MM. Bürg et Burckhardt. On peut donc croire qu'en améliorant encore, par la discussion d'un très grand nombre d'observations, les éléments arbitraires de sa théorie, l'auteur donnerait à ses Tables toute l'exactitude que l'on peut désirer. Éclairés par la théorie sur la forme des arguments des inégalités lunaires, les astronomes ont pu construire de bonnes Tables par les observations et, par ce moyen, éluder les difficultés des intégrations et des approximations, que cette théorie présente. Mais il était intéressant de vaincre ces difficultés, et d'arriver directement au but que l'on se proposait d'atteindre.

Les auteurs des deux pièces sont partis des équations différentielles du problème des trois corps, dans lesquelles la différentielle du mouvement vrai de la Lune, rapporté à l'écliptique, est supposée constante; et ils ont déterminé la longitude moyenne de cet astre, sa latitude et sa parallaxe, en séries de sinus et de cosinus d'angles croissant proportionnellement à son mouvement vrai. Cette méthode, dont j'ai fait usage dans le septième Livre de la *Mécanique céleste*, me paraît devoir donner les approximations les plus convergentes. En effet, les forces perturbatrices se présentent sous cette forme, ou du moins elles y sont facilement réductibles : pour les réduire à une autre forme, par exemple, à des séries de sinus et de cosinus d'angles croissant proportionnellement au temps, il faudrait, à cause des inégalités considérables du mouvement lunaire, provenant soit de sa partie elliptique, soit des perturbations, porter fort loin les approximations; ce qui compliquerait l'analyse et rendrait les approximations moins convergentes. On a essayé d'autres formes de séries, et il est facile d'en imaginer un grand nombre; mais aucune ne paraît plus propre à obtenir les coefficients des inégalités lunaires. Cependant quelques inégalités fort petites, dont l'argument croît avec une grande lenteur, peuvent être mieux déterminées par d'autres méthodes. Dans la précédente, ces inégalités acquièrent pour diviseurs, en vertu des intégrations réitérées, les carrés des coefficients très petits de la longitude vraie de leurs arguments. Dans le résultat final, ces divers carrés disparaissent et se réduisent à la première puissance; en sorte que ce résultat, étant la différence de quantités très grandes par rapport à lui, devient inexact si l'on n'a pas l'attention de conserver, dans la suite des calculs, toutes les quantités de son ordre. On a vu, dans le Mémoire précédent sur les inégalités lunaires dues à l'aplatissement de la Terre, que plusieurs géomètres, pour avoir négligé cette attention, n'avaient pas bien déterminé l'inégalité dépendant de la longitude du nœud de l'orbe lunaire. C'est pour éviter cet inconvénient que j'ai cherché cette inégalité par une autre méthode dans le Chapitre II du septième Livre de la *Mécanique céleste*. L'uniformité de la méthode donne sans doute de l'élégance à l'analyse. Mais, quand on se propose de rapprocher le plus qu'il est possible l'analyse, des observations, ce qui doit être le but de la théorie lunaire, il faut varier les méthodes suivant la nature des inégalités. C'est dans le choix de ces méthodes et dans la prévoyance des quantités qui peuvent devenir sensibles par les intégrations successives que consiste l'art des approximations, art non moins utile au progrès des Sciences que la recherche des méthodes analytiques. La méthode qui me semble préférable donne la longitude moyenne de la Lune en fonction de la longitude vraie, et pour la formation des Tables il est nécessaire de réduire la longitude vraie en fonction de la longitude moyenne. Mais cette réduction peut s'exécuter facilement avec toute la précision désirable, et avec la certitude que les termes négligés sont insensibles.

Ayant reconnu, par la théorie, la cause des inégalités séculaires du mouvement de la Lune, j'ai mis un grand intérêt à la vérification de mes résultats, surtout de celui qui est relatif au mouvement du périgée à raison de sa grandeur. Les deux pièces ont confirmé ces résultats. La forme des expressions analytiques de la première étant la même que j'ai adoptée dans le septième Livre de la *Mécanique céleste*, j'ai pu comparer ces expressions aux miennes. Je les ai trouvées concordantes dans les degrés d'approximation qui leur sont communs; mais l'auteur de la pièce ayant porté plus loin ses approximations, les nouveaux termes introduits par elles ont produit des différences peu considérables à l'égard des équations séculaires du moyen mouvement et du périgée, mais un peu sensibles à l'égard du mouvement des nœuds.

Le Tableau suivant offre les coefficients numériques par lesquels on doit, pour avoir les équations séculaires, multiplier l'intégrale du produit de la différentielle du temps par l'excès du carré de l'excentricité de l'orbe terrestre, sur ce même carré, à une époque arbitraire origine du temps, et que je fixerai au commencement de 1801.

	Première pièce.	*Mécanique céleste.*	Deuxième pièce.
Équation séculaire de la longitude vraie..	0,0086457	0,0083660	0,0076010
Équation séculaire du périgée. ..	—0,0229890	—0,0231623	—0,0311110
Équation séculaire du nœud.....	0,0051936	0,0061528	0,0053877

Les résultats de la première pièce, vérifiés de nouveau par l'auteur à ma prière, me paraissent dignes de confiance. Les auteurs de la seconde pièce, MM. Plana et Carlini, n'ont point eu égard, dans l'expression de l'inégalité séculaire du moyen mouvement, aux termes dépendant du carré de l'excentricité de l'orbe lunaire et qui, rendus sensibles par les petits diviseurs qu'ils acquièrent dans la suite des intégrations, produisent la différence des résultats des deux pièces. Quant à l'inégalité séculaire du périgée, la différence me paraît tenir à la nature des approximations dont les auteurs de ces pièces ont fait usage. L'auteur de la première a suivi la marche que j'ai adoptée dans la *Mécanique céleste*. Seulement il a porté plus loin les approximations. Les auteurs de la seconde pièce ont réduit leurs expressions en séries ordonnées par rapport aux puissances ascendantes du rapport du mouvement du Soleil à celui de la Lune, rapport moindre qu'un douzième. L'analyse ne présente point ces expressions sous cette forme : elle conduit à des équations dans lesquelles les quantités cherchées sont entremêlées et affectées de divers diviseurs. Pour les réduire à la forme de séries, il faut éliminer ces quantités et réduire ensuite en séries les diviseurs des divers termes de leurs expressions. On conçoit que cela doit conduire à des séries peu convergentes, et qu'il faut beaucoup prolonger pour obtenir le même degré de précision que

donne la méthode employée dans la *Mécanique céleste*. Cependant cette
cause d'erreur, qui me semble avoir influé sensiblement sur la valeur
de l'inégalité séculaire du périgée donnée dans la seconde pièce, ne
produit aucun effet sensible sur les inégalités périodiques. A leur
égard, les deux pièces sont à très peu près d'accord entre elles et avec
nos meilleures Tables; ce qui prouve les soins que les auteurs de la
seconde pièce ont mis à porter leurs approximations aussi loin qu'il
était nécessaire, et à vérifier des calculs aussi compliqués; les Tables
fondées sur leurs résultats représenteraient donc les observations aussi
bien que les Tables de la première pièce. Mais il suit incontestablement
de ces deux pièces, que la loi de la pesanteur universelle est la seule
cause des inégalités bien connues de la Lune, et que l'on peut fonder
uniquement sur cette loi des Tables lunaires aussi exactes que nos
meilleures Tables.

Les auteurs de la seconde pièce trouvent, dans le moyen mouvement
lunaire, une inégalité séculaire égale au produit de $- 0'', 1398$ par le
cube du nombre des siècles écoulés depuis 1801. Cette inégalité, qui
augmenterait d'environ 37' la longitude de la Lune au moment de ses
éclipses dans les années 719 et 720 avant notre ère, dépend, suivant
eux, du déplacement de l'écliptique vraie sur une écliptique fixe, par
exemple sur celle de 1801. Mais ils n'ont point eu égard au déplacement séculaire de l'orbe lunaire sur la même écliptique, ce qui aurait
détruit leur résultat; car j'ai fait voir que la partie de l'équation séculaire
relative aux inclinaisons ne dépend que de l'inclinaison de l'orbe lunaire
sur l'écliptique vraie, et que la rapidité du mouvement des nœuds
de la Lune rend insensible la variation séculaire de cette inclinaison.

Si les auteurs de la seconde pièce eussent, comme celui de la première, donné à leurs expressions analytiques la forme que j'ai adoptée
dans la *Mécanique céleste*, la comparaison de ces expressions en eût
rendu la vérification très facile, et l'on aurait pu vérifier semblablement les calculs numériques. On parviendrait ainsi à donner à la
théorie lunaire et aux Tables toute la certitude et la précision dési-
rables. J'invite donc les géomètres et les astronomes qui s'occupent

de cette théorie à suivre la méthode que je viens d'indiquer et à
comparer leurs calculs à ceux de la première pièce, lorsqu'elle sera
publiée. L'importance de l'objet est un puissant motif pour les y déterminer. J'ai fait cette comparaison relativement à l'inégalité lunaire
dépendant de la distance vraie de la Lune au Soleil. Cette inégalité
que l'on nomme *parallactique,* parce qu'elle dépend de la parallaxe du
Soleil, s'élève à plus de 2 minutes; elle est, par sa grandeur, très
propre à déterminer cette parallaxe. J'ai donc mis, dans ma théorie de
la Lune, un soin particulier à la bien calculer; mais, en comparant
mon expression analytique à celle de la première pièce, j'ai trouvé
entre elles une légère différence provenant de quelques petits termes
que j'avais négligés, que l'auteur de la pièce a considérés, et dont j'ai
reconnu l'exactitude. Il a revu de nouveau tous ses calculs analytiques
et numériques sur cet objet, et il a trouvé que, en supposant la parallaxe du Soleil $\frac{1}{400}$ de celle de la Lune, l'inégalité dont il s'agit
est 121″,15. Je l'avais trouvée, dans la même hypothèse, de 122″,01,
et, suivant les auteurs de la seconde pièce, elle serait 122″,90. Elle
est de 122″,378 suivant les Tables de M. Bürg, et de 122″,97 suivant
les Tables de M. Burckhardt; ce qui donne respectivement

$$8',6303, \quad 8',6721$$

pour la parallaxe moyenne du Soleil, sur le parallèle dont le rayon
terrestre est celui d'une sphère de même masse que la Terre et de la
même densité que sa densité moyenne. Le milieu 8″,65 me paraît
être la valeur la plus probable de la parallaxe solaire.

L'emploi des observations pour la formation des Tables lunaires a
l'avantage de faire connaître les coefficients des inégalités avec une
exactitude toujours croissante, quand on augmente le nombre des
observations. On voit même, par le calcul des probabilités, que l'on
peut ainsi en approcher indéfiniment et, par là, surpasser la précision
de la théorie dont les approximations deviennent tellement compliquées, lorsqu'on veut les porter fort loin, que l'on est forcé d'y
renoncer. La méthode d'approximation, tirée des observations, peut
donc être utilement employée. Mais on la rendra plus exacte et plus

facile si l'on y regarde comme autant de données certaines les coefficients sur lesquels la théorie ne laisse point d'incertitude, et les
rapports qu'elle indique avec précision entre ces coefficients. Par ce
moyen, on diminuera considérablement le nombre des coefficients à
déterminer par la comparaison des observations; ce qui simplifiera
le calcul et donnera plus de précision à ses résultats. On perfection-
nera ainsi, par la combinaison des observations et de la théorie, les
Tables du mouvement lunaire en longitude. A l'égard des Tables de
la latitude et de la parallaxe, je pense qu'il convient de les former
par la théorie.

Les auteurs des deux pièces ont considéré les inégalités à longues
périodes, que j'ai indiquées dans le septième Livre de la *Mécanique
céleste;* mais, à cet égard, leur analyse est incomplète. Les hautes
montagnes de l'Asie et son plateau élevé peuvent avoir, sur l'inégalité
qui dépend de la différence des deux hémisphères terrestres, une
influence qu'il était intéressant d'apprécier, mais que j'ai trouvée
insensible, comme on le verra dans le Mémoire suivant. La petite altération que les astronomes ont cru remarquer dans le moyen mouvement de la Lune est le seul point de sa théorie qui reste à éclaircir.
Les observations futures, en constatant son existence, fixeront sa
valeur. Heureusement, dans l'intervalle d'un demi-siècle, cette inégalité peut se confondre avec le moyen mouvement. Ainsi, tant qu'elle
ne sera pas bien connue, il suffira aux besoins de la navigation de
rectifier, de demi-siècle en demi-siècle, le moyen mouvement lunaire.
Mais, quand son existence sera certaine, la Science aura besoin d'en
connaître la cause. Les mouvements des planètes et des satellites
sont-ils sensiblement altérés par l'attraction des comètes et par le
choc de petits corps semblables aux aérolithes que nous voyons tomber
sur la Terre et qui paraissent venir des profondeurs de l'espace céleste? C'est ce que l'imperfection des observations anciennes ne permet
pas de décider; mais un siècle au plus d'observations précises éclair-
cira ce point important du Système du monde.

L'INÉGALITÉ LUNAIRE A LONGUE PÉRIODE,

DÉPENDANTE DE LA DIFFÉRENCE
DES DEUX HÉMISPHÈRES TERRESTRES [1].

Connaissance des Temps pour l'année 1823; 1820.

1. Je conserverai ici les dénominations des Livres III et VII de la *Mécanique céleste* et je supposerai que l'on a ces Livres sous les yeux. Si l'on conçoit une molécule dm de la Terre, placée à distance l du centre de gravité de cette planète; si l'on nomme μ' le cosinus de l'angle que l fait avec le demi-axe boréal de la Terre, et ϖ' l'angle que le plan mené par ce demi-axe et par l forme avec un méridien fixe sur la Terre; si l'on nomme pareillement μ et ϖ les mêmes quantités relatives au rayon r de l'orbite lunaire, il résulte du n° 15 du Livre III que l'action de dm sur la Lune produit, dans la valeur de Q du n° 1 du Livre VII, le terme

$$\frac{dm}{\sqrt{r^2 - 2\,lr\left[\mu\mu' + \sqrt{1 - \mu^2}\sqrt{1 - \mu'^2}\cos(\varpi' - \varpi)\right] + l^2}};$$

ce qui produit, par le n° 15 du Livre III, le terme

$$\frac{25}{4}\,dm\left(\mu'^2 - \frac{3}{5}\mu'\right)\left(\mu^2 - \frac{3}{5}\mu\right)\frac{l^3}{r^4},$$

en ne considérant que les termes divisés par r^4, et en n'ayant point

[1] Lu au Bureau des Longitudes, le 12 avril 1820.

égard aux termes dépendant des cosinus de l'angle $\varpi' - \varpi$ et de ses multiples, termes que l'on peut ne pas considérer ici, vu la rapidité du mouvement de rotation de la Terre, qui les rend insensibles dans la théorie de la Lune. Cela revient à considérer la Terre comme un sphéroïde de révolution.

Si la Terre était symétrique de chaque côté de l'équateur, des molécules égales correspondraient aux valeurs de μ' et de $-\mu'$; la somme des termes précédents relatifs à ces molécules serait donc nulle. Mais, si la Terre n'est pas symétrique, la réunion de tous ces termes en produit un que nous désignerons par $\dfrac{KD^3}{r^3}\left(\mu^3 - \dfrac{3}{5}\mu\right)$, D étant le rayon moyen de la Terre. Nous allons examiner ici l'influence de ce terme sur le mouvement lunaire; ce qui exige des considérations délicates pour n'omettre aucun des termes qui peuvent avoir une influence sensible.

2. μ est ici le sinus de la déclinaison de la Lune. Si l'on nomme v, comme dans le Livre VII, le mouvement sidéral de cet astre sur l'écliptique, et fv sa longitude vraie comptée de l'équinoxe du printemps; si l'on désigne par λ l'obliquité de l'écliptique, on a

$$\mu = \frac{\sin\lambda . \sin fv + s\cos\lambda}{(1 + s^2)^{\frac{1}{2}}},$$

s étant la tangente de la latitude de la Lune. En faisant ensuite, comme dans le Livre cité,

$$r = \frac{\sqrt{1+s^2}}{u},$$

le terme $\dfrac{KD^3}{r^3}\left(\mu^3 - \dfrac{3}{5}\mu\right)$ produit le suivant :

$$\frac{H u^4 \sin 3 fv}{(1 + s^2)^{\frac{3}{2}}},$$

H étant égal à

$$\frac{-KD^3 \sin^3\lambda}{4}.$$

Cela posé, reprenons les équations (L) du n° 1 du Livre VII, et considérons d'abord la seconde de ces équations. Dans le développement de ses termes, j'aurai égard aux termes dépendant des angles $3fv - 2gv$, et $3fv - 2gv - cv$, à cause des grands diviseurs qu'ils acquièrent par les intégrations. En faisant

$$Q = \frac{\Pi u^3 \sin 3 fv}{(1 + s^2)^{\frac{7}{2}}},$$

on a, à très peu près,

$$\frac{\partial Q}{\partial v} \frac{dv}{u^2} = \frac{3 \Pi u^2 dv \cos 3 fv}{(1 + s^2)^{\frac{7}{2}}};$$

on a ensuite, par le n° 4 du Livre VII,

$$u = \frac{1}{h^2 (1 + \gamma^2)} (\sqrt{1 + s^2} + e \cos cv),$$
$$s = \gamma \sin gv;$$

en négligeant donc les termes inutiles et ceux qui sont insensibles, on aura

$$2 \int \frac{\partial Q}{\partial v} \frac{dv}{h^2 u^2} = \frac{2 \Pi}{h^6} \left[\sin 3 fv + \frac{15 \gamma^2}{8} \frac{\sin(3 fv - 2 gv)}{3f - 2g} \right.$$
$$\left. + \frac{9}{4} e \gamma^2 \frac{\sin(3 fv - 2 gv - cv)}{3f - 2g - c} \right],$$

d'où l'on tire

$$\left(\frac{d^2 u}{dv^2} + u \right) 2 \int \frac{\partial Q}{\partial v} \frac{dv}{h^2 u^2} = \frac{\Pi}{h^5} \left[\frac{9}{2} \gamma^2 \sin(3 fv - 2 gv) \right.$$
$$\left. + \frac{9}{2} e \gamma^2 \frac{\sin(3 fv - 2 gv - cv)}{3f - 2g - c} \right].$$

On trouve de plus

$$\frac{du}{h^2 u^3 dv} \frac{\partial Q}{\partial v} = \frac{- 3 \Pi \gamma^2}{4 h^8} \sin(3 fv - 2 gv),$$

$$- \frac{1}{h^2} \frac{\partial Q}{\partial v} - \frac{s}{h^2 u} \frac{\partial Q}{\partial s} = \frac{- 15 \Pi \gamma^2}{4 h^8} \sin(3 fv - 2 gv);$$

la seconde des équations (L) citées devient ainsi

$$0 = \frac{d^2 u}{dv^2} + u + \frac{9 \Pi e \gamma^2}{2 h^5} \frac{\sin(3 fv - 2 gv - cv)}{3f - 2g - c} + \frac{3 s \delta s}{h^2};$$

δs étant la variation de s, due à la différence des deux hémisphères terrestres. Cette variation dépend des angles $3fv - gv - cv$, $3fv - gv$. On a, en n'ayant égard qu'à ces angles,

$$\frac{1}{h^2 u^3}\frac{ds}{dv}\frac{\partial Q}{\partial v} = \frac{3\Pi e\gamma}{2h^5}\cos(3fv - gv - cv) + \frac{3\Pi\gamma}{2h^5}\cos(3fv - gv),$$

$$- \frac{s}{h^2 u}\frac{\partial Q}{\partial u} - \frac{(1+s^2)}{h^2 u^2}\frac{\partial Q}{\partial s}$$

$$= \frac{3\Pi e\gamma}{2h^5}\cos(3fv - gv - cv) + \frac{3\Pi\gamma}{2h^5}\cos(3fv - gv);$$

la troisième des équations (L) devient ainsi

$$o = \frac{d^2 s}{dv^2} + g^2 s + \frac{3\Pi e\gamma}{h^5}\cos(3fv - gv - cv) + \frac{3\Pi\gamma}{h^5}\cos(3fv - gv).$$

Cette équation intégrée donne à fort peu près

$$\delta s = \frac{3\Pi e\gamma}{2h^5(3f - 2g - c)}\cos(3fv - gv - cv) + \frac{\Pi\gamma}{h^6}\cos(3fv - gv);$$

en substituant cette valeur dans l'équation différentielle en u, et désignant par δu la variation de u dépendante de la différence des deux hémisphères, on aura

$$\delta u = -\frac{9}{4}\frac{\Pi e\gamma^2}{h^5}\frac{\sin(3fv - 2gv - cv)}{3f - 2g - c} - \frac{3\Pi\gamma^2\sin(3fv - 2gv)}{4h^3(3f - 2g - c)}.$$

3. Je reprends maintenant l'analyse du Chapitre II du Livre VII de la *Mécanique céleste*. La partie

$$(a)\qquad \frac{3\,dt^2\int\delta\,dR + 2\,dt^2\delta.r\frac{\partial R}{\partial r} - dt^2\frac{\partial R}{\partial r}\delta r}{r^2\,dv'},$$

de la formule (T) du n° 46 du second Livre exprime la variation différentielle de la longitude vraie de la Lune sur l'orbite, relative à l'inégalité que nous considérons, dv' étant dv rapporté à l'orbite lunaire, et la caractéristique δ se rapportant ici aux variations dépendant de la différence des deux hémisphères terrestres.

La fonction $- \delta R$ est ce que nous avons désigné ci-dessus Q; cette fonction est donc de l'ordre 4 en u et, par conséquent, de l'ordre -4 en r, ce qui donne $r\dfrac{\partial R}{\partial r} = -4R$. De plus, lorsqu'il s'agit des inégalités dont l'argument ne dépend que des éléments du mouvement lunaire, on a $\int \delta\, dR = \delta R$. Enfin, le terme $-\delta r \dfrac{\partial R}{\partial r}$ est de l'ordre δ^2 lorsqu'on ne considère, dans la force perturbatrice R, que la partie relative à la différence des hémisphères terrestres; en négligeant donc les quantités de l'ordre de δ^2, la formule (a) devient

$$\frac{5\, dt^2 Q}{r^2\, dv'}.$$

En substituant pour dt sa valeur elliptique $\dfrac{r^2\, dv'}{\sqrt{a}}$, et ensuite pour $\dfrac{r^2\, dv'}{\sqrt{a}}$ sa valeur elliptique $\dfrac{dv}{h u^2}$, et pour Q sa valeur précédente, ce terme devient

$$\frac{5\, H\, u^2\, dv \sin 3 f v}{h^2 (1 + s^2)^{\frac{7}{2}}}.$$

En y substituant pour u et s leurs valeurs elliptiques précédentes, en le développant et observant que h^2 diffère très peu de a, on voit que l'expression différentielle de la longitude vraie contient le terme

$$\frac{15\, H\, e\gamma^2\, dv}{4\, a^3} \sin(3 f v - 2 g v - c v).$$

Mais ce terme n'est pas le seul de ce genre : l'action du Soleil donne dans Q, par le n° 3 du Livre VII, en prenant pour unité la somme des masses de la Terre et de la Lune, le terme

$$\frac{m^2}{4\, a^3 u^2}\,(1 - 3 s^2) \qquad \text{ou} \qquad \frac{m^2 r^2}{4\, a^3}\,(1 - 3 s^2);$$

en prenant donc ce terme pour $-R$, et observant que $\int \delta\, dR = \delta R$, et que δr est $-\dfrac{\delta u}{u^2} + \dfrac{s\, \delta s}{u}$; enfin, en substituant pour $\dfrac{dt^2}{r^2\, dv'}$ sa valeur fort approchée $\dfrac{dv}{a u^2}$, pour δu et δs leurs valeurs précédentes, la fonction (a) donne le terme

$$- \frac{27\,m^2 e\gamma^2 \Pi\,dv \sin(3fv - 2gv - cv)}{4a^2(3f - 2g - c)}.$$

En réunissant ce terme au précédent, l'expression différentielle de la longitude vraie de la Lune contiendra le terme

$$(b) \qquad \frac{3e\gamma^2 \Pi\,dv}{4a^2} \left[5 - \frac{9m^2}{(3f - 2g - c)} \right] \sin(3fv - 2gv - cv).$$

Le terme (b) est rapporté à l'orbite de la Lune. Pour le rapporter à l'écliptique, il faut, par le Chapitre II cité [1], lui ajouter ce que produit la fonction $\left(\frac{1}{2} s^2 - \frac{1}{2} \frac{ds^2}{dv^2} \right) dv$, lorsqu'on y substitue pour s

$$\gamma \sin gv + \frac{3\Pi e\gamma}{2h^6(3f - 2g - c)} \cos(3fv - gv - cv).$$

Le terme qui en résulte est

$$\frac{3\Pi e\gamma^2\,dv}{4h^6(3f - 2g - c)} \left[g(3f - g - c) - 1 \right] \sin(3fv - 2gv - cv).$$

En l'ajoutant au précédent (b), en intégrant et observant que $g^2 - 1$ est à peu près $\frac{3}{2}m^2$, on aura, dans l'expression de la longitude vraie de la Lune, rapportée à l'écliptique, l'inégalité

$$\frac{9\Pi e\gamma^2}{8a^2(3f - 2g - c)} \left(\frac{5m^2}{3f - 2g - c} - 4 \right) \cos(3fv - 2gv - cv).$$

Enfin, la formule (T) du n° 46 du second Livre de la *Mécanique céleste* donne, dans l'expression de la longitude vraie, la fonction

$$\frac{2\,d(r\,\delta r) - dr\,\delta r}{r^2\,dv'},$$

ce qui produit le terme

$$\frac{- 3\Pi e\gamma^2}{8a^2(3f - 2g - c)} \cos(3fv - 2gv - cv),$$

qu'il faut ajouter au précédent.

[1] *OEuvres de Laplace*, Tome III, p. 271.

L'inégalité entière devient ainsi

$$\frac{3 H e \gamma^2}{8 a^3 (3f - 2g - c)} \left(\frac{15 m^2}{3f - 2g - c} - 13 \right) \cos(3fv - 2gv - cv).$$

En faisant

$$3f - 2g - c = \frac{m}{180}, \qquad m = \frac{3}{40},$$

cette inégalité devient à fort peu près, en substituant pour H sa valeur,

$$170550 \frac{K}{4} \frac{D^3}{a^3} e\gamma^2 \sin^2\lambda . \cos(3fv - 2gv - cv).$$

En supposant, comme dans le Livre VII de la *Mécanique céleste*,

$$\frac{D}{a} = 0,01655 1,$$

$$\gamma = 0,09008 1,$$

$$e = 0,05487 3,$$

et faisant l'obliquité λ de l'écliptique égale à $23°28'$, la valeur de cette inégalité en secondes sexagésimales est

$$1'',12 K \cos(3fv - 2gv - cv).$$

Pour déterminer K, nous observerons que, par le n° 1, la Terre peut être ici considérée comme un sphéroïde de révolution ; alors

$$\frac{K D^3}{r^3} \left(\mu'^3 - \frac{3}{5} \mu' \right)$$

est le terme, divisé par r^3, de la formule (3) du n° 14 du Livre III.

Le terme $\alpha l Y^{(3)}$ du rayon d'une couche du sphéroïde terrestre dont l est le rayon moyen est de la forme $\alpha l p \left(\mu'^3 - \frac{3}{5} \mu' \right)$, p étant fonction de l ; le terme, divisé par r^3, de la formule (3) citée devient ainsi

$$\frac{4 \alpha \pi}{7 r^3} \int p \, d(l^6 p) \left(\mu'^3 - \frac{3}{5} \mu' \right),$$

l'intégrale étant prise depuis l nul jusqu'à $l = D$; on a donc

$$K D^3 = \frac{4 \alpha \pi}{7} \int p \, d(l^6 p),$$

mais, la masse de la Terre ayant été prise pour unité, on a

$$1 = \frac{4}{3}\pi \int \rho \, dr^3 ;$$

on a donc

$$K = \frac{3\alpha}{7} \cdot \frac{\int \rho \, d(l^5 p)}{D^3 \int \rho \, dr^3}.$$

Dans le cas de la Terre homogène, cette équation donne

$$K = \frac{3}{7}\alpha p,$$

nous sommes certain que αp est une petite fraction au-dessous de $\frac{1}{300}$; l'inégalité précédente est donc au-dessous de

$$0'',0016 \cos(3fv - 2gv - cv).$$

On voit par là que cette inégalité est insensible dans toutes les suppositions que l'on peut raisonnablement admettre sur la constitution du sphéroïde terrestre. Ainsi, nous pouvons affirmer que la différence des deux hémisphères de ce sphéroïde ne peut produire aucune inégalité sensible dans le mouvement de la Lune (¹).

(¹) Consulter les *OEuvres de Laplace* (Tome V, Livro XVI, p. 424), où le calcul des inégalités lunaires à longues périodes dépendant de la figure non sphérique de la Terre est effectué avec plus de précision.

MÉMOIRE

SUR LA

DIMINUTION DE LA DURÉE DU JOUR

PAR LE REFROIDISSEMENT DE LA TERRE.

Connaissance des Temps pour l'année 1823; 1820.

Ce Mémoire est reproduit textuellement, ou avec des compléments, au Tome V, Livre XI, Chapitre I, pages 24-28, et Chapitre IV, pages 82-88 et 91-96.

MÉMOIRE

(ADDITION AU MÉMOIRE PRÉCÉDENT)

SUR LA

DIMINUTION DE LA DURÉE DU JOUR

PAR LE REFROIDISSEMENT DE LA TERRE.

Connaissance des Temps pour l'année 1823; 1820.

Ce Mémoire est reproduit intégralement au Tome V, Livre XI, Chapitre IV, pages 88-91.

DENSITÉ MOYENNE DE LA TERRE.

Connaissance des Temps pour l'année 1823; 1820.

Un des points les plus curieux de la Géologie est le rapport de la moyenne densité du sphéroïde terrestre à celle d'une substance connue. Newton, dans ses *Principes mathématiques de la Philosophie naturelle*, a donné le premier aperçu que l'on ait publié sur cela. Cet admirable Ouvrage contient les germes de toutes les grandes découvertes qui ont été faites depuis sur le Système du monde : l'histoire de leur développement par les successeurs de ce grand géomètre serait à la fois le plus utile commentaire de son Ouvrage et le meilleur guide pour arriver à de nouvelles découvertes. Voici le passage de cet Ouvrage, sur l'objet dont il s'agit, tel qu'il se trouve dans la première édition et dans les suivantes.

« J'établis ainsi que le Globe terrestre est plus dense que l'eau; s'il en était entièrement formé, tous les corps plus rares s'élèveraient et surnageraient à la surface à raison de leur moindre gravité spécifique. Ainsi, le globe de la Terre, étant supposé recouvert en entier par les eaux, s'il était plus rare qu'elles, se découvrirait quelque part, et les eaux des parties découvertes se rassembleraient dans la région opposée. La même chose doit avoir lieu pour notre Terre, en grande partie recouverte par l'Océan. Si elle était moins dense que lui, elle en sortirait par sa légèreté; les eaux se portant alors vers les régions opposées. Par la même raison, les taches solaires sont plus légères que la matière lumineuse sur laquelle elles surnagent; et dans la formation quelconque des planètes, les matières les plus denses se sont portées vers le centre, lorsque toute la masse était fluide. Ainsi, la couche supérieure de la Terre étant à peu près deux fois plus dense que l'eau, et les couches inférieures devenant, à mesure qu'elles sont plus profondes, trois, quatre et même cinq fois plus denses, il est vraisemblable que la masse entière de la Terre est cinq ou six fois plus grande que si elle était formée d'eau. »

Les théories de la figure des planètes et des oscillations des fluides qui les recouvrent, considérablement perfectionnées depuis Newton, ont confirmé cet aperçu. Elles établissent que, pour la stabilité de l'équilibre des mers, leur densité doit être moindre que la moyenne densité de la Terre : comme je l'ai fait voir dans le quatrième Livre de la *Mécanique céleste*. Malgré les irrégularités que présentent les degrés mesurés des méridiens, ils indiquent cependant un aplatissement moindre que celui qui convient à l'homogénéité de la Terre; et la théorie prouve que cet aplatissement exige dans les couches terrestres une densité croissante de la surface au centre. Pareillement, les expériences du pendule, plus précises et plus concordantes que les mesures des degrés, indiquent un accroissement de la pesanteur, de l'équateur aux pôles, plus grand que dans le cas de l'homogénéité. Un théorème remarquable, auquel je suis parvenu (Tome II des *Nouveaux Mémoires de l'Académie des Sciences*) (¹), rend ce résultat indépendant de la figure continue ou discontinue du sphéroïde terrestre, des irrégularités de sa surface, de la manière dont elle est recouverte en grande partie par la mer, et de la densité de ce fluide.

Si l'on imagine un fluide très rare qui, en s'élevant à une petite hauteur, enveloppe la Terre entière et ses montagnes, ce fluide prendra un état d'équilibre, et j'ai fait voir, dans le Tome cité (²), que les points de sa surface extérieure seront tous également élevés au-dessus de la mer. Les points intérieurs des continents, autant

----

(¹) *OEuvres de Laplace*, T. XII, p. 415.

(²) *Ibidem*.

abaissés que ceux de la surface de la mer, au-dessous de la surface supérieure du fluide supposé, forment, par leur continuité, ce que je nomme *niveau prolongé de la mer*. La hauteur d'un point des continents, au-dessus de ce niveau, sera déterminée par la différence de pression de ce fluide, à ce point et au niveau de la mer, différence que les observations du baromètre feront connaître, car notre atmosphère, supposée réduite partout à sa densité moyenne, devient le fluide que nous venons d'imaginer.

Cela posé, concevons que la Terre soit un sphéroïde quelconque homogène, et recouvert en partie par la mer; et prenons pour unité la longueur du pendule à secondes, à l'équateur et au niveau des mers. Si, à la longueur de ce pendule, observée à un point quelconque de la surface du sphéroïde, on ajoute la moitié de la hauteur de ce point au-dessus du niveau de l'Océan, divisée par le demi-axe terrestre, l'accroissement de cette longueur ainsi corrigée, de l'équateur aux pôles, sera égal au produit du carré du sinus de la latitude par cinq quarts du rapport de la force centrifuge à la pesanteur à l'équateur, ou par $\frac{13}{10000}$.

Les expériences multipliées du pendule, faites dans les deux hémisphères et réduites au niveau de la mer, s'accordent à donner au carré du sinus de la latitude un coefficient qui surpasse $\frac{13}{10000}$, et à fort peu près égal à $\frac{54}{10000}$; il est donc bien prouvé, par ces expériences, que la Terre n'est point homogène, et que les densités de ses couches croissent de la surface au centre.

J'ai fait voir, dans le Tome cité (¹), que les inégalités lunaires dues à l'aplatissement de la Terre et les phénomènes de la précession et de la nutation conduisent au même résultat, qui ne doit ainsi laisser aucun doute.

Mais tous ces phénomènes, en indiquant une densité moyenne de la Terre supérieure à celle de l'eau, ne donnent point le rapport de ces densités. Des expériences sur l'attraction des corps à la surface de la Terre peuvent seules déterminer ce rapport. Pour y parvenir, on

a d'abord essayé de mesurer l'attraction des hautes montagnes. Cet
objet a fixé particulièrement l'attention des académiciens français
envoyés au Pérou pour y mesurer un degré du méridien. Cette attraction peut se manifester, soit par le pendule, dont elle accélère la marche,
soit par la déviation qu'elle produit dans la direction du fil à plomb
des instruments astronomiques. Ces deux moyens ont été employés au
Pérou. Il résulte de la comparaison des expériences du pendule, faites
à Quito et au bord de la mer, que, par l'action des Cordillères, la pesanteur, à Quito, est plus grande qu'elle ne doit être, si l'on ne considère
que l'élévation de Quito, et que cela indique dans ces montagnes une
densité à peu près égale au cinquième de la moyenne densité de la
Terre. Les déviations du fil à plomb ont donné un résultat peu différent.
Mais l'ignorance où l'on est de la constitution intérieure de ces montagnes, la certitude que l'on a qu'elles sont volcaniques, jointe à l'incertitude des observations, ne permettent pas de prononcer sur la vraie
densité spécifique de la Terre. On a donc cherché une montagne assez
considérable, dont la constitution intérieure fût bien connue. Le mont
Shichallin, en Écosse, a paru réunir ces avantages. M. Maskelyne
observa la déviation du fil à plomb d'un instrument astronomique, de
deux côtés opposés de ce mont, et il trouva la somme égale à $11'',6$;
mais il fallait ensuite déterminer la somme des attractions de toutes
les parties de la montagne sur le fil, ce qui exigeait un calcul délicat,
long et pénible, et l'invention d'artifices particuliers propres à le simplifier et à le rendre très précis. Tout cela fut exécuté de la manière
la plus satisfaisante par M. Hutton, géomètre illustre, auquel les
Sciences mathématiques sont redevables d'ailleurs d'un grand nombre
de recherches importantes. Son travail sur l'objet dont il s'agit
a été couronné par la *Société royale de Londres,* qui avait déterminé
l'auteur à l'entreprendre. Il en résulte que la densité de la Terre est
à celle de la montagne dans le rapport de 9 à 5. Pour avoir le
rapport de la densité de la montagne à celle de l'eau, M. Pleyfair fit
un examen lithologique de cette montagne; il la trouva formée de
roches dont la densité spécifique ou relative à celle de l'eau varie

de 2,5 à 3,2, et il jugea que celle de la montagne est entre 2,7 et 2,8; ce qui donne à fort peu près 5 pour la moyenne densité spécifique de la Terre.

M. Michell, de la *Société royale de Londres,* imagina un appareil propre à mesurer l'attraction de très petits corps, tels que des sphères en plomb de $0^m,1$ ou $0^m,2$ de rayon; mais il ne vécut pas assez pour le mettre en expérience. Cet appareil fut transmis à M. Cavendish, qui le changea considérablement pour éviter toutes les causes d'erreurs dans la mesure d'aussi faibles attractions. La pièce fondamentale de l'appareil est la balance de torsion, que mon savant confrère Coulomb a inventée de son côté, qu'il a le premier publiée, et dont il a fait de si heureuses applications à la mesure des forces électriques et magnétiques. En examinant avec une scrupuleuse attention l'appareil de M. Cavendish et toutes ses expériences faites avec la précision et la sagacité qui caractérisent cet excellent physicien, je ne vois aucune objection à faire à son résultat, qui donne 5,48 pour la densité moyenne de la Terre. C'est le milieu de vingt-neuf expériences dont les extrêmes sont 4,88 et 5,79. Si l'on applique, à ce résultat, les formules de ma *Théorie analytique des probabilités,* on trouvera qu'il y a une très grande probabilité que l'erreur est extrêmement petite. Ainsi, on peut, d'après ces expériences, confirmées par les observations faites sur le mont Shichallin, regarder la moyenne densité spécifique de la Terre comme bien connue et à très peu près égale à 5,48, ce qui confirme l'aperçu de Newton.

Ces expériences et ces observations mettent en évidence l'attraction réciproque des plus petites molécules de la matière, en raison des masses divisées par le carré des distances. Newton l'avait conclue du principe de l'égalité de l'action à la réaction, et de ses expériences sur la pesanteur des corps, qu'il trouva, par les oscillations du pendule, proportionnelle à leur masse. Malgré cette preuve, Huygens, fait plus qu'aucun autre contemporain de Newton pour bien l'apprécier, rejeta cette attraction de la matière de molécule à molécule et l'admit seulement entre les corps célestes; mais, sous ce dernier rapport, il rendit aux découvertes de Newton la justice qui leur était due. Au reste, la gravitation universelle n'avait pas, pour les contemporains de Newton et pour Newton lui-même, toute la certitude que les progrès des Sciences mathématiques, qui lui sont dus principalement, et que les observations subséquentes lui ont donnée; et l'on peut justement appliquer à cette découverte, la plus grande qu'ait faite l'esprit humain, ces paroles de Cicéron : *Opinionum commenta delet dies, naturæ judicia confirmat.*

ÉCLAIRCISSEMENTS SUR LES MÉMOIRES PRÉCÉDENTS,

RELATIFS

AUX INÉGALITÉS LUNAIRES

DÉPENDANTES DE LA FIGURE DE LA TERRE,

ET AU

PERFECTIONNEMENT DE LA THÉORIE DES TABLES DE LA LUNE.

Connaissance des Temps pour l'année 1823; 1820.

Dans le premier de ces Mémoires (¹), j'ai fait

$$\Pi = \frac{-2\delta\bar{u}}{h^2(g^2 - f^2)},$$

et l'on a réellement, comme je l'ai dit,

$$\Pi = \frac{-2\delta\bar{u}}{h^2(g_1^2 - f^2)},$$

$g_1^2 - 1$ étant le coefficient de $\sin fv$ dans le développement de l'équation (L'') du n° 13 du Livre VII. J'ai supposé que $g^2 - g_1^2$ n'était que de l'ordre m^3; mais, en analysant cette différence, on trouve facilement, par le n° 13 cité, qu'elle est de l'ordre m^4 et égale à $\frac{37}{128}m^4$; ce

(¹) *OEuvres de Laplace*, T. XIII, p. 189.

qui donne, à très peu près,

$$\mathrm{H} = -\frac{2\,\delta\bar{u}\left(1 + \frac{9\,m^2}{64}\right)}{h^2(g^2 - f^2)},$$

en observant que $g^2 - f^2$ est à peu près $\frac{3}{2}\,m^2$.

J'observe ensuite que, dans le terme $-\frac{3}{2}\frac{s^2}{h^2}$ de l'équation différentielle en u, il faut substituer, pour s, les termes suivants :

$$\gamma\sin(gv - \theta) + \mathrm{H}\sin fv$$
$$+ \mathrm{B}_1^{(0)}\gamma\sin(2v - 2mv - gv + \theta) + \mathrm{B}_1^{\prime(0)}\mathrm{H}\sin(2v - 2mv - fv);$$

$\mathrm{B}_1^{\prime(0)}$ étant ce que $\mathrm{B}_1^{(0)}$ devient en y changeant g en f. Le terme dont il s'agit donne ainsi le suivant :

$$-\frac{3}{2h^2}\mathrm{H}\gamma(1 + \mathrm{B}_1^{(0)}\mathrm{B}_1^{\prime(0)})\cos(gv - fv - \theta).$$

On peut supposer ici $\mathrm{B}_1^{(0)}$ et $\mathrm{B}_1^{\prime(0)}$ égaux à $\frac{3}{8}\,m$; en substituant ensuite pour H sa valeur précédente, ce terme devient

$$\frac{3\,\delta\bar{u}\left(1 + 2\frac{9}{64}\,m^2\right)}{h^2(g^2 - f^2)}\gamma\cos(gv - fv - \theta).$$

La valeur de δu, que nous avons trouvée dans le Mémoire cité, est ainsi augmentée du terme

$$+\frac{27}{32}\frac{m^2\delta\bar{u}}{h^2(g^2 - f^2)}\gamma\cos(gv - fv - \theta).$$

On peut, dans ce terme, substituer $\frac{3}{2}\,m^2$, au lieu de $g^2 - f^2$, et alors il devient

$$+\frac{9}{16}\frac{\delta\bar{u}}{h^2}\gamma\cos(gv - fv - \theta).$$

Le terme $\frac{1}{h^2}\int\frac{\partial\mathrm{Q}}{\partial v}\frac{dv}{u^2}$ reçoit un accroissement par la substitution de la partie de Q relative à l'action du Soleil. En effet, cette action produit, par le n° 3 du Livre VII, dans $\dfrac{\partial Q}{\partial v}\dfrac{dv}{u^3}$, le terme

$$-\frac{3(1-m)m^2}{2a^2 u^3}\,dv\sin(2v-2mv).$$

Substituant, au lieu de u, sa valeur elliptique

$$\frac{1}{h^2(1+\gamma^2)}\left[\sqrt{1+s^2}+e\cos(cv-\varpi)\right],$$

le développement produit le terme

$$\frac{3h^3m^2s^2}{a^3}\sin(2v-2mv).$$

En substituant, dans ce dernier terme, au lieu de s, sa valeur précédente, on a, dans le développement, un terme égal à

$$+\frac{3m^2h^2}{2a^3}\gamma\,\mathrm{H}(\mathrm{B}_1^{(0)}-\mathrm{B}_1^{(0)})\sin(gv-fv-\theta).$$

On trouve, à fort peu près, par le n° 14, Livre VII (¹),

$$\mathrm{B}_1^{(0)}-\mathrm{B}_1^{(0)}=\frac{9}{64}m^2;$$

en substituant donc pour H sa valeur, et faisant $g^2-1=\dfrac{3}{2}m^2$, on trouve qu'il en résulte dans $\dfrac{1}{h^2}\displaystyle\int\dfrac{\partial Q}{\partial v}\dfrac{dv}{u^3}$ le terme

$$+\frac{3}{8}\frac{6\bar u^2 h^4}{a^4}\gamma\cos(gv-fv-\theta);$$

la valeur de δu se trouve ainsi augmentée du terme

$$-\frac{3}{4}\frac{6\bar u^2 h^4}{a^3}\gamma\cos(gv-fv-\theta).$$

En supposant, comme on le peut, dans ces divers accroissements, $\bar u=\dfrac{1}{a}$ et $h^2=a$, on aura, pour l'accroissement total de δu,

$$-\frac{3}{16}\frac{6}{a^3}\gamma\cos(gv-fv-\theta)$$

(¹) *OEuvres de Laplace*, T. III, p. 239.

et, pour l'accroissement de $\frac{1}{h^2}\int\frac{\partial Q}{\partial v}\frac{dv}{u^2}$,

$$+\frac{3}{8}\frac{\delta}{a^2}\gamma\cos(gv-fv-\vartheta).$$

La valeur de $\delta\frac{dt}{dv}$ est

$$-\frac{1}{hu^2}\left[\frac{2\delta u}{u}+\frac{1}{h^2}\delta\int\frac{\partial Q}{\partial v}\frac{dv}{u^3}\right].$$

En substituant, pour δu et $\frac{1}{h^2}\delta\int\frac{\partial Q}{\partial v}\frac{dv}{u^2}$, leurs accroissements précédents, et mettant $\frac{1}{a}$ au lieu de $\bar{u}$, on aura un résultat nul; ainsi, les termes que nous venons de considérer se détruisent et ne changent point le coefficient de l'inégalité lunaire.

On voit, par ce qui précède, qu'il faut multiplier par $1+\frac{9}{64}m^2$ le coefficient de l'inégalité lunaire en latitude de la page 6 de mon Mémoire, en rectifiant ensuite ce que j'ai dit à la page 7 relativement aux termes multipliés par s^2, dont l'influence, sur la différence $g^2-g_1^2$, n'est pas nulle et l'augmente du terme $\frac{3}{2}(g^2-1)\gamma^2$; enfin, ayant égard au terme $-\,6\bar{u}\gamma^2\sin fv$ que produit la fonction $\left(\frac{d^2s}{dv^2}+s\right)\frac{2}{h^2}\int\frac{\partial Q}{\partial v}\frac{dv}{u^2}$ de la troisième des équations (L) du n° 1 du Livre VII, l'inégalité lunaire en latitude devient

$$-2\left(x\rho-\frac{1}{2}x\varphi\right)\frac{D^2}{a^2}\frac{\sin\lambda\cos\lambda}{g^2-f^2}\left(1+2e^2+\frac{41}{64}m^2\right)\sin fv.$$

Si les termes dont j'ai parlé ci-dessus ne se détruisaient pas mutuellement, la différence qu'ils auraient produite entre le résultat de mon Mémoire et celui de la *Mécanique céleste* m'aurait averti de leur existence. J'en ai été instruit par les observations que MM. Plana et Carlini ont publiées sur mon Mémoire relatif au perfectionnement de la théorie et des Tables lunaires, dont je leur avais envoyé un exemplaire, ainsi que de mes deux Mémoires sur les inégalités lunaires dépendant de la figure de la Terre. Dans leur pièce couronnée par l'Académie des Sciences, et dans un Supplément qu'ils ont envoyé trois mois après leur pièce, ils avaient trouvé un coefficient de l'inégalité lunaire en longitude plus petit de $\frac{1}{6}$ que celui de la *Mécanique céleste*. Mais, en analysant avec beaucoup de soin tous les termes qui doivent entrer dans sa valeur, ils viennent de retrouver celle à laquelle j'étais parvenu dans l'Ouvrage cité, par une méthode qui ne doit laisser aucun doute, qui a l'avantage de dispenser des attentions minutieuses et délicates que la méthode précédente exige et que j'ai confirmée, par une nouvelle analyse, dans le Supplément au troisième Volume de la *Mécanique céleste*. Ils trouvent qu'en ayant égard aux carrés des excentricités et des inclinaisons des orbites, les termes qui en résultent se détruisent. Comme cette destruction est un corollaire du n° 5 de ma *Théorie de la Lune* (¹), je me suis dispensé d'avoir égard à ces termes : ce que j'ai dit, dans la page 7 de mon Mémoire, n'est pas, comme le pensent MM. Plana et Carlini, relatif à ces termes, mais aux termes de l'ordre de ces carrés, que la considération du carré des forces perturbatrices introduit, et qui peuvent alors, dans l'expression de la longitude, acquérir pour diviseur le carré du coefficient qui multiplie v dans les angles des arguments, ce qui ne peut arriver aux termes dépendant de la première puissance de ces forces, lorsque les angles ne dépendent que des moyens mouvements de la Lune, de son périgée et de ses nœuds. C'est ce qui rend si petite l'inégalité lunaire, dont l'argument est $2gv - 2cv$, et ce qui me l'avait fait négliger. MM. Plana et Carlini, qui ont rapporté fort au long les tentatives infructueuses d'Euler, de d'Alembert et de Mayer pour la déterminer, n'approuvent point mes raisons; mais, qu'ils veuillent bien y réfléchir de nouveau, et ils en sentiront la justesse confirmée *a posteriori* par leur calcul. On est redevable à M. de Lagrange du théorème énoncé dans le numéro cité (²) et qui, comme on voit, peut épargner de longs calculs.

Ayant examiné attentivement les raisons que MM. Plana et Carlini

(¹) *OEuvres de Laplace*, T. III, p. 201.
(²) *Ibidem*, T. III, p. 203.

allèguent en faveur de la méthode qu'ils ont suivie dans leur *Théorie de la Lune*, je persiste à croire que celle de la *Mécanique céleste* est plus propre à donner des approximations convergentes, parce qu'il y a de l'avantage à ne pas réduire en séries les diviseurs que l'analyse donne, surtout lorsqu'ils sont fort petits. Mais je rends avec plaisir à ces analystes très habiles la justice de dire qu'ils compensent la perte de cet avantage par une attention spéciale à prolonger leurs séries autant qu'il est nécessaire. J'observerai cependant que le diviseur, introduit par l'inégalité dont l'argument est la distance du périgée de la Lune à celui du Soleil, donne une série divergente en le réduisant dans une série ordonnée suivant les puissances des rapports du mouvement moyen du Soleil à celui de la Lune; mais l'inégalité dont il s'agit est si petite, par le n° 5 de ma *Théorie lunaire*, que cela n'a aucune importance dans cette Théorie.

Dans le Mémoire auquel ils répondent (¹), j'ai nié l'existence de leur équation séculaire proportionnelle au cube du temps, et qu'ils attribuent au déplacement séculaire de l'écliptique. Je vois que, sans approuver mes raisons, ils commencent à élever sur cette équation des doutes qu'ils se proposent d'éclaircir par le calcul. Je crois pouvoir affirmer que ce calcul confirmera mon assertion et les raisons *a priori* sur lesquelles je la fonde : elles sont développées dans le Mémoire où j'assignai la véritable cause de l'équation séculaire de la Lune, et qui est inséré dans le Volume de l'Académie des Sciences pour l'année 1786 (²). J'ai dit encore, dans mon Mémoire, que la différence, entre leur valeur de l'équation séculaire du moyen mouvement de la Lune et celle de la première pièce, venait principalement de ce qu'ils n'y faisaient point entrer les termes dépendant du carré de l'excentricité de l'orbe lunaire, parce qu'ils les jugeaient fort petits. En développant leur analyse et réduisant en nombres les termes dont il s'agit, ils obtiennent un résultat fort approchant de celui de la première pièce : les résultats des deux pièces, sur l'équation séculaire du

(¹) *OEuvres de Laplace*, T. XIII, p. 198.
(²) *Idem*, T. XI, p. 243.

nœud, sont pareillement très peu différents. Je désirerais beaucoup
le même rapprochement à l'égard de l'équation séculaire du périgée.
J'invite les auteurs de ces pièces à revoir, avec un soin particulier,
leurs calculs sur cet important objet.

Désirant de voir l'empirisme banni des Tables de la Lune, et de faire
discuter par d'autres géomètres plusieurs points délicats de la théorie
lunaire dont j'avais donné l'analyse, j'obtins de l'Académie qu'elle
proposerait pour le sujet du prix de Mathématiques de l'année 1820 la
formation, par la seule théorie, de Tables lunaires aussi parfaites que
celles qui ont été construites par le concours de la théorie et des observations. Tous ceux qui s'intéressent au progrès des Sciences verront
sans doute avec satisfaction cet objet rempli par les auteurs des deux
pièces couronnées. L'auteur de la première pièce y a joint des Tables
lunaires fondées uniquement sur sa théorie, il les a comparées à
120 observations qu'elles représentent aussi bien que nos meilleures
Tables. Il a donc, le premier, satisfait littéralement au programme de
l'Académie, conçu en ces termes :

*Former par la seule théorie de la pesanteur universelle, et en
n'empruntant des observations que les éléments arbitraires, des Tables
du mouvement de la Lune aussi précises que nos meilleures Tables
actuelles.*

Les auteurs de la seconde pièce n'y ont point joint de Tables; mais
ils ont exposé leur méthode et leurs formules avec beaucoup d'étendue :
ils ont donné les expressions analytiques et numériques du rayon
vecteur, de la longitude moyenne et de la latitude, en fonctions du
mouvement vrai; enfin, ils ont comparé leurs coefficients des inégalités lunaires en longitude à celles de nos meilleures Tables réduites
à la même forme, et ils n'ont trouvé que de légères différences. La
Commission de cinq membres, nommée par l'Académie pour juger les
pièces du concours, et dont je faisais partie, pensa unanimement que
le mérite de l'analyse, l'immensité des calculs et leur accord avec nos
Tables et avec les résultats de la première pièce rendaient la seconde

pièce également digne d'un prix. L'Académie, par une circonstance particulière, avait les fonds nécessaires pour décerner un prix à chacune des deux pièces : elle adopta la proposition que nous lui en fîmes. Notre jugement ayant été proclamé dans sa dernière séance publique et inséré dans les journaux, j'ai cru qu'il était convenable d'en publier les motifs.

SUR LES VARIATIONS

DES

ÉLÉMENTS DU MOUVEMENT ELLIPTIQUE

ET SUR

LES INÉGALITÉS LUNAIRES A LONGUES PÉRIODES.

Connaissance des Temps pour l'an 1824; 1821.

Les inégalités lunaires à longues périodes ne peuvent être obtenues qu'avec difficulté par la méthode générale exposée dans le septième Livre de la *Mécanique céleste*, méthode si propre, d'ailleurs, à donner par des approximations convergentes les autres inégalités lunaires. Mais dans le second Chapitre du même Livre, et dans le Supplément au troisième Volume de l'Ouvrage (¹), j'ai donné deux méthodes fort simples pour déterminer les inégalités à longues périodes, et je les ai appliquées aux inégalités de la Lune, dépendant de l'ellipticité de la Terre. C'est par la première de ces méthodes que j'ai découvert ces inégalités. Les termes des expressions de ce genre d'inégalités ont pour diviseurs le très petit coefficient du temps dans leurs arguments, ce qui les rend sensibles. La méthode générale conduit, par des intégrations doubles, à des termes qui ont pour diviseur le carré de ce coef-

---

(¹) *Œuvres de Laplace*, T. III. C'est dans ce Mémoire que Laplace a développé, pour la première fois, les idées fondamentales des Livres XV et XVI de la *Mécanique céleste*; plusieurs parties de ce Mémoire ont été reproduites par Laplace, presque sans changement, dans sa *Mécanique céleste*; on les retrouvera au Tome V, pages 367-373, et pages 424 et suiv.

ficient et que l'on sait, d'ailleurs, devoir se détruire dans le résultat final; en sorte que ce résultat étant la différence de quantités fort grandes, il faut déterminer avec un soin particulier toutes les quantités d'un ordre inférieur qui entrent dans cette différence, ce qui exige des considérations délicates et minutieuses. La recherche, par cette méthode, des inégalités lunaires dues à l'ellipticité de la Terre, recherche que j'ai publiée dans le Volume précédent de la *Connaissance des Temps*, en offre un exemple. Les deux méthodes spéciales dont je viens de parler ne considèrent point ces grandes quantités; elles ne donnent que des termes qui ont pour diviseurs la première puissance du coefficient du temps dans les arguments, et qui subsistent dans le résultat final. Je vais déterminer par ces méthodes les inégalités lunaires à longues périodes; mais, auparavant, je présenterai quelques considérations nouvelles sur les formules de la variation des éléments du mouvement elliptique, exposées dans le Supplément cité dont je conserverai les dénominations.

I.

De la variation des éléments du mouvement elliptique.

Les équations (5) et (6) de la page 6 de ce Supplément supposent que l'on néglige les carrés et les produits de p et de q; ce qui revient à les considérer comme infiniment petits. Mais il est facile d'étendre ces équations au cas où ces quantités sont finies. En effet, imaginons sur la surface d'une sphère deux arcs AC et BC, se coupant en C, dont le premier représente un plan fixe infiniment peu incliné au plan de l'orbite, représenté par le second arc BC. Représentons encore, par l'arc BAM, un autre plan fixe formant avec AC un angle fini A. Nommons γ' l'inclinaison de l'orbite BC sur BM ou le supplément de l'angle CBM. AC étant ce que j'ai nommé θ dans le Supplément, et l'angle ACB étant ce que j'ai nommé γ, on aura, en désignant par π le rapport de la circonférence au diamètre,

$$A + \pi - \gamma' + \gamma = \pi + \text{surface ACB}.$$

La surface sphérique ACB est, aux infiniment petits près du second ordre, égale à $\gamma(1 - \cos\theta)$, et par conséquent égale à $\gamma - q$, q désignant dans le Supplément $\gamma\cos\theta$; on a donc

$$A + \pi - \gamma' + \gamma = \pi + \gamma - q;$$

ce qui donne

$$q = \gamma' - A, \qquad dq = d\gamma'.$$

On a ensuite, en faisant $AB = f$,

$$\sin\gamma\sin\theta = \sin f \sin\gamma';$$

ce qui donne, en observant que γ et f sont infiniment petits, et que $\gamma\sin\theta$ est ce que nous avons désigné par p dans le Supplément cité.

$$dp = df\sin\gamma'.$$

Nommons présentement θ' la distance du nœud B de l'orbite au point fixe M, et faisons

$$p' = \sin\gamma'\sin\theta', \qquad q' = \sin\gamma'\cos\theta';$$

on aura, en observant que $df = d\theta'$,

$$dp' = d\gamma'\cos\gamma'\sin\theta' + df\sin\gamma'\cos\theta',$$
$$dq' = d\gamma'\cos\gamma'\cos\theta' - df\sin\gamma'\sin\theta'.$$

L'expression précédente de dp donne

$$df = \frac{dp}{\sin\gamma'};$$

on a ensuite, par ce qui précède, $d\gamma' = dq$; on aura donc

$$dp' = dq\cos\gamma'\sin\theta' + dp\cos\theta',$$
$$dq' = dq\cos\gamma'\cos\theta' - dp\sin\theta'.$$

Si l'on substitue, au lieu de dp et de dq, leurs valeurs données par les équations (5) et (6) de la page 6 du Supplément, on aura

$$dp' = \frac{an\,dt}{\sqrt{1 - e^2}}\left(\cos\gamma'\sin\theta'\frac{\partial R}{\partial p} - \cos\theta'\frac{\partial R}{\partial q}\right).$$

On a évidemment, en considérant successivement R comme fonction de p' et de q', et comme fonction de p et de q,

$$\frac{\partial R}{\partial p'}dp' + \frac{\partial R}{\partial q'}dq' = \frac{\partial R}{\partial p}dp + \frac{\partial R}{\partial q}dq.$$

En substituant pour dp' et dq' leurs valeurs précédentes en dp et dq, et comparant séparément les coefficients de dp et de dq, on aura

$$\frac{\partial R}{\partial p'}\cos\theta' - \frac{\partial R}{\partial q'}\sin\theta' = \frac{\partial R}{\partial p},$$

$$\frac{\partial R}{\partial p'}\cos\gamma'\sin\theta' + \frac{\partial R}{\partial q'}\cos\gamma'\cos\theta' = \frac{\partial R}{\partial q}.$$

Ces valeurs de $\frac{\partial R}{\partial p}$ et de $\frac{\partial R}{\partial q}$, substituées dans l'expression de dp', donnent

$$dp' = -\frac{an\,dt}{\sqrt{1-e^2}}\cos\gamma'\frac{\partial R}{\partial q'}.$$

On trouvera de la même manière

$$dq' = \frac{an\,dt}{\sqrt{1-e^2}}\cos\gamma'\frac{\partial R}{\partial p'}.$$

Ces équations sont rigoureuses et peuvent être substituées aux équations (5) et (6) du Supplément.

On peut en conclure de cette manière les valeurs de $d\gamma'$ et de $d\theta'$. Pour cela, on observera que

$$\sin^2\gamma' = p'^2 + q'^2, \qquad \tang\theta' = \frac{p'}{q'},$$

ce qui donne

$$d\gamma'\sin\gamma'\cos\gamma' = p'dp' + q'dq', \qquad d\theta'\sin^2\gamma' = q'dp' - p'dq'.$$

Substituant au lieu de dp' et de dq' leurs valeurs précédentes, on aura

$$d\gamma'\sin\gamma' = -\frac{an\,dt}{\sqrt{1-e^2}}\left(p'\frac{\partial R}{\partial q'} - q'\frac{\partial R}{\partial p'}\right).$$

On a

$$\frac{\partial R}{\partial p'}dp' + \frac{\partial R}{\partial q'}dq' = \frac{\partial R}{\partial\theta'}d\theta' + \frac{\partial R}{\partial\gamma'}d\gamma'.$$

En substituant pour $d\theta'$ et $d\gamma'$ leurs valeurs précédentes, et en comparant séparément les coefficients de dp' et de dq', on aura

$$\frac{\partial R}{\partial p'} = \frac{\partial R}{\partial\theta'}\frac{\cos\theta'}{\sin\gamma'} + \frac{\partial R}{\partial\gamma'}\frac{\sin\theta'}{\cos\gamma'},$$

$$\frac{\partial R}{\partial q'} = -\frac{\partial R}{\partial\theta'}\frac{\sin\theta'}{\sin\gamma'} + \frac{\partial R}{\partial\gamma'}\frac{\cos\theta'}{\cos\gamma'};$$

d'où l'on tire

$$p' \frac{\partial R}{\partial q'} - q' \frac{\partial R}{\partial p'} = - \frac{\partial R}{\partial \vartheta'};$$

on a donc

$$d\gamma' = \frac{an\,dt}{\sqrt{1 - e^2}\sin\gamma'}\,\frac{\partial R}{\partial \vartheta'}.$$

On trouvera de la même manière

$$d\vartheta' = - \frac{an\,dt}{\sqrt{1 - e^2}\sin\gamma'}\,\frac{\partial R}{\partial \gamma'}.$$

De là il suit que l'on a

$$0 = \frac{\partial R}{\partial \gamma'}\,d\gamma' + \frac{\partial R}{\partial \vartheta'}\,d\vartheta';$$

ainsi la fonction R est constante, eu égard aux variations de γ' et de ϑ'.

Si l'on réunit ces équations aux équations (1), (2), (3), (4) de la page 6 du Supplément cité, et si l'on désigne par γ et ϑ ce que nous venons de désigner par γ' et ϑ', on aura les six équations suivantes :

$$(1) \qquad da = - 2a^2\,dR,$$

$$(2) \qquad d\varepsilon = - \frac{an\,dt\sqrt{1-e^2}}{e}\left(1 - \sqrt{1-e^2}\right)\frac{\partial R}{\partial e} + 2a^2 n\,dt\,\frac{\partial R}{\partial a},$$

$$(3) \qquad de = \frac{a\sqrt{1-e^2}}{e}\left(1 - \sqrt{1-e^2}\right)dR - \frac{an\,dt\sqrt{1-e^2}}{e}\,\frac{\partial R}{\partial \varpi}.$$

$$(4) \qquad d\varpi = - \frac{an\,dt\sqrt{1-e^2}}{e}\,\frac{\partial R}{\partial e},$$

$$(5) \qquad d\gamma = \frac{an\,dt}{\sqrt{1-e^2}\sin\gamma}\,\frac{\partial R}{\partial \vartheta},$$

$$(6) \qquad d\vartheta = - \frac{an\,dt}{\sqrt{1-e^2}\sin\gamma}\,\frac{\partial R}{\partial \gamma}.$$

Dans la théorie des variations séculaires, il est plus simple d'employer, au lieu des quantités e, ϖ, γ, ϑ, les suivantes, h, l, p, q, en faisant

$$h = e\sin\varpi, \qquad l = e\cos\varpi,$$
$$p = \gamma\sin\vartheta, \qquad q = \gamma\cos\vartheta.$$

Si l'on néglige les carrés et les produits de e et de γ, eu égard à l'unité; si l'on substitue pour n, $\frac{1}{a^{\frac{3}{2}}}$, et si l'on observe qu'en n'ayant égard qu'aux variations séculaires on doit supposer $d\mathrm{R}$ nul, les équations (3), (4), (5) et (6) donneront les suivantes :

$$m\frac{dh}{dt}\sqrt{a} = -\,m\frac{\partial \mathrm{R}}{\partial l},$$

$$m\frac{dl}{dt}\sqrt{a} = \quad m\frac{\partial \mathrm{R}}{\partial h};$$

$$m\frac{dp}{dt}\sqrt{a} = -\,m\frac{\partial \mathrm{R}}{\partial q};$$

$$m\frac{dq}{dt}\sqrt{a} = \quad m\frac{\partial \mathrm{R}}{\partial p},$$

où l'on ne doit considérer dans une première approximation que la partie constante de $m\mathrm{R}$ et dépendant de h, l, p et q. Cela posé, si l'on développe l'expression de R du n° 46 du second Livre, et si l'on désigne par F la fonction

$$\Sigma\left\{\frac{3\,mm'\,aa'(a,a')^{1}}{8(a'^{2}-a^{2})^{2}}\left[(h^{2}+l^{2}+h'^{2}+l'^{2})-(p'-p)^{2}-(q'-q)^{2}\right]\right.$$
$$\left.-\,3\,mm'\left[\frac{(a^{2}+a'^{2})(a,a')+aa'(a,a')^{1}}{2(a'^{2}-a^{2})^{2}}\right](hh'+ll')\right\},$$

(a,a') étant la partie indépendante de θ, dans le développement de $(a^{2}-2aa'\cos\theta+a'^{2})^{\frac{1}{2}}$, suivant les cosinus de θ et de ses multiples; $(a,a')^{1}$ étant le coefficient de $\cos\theta$ dans ce développement et $\Sigma mm'$ désignant la somme de tous les produits des quantités m, m', m'', ..., multipliées deux à deux, on aura les équations suivantes :

$$m\,\frac{dh}{dt}\sqrt{a} = -\frac{\partial \mathrm{F}}{\partial l},$$

$$m\,\frac{dl}{dt}\sqrt{a} = \quad \frac{\partial \mathrm{F}}{\partial h},$$

$$m\,\frac{dp}{dt}\sqrt{a} = -\frac{\partial \mathrm{F}}{\partial q},$$

$$m\,\frac{dq}{dt}\sqrt{a} = \quad \frac{\partial \mathrm{F}}{\partial p},$$

$$m'\frac{dh'}{dt}\sqrt{a'} = -\frac{\partial \mathrm{F}}{\partial l'}, \qquad \cdots$$

Ces équations sont les équations (A) et (C) des n°s 55 et 59 du second Livre de la *Mécanique céleste.* Lagrange a donné le premier les équations (C), relatives aux nœuds et aux inclinaisons des orbites, dans les *Mémoires de l'Académie des Sciences* de 1774. J'ai donné les équations (A) dans les *Mémoires* de la même Académie de 1772. Toutes ces équations sont linéaires et facilement intégrables par les méthodes connues; leur forme symétrique et fort simple m'a permis de faire voir (*Mémoires de l'Académie des Sciences* de 1784) que leurs intégrales ne renferment, par rapport au temps, ni arcs de cercle, ni exponentielles, et qu'ainsi les valeurs de h, l, p, q, h', ... sont des fonctions périodiques de sinus et de cosinus d'angles croissant avec une extrême lenteur, en sorte que les orbites planétaires ont toujours été et seront toujours presque circulaires et peu inclinées entre elles, résultat très important en ce qu'il assure la stabilité du système solaire. Il est facile de voir que les équations précédentes donnent

$$m\sqrt{a}(h\,dh + l\,dl) + m'\sqrt{a'}(h'\,dh' + l'\,dl') + \ldots = 0,$$
$$m\sqrt{a}(p\,dp + q\,dq) + m'\sqrt{a'}(p'\,dp' + q'\,dq') + \ldots = 0.$$

En les intégrant, on aura

$$e^2\,m\sqrt{a} + e'^2\,m'\sqrt{a'} + \ldots = C,$$
$$\gamma^2\,m\sqrt{a} + \gamma'^2\,m'\sqrt{a'} + \ldots = C'.$$

C et C' étant des constantes très petites, il en résulte que e, e', ... γ, γ', ... seront toujours de très petites quantités. Lagrange, dans la seconde édition de sa *Mécanique analytique,* observe que, si m' est très petit par rapport à m, comme Mars relativement à Jupiter, dont il n'est pas la centième partie, alors le terme $e'^2 m'\sqrt{a'}$ sera toujours du même ordre que $e^2 m\sqrt{a}$, quoique e' croisse considérablement et devienne même égal à l'unité. Il en conclut que l'on ne peut être alors assuré que e'^2 conservera toujours une très petite valeur qu'en résolvant l'équation algébrique qui détermine les coefficients du temps dans les sinus et cosinus des expressions de h, l, h', l', ..., et en s'assurant ainsi que les racines de cette équation sont toutes réelles. Mais, si ce grand géomètre eût considéré ce que j'ai dit dans les *Mémoires* cités de l'Académie de 1784 et dans le second Livre de la *Mécanique céleste*, il aurait vu que, sans recourir à cette résolution, je démontre que ces racines ne doivent point renfermer d'imaginaires. En effet, h aurait alors une exponentielle de la forme $c^{ft}P$. Soient $c^{ft}Q$, $c^{ft}P'$, $c^{ft}Q'$, ..., les exponentielles correspondantes de l, h', l', ...; l'équation précédente en c^2, c'^2, ... donnera

$$c^{2ft}\left[(P^2 + Q^2)m\sqrt{a} + (P'^2 + Q'^2)m'\sqrt{a'} + \ldots\right] + \ldots = C.$$

En supposant c^{ft}, la plus grande des exponentielles des valeurs de h, l, h', ..., on voit que le premier terme du premier membre de cette équation ne peut être détruit par les suivants, d'où il suit que P, Q, P', ..., sont nuls, et qu'ainsi toutes les racines de l'équation dont nous venons de parler sont réelles. C'est ainsi que dans les *Mémoires de l'Académie* de 1784 et dans la *Mécanique céleste*, j'ai conclu des équations précédentes entre c^2, c'^2, ..., γ^2, γ'^2, ..., auxquelles je suis parvenu le premier, la stabilité du système solaire et des systèmes de satellites. J'ai observé de plus, dans le Livre VI de la *Mécanique céleste*, que la grande inégalité de Jupiter et de Saturne n'altère point cette stabilité, quoiqu'elle produise des quantités très sensibles dans les expressions des variations séculaires des éléments.

Euler, Clairaut et d'Alembert appliquèrent, les premiers, l'analyse aux perturbations des mouvements célestes, que Newton n'avait considérées que d'une manière synthétique et imparfaite. Mais, ce qui est très remarquable, ils trouvèrent, tous les trois, des résultats de la théorie contraires aux observations. Euler, dans sa pièce sur Jupiter et Saturne, qui remporta le prix de l'Académie des Sciences de 1748 et qui parvint au secrétariat de l'Académie le 27 juillet 1747, donna les équations différentielles du mouvement de trois corps qui s'attirent suivant la loi newtonienne. En les appliquant au mouvement de Saturne troublé par l'action de Jupiter et cherchant à les intégrer, il rencontra une grande difficulté dans le radical qui exprime la distance rectiligne des deux planètes. Il parvint, par une savante analyse, à le développer dans une série de cosinus d'angles multiples de leur élongation mutuelle, série que les intégrations rendent fort convergente, ce qui est d'une grande importance dans la théorie des perturbations. Les résultats de son analyse, réduits en nombres, lui donnèrent, dans le mouvement de Saturne, une inégalité considérable dépendant de l'excentricité de l'orbite de cette planète, mais affectée d'un signe contraire à celui que les observations indiquaient. Ayant refait son calcul, il n'y trouva point d'erreurs, et il en conclut que l'attraction newtonienne ne suffisait point pour représenter les observations. Dans les recherches que je communiquai à l'Académie, le 10 mai 1786, et qui ont paru dans le Volume de ses *Mémoires* de la même année, j'ai repris, avec tout le soin nécessaire, la théorie générale de ces deux planètes; non seulement j'ai rectifié l'erreur d'Euler, mais j'ai trouvé, dans les termes dépendant des carrés et des cubes des excentricités, les plus grandes inégalités qui affectent leurs mouvements, et spécialement la grande inégalité dont la période est d'environ neuf siècles, et qui explique les anomalies singulières que les observations présentaient dans ces mouvements. Au moyen de mes formules, M. Delambre, et tout récemment M. Bouvard, ont construit des Tables de Jupiter et de Saturne qui satisfont à toutes les observations anciennes et modernes, avec la précision des observations elles-mêmes.

Dans l'année 1747, mais après la réception de la pièce d'Euler, Clairaut et d'Alembert communiquèrent à l'Académie leurs solutions du problème des trois corps qu'ils appliquèrent d'abord au mouvement de la Lune. La différence de leurs méthodes, soit entre elles, soit avec la méthode d'Euler, ne permet pas de douter que ces trois grands géomètres aient résolu à la fois ce problème. Clairaut et d'Alembert tirèrent aisément de leur analyse la variation que Newton avait déterminée par la synthèse d'une manière ingénieuse, mais pénible; l'évection beaucoup plus grande que la variation, et que Newton n'avait pas même essayé de rattacher à son principe, découle de leurs solutions, ainsi que les autres inégalités lunaires, ce qui montre la grande supériorité de l'analyse sur la synthèse. Mais ils s'accordèrent tous les deux à trouver, par une première approximation, le mouvement du périgée de l'orbe lunaire plus petit de moitié que suivant les observations, ce qu'il était facile de conclure du second corollaire de la proposition 45 du premier Livre des *Principes* de Newton. Clairaut pensa qu'il fallait ajouter à la loi newtonienne un nouveau terme qui, diminuant dans une plus grande raison que le carré de la distance, est sensible pour la Lune et devient insensible pour les planètes. Cette idée fut vivement combattue par Buffon qui chercha, par des raisons métaphysiques, à établir que la loi de la gravitation universelle ne pouvait être exprimée que par un seul terme. Clairaut, en cherchant à déterminer ce qu'il jugeait devoir y ajouter, reconnut que la seconde approximation donne, à fort peu près, la seconde moitié du mouvement du périgée, ce qui a été confirmé depuis par les recherches des géomètres qui sont enfin parvenus à ramener toutes les inégalités lunaires au seul principe général de la pesanteur et à former, d'après ce principe seul, des Tables lunaires aussi exactes que celles que l'on a déduites des observations combinées avec la théorie.

Les arcs de cercle, que la suite des intégrations introduit, ont embarrassé les géomètres qui ont appliqué l'analyse aux perturbations des mouvements célestes, et les moyens qu'ils ont imaginés pour les faire disparaître sont une des parties les plus intéressantes de l'Astronomie théorique. L'un de ces moyens consiste à considérer l'orbite comme une ellipse variable, dont le périgée et les nœuds ont des mouvements uniformes. En substituant les coordonnées de cette ellipse dans les équations différentielles du mouvement troublé, on détermine ces mouvements de manière que les termes qui peuvent introduire des arcs de cercle se détruisent. Clairaut a, le premier, employé, dans la théorie de la Lune, ce moyen qui devient insuffisant dans la théorie des planètes. Euler, dans sa seconde pièce sur Jupiter et Saturne, qui remporta le prix de l'Académie des Sciences de 1752, imagina de considérer l'équation du centre comme formée de deux autres. Il supposa donc la partie variable du rayon vecteur de l'astre troublé exprimée par deux termes, dont l'un se rapporte à un périgée mobile et l'autre à

un second périgée mobile. Il supposa pareillement la partie variable
du rayon vecteur de l'astre perturbateur exprimée par deux termes
semblables rapportés aux deux périgées précédents. En faisant ensuite
les substitutions de ces rayons et des mouvements qui en résultent,
dans les équations différentielles des mouvements troublés, il détermina les mouvements des périgées de manière à faire disparaître les
termes qui pouvaient introduire des arcs de cercle, ce qui le conduisit
à une équation du second degré, dont les racines sont les coefficients
du temps dans l'expression de ces mouvements. Un calcul inexact lui
donna des racines imaginaires, et l'on vient de voir qu'elles sont toutes
réelles, quel que soit le nombre des planètes. Ce grand géomètre ne
s'est plus occupé de cette méthode, dont il ne paraît pas avoir senti
l'avantage et qui conduit d'une manière beaucoup plus simple à la
théorie générale des variations séculaires que l'analyse profonde employée par Lagrange dans sa théorie des satellites de Jupiter. La considération d'une double équation du centre conduisit Euler à une inégalité dans les mouvements de Jupiter et de Saturne, dont l'argument
est la distance angulaire des deux périgées, et qui, acquérant par l'intégration, pour diviseur, le coefficient du temps dans cet argument,
devient très considérable. En la développant en série, par rapport aux
puissances du temps, le premier et le second terme de cette série se
confondent l'un avec l'époque de la longitude et l'autre avec le moyen
mouvement. Le troisième terme donne une inégalité dans ce mouvement, proportionnelle au carré du temps, la même pour Jupiter et pour
Saturne et additive à leur longitude moyenne, ce qui est contraire aux
observations. Lagrange obtint ensuite, dans le Tome IV des *Mémoires
de Turin*, des résultats qui leur sont plus conformes. Frappé de ces différences, j'examinai de nouveau cet objet, et en apportant le plus grand
soin à sa discussion je parvins à la véritable expression analytique
du mouvement séculaire des planètes. En la développant, je reconnus
qu'elle était identiquement nulle; d'où je conclus que les moyens mouvements des planètes et leurs distances moyennes au Soleil sont invariables, du moins quand on néglige les quatrièmes puissances des

excentricités et des inclinaisons des orbites et les carrés des masses perturbatrices, ce qui suffit aux besoins actuels de l'Astronomie.

La variation des éléments arbitraires fournit un moyen ingénieux de faire disparaitre les arcs de cercle et de déterminer les inégalités des mouvements célestes. Déjà Newton avait déterminé les inégalités du mouvement de la Lune en latitude, produites par l'action du Soleil, en considérant comme variables la position des nœuds de l'orbite lunaire et son inclinaison à l'écliptique. Euler, dans sa pièce sur les perturbations du mouvement de la Terre, couronnée par l'Académie des Sciences en 1756, étendit cette considération à tous les éléments du mouvement elliptique; il donna les expressions différentielles de ces éléments dépendant des forces perturbatrices et il les appliqua au mouvement de la Terre. Ces expressions se rapportent à toutes les inégalités périodiques et séculaires du mouvement troublé. Mais, l'intégration directe des équations différentielles qui déterminent le rayon vecteur, la longitude et la latitude, donne des expressions des inégalités périodiques beaucoup plus simples et plus commodes pour la formation des Tables. Il était donc utile de faire disparaître, des intégrales, les arcs de cercle que l'intégration introduit alors. Pour cela, je considérai que ces arcs viennent du développement en série des constantes arbitraires; en augmentant donc, dans les intégrales, chacune de ces constantes d'un terme égal au temps multiplié par la différentielle de cette constante supposée variable, divisée par l'élément du temps, la comparaison des termes multipliés par le temps donne, entre ces constantes et leurs différentielles, autant d'équations qui, étant intégrées, déterminent ces constantes en fonctions de sinus et de cosinus d'angles croissant avec une extrême lenteur. Ces fonctions étant substituées dans les intégrales au lieu des constantes, on peut effacer de ces intégrales les termes dépendant des arcs de cercle et de leurs diverses puissances. Tel est le moyen que je proposai dans les *Mémoires de l'Académie des Sciences* des années 1772 et suivantes, et que j'ai exposé dans le n° 45 du second Livre de la *Mécanique céleste*.

Lagrange fit la remarque importante que les forces perturbatrices des diverses coordonnées des mouvements planétaires sont les différences partielles d'une même fonction. En reprenant ensuite la considération de la variation des éléments arbitraires, il parvint à l'expression différentielle du grand axe donnée par l'équation (1), et il démontra ainsi, d'une manière aussi élégante que générale, l'invariabilité des distances moyennes des planètes au Soleil et de leurs moyens mouvements, résultats auxquels j'étais parvenu en portant l'approximation jusqu'aux troisièmes puissances des excentricités et des inclinaisons inclusivement. J'observerai ici que l'expression de $d\frac{1}{a}$, donnée par Euler dans sa pièce couronnée en 1756, coïncide avec l'équation (1) lorsqu'on prend pour plan de projection celui de l'orbite de la planète troublée à une époque fixe; alors la latitude de cette planète devient de l'ordre des forces perturbatrices, et en négligeant, comme on le fait ici, le carré de ces forces, il est facile de s'assurer que l'expression d'Euler revient à l'équation (1). Mais cette propriété remarquable de $d\frac{1}{a}$, d'être une différence exacte de R par rapport aux coordonnées de la planète troublée, se montre avec évidence lorsqu'on emploie, dans la décomposition des forces, les différences partielles de R.

Il était intéressant d'exprimer, d'une manière semblable, les autres éléments du mouvement elliptique, et mes recherches sur cet objet me conduisirent au système des équations (1), (2), (3), (4), (5) et (6), que je présentai, le 17 août 1808, au Bureau des Longitudes. Dans la même séance, Lagrange lui communiqua une savante analyse par laquelle il exprimait la différence partielle de R, prise par rapport à chaque élément, par une fonction linéaire des différences infiniment petites des éléments, et dans laquelle les coefficients de ces différences ne sont fonctions que des éléments eux-mêmes. En déterminant au moyen de ces expressions les différences de chaque élément, il parvint ensuite aux mêmes équations que j'avais trouvées. La propriété remarquable des coefficients des différences partielles dans ces équations de n'être fonctions que des éléments est très utile pour les approximations, et j'en ai conclu facilement le beau théorème auquel M. Poisson était parvenu le premier sur l'invariabilité des moyens mouvements, en ayant égard aux carrés et aux produits des masses perturbatrices. Lagrange a étendu son analyse au mouvement des corps solides et généralement d'un système de corps liés entre eux d'une manière quelconque. Ces travaux des dernières années de ce grand géomètre doivent être mis au rang de ses plus belles productions et montrent que l'âge n'avait point affaibli son génie. M. Poisson a publié plusieurs savants Mémoires sur cet objet, et il a été conduit pour le mouvement des corps solides à des équations de la même forme que pour les points libres, ce qui établit l'analogie de tous ces mouvements.

Dans le Supplément cité du troisième Volume de la *Mécanique céleste*, j'ai conclu des équations précédentes (1), (2), (3), (4), (5), (6) que, en désignant par la caractéristique δ les variations relatives aux forces perturbatrices, la valeur de δR est nulle dans une première approximation, en n'ayant égard qu'aux variations séculaires. Mais, dans la théorie de la Lune, il est nécessaire de porter plus loin les approximations. Si l'on désigne par mt le moyen mouvement du Soleil, celui de la Lune étant représenté par t, la force perturbatrice du Soleil et, par conséquent, R seront de l'ordre m^2. Les termes de R, qui ne dépendent que de l'angle mt, acquérant par l'intégration le diviseur m, leurs expressions deviennent de l'ordre m. Ces termes, dans une seconde approximation, donnent un terme de l'ordre m^3 dans l'expression du mouvement du périgée lunaire, et il arrive que ce terme est à fort peu près égal à celui de l'ordre m^2 donné par une première approximation. De là résulte la nécessité d'une seconde approximation de la valeur de δR.

Je vais maintenant conclure de ces équations que, dans la théorie lunaire, les inégalités à longues périodes, dont les arguments sont supposés ne varier qu'en vertu des changements fort lents du périgée et du nœud de l'orbite lunaire, disparaissent de l'expression de R. Pour rendre plus claire mon analyse, je vais l'appliquer à l'inégalité à

longue période, dont l'argument est le double de la distance angulaire
du périgée au nœud de l'orbite de la Lune.

— R est, dans ce cas, ce que j'ai nommé Q dans le n° 1 du Livre VII
de la *Mécanique céleste*, et en négligeant, comme on peut le faire ici,
les termes dépendant de la parallaxe du Soleil et de l'excentricité de
son orbite, on a, par le n° 3 du Livre cité,

$$Q = \frac{m^2 r^2}{4}\left[1 - 3s^2 + 3(1 - s^2)\cos(2v - 2v')\right] = - R.$$

Je suppose R développé dans une suite ordonnée par rapport aux
puissances et aux produits de e et de γ, et qui, en ne considérant que
les termes constants ou dépendant seulement du mouvement du
Soleil, soit

$$M m^2 + H m^2 e^2 + H' m^2 \gamma^2 + L m^2 e^2 \cos(2mt - 2\varpi)$$
$$+ L' m^2 \gamma^2 \cos(2mt - 2\theta) + P m^2 e^2 \gamma^2 \cos(2\varpi - 2\theta) + \ldots$$

En négligeant les termes de l'ordre m^4, on peut négliger les termes du
développement dépendant du moyen mouvement de la Lune, parce que
ces termes ne produisent que des termes de l'ordre m^2 dans les variations des éléments, comme il sera facile de le voir par l'analyse suivante ; il n'en résulte donc, dans R, que des quantités de l'ordre m^4.
En substituant pour R le développement précédent, dans les équations
différentielles des éléments, et faisant, pour simplifier, a et n égaux à
l'unité, on aura

$$de = m^2 dt\left[2eL\sin(2mt - 2\varpi) - 2e\gamma^2 P\sin(2\varpi - 2\theta)\right],$$
$$d\varpi = - m^2 dt\left[2H + 2L\cos(2mt - 2\varpi) + 2\gamma^2 P\cos(2\varpi - 2\theta)\right],$$
$$d\gamma = m^2 dt\left[2\gamma L'\sin(2mt - 2\theta) + 2e^2\gamma P\sin(2\varpi - 2\theta)\right],$$
$$d\theta = - m^2 dt\left[2H' + 2L'\cos(2mt - 2\theta) + 2e^2 P\cos(2\varpi - 2\theta)\right].$$

Je néglige, dans l'expression de de, le terme dépendant de dR, parce
qu'il est de l'ordre e^2 par rapport au suivant et parce que l'on peut
supposer ici dR nul. Ces expressions différentielles donnent, en les

intégrant et désignant par la caractéristique ∂, les variations

$$\partial e = -\frac{m^2 e L}{m+c-1}\cos(2mt-2\varpi) + \frac{m^2 c\gamma^2 P}{g-c}\cos(2gt-2ct),$$

$$\partial\varpi = -2m^2 Ht - \frac{m^2 P\gamma^2}{g-c}\sin(2gt-2ct) - \frac{m^2 L}{m+c-1}\sin(2mt-2\varpi),$$

$$\partial\gamma = -\frac{m^2 \gamma L'}{m+g-1}\cos(2mt-2\theta) - \frac{m^2 e^2\gamma P}{g-c}\cos(2gt-2ct),$$

$$\partial\theta = -2m^2 H't - \frac{m^2 P c^2}{g-c}\sin(2gt-2ct) - \frac{m^2 L'}{m+g-1}\sin(2mt-2\theta).$$

Nous avons substitué, dans les termes dépendant de l'angle $2\varpi - 2\theta$, $(1-c)t$ pour ϖ et $(1-g)t$ pour θ, en vertu des équations

$$t-\varpi = ct, \qquad t-\theta = gt.$$

Il est nécessaire ici de porter plus loin l'approximation des valeurs de ∂e, $\partial\varpi$, $\partial\gamma$ et $\partial\theta$, en substituant ces premières valeurs dans les expressions différentielles des éléments. Si l'on désigne par $\partial'e$ et $\partial'\gamma$ les parties de ∂e et de $\partial\gamma$ qui dépendent de l'argument $2gt - 2ct$, ou $2\varpi - 2\theta$, on voit facilement que l'on aura à très peu près, dans ∂e, les deux termes

$$-\frac{(e+\partial'e)L m^2}{m+c-1}\cos(2mt-2\varpi-2\partial\varpi) + \frac{m^2 c\gamma^2 P}{g-c}\cos(2gt-2ct),$$

et, dans $\partial\gamma$, les deux termes

$$-\frac{(\gamma+\partial'\gamma)L'm^2}{m+g-1}\cos(2mt-2\theta-2\partial\theta) - \frac{m^2 e^2\gamma P}{g-c}\cos(2gt-2ct);$$

on aura ensuite, dans $\partial\varpi$, le terme proportionnel au temps

$$-2Hm^2 t + \frac{2L^2 m^4 t}{m+c-1},$$

et, dans $\partial\theta$, les termes

$$-2H'm^2 t + \frac{2L'^2 m^4 t}{m+g-1}.$$

Ces termes proportionnels au temps donnent les mouvements du périgée et des nœuds, en sorte que l'on a

$$1 - c = - 2m^2 H + \frac{2 L^2 m^5}{m + c - 1},$$

$$1 - g = - 2m^2 H' + \frac{2 L'^2 m^5}{m + g - 1}.$$

Maintenant, on peut donner à l'expression précédente de R cette forme

$$M m^2 + H m^2 (c + \delta c)^2 + H' m^2 (\gamma + \delta \gamma)^2$$
$$+ L m^2 (c + \delta c)^2 \cos(2mt - 2\varpi - 2\delta\varpi)$$
$$+ L' m^2 (\gamma + \delta\gamma)^2 \cos(2mt - 2\vartheta - 2\delta\vartheta)$$
$$+ P m^2 e^2 \gamma^2 \cos(2gt - 2ct) + \dots.$$

Le terme $H m^2 (c + \delta c)^2$ donne, par la substitution de la valeur de δc, le suivant, $2 H m^2 c \delta' c$, ou

$$\frac{2 H e^2 \gamma^2 m^5}{g - c} P \cos(2gt - 2ct).$$

Le terme $L(c + \delta c)^2 m^2 \cos(2mt - 2\varpi - 2\delta\varpi)$ donne, en substituant pour δe sa valeur,

$$- \frac{2 L^2 m^6 e^2 \gamma^2 P}{(m + c - 1)(g - c)} \cos(2gt - 2ct).$$

Si l'on réunit ce terme au précédent, on aura

$$- \frac{(1 - c) e^2 \gamma^2 P m^2}{g - c} \cos(2gt - 2ct).$$

On trouvera de la même manière que les deux termes

$$H' m^2 (\gamma + \delta\gamma)^2 \qquad \text{et} \qquad L' m^2 (\gamma + \delta\gamma)^2 \cos(2mt - 2\vartheta - 2\delta\vartheta)$$

de l'expression de R produiront le terme

$$+ \frac{1 - g}{g - c} e^2 \gamma^2 P m^2 \cos(2gt - 2ct).$$

En le réunissant au précédent, on aura le terme

$$- e^2 \gamma^2 P m^2 \cos(2gt - 2ct),$$

qui détruit le terme $e^2 \gamma^2 P m^2 \cos(2gt - 2ct)$ de l'expression de R.

L'inégalité dépendant de l'argument $2gt - 2ct$ disparaît donc de cette expression, en portant même l'approximation jusqu'aux quantités de l'ordre m^3. La même analyse s'étend généralement aux inégalités lunaires à longue période, dont l'argument ne dépend que des éléments du mouvement lunaire, ou n'est censé varier que par la variation de ces éléments.

En intégrant, relativement à ce genre d'inégalités, l'équation différentielle (1), on a $\frac{1}{2a} = R$; on a de plus $n^2 a^3 = 1$; ainsi ces inégalités disparaissent, comme dans R, des expressions de a et de n.

Les résultats précédents donnent lieu à une considération importante pour les calculs suivants. Le développement de R donne

$$ H = -\frac{3}{8}, \qquad L = -\frac{15}{8}, $$

$$ H' = \frac{3}{8}, \qquad L' = -\frac{3}{8}, $$

d'où l'on tire

$$ 1 - c = \frac{3}{4} m^2 \left[1 + \frac{75 m}{8\left(1 + \frac{c-1}{m}\right)} \right], $$

$$ g - 1 = \frac{3}{4} m^2 \left[1 - \frac{3 m}{8\left(1 + \frac{g-1}{m}\right)} \right]. $$

Le terme $\dfrac{75 m}{8\left(1 + \frac{c-1}{m}\right)}$, quoique de l'ordre m, est peu différent de l'unité; car $1 - c$ étant à fort peu près $\frac{3}{2} m^2$, et m étant égal à 0,0748, ce terme est égal à 0,790; ce qui ne diffère de l'unité que de 0,21, ou d'un cinquième, à fort peu près. Cette valeur considérable du second terme de l'expression de $1 - c$, en série, change considérablement les diviseurs très petits dans lesquels cette expression entre, et par conséquent les inégalités à longue période que ces diviseurs rendent sensibles. Il faut donc, dans le calcul de ces inégalités, porter, comme dans celui de $1 - c$, la précision jusqu'aux termes de l'ordre m^3. C'est ce que nous allons faire.

II.

De l'inégalité lunaire dont l'argument est le double de la distance angulaire du périgée au nœud de l'orbite.

Je vais déterminer cette inégalité par la méthode du second Chapitre du Livre VII de la *Mécanique céleste* : je conserverai les dénominations de ce Livre et du second Livre du même Ouvrage. La formule (T) du n° 46 de ce second Livre peut être mise sous la forme

$$(\text{A}) \quad d\,\delta v = \frac{2\,d^{2}(r\,\delta r) - d(dr\,\delta r) + dt^{2}\left(3\displaystyle\int \delta\,d\mathrm{R} + 2\delta.r\frac{\partial \mathrm{R}}{\partial r} - \frac{\partial \mathrm{R}}{\partial r}\,\delta r\right)}{r^{2}\,dv}.$$

Je supposerai ici l'orbite lunaire très peu inclinée à l'écliptique, et que la caractéristique δ est relative à son inclinaison, dont je négligerai les puissances supérieures au carré. On peut, dans cette formule, supposer $r^2\,dv$ proportionnel à l'élément du temps. Cette proportionnalité a lieu, même en ayant égard aux termes de l'ordre m, de r et de v, m étant comme ci-dessus le rapport du moyen mouvement du Soleil à celui de la Lune ; car ces termes, que l'intégration réduit à l'ordre m, ont des arguments qui ne diffèrent de v que de quantités de l'ordre m ; on peut donc les considérer comme autant de petites équations du centre, qui, comme l'on sait, ne troublent point la proportionnalité de l'aire $\frac{1}{2}r^2\,dv$, décrite par le rayon vecteur, à l'élément du temps. On s'assurera directement de ce résultat de cette manière. Reprenons l'équation du n° 46 du second Livre :

$$\frac{r^{2}\,dv^{2}}{dt^{2}} = \frac{r\,d^{2}r}{dt^{2}} + \frac{\mu}{r} + r\mathrm{R}'.$$

En désignant par δ' les perturbations, on aura

$$\delta'\frac{r^{2}\,dv^{2}}{dt^{2}} = r^{2}\frac{d^{2}\,\delta'r}{dt^{2}} + \frac{3\,r^{2}\,d^{2}r}{dt^{2}}\,\delta'r + \mu\,\delta'r + r^{2}\mathrm{R}'.$$

En ne considérant que les termes de l'ordre m et observant que R' est de l'ordre m^2, et que les termes de l'ordre m de ∂r ont des arguments dont la partie variable diffère très peu de t; en prenant pour t le moyen mouvement de la Lune, ce qui donne, à fort peu près, $\dfrac{d^2\partial' r}{dt^2} = -\partial' r$, on aura, en négligeant les termes de l'ordre m^2,

$$\partial'\frac{r^4 dv^2}{dt^2} = \partial' r\left(3 r^2\frac{d^2 r}{dt^2} - r^3 + \mu\right);$$

or, la supposition de t égal au moyen mouvement de la Lune donne $\mu = 1$, et le facteur $3 r^2\dfrac{d^2 r}{dt^2} - r^3 + 1$ est nul aux quantités près de l'ordre e^2; on a donc

$$\partial'\frac{r^4 dv^2}{dt^2} = 0;$$

ainsi l'on peut supposer que $r^2 dv$ reste, en vertu des perturbations, à fort peu près égal à dt.

Nous observerons ensuite que, relativement aux inégalités à longues périodes, ∂R est nul par l'article précédent. En négligeant donc, comme on le peut à l'égard de ces inégalités, $\dfrac{2 d^2(r \partial r)}{dt^2}$, la formule (A) prend cette forme très simple,

$$(a) \qquad d\partial v = -\frac{d(dr\,\partial r)}{dt} + dt\left(2\partial . r\frac{\partial R}{\partial r} - \frac{\partial R}{\partial r}\partial r\right);$$

— R est ce que nous avons nommé Q dans le n° 1 du Livre VII; et en négligeant, comme on peut le faire ici, les termes dépendant de la parallaxe et de l'excentricité solaires, on a, par le n° 3 du Livre cité, — Q ou R égal à

$$-\frac{m^2 r^2}{4}[1 - 3 s^2 + 3(1 - s^2)\cos(2v - 2v')];$$

ce qui donne

$$2 r\frac{\partial R}{\partial r} = 4 R,$$

et par conséquent

$$2\partial . r\frac{\partial R}{\partial r} = 4\,\partial R = 0.$$

La formule (a) devient ainsi

$$d\partial v = -\frac{d(dr\,\partial r)}{dt} + dt\frac{m^2 r\,\partial r}{2}[1 + 3\cos(2v - 2v')].$$

L'équation

$$r^2 = \frac{1 + s^2}{u^2}.$$

donne

$$r\, \delta r = -\frac{\delta u}{u^3} + \frac{s\, \delta s}{u^2};$$

la fonction

$$\frac{m^2\, dt . r\, \delta r}{2}\left[1 + 3\cos(2v - 2v')\right]$$

devient donc, en y substituant pour dt, $\frac{dv}{u^2}$,

$$(b) \qquad \frac{m^2\, dv}{2}\left(-\frac{\delta u}{u^3} + \frac{s\, \delta s}{u^3}\right)\left[1 + 3\cos(2v - 2v')\right].$$

Si l'on désigne par $A^{(21)}$ le coefficient de $e\gamma^2\cos(2gv - cv)$, dans l'expression de δu; par $A^{(40)}$ le coefficient de $e^2\gamma^2\cos(2gv - 2cv)$, dans la même expression; et par $B^{(13)}$ le coefficient de $\gamma e^2\sin(2cv - gv)$, dans l'expression de δs, tous ces coefficients devenant de l'ordre m'' par leurs diviseurs, il est facile de voir que la fonction

$$-\frac{m^2}{2}\, dv\left(\frac{\delta u}{u^3} - \frac{s\, \delta s}{u^3}\right)$$

donne le terme

$$m^2\, dv\left(\frac{5}{4} A^{(24)} - \frac{1}{2} A^{(40)} + \frac{1}{4} B^{(13)}\right) e^2\gamma^2\cos(2gv - 2cv).$$

Le coefficient $2g - 2c$ de l'angle v dans l'argument de ce terme, devenant diviseur en vertu de l'intégration, et la valeur de c, dans ce très petit diviseur, étant doublée par les termes de l'ordre m^3, comme on l'a vu ci-dessus, il est nécessaire, pour pouvoir employer ce diviseur, d'avoir égard aux termes de l'ordre m^3. Les termes de cet ordre sont produits par le développement de la fonction

$$(c) \qquad \frac{3m^2\, dv}{2}\left(-\frac{\delta u}{u^3} + \frac{s\, \delta s}{u^3}\right)\cos(2v - 2v').$$

En désignant par $A^{(1)}$ le coefficient de $e\cos(2v - 2mv - cv)$, dans l'expression de u, $A^{(1)}$ étant, comme l'on sait, de l'ordre m, on trouve facilement que la fonction précédente, en y substituant mv au lieu de v', ce que l'on peut faire en négligeant les termes de l'ordre m', produit le terme

$$\frac{15}{8} A^{(1)} A^{(14)} m^2\, dv\, e^2 \gamma^2 \cos(2\,gv - cv).$$

Si l'on désigne par $A^{(22)}$ le coefficient de $e\gamma^2 \cos(2v - 2mv + cv - 2gv)$ dans l'expression de ∂u, on trouve encore que la fonction (c) produit le terme

$$\frac{15}{8} A^{(22)} m^2\, dv\, e^2 \gamma^2 \cos(2\,gv - 2cv).$$

Il nous reste à considérer les termes du développement de la fonction (c), dépendant de ∂s. En désignant par $B^{(0)} \gamma \sin(2v - 2mv - gv)$ le terme de ∂s dépendant de cet argument, $B^{(0)}$ étant de l'ordre m, la fonction (c) produit le terme de l'ordre m^3

$$\frac{15}{16} B^{(0)} m^2\, dv\, e^2 \gamma^2 \cos(2\,gv - 2cv).$$

Si l'on désigne par $B^{(11)} e^2 \gamma \sin(2v - 2mv - 2cv + gv)$ la partie de ∂s dépendant de cet argument, la fonction (c) produit le terme

$$-\frac{3}{8} B^{(11)} m^2\, dv\, e^2 \gamma^2 \cos(2\,gv - 2cv).$$

En réunissant tous ces termes, le développement de la fonction (b) produit le terme suivant, dans l'expression de $d\partial v$,

$$(c) \quad \left\{ \begin{aligned} m^2\, dv \Big(\tfrac{5}{4} A^{(21)} - \tfrac{1}{2} A^{(10)} + \tfrac{1}{4} B^{(12)} + \tfrac{15}{8} A^{(1)} A^{(21)} \\ + \tfrac{15}{8} A^{(22)} + \tfrac{15}{16} B^{(0)} - \tfrac{3}{8} B^{(11)} \Big) e^2 \gamma^2 \cos(2\,gv - 2cv). \end{aligned} \right.$$

Pour avoir la valeur de $d\partial v$, rapportée à l'écliptique, il faut, par le Chapitre II du Livre VII, ajouter à la valeur de dv sur l'orbite la fonction

$$dv \left(\frac{1}{2} s^2 - \frac{1}{2} \frac{ds^2}{dv^2} \right).$$

En substituant dans cette fonction, au lieu de s,

$$\gamma \sin gv + \mathrm{B}^{(13)} e^2 \gamma \sin(2cv - gv),$$

on aura à très peu près, dans $d\,\delta v$, les termes

$$(1 - c)\mathrm{B}^{(13)} e^2 \gamma^2 \, dv \cos(2gv - 2cv) - \frac{1}{2} \gamma^2 \, dv \cos 2gv.$$

En réunissant ces termes au terme (e), en intégrant et observant que $1 - c$ est à fort peu près égal à $\frac{3}{2} m^2$, on aura dans δv les termes

$$\frac{m^2}{2g - 2c} \left(\frac{5}{4} \mathrm{A}^{(21)} - \frac{1}{2} \mathrm{A}^{(10)} + \frac{7}{4} \mathrm{B}^{(13)} + \frac{15}{8} \mathrm{A}^{(1)} \mathrm{A}^{(21)} \right.$$
$$\left. + \frac{15}{8} \mathrm{A}^{(22)} + \frac{15}{16} \mathrm{B}^{(0)} - \frac{3}{8} \mathrm{B}^{(11)} \right) e^2 \gamma^2 \sin(2gv - 2cv),$$
$$- \frac{1}{4} \gamma^2 \sin 2gv;$$

les valeurs de v et de δv étant ici rapportées au plan de l'écliptique. La formule (a) donne encore, dans dv, le terme $-\dfrac{dr\,\delta r}{dt}$, ou à fort peu près $-\dfrac{du\,\delta u}{u^2 \, dv}$. En y substituant pour du, $-e\,dv \sin cv$, et pour δu, $\mathrm{A}^{(21)} e \gamma^2 \cos(2gv - cv)$, on aura le terme

$$- \frac{1}{2} \mathrm{A}^{(21)} e^2 \gamma^2 \sin(2gv - 2cv),$$

qu'il faut ajouter aux précédents. Nous observerons ici que l'on peut, dans l'argument $2gv - 2cv$, changer v en t. En substituant, dans le terme $-\frac{1}{4} \gamma^2 \sin 2gv$, au lieu de v, $t + 2e \sin ct + \frac{5}{4} e^2 \sin 2ct$, il en résulte le terme

$$- \frac{3}{16} e^2 \gamma^2 \sin(2gt - 2ct);$$

on aura donc par la réunion de ces termes la valeur de l'inégalité dépendant de l'argument $2gt - 2ct$, dans l'expression de la longitude vraie de la Lune, rapportée à l'écliptique. Pour réduire en nombres cette valeur, j'emploierai les valeurs suivantes que M. Damoiseau a déterminées dans sa pièce sur la théorie de la Lune :

$$A^{(1)} = 0,202461, \qquad A^{(22)} = -0,04680,$$
$$A^{(25)} = -0,725508, \qquad A^{(49)} = -0,72857,$$
$$B^{(0)} = 0,0284888, \qquad B^{(11)} = 0,003991, \qquad B^{(13)} = 0,475745.$$

Ces valeurs, et les valeurs connues de c, g, e, γ et m, donnent

$$+ 0'',82 \sin(2gt - 2ct)$$

pour l'inégalité dont il s'agit, ce qui diffère de $1''$ environ de l'inégalité

$$+ 1'',9 \sin(2gt - 2ct)$$

que M. Burckhardt a déduite des observations.

Je n'ai point eu égard à cette inégalité dans la théorie de la Lune, exposée dans le Livre VII de mon *Traité de Mécanique céleste,* parce que, ne me proposant que d'avoir les inégalités lunaires jusqu'aux quantités du troisième ordre inclusivement, j'ai regardé l'inégalité précédente comme étant du quatrième, ce qui résulte du n° 5 du Livre VII. En effet, si l'on considère, ainsi que dans le Chapitre VIII du Livre II, l'orbite troublée par les forces perturbatrices, comme une ellipse dont tous les éléments sont variables, on voit clairement par le même Chapitre que les éléments ne peuvent acquérir pour diviseurs que la première puissance du coefficient du temps dans les inégalités. Mais, pour repasser de l'expression du demi-grand axe à celle de la longitude moyenne, il faut une nouvelle intégration qui reproduit ce diviseur et l'élève au carré. Si l'argument de l'inégalité ne dépend que des éléments du mouvement de l'astre troublé, on voit par l'analyse du même Chapitre que le diviseur n'affecte point cette inégalité dans l'expression du demi-grand axe, et qu'ainsi il n'est élevé qu'à la première puissance dans l'expression de la longitude moyenne et, par conséquent, aussi dans l'expression de la longitude vraie; en supposant donc que ce diviseur soit de l'ordre de la force perturbatrice, le coefficient de l'inégalité ayant cette force pour facteur, il ne changera point d'ordre par les intégrations. Dans l'inégalité précédente, ce coefficient est de l'ordre $e^2\gamma^2$, ou du quatrième ordre; il sera donc du même ordre dans l'expression de la longitude. Tout ce raisonnement est si simple que j'ai dû l'abandonner à l'intelligence du lecteur.

III.

De l'inégalité lunaire dépendant de la distance angulaire des périgées du Soleil et de la Lune.

J'ai déterminé cette inégalité par la méthode précédente et par celle de la variation des éléments. Je suis parvenu au même résultat par ces deux méthodes; mais, pour donner une application de la seconde, je vais déterminer, en la suivant, la valeur de l'inégalité dont il s'agit. En conservant toujours les dénominations du Livre VII de la *Mécanique céleste*, la partie de Q dont cette inégalité dépend est, par le n° 3 de ce Livre,

$$\frac{m'u'^4}{8u^2}\left[3\cos(v-v')+5\cos(3v-3v')\right].$$

En faisant donc toujours $a = 1$, la partie correspondante de R est

$$-\frac{m^2}{8a^3}\frac{r^3}{\left(\frac{r'}{a'}\right)^4}\left[3\cos(v-v')+5\cos(3v-3v')\right].$$

Considérons d'abord le premier de ces deux termes. En y substituant $1-e\cos(t-\varpi)$ au lieu de r, $t+2e\sin(t-\varpi)$ au lieu de v, $1-e'\cos(mt-\varpi')$ au lieu de $\frac{r'}{a'}$, et $mt+2e'\sin(mt-\varpi')$ au lieu de v', on aura dans R le terme

$$\frac{15}{16}m^2\frac{1}{a'}ee'\cos(\varpi-\varpi').$$

Pour porter l'approximation jusqu'aux termes de l'ordre m^3, on observera que, par le Livre VII, l'action du Soleil augmente u, ou $\frac{1}{r}$, de la quantité

$$A_1^{(1)}c\cos(t - 2mt + \varpi) + A_1^{(1)}ce'\cos(t - mt + \varpi - \varpi')$$
$$\div A_1^{(2)}ec'\cos(t - mt - \varpi + \varpi').$$

Ces termes peuvent, à cause de la petitesse de m, être considérés comme autant d'équations du centre, qui produisent dans la longitude v de la Lune les termes

$$2A_1^{(1)}c\sin(t - 2mt + \varpi) + 2A_1^{(6)}ec'\sin(t - mt + \varpi - \varpi')$$
$$\div 2A_1^{(2)}ec'\sin(t - mt - \varpi + \varpi');$$

il faut ajouter à ces termes celui-ci : $-C_1^{(1)\prime\prime}c'\sin(m't - \varpi')$. De là résulte, dans R, le terme de l'ordre m^3

$$\frac{15}{16}\left(3A_1^{(1)} + A_1^{(5)} + A_1^{(2)} - \frac{1}{2}C_1^{(11)}\right)m^2\frac{1}{a'}ee'\cos(\varpi - \varpi').$$

La partie entière de R, relative à $\cos(\varpi - \varpi')$, et dépendant de la parallaxe du Soleil, est ainsi

$$(f)\qquad \frac{15}{16}\left(1 \div 3A_1^{(1)} \div A_1^{(5)} + A_1^{(2)} - \frac{1}{2}C_1^{(11)}\right)m^2\frac{1}{a'}ee'\cos(\varpi - \varpi');$$

mais la partie de R, indépendante de la parallaxe du Soleil, peut produire un terme semblable, en y substituant pour r et v les termes dépendant de cette parallaxe. Désignons par m^2r^2Q' cette partie de R ; on aura

$$R = m^2r^2Q' + X,$$

en désignant par X le terme précédent (f). En désignant donc par la caractéristique δ la variation relative à cette parallaxe, et observant que la partie de R qui en dépend a pour facteur r^2, on aura

$$\delta . R = \delta . m^2r^2Q' + X;$$
$$2a^2\frac{\partial R}{\partial a} = 4am^2r^2Q' + 6aX;$$

partant

$$2\delta . a^2\frac{\partial R}{\partial a} = 4\delta . am^2r^2Q' + 6aX = 4\delta . aR + 2aX.$$

Mais on a

$$\partial.a\mathrm{R} = a\,\partial\mathrm{R} + \mathrm{R}\,\partial a;$$

et par l'article I on a, aux quantités près de l'ordre m', ∂a et $\partial\mathrm{R}$ nuls relativement aux inégalités à longues périodes; on a donc, en faisant toujours $a = \mathrm{I}$,

$$2\partial.a^2\frac{\partial\mathrm{R}}{\partial a} = 2\mathrm{X}.$$

Considérons maintenant l'équation différentielle (2) de la longitude de l'époque, elle donne

$$d\partial\varepsilon = -dt\partial\frac{e}{2}\frac{\partial\mathrm{R}}{\partial e} + 2dt\partial.a^2\frac{\partial\mathrm{R}}{\partial a};$$

il faut déterminer $\partial.e\frac{\partial\mathrm{R}}{\partial e}$. En substituant pour R sa valeur précédente, on a

$$\partial.e\frac{\partial\mathrm{R}}{\partial e} = m^2\partial\left[ed\left(\frac{r^2\mathrm{Q}'}{de}\right)\right] + \mathrm{X};$$

soit, en négligeant les puissances de e supérieures à e^2,

$$m^2 r^2 \mathrm{Q}' = m^2\mathrm{H} + m^2 e\mathrm{H}' + m^2 e^2\mathrm{H}'';$$

on aura

$$\mathrm{R} = m^2\mathrm{H} + m^2 e\mathrm{H}' + m^2 e^2\mathrm{H}'' + \mathrm{X},$$

$$\partial\left[e\frac{d(m^2 r^2 \mathrm{Q}')}{de}\right] = m^2\partial.e\mathrm{H}' + 2m^2\partial.e^2\mathrm{H}'';$$

mais l'expression de R donne, en vertu de l'équation $\partial\mathrm{R} = 0$.

$$m^2\partial.e^2\mathrm{H}'' = -m^2\partial\mathrm{H} - \partial.m^2 e\mathrm{H}' - \mathrm{X};$$

on aura donc

$$\partial\left[e\frac{d(m^2 r^2 \mathrm{Q}')}{de}\right] = -2m^2\partial\mathrm{H} - m^2\partial.e\mathrm{H}' - 2\mathrm{X}.$$

Par le n° 3 du Livre VII on a

$$m^2 r^2 \mathrm{Q}' = -\frac{m'u'^2}{4u^2}[1 + 3\cos(2v - 2v')];$$

ainsi Π contient un terme de la forme

$$m^2\,\mathrm{L}\cos(2t - 2mt - 2\varepsilon + 2\varepsilon').$$

Ce terme varie à raison de la variation $\delta\varepsilon$, et sa variation est

$$2\,m^2\,\mathrm{L}\,\delta\varepsilon\,\sin(2t - 2mt - 2\varepsilon + 2\varepsilon').$$

Mais il est facile de voir, par l'inspection seule de l'expression de $\delta\varepsilon$ de l'équation (2) de l'article I, que la partie de $\delta\varepsilon$ qui peut réduire cette variation à ne dépendre que de l'angle $\varpi - \varpi'$, ayant pour argument $2t - 2mt + (\varpi - \varpi')$, ne peut être que de l'ordre m^2, ce qui abaisse cette variation à l'ordre m^4.

Pareillement, $e\Pi'$ contient un terme de la forme

$$m^2\,\mathrm{P}e\cos(t - 2mt + \varpi - 2\varepsilon + 2\varepsilon'),$$

dont la variation est

$$m^2\,\mathrm{P}\,\delta e\cos(t - 2mt + \varpi - 2\varepsilon + 2\varepsilon')$$
$$+\ m^2\,\mathrm{P}(2\delta\varepsilon - \delta\varpi)e\sin(t - 2mt + \varpi - 2\varepsilon + 2\varepsilon').$$

Ces termes ne peuvent se réduire à des termes dépendant de l'angle $\varpi - \varpi'$ que par les parties de δe, $\delta\varpi$ et $\delta\varepsilon$, dont les arguments renferment l'angle $t - 2mt$; et il est visible par les expressions différentielles de e, ϖ et ε, de l'article I, que ces parties sont de l'ordre m^2; ainsi la variation précédente ne peut produire que des termes de l'ordre m^4, dépendant de $\varpi - \varpi'$. On peut appliquer le même raisonnement aux autres termes du développement de $e\Pi'$. Ainsi, en négligeant les termes de l'ordre m^4, on a

$$0 = -2m^2\,\delta\Pi - m^2\,\delta\,.\,e\Pi';$$

on a donc

$$\delta\left[e\,\frac{d(m^2 r^2\mathrm{Q}')}{de}\right] = -2\mathrm{X}.$$

En substituant cette valeur et celle de $\delta.a^2\dfrac{\partial\mathrm{R}}{\partial a}$ dans l'expression de $d\delta\varepsilon$, elle devient

$$d\delta\varepsilon = \frac{5}{2}\,\mathrm{X}\,dt.$$

Nous pouvons, dans l'argument $\varpi - \varpi'$, substituer $(1 - c)t$ pour ϖ, et regarder ϖ' comme constant; et comme nous avons porté l'approximation jusqu'aux quantités de l'ordre m^3, qui doublent à fort peu près la valeur de $1 - c$ et la rapprochent beaucoup des observations, nous devons, dans l'intégration, employer sa véritable valeur, telle qu'elle résulte des observations. On a donc à fort peu près

$$\delta\varepsilon = \frac{75}{32}\,\frac{m^2}{1 - c}\,\frac{1}{a'}\left(1 + 3\mathrm{A}_1^{(1)} + \mathrm{A}_1^{(6)} + \mathrm{A}_1^{(2)} - \frac{1}{2}\mathrm{C}_1^{(11)}\right)ee'\sin(\varpi - \varpi').$$

L'expression de la longitude vraie de la Lune étant

$$nt + \varepsilon + 2e\sin(nt + \varepsilon - \varpi) + \ldots,$$

elle varie par les variations de n, ε, e et ϖ. On vient de voir que, relativement à l'inégalité dont l'argument est $\varpi - \varpi'$, la variation de n est nulle. Les variations de e et de ϖ produiront les termes

$$2\delta e\sin(nt + \varepsilon - \varpi) - 2e\,\delta\varpi\cos(nt + \varepsilon - \varpi).$$

Mais pour qu'il en résulte un terme dépendant de l'angle $\varpi - \varpi'$, il faut employer les parties des variations δe et $\delta\varpi$, qui renferment nt dans leurs arguments, et l'on voit, par l'inspection seule des équations (3) et (4) de l'article I, que ces parties sont de l'ordre m^2. En négligeant donc les quantités de cet ordre, la valeur précédente de $\delta\varepsilon$ exprime l'inégalité de la longitude vraie de la Lune, qui dépend de l'angle $\varpi - \varpi'$.

Dans le n° 16 du Livre VII j'ai trouvé

$$\mathrm{A}_1^{(1)} = 0,202619, \qquad \mathrm{A}_1^{(6)} = -0,0698495.$$
$$\mathrm{A}_1^{(2)} = 0,374122, \qquad \mathrm{C}_1^{(11)} = 0,196755.$$

En employant ensuite pour e, e', m et $1 - c$ leurs valeurs données dans le numéro cité du même Livre, et faisant

$$\frac{1}{a'} = \frac{1}{400},$$

on trouve l'inégalité dont il s'agit, égale à $1'',3\sin(\varpi - \varpi')$, ce qui diffère peu de l'inégalité $0'',8\sin(\varpi - \varpi')$ que M. Burckhardt a déduite des observations.

IV.

Des inégalités lunaires dues à l'aplatissement de la Terre.

L'importance de ces inégalités, pour la théorie de la figure de la Terre, rend très utile la recherche des termes qui peuvent donner à leurs expressions plus d'exactitude. Dans le Volume précédent de la *Connaissance des Temps,* j'ai considéré les termes dépendant des carrés de l'excentricité et de l'inclinaison de l'orbite lunaire, que le carré de la force perturbatrice introduit dans l'expression de l'inégalité lunaire en latitude due à l'aplatissement de la Terre. Je vais considérer ici, dans l'expression de l'inégalité lunaire correspondante en longitude, les termes de l'ordre m, auxquels je n'ai point eu égard dans le Chapitre II du Livre VII de la *Mécanique céleste.*

Je reprends l'équation (a) de l'article II,

$$(a) \qquad d\,\delta v = - \frac{d(dr\,\delta r)}{dt} + dt\left(2\delta.r\,\frac{\partial R}{\partial r} - \frac{\partial R}{\partial r}\,\delta r\right);$$

dans la question présente on a, par le Chapitre II du Livre VII de la *Mécanique céleste,* en négligeant la parallaxe solaire,

$$R = \left(z\varphi - \frac{1}{2}z\varphi\right)\frac{D^2}{r^4}\left[\sin^2\lambda(1-s^2)\sin^2 fv\right.$$
$$\left. + 2s\sin\lambda\cos\lambda\sin fv + s^2\cos^2\lambda - \frac{1}{3}\right] + r^2 Q',$$

Q' étant, par le n° 3 du Livre cité,

$$- \frac{m^2}{4}[1 - 3s^2 + 3(1-s^2)\cos(2v - 2v')].$$

En désignant donc par X le premier terme de l'expression précédente
de R, on aura

$$2r\frac{\partial R}{\partial r} = 4R - 10X;$$

en supposant que la variation δ se rapporte à l'aplatissement de la
Terre, on aura

$$2\delta.r\frac{\partial R}{\partial r} = 4\delta R - 10X$$

et l'expression (a) précédente de $d\delta v$ donnera, en faisant δR nul, comme
on le peut à l'égard des inégalités à longues périodes,

$$d\delta v = -\frac{d(dr\,\delta r)}{dt} - dt(10X + 2rQ'\delta r).$$

Le terme

$$\left(\alpha\rho - \frac{1}{2}\alpha\gamma\right)\frac{D^2}{r^3}\,2s\sin\lambda.\cos\lambda.\sin f v$$

de l'expression de X produit le suivant à longue période :

$$\left(\alpha\rho - \frac{1}{2}\alpha\gamma\right)\frac{D^2}{r^3}\sin\lambda.\cos\lambda.\gamma\cos(g v - f v).$$

En n'ayant donc égard qu'à ce terme, et substituant dv pour dt, ce que
l'on peut faire quand on néglige les quantités de l'ordre des carrés de
l'excentricité et de l'inclinaison de l'orbite lunaire, l'équation (a)
donnera

$$d\delta v = -\frac{d(dr\,\delta r)}{dt} - dv\left[10\left(\alpha\rho - \frac{1}{2}\alpha\gamma\right)\frac{D^2}{a^3}\sin\lambda.\cos\lambda.\gamma\cos(gv - fv) + 2Q'r\,\delta r\right].$$

Pour déterminer δr je reprends l'équation différentielle (S) du n° 46
du second Livre

$$0 = \frac{d^2.(r\,\delta r)}{dt^2} + (M + m)\frac{r\,\delta r}{r^3} + 2\delta\int dR + \delta.r\frac{\partial R}{\partial r}.$$

Si l'on n'a égard qu'aux quantités à longues périodes on a, par ce qui précède,

$$2\delta \int d\mathrm{R} + \delta.r\frac{\partial \mathrm{R}}{\partial r} = 2\delta\mathrm{R} - 3\mathrm{X} + 2\delta.r^2\mathrm{Q}';$$

mais on a

$$\delta\mathrm{R} = \mathrm{X} + \delta.r^2\mathrm{Q};$$

on a donc, en observant que $\delta\mathrm{R}$ doit être supposé nul,

$$2\delta \int d\mathrm{R} + \delta.r\frac{\partial \mathrm{R}}{\partial r} = -5\mathrm{X};$$

l'équation différentielle en δr donnera ainsi

$$\delta r = 5\mathrm{X}.$$

En négligeant donc les quantités des ordres e^2 et m^2, et observant que Q' a pour facteur m^2, on aura

$$d\delta v = -10\,dv\left(x\rho - \frac{1}{2}\,x\gamma\right)\frac{\mathrm{D}^2}{a^2}\sin\lambda.\cos\lambda\gamma\cos(gv - fv).$$

Cette valeur de $d\delta v$ est relative à l'orbite. Pour la rapporter à l'écliptique il faut, par le Chapitre II du Livre VII, lui ajouter la fonction

$$dv\left(s\,\delta s - \frac{ds\,d\delta s}{dv^2}\right).$$

En substituant, pour s, $\gamma\sin gv$, et pour δs sa valeur approchée aux quantités près de l'ordre m^2, $-\dfrac{(x\rho - \frac{1}{2}x\gamma)}{g^2 - 1}\dfrac{\mathrm{D}^2}{a^2}\sin\lambda\cos\lambda\sin fv$, on aura

$$dv\left(s\,\delta s - \frac{ds\,d\delta s}{dv^2}\right) = \frac{1}{2}\,dv\left(x\rho - \frac{1}{2}\,x\gamma\right)\sin\lambda\cos\lambda\frac{\mathrm{D}^2}{a^2}\gamma\cos(gv - fv).$$

ce qui donne

$$d\delta v = -\frac{19}{2}\,dv\left(x\rho - \frac{1}{2}\,x\gamma\right)\frac{\mathrm{D}^2}{a^2}\sin\lambda\cos\lambda\gamma\cos(gv - fv),$$

la valeur de $d\delta v$ se rapportant ici à l'écliptique, ainsi que les valeurs de v et de $2v$. L'inégalité en longitude rapportée à l'écliptique est donc

$$- \frac{19}{2} \frac{(x_0 - \frac{1}{2}x_2)}{g - 1} \frac{D^2}{a^2} \sin\lambda \cos\lambda . \gamma \sin(gt - ft),$$

en intégrant et changeant v en t. Cette expression est exacte aux quantités près des ordres e^2, γ^2 et m^2.

V.

De l'inégalité lunaire à longue période, dépendant de la différence des deux hémisphères terrestres.

J'ai considéré cette inégalité dans le Volume précédent de la *Connaissance des Temps* pour l'année 1823, pages 232 et suivantes. Mais je n'ai point eu égard aux termes de l'ordre m^3. Cependant, ce sont les termes de cet ordre qui, doublant la valeur de $1 - c$, rendent extrêmement petit le diviseur $3f - 2g - c$ qui affecte cette inégalité, ce qui l'augmente considérablement. Dans l'errata de la *Connaissance des Temps*, citée, j'ai observé que la considération de ces termes doit diminuer encore l'inégalité dont il s'agit, et que j'avais trouvée insensible. Je vais ici avoir égard à ces termes.

En conservant les dénominations de mon Mémoire inséré dans la *Connaissance des Temps* de 1823, on a

$$R = r^2 Q' - \frac{H \sin 3fv}{r^4(1 + s^2)^{\frac{3}{2}}},$$

Q' étant égal à

$$- \frac{m^2}{4} [1 - 3s^2 + 3(1 - s^2) \cos(2v - 2v')].$$

Cette expression de R donne

$$2r \frac{\partial R}{\partial r} = 4r^2 Q' + \frac{8H \sin 3fv}{r^4(1 + s^2)^{\frac{3}{2}}}.$$

Si l'on ne fait porter la caractéristique δ que sur les termes dépendant de H, et si l'on néglige les termes de l'ordre H^2, on aura

$$2\delta . r\frac{dR}{dr} = 4\delta . r^2 Q' + \frac{8H\sin 3fv}{r^3(1+s^2)^{\frac{1}{2}}},$$

$$\delta R = \delta . r^2 Q' - \frac{H\sin 3fv}{r^3(1+s^2)^{\frac{1}{2}}}.$$

Mais en n'ayant égard qu'à l'inégalité à longue période dont l'argument est $3fv - 2gv - cv$, on a, par ce qui précède, $\delta R = 0$, ce qui donne

$$\delta . r^2 Q' = \frac{H\sin 3fv}{r^3(1+s^2)^{\frac{1}{2}}};$$

on a donc

$$2\delta . r\frac{dR}{dr} = \frac{12 H\sin 3fv}{r^3(1+s^2)^{\frac{1}{2}}};$$

la formule (a) de l'article II devient ainsi

$$d\delta v = -\frac{d(dr\,\delta r)}{dt} + dt\left[\frac{12 H\sin 3fv}{r^3(1+s^2)^{\frac{1}{2}}} - 2rQ'\delta r\right].$$

En faisant $a = 1$, on peut substituer $\frac{dv}{u^2}$ pour dt. On a ensuite

$$r = \frac{\sqrt{1+s^2}}{u}, \qquad u = \sqrt{1+s^2} + e\cos cv;$$

le terme

$$\frac{12 H\,dt\sin 3fv}{r^3(1+s^2)^{\frac{1}{2}}}$$

donne celui-ci,

$$9e\gamma^2\,dv H\sin(3fv - 2gv - cv).$$

s étant $\gamma\sin gv$, et u étant à fort peu près $\sqrt{1+s^2} + e\cos cv$. On trouvera facilement

$$-2Q'\,dt\,r\,\delta r = \frac{m^2}{2}\left[1 + 3\cos(2v - 2mv)\right]\left(-\frac{\delta u}{u^2} + \frac{s\,\delta s}{u}\right)\frac{dv}{u^3};$$

on a (*Connaissance des Temps* de 1823, p. 235)

$$\partial u = -\frac{9}{4} e \gamma^2 \frac{H \sin(3fv - 2gv - cv)}{3f - 2g - c} - \frac{3\gamma^2}{4} \frac{H \sin(3fv - 2gv)}{3f - 2g - c},$$

$$\partial s = \frac{3}{2} e \gamma \frac{H \cos(3fv - gv - cv)}{3f - 2g - c}.$$

En substituant ensuite, pour s, $\gamma \sin gv$, et pour u sa valeur fort approchée, $1 + e \cos cv$, on trouve

$$\frac{m^2}{2}\left(-\frac{\partial u}{u^2} + \frac{s \partial s}{u^3}\right) = -\frac{3m^2}{16} \frac{e\gamma^2 H \sin(3fv - 2gv - cv)}{3f - 2g - c}.$$

Pour avoir égard aux termes de l'ordre m^3, il faut considérer la fonction

$$\frac{3m^2}{2} dv \cos(2v - 2mv)\left(-\frac{\partial u}{u^3} + \frac{s \partial s}{u^4}\right).$$

On doit supposer ici

$$u = 1 + e \cos cv + A_1^{(1)} e \cos(2v - 2mv - cv),$$
$$s = \gamma \sin gv + B_1^{(0)} \gamma \sin(2v - 2mv - gv).$$

La fonction précédente donne ainsi le terme suivant

$$-\frac{3m^2}{16} dv\left(\frac{15}{2} A_1^{(1)} - 3 B_1^{(0)}\right) e\gamma^2 \frac{H \sin(3fv - 2gv - cv)}{3f - 2g - c}.$$

En réunissant tous ces termes, l'expression précédente de $d\partial v$ devient

$$d\partial v = -\frac{d(dr\,\partial r)}{dt} + e\gamma^2 H\, dv\left[9 - \frac{3m^2(1 + \frac{15}{2} A_1^{(1)} - 3 B_1^{(0)})}{16(3f - 2g - c)}\right] \sin(3fv - 2gv - cv);$$

dans le premier membre de cette équation, v se rapporte à l'orbe lunaire. Pour le rapporter, comme dans le second membre, à l'écliptique, il faut, par le Chapitre II du Livre VII de la *Mécanique céleste*, lui ajouter ce que produit la fonction

$$\left(\frac{1}{2} s^2 - \frac{1}{2} \frac{ds^2}{dv^2}\right) dv$$

lorsqu'on y substitue, pour s,

$$\gamma \sin gv + \frac{3}{2} e\gamma \frac{\mathrm{H} \cos(3fv - gv - cv)}{3f - 2g - c}.$$

Il en résulte le terme

$$\frac{3}{4} e\gamma^2 \mathrm{H}\, dv \left[\frac{g(3f - g - c) - 1}{3f - 2g - c} \right] \sin(3fv - 2gv - cv);$$

en l'ajoutant à l'expression précédente de $d\delta v$; en intégrant ensuite, on aura l'inégalité δv rapportée à l'écliptique, égale à

$$- \frac{dr\, \delta r}{dt} - \frac{e\gamma^2 \mathrm{H}}{3f - 2g - c}$$

$$\times \left\{ 9 + \frac{3}{4} g - \frac{3m^2}{16} \frac{[1 + \frac{14}{3}\mathrm{A}^{(1)} - 3\mathrm{B}^{(0)} - \frac{3}{2}(g^2 - 1)]}{3f - 2g - c} \right\} \cos(3fv - 2gv - cv).$$

En substituant, pour dr, $- \dfrac{du}{u^2}$; pour δr, $- \left(\dfrac{\delta u}{u^2} - \dfrac{s\, \delta s}{u} \right)$, et pour dt, $\dfrac{dv}{u^2}$, le terme $- \dfrac{dr\, \delta r}{dt}$ donne le suivant :

$$- \frac{3 e\gamma^2 \mathrm{H}}{8(3f - 2g - c)} \cos(3fv - 2gv - cv).$$

Cela posé, en suivant l'analyse de la page 238 de la *Connaissance des Temps* de 1823, on trouve que cette inégalité est insensible et au-dessous d'un centième de seconde sexagésimale.

DÉTERMINATION DES ORBITES DES COMÈTES.

Connaissance des Temps pour l'an 1824; 1821.

J'ai donné dans les *Mémoires de l'Académie des Sciences* pour l'année 1780 (¹), et dans le second Livre de la *Mécanique céleste*, une méthode pour déterminer l'orbite des Comètes par les observations. Cette méthode diffère des autres en ce qu'elle fait porter les approximations sur les données mêmes de l'observation, l'analyse étant d'ailleurs rigoureuse et fort simple. On peut employer plus de trois observations, pourvu que l'on ait l'attention d'en augmenter l'intervalle, à mesure qu'on les multiplie; on obtient alors des données analytiquement plus exactes; mais la longueur du calcul et les erreurs dont les observations sont susceptibles diminuent cet avantage, de sorte que ceux qui ont fait usage de cette méthode ont presque tous préféré de n'employer que trois observations peu distantes entre elles. Dans un court intervalle, les différences supérieures aux secondes différences sont insensibles. On peut donc ne considérer que les époques des mouvements en longitude et en latitude, et les premières et secondes différences de ces mouvements. Ce sont les seules données de l'observation que l'on emploie dans la méthode. Trois observations suffiront pour les déterminer; chaque observation étant équivalente à deux, l'une en longitude et l'autre en latitude. Mais on peut faire servir à la détermination des six données précédentes toutes les observations faites dans l'intervalle que l'on considère.

(¹) *OEuvres de Laplace*, T. X.

En exprimant chaque observation par une fonction linéaire de ces données, on aura plus d'équations que de données inconnues; alors, suivant un procédé bien connu, on multipliera respectivement chaque équation par le coefficient de la première inconnue. En ajoutant ces produits, on formera une première équation finale. En traitant de la même manière la seconde inconnue, on formera une seconde équation finale, et ainsi de suite. En résolvant ces équations, on aura les données avec une précision d'autant plus grande que l'on aura fait concourir plus d'observations. C'est un avantage propre à cette méthode.

Au moyen de ces données, la méthode conduit, dans le cas ordinaire du mouvement parabolique, aux équations (1), (2), (3), (4) de la page 224 du premier Volume de la *Mécanique céleste* (¹), qui déterminent le rayon vecteur de la Comète, sa distance à la Terre, projetée sur l'écliptique, et la différentielle de cette distance, divisée par l'élément du temps. En désignant par y ce quotient, les équations (2) et (3) donnent deux expressions de y, entre lesquelles on peut choisir. Les erreurs des observations étant principalement sensibles sur les différences secondes des mouvements en longitude et en latitude, j'ai prescrit, dans la page citée, d'employer celle des deux expressions de y qui dépend de la plus grande différence. Mais depuis cette époque, m'étant beaucoup occupé des milieux qu'il faut choisir entre les résultats des observations, j'ai reconnu qu'il y a de l'avantage à faire concourir les deux valeurs de y; et en appliquant à cet objet les méthodes que j'ai données pour obtenir les résultats les plus avantageux, j'ai trouvé qu'il fallait multiplier l'équation (2) par le carré de a, l'ajouter à l'équation (3), multipliée par le carré de h, et diviser leur somme par $a^2 + h^2$; ce qui donne l'expression de y qu'il faut combiner avec les équations (1) et (4) conformément à la méthode dont il s'agit.

Cette méthode donne la distance périhélie et l'instant du passage par le périhélie. Ensuite, on corrige ces deux éléments approchés, au moyen de trois observations choisies, sans avoir besoin des autres éléments de l'orbite, ce qui simplifie beaucoup le calcul. Pour cela, on

(¹) *Œuvres de Laplace*, T. I, p. 227-228.

détermine, en partant des éléments approchés et des observations, les différences d'anomalie de la première à la deuxième observation, et de la première observation à la troisième. On compare ensuite ces différences aux mêmes différences d'anomalie que donnent immédiatement les deux éléments approchés, et l'on note les deux résultats de cette comparaison, dans cette première hypothèse. On fait ensuite varier d'une très petite quantité la distance périhélie, et l'on calcule les mêmes résultats dans cette deuxième hypothèse. Enfin, en conservant la distance périhélie de la première hypothèse, on fait varier très peu l'instant du passage au périhélie, et l'on calcule encore les résultats dans cette troisième hypothèse. En multipliant respectivement les deux variations supposées dans la distance périhélie, et dans l'instant du passage, par les indéterminées u et t, on forme, au moyen des résultats obtenus dans les trois hypothèses, deux équations du premier degré, qui donnent les inconnues u et t, par lesquelles il faut multiplier les variations supposées pour avoir les véritables. On peut obtenir ces inconnues par les méthodes différentielles, mais il m'avait paru que le moyen précédent, ayant l'avantage de refaire les mêmes calculs pour chaque hypothèse, était préférable. M. Brinkley, astronome très distingué de l'Observatoire de Dublin, pense que les formules différentielles sont plus exactes et plus simples, et il a donné ces formules dans les *Transactions de l'Académie d'Irlande*. L'usage seul peut décider cette question.

M. Bouvard a bien voulu appliquer la méthode précédente à l'orbite de la seconde Comète de 1805. Voici le résultat de son calcul ([1]).

______

([1]) Voir également *OEuvres de Laplace*, T. V, Livre XV.

DE

L'ORBITE DE LA SECONDE COMÈTE DE 1805;

PAR M. BOUVARD.

La méthode de M. de Laplace consiste à choisir quatre ou cinq observations très rapprochées les unes des autres, en employant la formule suivante :

$$x + ty + \frac{t^2}{2}z = \beta'',$$

dans laquelle x représente la longitude prise pour époque moyenne, y la différence première et z la différence seconde; t le temps qui sépare les observations employées du temps de l'observation moyenne. La même formule servira également pour la latitude.

Substituant, dans cette formule, pour t les temps correspondant aux observations, on aura autant d'équations que d'observations. On fera ensuite usage de la méthode des moindres carrés pour trouver les valeurs des trois inconnues x, y et z.

Voici les observations de cette Comète :

Temps moyen.	Longitudes.	Latitudes.
1805. Novembre 16,45206......	29.23.37 $= \beta$	+30. 2.40 $= \gamma$
17,36386......	28.51.23 $= \beta'$	+29.48.52 $= \gamma'$
18,39027......	28.14.18 $= \beta''$	+29.32.44 $= \gamma''$
23,32241......	24.11. 4 $= \beta'''$	+27.25.35 $= \gamma'''$
30,51095......	15.39.40 $= \beta^{iv}$	+19.25.28 $= \gamma^{iv}$
Décembre 5,29581......	2. 7.11 $= \beta^{v}$	+ 3.20.45 $= \gamma^{v}$
8,27324......	344. 1.31 $= \beta^{vi}$	—18.54.14 $= \gamma^{vi}$

En choisissant les quatre premières observations et en prenant pour époque celle du 18, les temps sont

$$t = -1^j,94721, \qquad t' = -1^j,03541, \qquad t'' = +4^j,92314;$$

ce qui donne les équations

$$(1) \qquad x - 1,94721\,y + 1,89581\,z = 29°23'37'' = 29°,3937,$$

$$(2) \qquad x - 1,03541\,y + 0,53604\,z = 28°51'23'' = 28°,8564,$$

$$(3) \qquad x + \quad 0\,y + \quad 0\,z = 28°14'18'' = 28°,2383,$$

$$(4) \qquad x + 4,92314\,y + 12,11866\,z = 24°41'\,4'' = 24°,6845.$$

L'équation du minimum, pour x, sera

$$(a) \qquad 4\,x + 1,94052\,y + 14,55051\,z = +111°,1729.$$

L'équation du minimum, pour y, est

$$(b) \qquad +1,94052\,x + 29,10102\,y + 55,41531\,z = +34°,4113.$$

Enfin celle relative à z sera

$$(c) \qquad +14,55051\,x + 55,41531\,y + 150,74344\,z = +370°,3361.$$

La résolution de ces trois équations donne

$$x = 28°,2276 = 28°13'39'',$$
$$y = -2279'',536,$$
$$z = -125,8951;$$

d'où l'on tire le premier membre de l'équation de condition

$$(m) \qquad 28°13'39'' - 2279'',536\,t - 62'',9475\,t^2,$$

laquelle, étant comparée à celle de la *Mécanique céleste*, page 200 ([1]). donne

$$\alpha = 28°13'39''$$

et, par suite,

$$\log a = 9,8078393 -,$$
$$\log b = 0,3144190 -,$$

[1] *Œuvres de Laplace*, T. I, p. 205.

ou

$$a = -0,64245,$$
$$b = -2,06262,$$

En opérant de même pour les latitudes, on aura également les quatre équations

$$(1) \qquad \theta - 1,94721\,y' + 1,89581\,z' = 30^\circ\,2'40'' = 30^\circ,0444,$$
$$(2) \qquad \theta - 1,03541\,y' + 0,53604\,z' = 29^\circ48'52'' = 29^\circ,8145,$$
$$(3) \qquad \theta + \qquad 0\,y' + \qquad 0\,z' = 29^\circ32'44'' = 29^\circ,5455,$$
$$(4) \qquad \theta + 4,92314\,y' + 12,11866\,z' = 37^\circ25'35'' = 27^\circ,4264;$$

d'où l'on tire les équations

$$(a') \qquad 4\theta + 1,94052\,y' + 14,55051\,z' = +116^\circ,8308,$$
$$(b') \qquad + 1,94052\,\theta + 29,10102\,y' + 55,41531\,z' = +45^\circ,6512,$$
$$(c') \qquad + 14,55051\,\theta + 55,41531\,y' + 150,74344\,z' = +405^\circ,3118.$$

En résolvant ces trois équations, on a trouvé

$$\theta = 29^\circ31'57'', \qquad y' = -1112'',72 \qquad \text{et} \qquad z' = -172'',9503;$$

ce qui fournit le premier membre de l'équation de condition

$$(n) \qquad 29^\circ31'57'' - 1112'',72\,t - 86'',4751\,t^2,$$

de laquelle on tire

$$\theta = 29^\circ31'57''$$

et, par suite,

$$\log h = 9,4963774 - \qquad \text{et} \qquad h = -0,313601,$$
$$\log l = 0,4523320 - \qquad \text{et} \qquad l = -2,83356.$$

Il ne reste plus qu'à substituer ces quantités dans les équations de la page 224 (*) de la *Mécanique céleste*. Nous avons pris pour époque moyenne l'observation du 18 novembre. La longitude du Soleil pour cet instant est égale à

$$236^\circ9'39'' = E,$$

son rayon vecteur, ou

$$\log R = 9,9946166:$$

enfin, on a trouvé

$$\log(R'-1) = 8,0666986.$$

(*) *Œuvres de Laplace*, T. I, p. 227-228.

Les équations seront les suivantes :

$$(1) \qquad r^2 = 1,32095 x^2 + 1,745218 x + 0,975514,$$

$$(2) \qquad y = -1,605275 x + \frac{0,360085}{r^3} - 0,373728,$$

$$(3) \qquad y = -4,057880 x - \frac{0,596684}{r^3} + 0,619291,$$

$$(4) \qquad \left\{ \begin{aligned} 0 &= 1,32095 y^2 - 0,469364 xy + 0,584345 x^2 \\ &\quad - 0,969176 y - 1,142341 x - \frac{2}{r} + 1,025101. \end{aligned} \right.$$

En multipliant la première valeur de y par a^2, et la deuxième par h^2, la somme divisée par $a^2 + h^2$, l'équation en y est la suivante :

$$y = -2,165710 x + \frac{0,175979}{r^3} - 0,182648.$$

En la combinant avec les équations (1) et (4), j'ai trouvé qu'il fallait supposer $x = 0,20083$, ce qui donne $r = 1,17448$ et $y = -0,50901$. L'équation de la parabole donne pour reste $-0,00014$, quantité suffisamment exacte.

J'ai trouvé ensuite

$$P = -0,757218.$$

Cette valeur de P donne

$$D = 0,88779,$$

et le temps du passage

Décembre 31,6830, temps moyen.

Pour corriger ces deux éléments j'ai fait usage des observations du 16, du 30 novembre et de celle du 8 décembre, qui a été faite au méridien de Greenwich par Maskelyne. Les observations ont été corrigées de l'aberration, de la nutation et de la parallaxe, d'après les éléments que j'avais calculés en 1805, de sorte que les calculs précédents sont déduits des observations déjà corrigées.

Voici les éléments que j'ai trouvés :

Passage par le périhélie, décembre 1805, le 31, 2^h22'.
(Temps moyen compté de midi.)

Distance périhélie............	$D = 0,8917974$
Longitude du périhélie......	$P = 109°23'29''$
Longitude du nœud........	$\Omega = 250°33'20''$
Inclinaison de l'orbite......	$\varphi = 16°31'27''$
Mouvement..............	Direct.

Ces éléments représentent les observations comme il suit :

	En longitude.	En latitude.
Novembre 16..........	$+ 2'. 6''$	$- 0'. 8''$
17..........	$- 0. 6$	$- 1. 2$
18..........	$+ 0. 4$	$- 0. 3$
23..........	$- 0.16$	$+ 0. 2$
30..........	$- 1.58$	$+ 0.37$
Décembre 5..........	$+ 1.23$	$- 1.11$
8..........	$- 0.27$	$+ 2.25$

La Comète étant très près de la Terre, l'angle au Soleil très petit,
les plus légères variations dans les éléments changent considérablement les erreurs.

L'ATTRACTION DES SPHÈRES

ET SUR

LA RÉPULSION DES FLUIDES ÉLASTIQUES [1].

Connaissance des Temps pour l'année 1824; 1821.

I.

Newton a démontré ces deux propriétés remarquables de la loi d'attraction réciproque au carré de la distance : l'une, que la sphère attire
un point situé au dehors, comme si toute sa masse était réunie à son
centre; l'autre, qu'un point situé au dedans d'une couche sphérique
ne reçoit de son attraction aucun mouvement. J'ai fait voir, dans le
second Livre de la *Mécanique céleste*, que parmi toutes les lois d'attraction décroissante à l'infini, par la distance, la loi de la nature est
la seule qui jouisse de ces propriétés : dans toute autre loi d'attraction,
l'action des sphères est modifiée par leurs dimensions. Pour déterminer
ces modifications je partirai des formules que j'ai données dans le n° 12
du second Livre cité, en conservant les mêmes dénominations. J'ai
trouvé l'attraction d'une surface sphérique dont u est le rayon, et r est
la distance d'un point extérieur à son centre, égale à la différentielle,
prise par rapport à r et divisée par dr, de la fonction

$$\frac{2\pi u}{r}[\psi(r+u)-\psi(r-u)].$$

[1] Lu à l'Académie des Sciences le 10 septembre 1821.

Dans cette fonction, π est le rapport de la circonférence au diamètre ; $\psi(r)$ est $\int r\,dr\,\varphi_{,}(r)$, et $\varphi_{,}(r)$ est $\int dr\,\varphi(r)$, $\varphi(r)$ exprimant la loi de l'attraction. Enfin, l'attraction de la couche est supposée dirigée vers son centre.

Désignons $\int dr\,\psi(r)$ par $\psi_{,}(r)$; $\int dr\,\psi_{,}(r)$ par $\psi_{u}(r)$, et ainsi de suite. La fonction précédente multipliée par du, et intégrée depuis $u = 0$ jusqu'à $u = R$, R étant le rayon de la sphère, devient

$$\frac{2\pi}{r}\big\{ R[\psi_{,}(r+R) + \psi_{,}(r-R)] - \psi_{,}(r+R) + \psi_{,}(r-R) \big\},$$

ou

$$\frac{2\pi R^2}{r}\,\frac{\partial}{\partial R}\,\frac{\psi_{,}(r+R) - \psi_{,}(r-R)}{R}.$$

La différentielle de cette fonction, prise par rapport à r et divisée par dr, donne, pour l'attraction d'une sphère de la densité ρ,

$$(\text{A}) \qquad 2\pi\rho R^2 \frac{\partial^2}{\partial r\,\partial R}\,\frac{\psi_{,}(r+R) - \psi_{,}(r-R)}{rR}.$$

Si l'on suppose la loi d'attraction $\varphi(r)$ égale à $r^{-2-\alpha}$, cette formule devient, en désignant par M la masse de la sphère,

$$(\text{B}) \quad \frac{3M}{2r^3 R^3}\,\frac{(r+R)^{3-\alpha} - (r-R)^{3-\alpha} - (3-\alpha)[(r+R)^{1-\alpha} + (r-R)^{1-\alpha}]R\,r}{(1+\alpha)(1-\alpha)(3-\alpha)}.$$

Si le point attiré est à la surface, on a $r = R$, et cette fonction devient

$$\frac{M\,2^{-\alpha}R^{-2-\alpha}}{(1-\alpha)(1-\tfrac{1}{3}\alpha)}.$$

A une grande distance r, la même fonction devient $Mr^{-2-\alpha}$; ce n'est donc que dans les deux cas de $\alpha = 0$ et de $\alpha = -3$ que l'attraction à la surface de la sphère est à l'attraction à une grande distance dans le rapport donné par la loi de l'attraction, c'est-à-dire dans le rapport de $R^{-2-\alpha}$ à $r^{-2-\alpha}$.

Lorsque Newton voulut reconnaître l'identité de la force qui retient la Lune dans son orbite avec la pesanteur, il supposa que la pesanteur d'un corps qui s'élève successivement de la surface de la Terre diminue suivant le rapport des distances, donné par la loi d'attraction de la nature. L'exactitude de cette supposition, que ce grand géomètre a démontrée depuis, lui fit voir cette identité.

Dans le cas de $\alpha = -1$, le numérateur et le dénominateur de la formule (B) deviennent nuls, et l'on trouve, par les formules connues, que cette formule devient

$$\frac{3M}{8r R^2}(r^2 + R^2) + \frac{3M}{16 r^2 R^3}(r^2 - R^2)\log\frac{r-R}{r+R}.$$

Considérons présentement l'attraction d'une couche sphérique sur un point placé au dedans, à la distance r de son centre : R et r' étant les rayons des surfaces extérieure et intérieure de la couche. L'attraction d'une couche dont u est le rayon, du l'épaisseur et ρ la densité est, par le n° 12 du second Livre,

$$2\pi\rho u\,du\,\frac{\partial}{\partial r}\frac{\psi(u+r)-\psi(u-r)}{r}.$$

Il faut intégrer cette quantité depuis $u = r'$ jusqu'à $u = R$, et l'on trouvera par l'analyse précédente que cette intégrale est

$$\text{(C)}\quad 2\pi\rho R^2 \frac{\partial^2}{\partial r\,\partial R}\frac{\psi_{\scriptscriptstyle,\!,}(R+r)-\psi_{\scriptscriptstyle,\!,}(R-r)}{rR} - 2\pi\rho r'^2\frac{\partial^2}{\partial r\,\partial r'}\frac{\psi_{\scriptscriptstyle,\!,}(r'+r)-\psi_{\scriptscriptstyle,\!,}(r'-r)}{rr'}.$$

En comparant cette formule à la formule (A), on voit que l'attraction de la couche sphérique sur le point intérieur est la différence des produits des attractions de la sphère intérieure dont le rayon est r, sur deux points placés aux surfaces extérieure et intérieure de la couche, multipliées respectivement par $\frac{R^2}{r^2}$ et $\frac{r'^2}{r^2}$, ce qui donne l'attraction de la couche sur un point intérieur, lorsqu'on a l'attraction de la sphère sur les points extérieurs.

Si l'on suppose le point attiré à la surface intérieure de la couche. r' devient r; en ajoutant à la formule (C) l'attraction de la sphère dont le rayon est r, sur un point placé à sa surface, la formule (C) deviendra

$$\text{(D)}\qquad 2\pi\rho R^2\frac{\partial^2}{\partial r\,dR}\frac{\psi_{\scriptscriptstyle,\!,}(R+r)-\psi_{\scriptscriptstyle,\!,}(R-r)}{rR};$$

c'est l'expression de l'attraction de la sphère dont le rayon est R, sur un point de son intérieur placé à la distance r du centre. La comparaison de cette formule avec la formule (A) donne le théorème suivant :

L'attraction d'une sphère sur un point de la surface d'une petite sphère intérieure concentrique à la première est à l'attraction de la petite sphère, sur un point de la surface de la grande, comme la grande surface est à la petite.

De là il suit que l'attraction entière d'une sphère sur la surface de l'autre est la même pour chacune d'elles.

Je vais maintenant considérer l'attraction mutuelle de deux sphères l'une sur l'autre. Soient R et R' leurs rayons, ρ et ρ' leurs densités et r la distance de leurs centres. On peut considérer la première sphère comme si sa masse était réunie à son centre et attirait les points extérieurs suivant une loi d'attraction exprimée par la formule (A). En vertu de l'égalité de l'action à la réaction, un point attire une sphère, comme il en est attiré; ainsi, pour avoir l'action de la seconde sphère sur la première, il faut supposer la loi d'attraction exprimée par la fonction (A). En désignant donc cette fonction par $'\varphi_{,}(r)$, on aura

$$'\varphi_{,}(r) = \frac{2\pi\rho R^2}{r} \frac{\partial}{\partial R} \frac{\psi_{,}(R+r) - \psi_{,}(r-R)}{R},$$

ce qui donne $\int r\, dr.'\varphi_{,}(r)$, que nous désignerons par $'\psi(r)$ égal à

$$2\pi\rho R^2 \frac{\partial}{\partial R} \frac{\psi_{-}(R+r) - \psi_{-}(r-R)}{R}.$$

Si l'on substitue cette valeur de $'\psi(r)$, au lieu de $\psi(r)$, dans la formule (A), cette formule donnera, pour l'attraction de la seconde sphère sur la première,

$$(E) \quad 4\pi^2\rho\rho' R^2 R'^2 \frac{\partial^3}{\partial r\, \partial R\, \partial R'} \frac{\left\{ \begin{array}{l} \psi_{,}(r+R+R') - \psi_{,}(r+R-R') \\ -\psi_{,}(r-R+R') + \psi_{,}(r-R-R') \end{array} \right\}}{r\,R\,R'};$$

ce sera aussi l'attraction de la première sphère sur la seconde, c'est-à-dire que l'on peut supposer les deux sphères réunies respectivement à leurs centres, et agissant l'une sur l'autre suivant une loi d'attraction exprimée par la fonction (E) divisée par le produit des masses ou par

$$\frac{16}{9}\,\pi^2\rho\rho'\,\mathrm{R}^3\,\mathrm{R}'^3.$$

II.

Les formules précédentes s'appliquent évidemment à la répulsion des fluides élastiques contenus dans des enveloppes sphériques, pourvu que la densité du fluide soit partout la même.

Si l'on nomme p la pression du fluide, et si l'on désigne par φ la force répulsive d'une sphère fluide, dont R est le rayon et ρ la densité, sur un point placé à la distance r de son centre, et qui éprouve la pression p, on aura, par le n° 17 du premier Livre de la *Mécanique céleste*,

$$dp = \rho\varphi\,dr,$$

dr étant l'élément de la direction de la force répulsive qui agit en sens contraire de la force attractive. φ est la fonction (D); $\int \varphi\,dr$ est donc cette fonction dans laquelle on supprime la différentiation par rapport à r; et alors on a $p = $ constante

$$(\mathrm{F}) \qquad + 2\pi\rho^2\frac{\mathrm{R}^2}{r}\frac{\partial}{\partial\mathrm{R}}\frac{\psi_{\prime\prime}(\mathrm{R}+r)-\psi_{\prime\prime}(\mathrm{R}-r)}{\mathrm{R}}.$$

Newton a supposé entre les molécules de l'air une force répulsive réciproque à leur distance, ce qui revient à supposer $\varphi(r) = \frac{1}{r}$. Cette supposition donne

$$\psi_{\prime\prime}(r) = \frac{1}{96}\,r^4\left(4\log r - \frac{13}{3}\right);$$

cette valeur substituée dans la fonction (F) est loin de représenter les observations qui donnent p constant; aussi ce grand géomètre ne donne-t-il à cette loi de répulsion qu'une sphère d'activité d'une étendue insensible. Mais la manière dont il explique ce défaut de continuité est bien peu satisfaisante. Il faut sans doute admettre, entre les molécules de l'air, une force répulsive qui ne soit sensible qu'à des distances imperceptibles; la difficulté consiste à en déduire les lois que présentent les fluides élastiques. C'est ce que l'on peut faire par les considérations suivantes :

J'observe d'abord qu'une molécule de gaz ou de fluide élastique, contenue dans une enveloppe sphérique, n'étant point en contact avec les molécules voisines, elle doit être en équilibre, en vertu de toutes les forces répulsives qu'elle éprouve; en sorte que φ doit être nul dans l'équation

$$dp = \varphi\varphi\, dr,$$

ce qui donne la pression p constante dans toute l'étendue du fluide. En supposant donc, conformément à l'expérience, la pression p fonction de la densité dans les fluides élastiques, à une température constante, on voit que la densité ρ doit être supposée la même dans toutes les parties du fluide. Nous démontrerons ci-après ce résultat de l'expérience pour tous les points du fluide placés à une distance de l'enveloppe plus grande que le rayon de la sphère d'activité sensible, de la force répulsive.

Maintenant, je suppose les molécules des gaz, à une distance réciproque, telle que leur attraction mutuelle soit insensible, ce qui me parait être la propriété caractéristique de ces fluides, et même des vapeurs, de celles du moins qui, par une légère compression, ne se réduisent point en partie à l'état liquide. Je suppose ensuite que ces molécules retiennent par leur attraction la chaleur, et que leur répulsion mutuelle soit due à la répulsion des molécules de la chaleur, répulsion dont je suppose l'étendue de la sphère d'activité insensible.

Soit c la chaleur contenue dans chaque molécule de gaz, la répulsion de deux molécules sera évidemment proportionnelle à c^2. En nommant donc r leur distance mutuelle, nous exprimerons la loi de répulsion de deux molécules de gaz, par $Hc^2\, \varphi(r)$, $\varphi(r)$ devenant insensible lorsque r a une valeur sensible. H est une constante qui dépend de la force répulsive de la chaleur, et qui semble ainsi devoir être la même pour tous les gaz; mais ne connaissant point la nature de cette force, nous ne savons pas si elle est modifiée par la nature même de la molécule du gaz; je la supposerai seulement constante pour le même gaz, laissant à l'expérience à déterminer les modifications qu'elle peut ainsi recevoir. J'imagine présentement une enveloppe sphérique, remplie d'un gaz quelconque. On vient de voir que la pression et la densité seront les mêmes dans tous les points de cette sphère placés à une distance sensible de l'enveloppe. Je conçois ensuite une sphère intérieure concentrique à l'enveloppe, dont R soit le rayon à très peu près égal à celui de l'enveloppe, de manière cependant que la densité de la couche du gaz qui recouvre cette sphère puisse être censée constante dans une étendue égale ou supérieure à celle de la sphère d'activité sensible de la force répulsive de la chaleur. Si l'on nomme r le rayon d'une molécule de cette couche, la formule (A) de l'article I donnera

$$- 2\pi \mathrm{H}c^2 \rho \mathrm{R}^2 \frac{\partial^2}{\partial r\, \partial \mathrm{R}} \frac{\psi_{\prime\prime}(r - \mathrm{R})}{r\mathrm{R}}$$

pour la force répulsive que la sphère exerce sur cette molécule de la couche. En effet, la nature des forces qui ne sont sensibles qu'à des distances insensibles rend $\psi_{\prime\prime}(r)$ insensible, lorsque r a une valeur sensible. Sur quoi j'observerai qu'en vertu de cette nature, $\psi(r)$ est incomparablement supérieur à $\psi_{\prime}(r)$, $\psi_{\prime}(r)$ est incomparablement supérieur à $\psi_{\prime\prime}(r)$, et ainsi de suite. J'affecte l'expression précédente du facteur $\mathrm{H}c^2$, parce que $\varphi(r)$ a ce facteur. La fonction précédente devient encore par les mêmes considérations

$$2\pi \frac{\mathrm{H}c^2 \rho \mathrm{R}^2}{r\mathrm{R}} \psi(r - \mathrm{R}).$$

Il faut multiplier cette fonction par $4\pi\rho r^2\, dr$, pour avoir l'action répulsive de la sphère sur la couche extérieure dont ρ est la densité, r le rayon et dr l'épaisseur. Soit $r - \mathrm{R} = s$, s étant une quantité imperceptible, la fonction précédente devient à très peu près

$$2\pi^2 \mathrm{H}c^2 \rho^2 4\,\mathrm{R}^2\, ds\, \psi(s);$$

il faut, pour avoir l'action entière de la sphère intérieure sur la couche qui la recouvre, intégrer cette différentielle, depuis s nul jusqu'à s infini; en nommant K l'intégrale $\int ds\,\psi(s)$ prise dans ces limites, on aura, pour cette action,

$$2\pi\Pi c'\rho^{2}4\pi R^{2}K.$$

Concevons maintenant toutes les molécules du gaz liées fixement entre elles, et que la couche qui recouvre la sphère soit divisée en parties finies qui puissent se soulever par l'action répulsive de la sphère, mais qu'elles soient retenues par une pression P exercée sur chaque point de l'enveloppe. Cette pression sur l'enveloppe entière sera $4\pi R^{2}P$, à très peu près, et elle doit faire équilibre à l'action répulsive de la sphère, ce qui donne

$$P = 2\pi\Pi c^{2}\rho^{2}K.$$

Cette valeur de P est indépendante du rayon R de la sphère, ce qui tient à ce que l'action répulsive de la chaleur ne s'exerçant qu'à des distances insensibles, on peut ne considérer que les parties du gaz extrêmement voisines du point de l'enveloppe qui éprouve la pression P. De là et de ce que la pression p dans l'intérieur du gaz est constante, la force φ qu'éprouve chaque molécule étant nulle dans l'équation

$$dp = \rho\varphi\,dr,$$

il est facile de conclure que, quelle que soit la forme de l'enveloppe, la pression P du gaz est toujours

$$(1)\qquad\qquad P = 2\pi\Pi K\rho^{2}c^{2}.$$

Imaginons cette enveloppe à une température t, et contenant un gaz à la même température. Il est clair qu'une molécule quelconque de ce gaz sera atteinte à chaque instant par des rayons caloriques émanés des corps environnants. Elle éteindra une partie de ces rayons, mais il faudra, pour le maintien de la température, qu'elle remplace ces rayons éteints par son rayonnement propre. La molécule, dans tout autre espace à la même température, sera atteinte à chaque instant par la même quantité de rayons caloriques; elle en éteindra une même partie qu'elle rendra par son rayonnement. La quantité de rayons caloriques qu'une surface donnée reçoit à chaque instant est donc une fonction de la seule température, et indépendante de la nature des corps environnants; je la désignerai par $\Pi(t)$. L'extinction sera donc $q\,\Pi(t)$, q étant un facteur constant dépendant de la nature de la molécule ou du gaz. J'observerai ici que la quantité de rayons émanés des corps environnants, et qui forme la chaleur libre de l'espace, est, à raison de l'extrême vitesse que l'on doit supposer à ces rayons, une partie insensible de la chaleur contenue dans les corps, comme on l'a reconnu d'ailleurs par les expériences que l'on a faites pour condenser cette chaleur. Maintenant, quelle que soit la manière dont la chaleur des molécules environnantes agit par sa répulsion sur la chaleur de la molécule du gaz, pour en détacher une partie, et pour faire rayonner cette molécule, il est clair que ce rayonnement sera en raison composée de la densité du gaz environnant la molécule, ou de ρc et de la chaleur c contenue dans la molécule; il sera donc proportionnel à ρc^2; ρc^2 est donc proportionnel à l'extinction $q\,\Pi(t)$, et nous pourrons supposer

$$(2) \qquad \rho c^2 = q'\,\Pi(t).$$

q' étant un facteur constant dépendant de la nature du gaz et $\Pi(t)$ étant une fonction de la température, indépendante de cette nature.

Les équations (1) et (2) renferment les lois générales des fluides élastiques. Elles donnent

$$(3) \qquad \mathrm{P} = i\rho\,\Pi(t),$$

en désignant par i le facteur $2\pi\Pi K q'$, qui dépend de la nature du gaz. Cette équation donne, en supposant la température constante, P proportionnel à ρ, ce qui est la loi de Mariotte. En supposant ensuite P constant, la température t devenant t' et la densité ρ devenant ρ' on a

$$\frac{\rho'}{\rho} = \frac{\Pi(t)}{\Pi(t')}.$$

Le second membre de cette équation étant indépendant de la nature du gaz, on voit que la fraction $\frac{\rho'}{\rho}$ est la même pour tous les gaz lorsque la température t se change en t', ce qui est la loi que M. Gay-Lussac nous a fait connaître, et suivant laquelle le même volume v des divers gaz se change pour tous dans le même volume v' par le même changement de la température t en t'; car on a évidemment

$$\frac{\rho}{\rho'} = \frac{v'}{v}.$$

Il résulte de l'équation (1) que la pression P croit dans un rapport plus grand que la chaleur c; en sorte que la chaleur c de chaque molécule devenant double, P devient quadruple; ce qui explique l'économie de combustible observée dans l'emploi des machines à vapeur à grandes compressions.

Il résulte de l'équation (2) que, la température restant la même, la chaleur c diminue quand la densité augmente : la compression d'un gaz doit donc développer de la chaleur pour être ramené à la même température, ce que l'expérience confirme. Ainsi une pression quadruple exprimera d'une masse de gaz la moitié de sa chaleur.

J'ai observé le premier que l'excès de la vitesse du son sur le résultat donné par la formule newtonienne était dû à ce développement de chaleur; il serait même plus grand que l'excès observé si la compression ne dégageait pas instantanément, par voie de rayonnement, une partie très sensible de cette chaleur développée.

Les considérations et l'analyse précédentes s'appliquent facilement au mélange des gaz et des vapeurs, qui dans ce mélange n'exercent point d'affinité les unes avec les autres. On sait qu'à la longue la diffusion de ces gaz les répand en proportions égales dans toutes les parties du mélange. Je vais donc considérer le mélange de deux gaz dans cet état. Je le suppose dans une enveloppe sphérique. On voit d'abord que chaque molécule de ce mélange, étant en équilibre au milieu de toutes les forces répulsives qu'elle éprouve, la pression doit être la même dans toutes les parties du mélange. Si l'on conçoit, comme ci-dessus, une sphère intérieure concentrique à l'enveloppe, et d'un rayon R à très peu près égal à celui de cette enveloppe, on aura l'action répulsive de cette sphère sur la couche très mince de gaz qui la recouvre, en considérant la sphère et la couche comme deux sphères et deux couches, formées des deux gaz. Soient ρ et ρ' les densités de ces gaz; l'action de la sphère du premier gaz sur la couche du premier gaz sera, par ce qui précède, $2\pi\mathrm{IIK}c^2\rho^2$, ou $Lc^2\rho^2$, en désignant $2\pi\mathrm{IIK}$ par L; c est la chaleur contenue dans chaque molécule du premier gaz, et L dépend de la nature de ce gaz, ou de la manière dont ses molécules se repoussent mutuellement en vertu de la force répulsive de la chaleur qu'elles contiennent. Il résulte encore de l'analyse précédente que l'action répulsive du premier gaz sur la couche du second gaz peut être exprimée par $Ncc'\rho\rho'$, c' étant la chaleur contenue dans une molécule du second gaz, et N étant une constante qui dépend de la manière dont deux molécules du premier et du second gaz se repoussent mutuellement par la force répulsive de leur chaleur. L'action de la sphère du second gaz sur la couche du premier gaz sera pareillement $Ncc'\rho\rho'$. Enfin, l'action de la sphère du second gaz sur la couche du second gaz peut être exprimée par $L'c'^2\rho'^2$. En réunissant toutes ces actions dont la somme doit être égale à la pression P du mélange, on aura

$$\mathrm{P} = Lc^2\rho^2 + 2Ncc'\rho\rho' + L'c'^2\rho'^2.$$

On voit, par ce qui précède, que cette valeur de P a lieu quelle que soit la figure de l'enveloppe.

Considérons maintenant le rayonnement de chaque molécule du gaz mélangé. Le rayonnement d'une molécule du premier gaz, produit par l'action répulsive de la chaleur de ce gaz, sera, par ce qui précède, proportionnel à $Lc^2\rho$. Le rayonnement de la même molécule, par l'action du second gaz, sera dans le même rapport avec $Ncc'\rho'$. En égalant la somme de ces rayonnements à l'extinction, par la molécule, des rayons qu'elle reçoit, et qui est proportionnelle à la fonction $\mathrm{II}(t)$ de la température t, on aura

$$Lc^2\rho + Ncc'\rho' = i\,\mathrm{II}(t);$$

i étant un facteur dépendant de la manière dont les molécules du premier gaz éteignent les rayons caloriques. On aura pareillement

$$L'c'^2\rho' + Ncc'\rho = t'\,\Pi(t).$$

Ces deux équations, multipliées respectivement par ρ et ρ', donnent en les ajoutant

$$Lc^2\rho^2 + 2Ncc'\rho\rho' + L'c'^2\rho'^2 = t\rho\,\Pi(t) + t'\rho'\,\Pi(t).$$

Le premier membre de cette équation est la pression P du mélange à la température t. La fonction $t\rho\,\Pi(t)$ serait, par ce qui précède, la pression du premier gaz, s'il existait seul dans l'enveloppe; et $t'\rho'\,\Pi(t)$ serait la pression du second gaz s'il était seul. En nommant donc p et p' ces pressions, on aura

$$P = p + p'.$$

Il est facile de voir que la pression P d'un nombre quelconque de gaz, dont les pressions partielles seraient p, p', p'', ..., sera

$$P = p + p' + p'' + \ldots,$$

ce qui est donné par l'expérience.

Cette équation ayant lieu, quelle que soit N, elle subsistera en faisant, comme M. Dalton, N nul, c'est-à-dire en supposant nulle l'action répulsive réciproque de deux gaz différents. Mais cette hypothèse est bien peu naturelle : elle me parait d'ailleurs contraire à plusieurs phénomènes.

L'équation (3) donne pour un même gaz

$$\frac{\Pi(t')}{\Pi(t)} = \frac{P'\rho}{P\rho'}.$$

Si l'on nomme v et v' les volumes du gaz aux températures t et t', on aura $\dfrac{\rho}{\rho'} = \dfrac{v'}{v}$; par conséquent,

$$\frac{\Pi(t')}{\Pi(t)} = \frac{P'v'}{Pv}.$$

En supposant P constant ou $P = P'$, $\Pi(t)$ sera proportionnel à v; la fonction $\Pi(t)$ sera donc indiquée par un thermomètre d'un de ces gaz, maintenu à une pression constante. L'équation (1) donne alors

$$\rho' c' = \rho c;$$

et par conséquent

$$\frac{c'}{c} = \frac{\rho'}{\rho};$$

ce thermomètre indique donc les accroissements de la chaleur c, contenue dans ce gaz à diverses températures. Pour 1° d'accroissement, en partant de la température zéro, ρ' croît de $0,00375\rho$; c' croît donc de $0,00375c$; d'où il suit que si l'on a trouvé par l'expérience qu'une masse donnée de ce gaz, en s'abaissant de la température de 1° à celle de zéro ou de la glace fondante, peut élever 1^{gr} d'eau, de zéro à 1°, par le développement de sa chaleur, toute la chaleur contenue dans cette masse de gaz, à zéro de température, élèvera $266^{gr}\frac{2}{3}$ d'eau, de zéro à 1°.

III.

Je dois faire ici une remarque importante. L'action réciproque de deux molécules de gaz, appartenant au même gaz ou à deux gaz différents, est composée : 1° de la répulsion mutuelle des deux quantités de calorique qu'elles contiennent; 2° de l'attraction du calorique de la seconde molécule, par la première molécule; 3° de l'attraction du calorique de la première molécule, par la seconde molécule; 4° de l'attraction mutuelle des deux molécules. Je n'ai considéré, dans ce qui précède, que la première de ces forces, et j'ai supposé que les trois autres sont considérablement plus petites. Cela me paraît certain relativement à la quatrième force que l'écartement des molécules des gaz rend insensible; mais je n'oserais assurer que la seconde et la troisième force soient insensibles, surtout relativement aux vapeurs, qu'une légère compression réduit à l'état liquide. Je vais donc considérer ces forces, et présenter en même temps la théorie précédente sous un point de vue plus simple.

Imaginons un vase cylindrique vertical d'une largeur et d'une hau-leur indéfinies. Supposons-le rempli d'un gaz pressé par un poids à sa surface supérieure. Concevons dans le cylindre, à une distance quelconque de cette surface, un plan horizontal A, infiniment mince, de toute la largeur du cylindre, et supposons les molécules du gaz situées au-dessus du plan, fixement liées entre elles. Soient m une de ces molécules, r sa distance au plan horizontal, f sa distance à une molécule m' située au-dessous du plan à la distance R, de manière que les deux verticales passant par ces deux molécules soient éloignées entre elles de la quantité s. On aura évidemment

$$f = \sqrt{(R + r)^2 + s^2}.$$

Soient $H\varphi(f)$ la loi de l'action répulsive des quantités de chaleur contenues dans ces molécules, et $N\varphi(f)$ la loi de la force attractive de la chaleur par ces molécules, l'action répulsive de la molécule m' sur la molécule m, décomposée verticalement, sera évidemment

$$(Hc^2 - Nc)\varphi(f)\frac{(R + r)}{f};$$

et relativement à toutes les molécules situées à la distance f de la molécule m, et sur le plan horizontal passant par la molécule m', elle sera

$$2\pi\rho s\frac{(R + r)}{f}\varphi(f)(Hc^2 - Nc),$$

ρ étant la densité du gaz. Pour avoir l'action répulsive de tout le gaz contenu au-dessous du plan A, sur la molécule m, il faut multiplier la fonction précédente par $ds\,dR$, et intégrer depuis $s = 0$ jusqu'à s infini, et depuis $R = 0$ jusqu'à R infini. On trouvera ainsi

$$2\pi\rho(Hc^2 - Nc)\psi(r)$$

pour cette action répulsive. Maintenant, si l'on conçoit des séries verticales de molécules, contiguës et prolongées depuis le plan A jusqu'à la surface supérieure du cylindre, elles formeront une colonne verticale. Soit ϖ la base de cette colonne; l'action répulsive du gaz situé au-dessous du plan A sur cette colonne placée au-dessus sera

$$2\pi\varpi\rho^{2}(Hc^{2}-Nc)\int dr\,\psi(r);$$

l'intégrale étant prise depuis r nul jusqu'à r infini; car je suppose la distance de la molécule m à la surface, plus grande que le rayon de la sphère d'activité sensible des forces attractives et répulsives. La pression sur la surface ϖ est ϖP, P étant le poids que cette colonne supporte à la surface supérieure prise pour unité; on aura donc, en négligeant le poids du gaz,

$$(4)\qquad\qquad P=2\pi\rho^{2}(Hc^{2}-Nc)K.$$

Je considère maintenant l'action d'une molécule quelconque m' du gaz sur une autre molécule m, dont elle est éloignée de la distance r; cette action sera $(Hc-N)\varphi(r)$. Je suppose le rayonnement de la molécule m proportionnel au nombre des molécules, à ces forces et à la chaleur c contenue dans la molécule m; ce rayonnement sera donc proportionnel à $\rho(Hc^{2}-Nc)$, et l'on aura

$$(5)\qquad\qquad \rho(Hc^{2}-Nc)=q\,\Pi(t):$$

$\Pi(t)$ exprimant une fonction de la seule température. Les équations (4) et (5) donnent les deux lois de Mariotte et de M. Gay-Lussac. Mais on doit observer que ces équations n'ont été trouvées qu'en supposant que $\varphi(r)$ représente à la fois la loi de répulsion de la chaleur et la loi de son attraction par les molécules du gaz.

Il est maintenant facile de faire voir que la densité du gaz doit être partout la même, à une distance de l'enveloppe plus grande que le rayon de la sphère d'activité sensible des forces. En effet, on peut supposer la densité des tranches fluides horizontales sensiblement constante dans une épaisseur égale au diamètre de cette sphère. En plaçant donc le plan horizontal A au milieu d'une de ces tranches dont la densité soit ρ; en appliquant ensuite l'analyse précédente, on aura

$$P=i\rho\,\Pi(t).$$

Pour une autre tranche dont ρ' serait la densité, on aurait encore

$$P = i\rho' \, \Pi(t);$$

on a donc $\rho = \rho'$.

Considérons maintenant, comme nous l'avons fait ci-dessus, le mélange de deux gaz. Soient $Hc^2\varphi(r)$ la répulsion, à la distance r, du calorique d'une molécule du premier gaz, par le calorique d'une autre molécule de gaz, et $Nc\varphi(r)$ l'attraction du calorique d'une de ces molécules, par une autre molécule; on aura, par ce qui précède, la répulsion du premier gaz situé au-dessus du plan A, par le même gaz situé au-dessous, égale à

$$2\pi K\rho^2(Hc^2 - Nc).$$

Soient $Lcc'\varphi(r)$ la répulsion du calorique du second gaz par le calorique du premier gaz, et $Mc'\varphi(r)$ l'attraction du calorique du second gaz par une molécule du premier; on trouvera par l'analyse précédente la répulsion du second gaz situé au-dessus du plan A, par l'action du premier gaz situé au-dessous, égale à

$$2\pi K\rho\rho'(Lcc' - Mc').$$

En désignant par L' et M' pour le second gaz, relativement au premier, ce que nous avons désigné par L et M pour le premier gaz, relativement au second, on aura

$$2\pi K\rho\rho'(L'cc' - M'c)$$

pour la répulsion du premier gaz placé au-dessus du plan A, par le second gaz placé au-dessous. Enfin, H' et N' désignant, pour le second gaz, ce que H et N signifient pour le premier, on aura

$$2\pi K\rho'^2(H'c'^2 - N'c')$$

pour la répulsion du second gaz placé au-dessus du plan A par le second gaz placé au-dessous. En nommant donc P la pression du fluide à sa surface supérieure, on aura

$$P = 2\pi K \{\rho^2(Hc^2 - Nc) + \rho\rho'[(L + L')cc' - Mc' - M'c] + \rho'^2(H'c'^2 - N'c')\}.$$

L'action du premier gaz sur le calorique d'une molécule de ce gaz est proportionnelle à

$$\rho(Hc' - Nc)\varphi(r).$$

L'action du second gaz sur ce même calorique a le même rapport à

$$\rho'(L'cc' - M'c)\varphi(r);$$

on aura donc le rayonnement de la molécule du premier gaz, proportionnel à la somme de ces actions, ce qui donne

$$\rho(Hc^2 - Nc) + \rho'(L'cc' - M'c) = i\,H(t);$$

on aura pareillement

$$\rho'(H'c'^2 - N'c') + \rho(Lcc' - Mc') = i'\,H(t).$$

En multipliant respectivement ces deux équations par ρ et ρ', on aura, en les ajoutant,

$$P = i\rho\,H(t) + i'\rho'\,H(t);$$

mais, en désignant par p et p' les pressions relatives à chacun des gaz, on a

$$p = i\rho\,\Pi(t), \qquad p' = i'\rho'\,H(t);$$

donc

$$P = p + p'.$$

Quant à l'égale diffusion des deux gaz, dans toutes les parties du mélange, il est facile de voir que ce n'est que dans cet état que chaque molécule de gaz peut être en équilibre.

La théorie précédente revient à considérer chaque molécule des corps comme rayonnant du calorique, par la force répulsive que le calorique des molécules environnantes exerce sur le calorique qu'elle contient. Un corps jouit d'une température constante, lorsqu'il éteint autant de calorique qu'il en rayonne. Un espace qui renferme un système de corps jouit d'une température constante, lorsque chaque corps y rayonne autant de calorique qu'il en éteint. La densité du calorique répandu par les rayonnements dans cet espace croit avec la température; elle peut ainsi lui servir de mesure et même de définition. Cette densité est exactement représentée par les dilatations d'un volume de gaz soumis à une pression constante, ou par les degrés du thermomètre à air, que l'on peut ainsi regarder comme le thermomètre de la nature. Deux corps à la température de l'espace supposé ne changent point de température par le contact, car leurs surfaces, qui ne se touchent point, devant rayonner comme avant le contact, la chaleur intérieure de chacun d'eux doit rester la même. Si le premier de ces corps est une couche polie d'une mince épaisseur, elle réfléchira en grande partie le calorique qu'elle reçoit, et n'en éteindra qu'une petite partie à laquelle son rayonnement sera proportionnel. Mise en contact avec le second corps, elle n'en changera point la température. On conçoit ainsi que le poli d'un corps ne change point sa température intérieure.

DÉVELOPPEMENT

DE

LA THÉORIE DES FLUIDES ÉLASTIQUES

ET

APPLICATION DE CETTE THÉORIE A LA VITESSE DU SON [1].

Connaissance des Temps pour l'an 1825; 1822.

La théorie que j'ai donnée de ces fluides consiste à regarder chacune
de leurs molécules comme un petit corps en équilibre dans l'espace,
en vertu de toutes les forces qui le sollicitent. Ces forces sont : 1° l'action répulsive de la chaleur des molécules environnant une molécule A,
sur la chaleur propre de cette molécule qui la retient par son attraction; 2° l'attraction de cette dernière chaleur par les mêmes molécules; 3° l'attraction qu'elles exercent, par leur chaleur et par elles-
mêmes, sur la molécule A. Je suppose que ces forces attractives et
répulsives ne sont sensibles qu'à des distances imperceptibles, et qu'à
raison de la rareté du fluide, la première de ces forces est la seule qui
soit sensible. Cela posé, je trouve, par les lois de l'équilibre des fluides,
l'équation suivante :

$$(1) \qquad P = kn^2c^2;$$

n est le nombre des molécules du gaz contenues dans un espace pris
pour unité, et que je supposerai être le litre; c est le calorique renfermé

[1] Présenté au Bureau des Longitudes, le 12 décembre 1821.

dans chaque molécule ; k est une constante dépendant de la force répulsive que les particules du calorique exercent les unes sur les autres, et qu'il paraît naturel de supposer la même pour tous les gaz. Enfin, P est la pression du fluide contre les parois du litre qui le contient.

J'obtiens une seconde équation par les considérations suivantes. Je conçois le litre comme un espace vide à une température quelconque. En y plaçant un ou plusieurs corps, ils rayonneront du calorique les uns sur les autres, et sur les parois du litre, qui rayonneront pareillement du calorique sur eux et sur elles-mêmes. Il y aura équilibre de température, lorsque chaque molécule rayonnera autant de calorique qu'elle en absorbe. L'espace vide du litre sera traversé dans tous les sens par les rayons caloriques qui formeront ainsi un fluide discret d'une densité très petite, et dont la quantité sera insensible relativement à la quantité de chaleur contenue dans les corps. On peut facilement prouver qu'à raison de la vitesse des particules libres du calorique, vitesse qui peut être comparée à celle de la lumière, ce fluide doit être d'une extrême rareté. Aussi les expériences que l'on a faites pour le condenser n'ont-elles donné aucun résultat sensible. Il est clair que la densité de ce fluide discret augmente avec la chaleur des corps. Elle peut ainsi servir de mesure à leur température, et en donner une définition précise. Elle croît proportionnellement aux dilatations de l'air dans un thermomètre d'air à pression constante et, par cette raison, ce thermomètre me paraît être le vrai thermomètre de la nature.

J'imagine présentement que le système des corps contenus dans le litre soit un gaz. Chaque molécule dans l'état d'équilibre rayonnera autant de calorique qu'elle en absorbe. Or il est évident que cette absorption est proportionnelle à la densité du calorique discret que je viens de considérer, ou à la température que je désignerai par u. Pour avoir l'expression du rayonnement de la molécule il faut remonter à sa cause. On ne peut pas l'attribuer à la molécule même, qui est supposée n'agir que par attraction sur le calorique ; il paraît donc naturel de le faire dépendre de la force répulsive du calorique contenu, soit dans la

molécule, soit dans les molécules environnantes. Le calorique de la
molécule étant infiniment petit par rapport à l'ensemble du calorique
de toutes les molécules environnantes, on peut n'avoir égard qu'à la
force répulsive de cet ensemble. Sans chercher à expliquer comment
cette force détache une partie du calorique de la molécule A et la fait
rayonner ([1]), je considère que l'action du calorique d'une molécule B
pour cet objet est proportionnelle à ce calorique et au calorique c de la
molécule A; je la fais ainsi proportionnelle au produit kc^2. Le rayonnement de la molécule A est donc proportionnel à ce produit; en l'égalant
à l'absorption du calorique, on a

$$(2) \qquad knc^2 = qu;$$

q étant une constante dépendant de la nature du gaz.

nc exprime la quantité de calorique du gaz contenu dans le litre; en
supposant donc que c soit le calorique contenu dans 1^{gr} du gaz, et
que ρ soit le nombre de grammes ou le poids du gaz renfermé dans le
litre, on pourra, dans les équations précédentes, substituer ρ à n, et
alors elles deviennent

$$(3) \qquad P = k\rho^2 c^2,$$
$$(4) \qquad k\rho c^2 = qu.$$

On peut voir, dans la *Connaissance des Temps* de 1824, l'analyse qui
m'a conduit à ces équations. Je l'ai étendue au mélange d'un nombre
quelconque de gaz, en supposant pour une plus grande généralité que
la valeur de k n'est pas la même pour les divers gaz, et que l'action
répulsive du calorique d'une molécule de gaz sur le calorique d'une
autre molécule pouvait être modifiée par la nature même de ces molécules. Mais il me parait naturel de la supposer indépendante de cette
nature, ce qui simplifie les formules que j'ai données dans l'Ouvrage

([1]) Les mouvements des molécules d'un gaz, produits par l'action des rayons caloriques
et dont les liquides soumis à l'action de la lumière et de la chaleur offrent des exemples.
ne peuvent-ils pas occasionner leur rayonnement, en faisant varier alternativement l'action
répulsive du calorique des molécules qui environnent chaque molécule du gaz, sur le calorique de cette molécule?

cité. Car alors on doit y faire

$$H = H' = L = L'\dots$$

En n'ayant point égard à l'action des molécules sur la chaleur et sur elles-mêmes, M, N, M', N', ... sont nuls, et alors on a les équations suivantes relatives au mélange d'un nombre quelconque de gaz, renfermé dans 1^{lit}, mélange qui n'est dans un état stable d'équilibre qu'autant que chacune de ses plus petites portions contient les molécules des divers gaz, en même rapport que le mélange total :

$$(A)\quad\begin{cases} P = k(\rho c + \rho'c' + \rho''c'' + \dots)^2, \\ k\rho c(\rho c + \rho'c' + \rho''c'' + \dots) = q\rho u, \\ k\rho'c'(\rho c + \rho'c' + \rho''c'' + \dots) = q'\rho' u, \\ k\rho''c''(\rho c + \rho'c' + \rho''c'' + \dots) = q''\rho'' u, \\ \dots\dots\dots\dots\dots\dots\dots\dots\dots\dots ; \end{cases}$$

P est la pression du mélange; k est une constante dépendant de l'intensité de la force répulsive mutuelle des particules du calorique; c, c', c'', ... sont les quantités de chaleur contenues dans 1^{gr} du premier gaz, du deuxième, du troisième, etc.; ρ, ρ', ρ'', ... sont les nombres de grammes de ces gaz, dans 1^{lit} du mélange; u est la température du mélange, et q, q', q'', ... sont des constantes dépendant de la nature de chaque gaz.

Les équations (A) donnent

$$\frac{\rho'c'}{\rho c} = \frac{q'\rho'}{q\rho}, \qquad \frac{\rho''c''}{\rho c} = \frac{q''\rho''}{q\rho}, \qquad \dots;$$

on a donc

$$\rho c + \rho'c' + \rho''c'' + \dots = (\rho q + \rho'q' + \rho''q'' + \dots)\frac{c}{q}.$$

Ainsi en faisant

$$\rho q + \rho'q' + \rho''q'' + \dots = (q)(\rho),$$
$$\rho + \rho' + \rho'' + \dots = (\rho),$$
$$C = \frac{(q)c}{q},$$

les équations (A) donneront

$$(5) \qquad P = k(\rho)'C^2,$$

$$(6) \qquad k(\rho)C^2 = (q)u.$$

Ces équations sont les mêmes que les équations (3) et (4) relatives à un fluide simple. Elles reviennent à considérer comme molécules du fluide composé un groupe infiniment petit dans lequel les molécules des divers gaz entrent dans le même rapport que dans le mélange entier. C est le calorique contenu dans 1ᵍʳ de ce mélange ; (ρ) est le poids de 1ˡⁱᵗ du mélange.

L'air atmosphérique est, comme on sait, composé de quatre différents gaz, savoir : l'azote, l'oxygène, la vapeur aqueuse et un peu d'acide carbonique ; on peut donc appliquer à ce fluide composé les équations (5) et (6). On peut encore, dans les vibrations aériennes, considérer l'air comme formé de groupes pareils à ceux que je viens d'imaginer. A la vérité, chaque molécule d'un de ces groupes étant sollicitée par des forces différentes, elles devraient, dans leurs mouvements, se séparer ; mais les obstacles que les autres groupes opposent à cette séparation suffisent pour les retenir ensemble, en sorte que le centre de gravité de chaque groupe se meut comme si ses molécules étaient liées fixement entre elles ; et c'est ainsi que nous les envisagerons dans la suite.

Les équations (5) et (6) donnent

$$P = (q)(\rho)u;$$

ainsi, la température restant la même, la pression d'un fluide quelconque, simple ou composé, est proportionnelle à sa densité ; ce qui est la loi de Mariotte.

Les mêmes équations donnent encore, pour un autre fluide simple ou composé,

$$P = (q')(\rho')u,$$

(ρ') étant la densité du second fluide et (q') étant la valeur de (q) relative à ce fluide; on a donc, quelles que soient la pression P et la température u,

$$\frac{(\rho')}{(\rho)} = \frac{(q)}{(q')}.$$

Le rapport des densités des deux fluides reste donc toujours le même, ce qui est la loi de M. Gay-Lussac.

Enfin les équations (A) donnent

$$P = q\rho u + q'\rho' u + q''\rho'' u + \ldots;$$

$q\rho u$, $q'\rho' u$, $q''\rho'' u$, ... sont les pressions que chaque gaz exercerait contre les parois du litre, s'il était seul dans cet espace; en nommant donc p, p', p'', ... ces pressions, on aura

$$P = p + p' + p'' + \ldots,$$

ce qui est la troisième loi des fluides élastiques.

Dans l'analyse exposée (p. 339 et suiv. de la *Connaissance des Temps* de 1824) j'ai omis l'action des molécules inférieures au plan horizontal que j'y considère, sur le calorique des molécules supérieures à ce plan, ce qui m'a conduit à une expression incomplète de la pression P. En rétablissant cette action, on voit que l'on ne peut alors satisfaire aux trois lois générales des fluides élastiques; ce qui prouve que l'attraction de chaque molécule d'un gaz sur les autres molécules et sur leur calorique est insensible, et ce qui dispense de toute hypothèse sur la loi d'attraction des molécules des gaz par la chaleur. Mais alors, pour satisfaire à l'ensemble des phénomènes que les gaz nous présentent, il faut considérer le calorique de chacune de leurs molécules dans deux états différents. Dans le premier état, il est libre, et c'est ce que nous avons désigné par c. Dans le second état, il est combiné et n'exerce alors aucune force répulsive et attractive sensible; mais il se développe dans le passage de l'état gazeux à l'état liquide, et même dans la variation de densité des gaz. En le désignant par i, la chaleur absolue de la molécule sera $c + i$.

De la vitesse du son dans l'atmosphère.

Je vais maintenant appliquer la théorie précédente à la vitesse du son dans notre atmosphère. Je considérerai, comme ci-dessus, ses molécules comme des groupes composés des molécules des divers gaz dont elle est formée, et qui se meuvent comme si les molécules de chaque groupe étaient liées fixement entre elles. Imaginons un cylindre horizontal d'une longueur indéfinie et rempli d'air en vibration. Pour avoir la force qui sollicite une de ses molécules A, désignons par $N \varphi(f)$ la loi de la force répulsive de la chaleur, relative à la distance f. La force répulsive de la chaleur d'une molécule B sur la chaleur de la molécule A sera $N c c_1 \varphi(f)$, f étant la distance mutuelle des deux molécules, c étant la chaleur de la molécule A, et c_1 celle de la molécule B. En nommant s la distance horizontale de B à A, et z leur distance verticale, l'action répulsive de la chaleur de B, sur la chaleur de A, sera dans le sens horizontal, et en sens contraire de l'origine des s,

$$N c c_1 \frac{s}{f} \varphi(f).$$

En la multipliant par la densité ρ de l'air au point B, et par $2\pi z\, dz$, π étant la circonférence dont le diamètre est l'unité, on aura, pour la force entière qui sollicite la molécule A dans le sens horizontal,

$$2\pi N \int\int \frac{z\, dz}{f} \rho c c_1 s\, ds\, \varphi(f):$$

les intégrales étant prises depuis $z = 0$ jusqu'à z infini, et depuis $s = -\infty$ jusqu'à $s = \infty$. On a

$$f^2 = s^2 + z^2;$$

en désignant donc par $\varphi_1(f)$ l'intégrale $\int df\, \varphi(f)$, et observant que $\varphi_1(f)$ est nul lorsque f est infini, la force précédente devient

$$-2\pi N \int \rho c c_1 s\, ds\, \varphi_1(s).$$

ρ, c_1 étant relatifs à la section verticale du cylindre qui passe par la molécule B, nous aurons, en réduisant en série,

$$\rho c c_1 = \rho c^2 + s c \frac{\partial \rho c}{\partial s} + \ldots,$$

les différentielles du second membre se rapportant à la molécule A. Or on a

$$\int s\, ds\, \varphi_1(s) = 0,$$

lorsqu'on prend les intégrales depuis $s = -\infty$ jusqu'à $s = \infty$. On a ensuite

$$\int s^2\, ds\, \varphi_1(s) = s\psi(s) - \int ds\, \psi(s).$$

en désignant par $\psi(s)$ l'intégrale $\int s\, ds\, \varphi_1(s)$. Donc, si l'on nomme Q l'intégrale $\int ds\, \psi(s)$ prise depuis s nul jusqu'à s infini, la force qui sollicite horizontalement la molécule A sera, en sens contraire de l'origine des s,

$$4\pi Q c \frac{\partial \rho c}{\partial s}.$$

Soit

$$\frac{\partial \rho c}{\rho c\, \partial s} = (1 - \theta) \frac{\partial \rho}{\rho\, \partial s};$$

la force précédente devient ainsi

$$4\pi N Q \frac{\partial \rho}{\partial s} c^2 (1 - \theta).$$

Soient X la coordonnée horizontale de la molécule A dans l'état d'équilibre, et $X + x$ sa coordonnée dans l'état de mouvement. Soit encore (ρ) la densité de l'air dans l'état d'équilibre. On aura

$$\rho = (\rho) \frac{dX}{dX + dx};$$

en négligeant donc le carré de dx, et observant que $\frac{\partial \rho}{\partial s} = \frac{\partial \rho}{\partial X}$, on aura

$$\frac{\partial \rho}{\partial s} = -(\rho) \frac{\partial^2 x}{\partial X^2}.$$

La force qui sollicite la molécule A dans le sens des x sera donc

$$4\pi NQ(\rho)\frac{\partial^2 x}{\partial X^2} c^2(1-\epsilon).$$

Il résulte de l'analyse que j'ai donnée dans la *Connaissance des Temps* de 1824, que P étant la pression de l'atmosphère, on a, dans l'état d'équilibre,

$$P = 2\pi NQ(\rho)^2 c^2;$$

en égalant donc la force précédente à $\frac{\partial^2 x}{\partial t^2}$, ∂t étant l'élément du temps, on aura

$$\frac{\partial^2 x}{\partial t^2} = \frac{2P}{(\rho)}(1-\epsilon)\frac{\partial^2 x}{\partial X^2};$$

ainsi la vitesse du son ou l'espace qu'il parcourt dans une seconde étant, comme l'on sait, et comme il est facile de le conclure de l'intégrale de cette équation aux différences partielles, la racine carrée du coefficient de $\frac{\partial^2 x}{\partial X^2}$, cette vitesse sera

$$\sqrt{\frac{2P}{(\rho)}(1-\epsilon)}.$$

Soient h la hauteur d'une atmosphère de la densité (ρ), et ε la hauteur dont la pesanteur fait tomber les corps dans une seconde, cette vitesse devient

$$\sqrt{4h\varepsilon(1-\epsilon)}.$$

Les géomètres, en étendant ces principes et cette analyse au cas où l'air a trois dimensions, trouveront facilement que, dans ce cas, la vitesse du son a la même expression.

La formule de Newton donne $\sqrt{2h\varepsilon}$ pour l'expression de cette vitesse, et en partant des valeurs connues de ε et de h, elle serait de $282^m,4$ à la température de 6° centésimaux. L'expérience a donné, à la même température, $337^m,2$ aux académiciens français. Il est donc bien certain que la formule de Newton donne un résultat trop faible. Si la valeur de i était nulle, la formule précédente donnerait $\sqrt{qk\epsilon}$, ou $399^{m},4$ pour la vitesse du son, résultat trop considérable.

Il est difficile, par les expériences sur l'air, de déterminer le facteur $1 - \beta$, et il est plus exact et plus simple de le conclure de la vitesse même du son. Cependant on peut faire usage, pour cet objet, des expériences de MM. Laroche et Bérard, sur la chaleur que l'air abandonne sous diverses pressions, en passant d'une température élevée à une température inférieure. J'en ai conclu ce facteur $1 - \beta$ égal à $0,8$ environ; d'où résulte à peu près la vitesse observée du son. Mais ces expériences délicates méritent d'être répétées avec un grand soin.

Les géomètres ont, d'après Newton, fondé la théorie du son sur des principes différents de ceux qui précèdent. Ils considèrent une molécule aérienne $\rho\, dX$, comme étant pressée d'arrière en avant, par la pression P, et d'avant en arrière, par la pression $P + dP$; ce qui donne, en vertu des principes dynamiques,

$$\frac{\partial^2 x}{\partial t^2} = - \frac{dP}{\rho\, dX}.$$

Ils supposent ensuite que l'équation

$$P = q\rho u$$

a lieu dans l'état de mouvement comme dans celui d'équilibre, et que la température u reste constante, ce qui donne

$$\frac{dP}{P} = \frac{d\rho}{\rho};$$

et comme on a, par ce qui précède,

$$d\rho = - (\rho) \frac{\partial^2 x}{\partial X^2},$$

il est facile d'en conclure

$$\frac{\partial^2 x}{\partial t^2} = \frac{P}{(\rho)} \frac{\partial^2 x}{\partial X^2};$$

ce qui donne la vitesse du son égale à $\sqrt{\dfrac{P}{(\rho)}}$. On vient de voir que cette

valeur est trop faible, ce qui montre l'inexactitude de l'analyse sur
laquelle on l'a fondée. En effet, l'air n'agit point, sur une couche
aérienne d'une épaisseur infiniment petite, par une simple différence
de pression, comme il agirait sur un plan d'une épaisseur sensible; en
sorte que l'équation différentielle

$$\frac{\partial^2 x}{\partial t^2} = - \frac{dP}{\rho\, dX}$$

n'est point exacte. De plus, l'équation $P = q\rho u$ n'est vraie que dans
l'état d'équilibre. Il est donc nécessaire, pour avoir l'expression véritable de la vitesse, de considérer, comme nous l'avons fait, toutes les
forces qui sollicitent une molécule d'air.

CONTINUATION DU MÉMOIRE PRÉCÉDENT

SUR LE

DÉVELOPPEMENT

DE

LA THÉORIE DES FLUIDES ÉLASTIQUES.

Connaissance des Temps pour l'an 1825; 1822.

Ce Mémoire, pages 302-323 de la *Connaissance des Temps* de 1825, est reproduit textuellement et avec des Additions au Tome V, Livre XII, pages 135-160, et dans l'historique du Livre XII, pages 104-105 et page 112.

SUR LA VITESSE DU SON.

Connaissance des Temps pour l'an 1825; 1822.

La formule de la vitesse du son, que j'ai publiée dans les *Annales de Physique et de Chimie* pour l'année 1816, consiste à multiplier la formule newtonienne par la racine carrée du rapport de la chaleur spécifique de l'air sous une pression constante, à sa chaleur spécifique sous un volume constant. La formule de Newton donne la vitesse du son, égale à la racine carrée du rapport de la pression à la densité de l'air. Si l'on prend pour unité la seconde sexagésimale, ce rapport à zéro de température, et sous la pression barométrique $0^m,76$, est le produit de cette pression par le rapport de la densité du mercure à celle de l'air, et par le double de l'espace dont la pesanteur fait tomber les corps dans la première seconde. J'ai conclu ce double espace des expériences de Borda sur la longueur du pendule, qui le donnent égal à $9^m,808674$. MM. Biot et Arago ont trouvé le rapport de la densité du mercure à celle de l'air sous la pression $0^m,76$ et à zéro de température, égal à $10466,82$. On aura donc, par la formule newtonienne, la vitesse du son égale à la racine carrée du produit de ces trois nombres, $9^m,808674$, $0^m,76$ et $10466,82$; ce qui donne $279^m,331$ pour l'espace décrit par le son, dans une seconde sexagésimale, à zéro de température. On doit remarquer que par la loi de Mariotte cette vitesse est constante, quelle que soit la pression, pourvu que la température reste la même. On réduira cette vitesse à la température de $15^o,9$, à laquelle la nouvelle expérience de la vitesse du son a été faite, en la multipliant par la racine carrée de l'unité augmentée du produit de $15,9$ par la dilatation

de l'air, correspondant à l'accroissement de 1° dans la température,
dilatation que M. Gay-Lussac a trouvée égale à 0,00375. On a ainsi
$287^m,538$ pour cette vitesse, ce qui diffère de $53^m,35$ du résultat de
la nouvelle expérience sur le son.

Il faut multiplier cette vitesse par la racine carrée du rapport des
deux chaleurs spécifiques de l'air. Ce rapport important peut être
conclu avec une grande exactitude des expériences intéressantes que
MM. Gay-Lussac et Welter font dans ce moment sur la compression de
l'air. Quatre de ces expériences faites sous la pression atmosphérique
$0^m,757$, et que ces savants physiciens ont bien voulu me communiquer,
m'ont donné pour ce rapport $1,3748$. Les résultats extrêmes ne diffèrent
pas de ce résultat moyen de $\frac{1}{126}$ de sa valeur. Il est très remarquable
que ce rapport soit à fort peu près constant à toutes les pressions et à
toutes les températures. Dans les grands intervalles de $-20°$ à $40°$,
et de 142^{mm} de pression à 2300^{mm}, ce rapport n'a pas varié d'un sei-
zième de sa valeur. En multipliant donc $287^m,538$ par la racine carrée
de $1,3748$, on a pour la vitesse du son $337^m,144$. On doit faire à ce
résultat une petite correction dépendant de l'état hygrométrique de
l'air. Toutes les expériences de MM. Biot, Arago, Gay-Lussac et Welter
ont été faites sur un air privé d'humidité. La vapeur aqueuse répandue
dans l'air atmosphérique étant plus légère que ce fluide le rend moins
dense; elle doit donc produire, sur la vitesse du son, un effet analogue
à celui de la chaleur. Dans la nouvelle expérience sur cette vitesse, les
hygromètres à cheveu indiquaient 72°. En partant des expériences de
M. Gay-Lussac sur ce genre d'hygromètres, et en supposant avec lui la
densité de la vapeur aqueuse égale à $\frac{10}{16}$ de la densité de l'air, je trouve
$0^m,571$ pour l'effet hygrométrique de l'air, qu'il faut ajouter à la vitesse
précédente; elle devient ainsi $337^m,715$. La nouvelle expérience sur
le son donne $340^m,889$; la différence $3^m,174$ me parait être dans les
limites des petites erreurs dont cette expérience et les éléments de
calcul dont j'ai fait usage sont encore susceptibles.

ADDITION AU MÉMOIRE

sur

LA THÉORIE DES FLUIDES ÉLASTIQUES.

Connaissance des Temps pour l'an 1825; 1822.

Ce Mémoire, pages 386-387 de la *Connaissance des Temps* 1825, est reproduit à peu près textuellement au Tome V, Livre XII, pages 104-105.

DE

L'ACTION DE LA LUNE SUR L'ATMOSPHÈRE.

Connaissance des Temps pour l'an 1826; 1823.

Ce Mémoire, pages 3o8-317 de la *Connaissance des Temps* 1826, est inséré textuellement au Tome V, Livre XIII, pages 184-188 et 262-268.

VARIATIONS DE L'OBLIQUITÉ DE L'ÉCLIPTIQUE

ET DE

LA PRÉCESSION DES ÉQUINOXES.

Connaissance des Temps pour l'an 1827; 1824.

J'ai fait voir, dans le cinquième Livre de la *Mécanique céleste*, que l'aplatissement de la Terre change considérablement la variation de l'obliquité de l'écliptique, qui résulte du mouvement séculaire de l'orbe terrestre, produit par l'action des planètes. Leur action directe sur la Terre, pour changer la position de son axe, est insensible. Mais cette action réfléchie, si je puis ainsi dire, par le Soleil, acquérant par là, dans son expression, de très petits diviseurs, devient considérable. Il arrive ici la même chose que j'ai remarquée dans la théorie de la Lune, où, par une réflexion semblable, la variation séculaire de l'excentricité de l'orbe terrestre devient, dans les équations séculaires du mouvement de ce satellite, beaucoup plus sensible que par elle-même.

On sait que les produits de la tangente de l'inclinaison de l'écliptique vraie, sur une écliptique fixe, par le sinus ou par le cosinus de la longitude de son nœud, comptée d'un équinoxe fixe, sont exprimés, le premier par une suite de termes de la forme $c \sin(gt + \epsilon)$, et le second par la même suite de termes dans lesquels on change le sinus en cosinus.

Nous représenterons la première suite par

$$\sum c \sin(gt + \delta),$$

et la seconde par

$$\sum c \cos(gt + \delta),$$

le signe $\sum$ désignant la somme des termes de la nature de celui qu'il précède.

L'angle $gt + \delta$ peut être rapporté à l'équinoxe mobile, en l'augmentant de l'angle lt, l exprimant le moyen mouvement des équinoxes.

En faisant donc

$$t + g = f,$$

les produits de la tangente de l'inclinaison de l'écliptique vraie, par le sinus ou par le cosinus de la longitude de son nœud, comptée de l'équinoxe mobile, seront

$$\sum c \sin(ft + \delta), \quad \sum c \cos(ft + \delta).$$

Maintenant, j'ai fait voir dans le cinquième Livre de la *Mécanique céleste*, que si l'on nomme θ' l'inclinaison de l'équateur à l'écliptique vraie, on a

$$(1) \qquad \theta' = h + \sum c \frac{(f - l)}{f} [\cos(ft + \delta) - \cos\delta],$$

h étant l'obliquité de l'écliptique lorsque t est nul. Si la Terre était sphérique, l serait nul et l'on aurait

$$(1) \qquad \theta' = h + \sum c [\cos(gt + \delta) - \cos\delta].$$

Ce n'est pas ainsi que Lagrange, dans les *Mémoires de l'Académie de Berlin* de 1781, et d'après lui M. Schubert, dans son *Traité d'Astronomie théorique*, ont considéré cet objet. Ils ont égard à l'aplatissement de la Terre, en tant qu'il produit la précession moyenne lt des équinoxes; mais ils n'ont point égard à l'effet de cet aplatissement combiné avec le déplacement séculaire de l'écliptique. Ils trouvent ainsi

$$\theta' = h + \sum c\,[\cos(ft + \varepsilon) - \cos(lt + \varepsilon)].$$

Lorsque le temps t, que nous supposerons exprimer un nombre d'années tropiques, n'excède pas 100, cette formule et la formule (1) donneront à fort peu près l'une et l'autre, pour la variation de l'obliquité de l'écliptique,

$$t \sum (l - f)\,c \sin\varepsilon;$$

mais ces formules seront fort différentes, lorsque le nombre t sera de plusieurs milles.

ψ' exprimant la précession des équinoxes sur l'écliptique vraie, on a, par le cinquième Livre de la *Mécanique céleste*,

$$\psi' = lt + \sum c\left(1 + \frac{l}{f}\,\tan^2 h\right)\frac{(l-f)}{f}\cot h\,[\sin(ft + \varepsilon) - \sin\varepsilon].$$

Suivant les géomètres cités, on a

$$\psi' = lt - \sum c \cot h\,[\sin(ft + \varepsilon) - \sin(lt + \varepsilon)];$$

la longueur de l'année est

$$T\left(1 - \frac{d\psi'}{dt\,360°}\right).$$

T étant l'année sidérale, on a donc cette longueur égale à

$$T'\left\{1 - \frac{1}{360°}\sum c\left(1 + \frac{l}{f}\,\tan^2 h\right)(l - f)\cot h\,[\cos(ft + \varepsilon) - \cos\varepsilon]\right\},$$

T′ étant la longueur de l'année tropique, lorsque t est nul. Suivant les géomètres cités, cette longueur est

$$T'\left\{1 - \frac{1}{360°}\sum c \cot h\,[\cos(ft + \varepsilon) - \cos\varepsilon]\right\}.$$

En comparant ces formules aux nôtres, on voit que l'on aura notre expression de θ' en multipliant chaque terme de leur expression, renfermé sous le signe $\sum$, par $\dfrac{f-l}{f}$, et en retranchant du produit ce qu'il devient lorsque t est nul.

On aura pareillement notre expression de ψ' en multipliant chaque terme de leur expression renfermé sous le signe $\sum$ par

$$\frac{(f-l)}{f}\left(1 + \frac{l}{f}\,\mathrm{tang}^2 h\right),$$

et en retranchant du produit ce qu'il devient lorsque t est nul.

Les diverses valeurs de f sont les racines d'une équation algébrique, d'un degré d'autant plus élevé qu'il y a plus de planètes. Les valeurs numériques de ces racines dépendent des rapports que l'on assigne aux masses des planètes comparées à celle du Soleil. Lagrange, dans les Mémoires cités de l'Académie de Berlin, a déterminé ces valeurs en adoptant des rapports qui lui donnent, pour la diminution séculaire actuelle de l'obliquité de l'écliptique, $61'',56$. Cette diminution est beaucoup trop grande, et les observations de Bradley, La Caille et Mayer, comparées aux observations modernes, me paraissent indiquer une diminution plus petite que $50''$. M. Schubert, dans la seconde édition qu'il vient de publier de son *Traité d'Astronomie théorique*, a donné une expression de la variation de l'obliquité de l'écliptique plus concordante avec les observations modernes. Elle consiste à ajouter, à l'obliquité de l'écliptique du commencement de l'année 1800, la formule suivante :

$$
\begin{aligned}
&- 1307'',21 \cos t\, 50'',1 &&- 5527'',78 \sin t\, 50'',1 \\
&- 387'',02 \cos t\, 24'',5715 &&- 530'',93 \sin t\, 24'',5715 \\
&- 1274'',56 \cos t\, 31'',4271 &&+ 5681'',76 \sin t\, 31'',4271 \\
&+ 264'',24 \cos t\, 33'',3851 &&+ 294'',40 \sin t\, 33'',3851 \\
&- 450'',91 \cos t\, 43'',2280 &&+ 1522'',68 \sin t\, 43'',2280 \\
&+ 3155'',49 \cos t\, 45'',3674 &&- 1440'',48 \sin t\, 45'',3674.
\end{aligned}
$$

On transformera cette formule dans la véritable, en multipliant chacun de ses termes par $\dfrac{-(50'',1 - f)}{f}$, $50'',1$ exprimant la précession moyenne annuelle des équinoxes, et f étant le coefficient de l'angle t compris sous les signes sinus et cosinus : on aura ainsi la formule suivante :

$$402'',09 \cos t\, 24'',5715 + 551'',61 \sin t\, 24'',5715$$
$$+\ 757'',30 \cos t\, 31'',4271 - 3375'',91 \sin t\, 31'',4271$$
$$-\ 132'',30 \cos t\, 33'',3851 - 147'',40 \sin t\, 33'',3851$$
$$+\ 71'',68 \cos t\, 43'',2280 - 242'',06 \sin t\, 43'',2280$$
$$-\ 329'',17 \cos t\, 45'',3674 + 150'',26 \sin t\, 45'',3674.$$

Il faut ajouter cette formule à l'obliquité de l'écliptique du commencement de 1800, et retrancher de la somme la valeur de la formule lorsque t est nul, ou l'arc 12′49″,60.

Comparons à cette formule l'observation de Tcheou-kong, que j'ai rapportée dans les *Connaissances des Temps* de 1809 et 1811 (¹). Cette observation donne l'obliquité de l'écliptique correspondant à l'an 1100 avant notre ère, égale à 23°54′2″,5. Il faut, dans la formule précédente, supposer $t = -2900$, et alors elle donne 2111″,56. En faisant donc l'obliquité de l'écliptique égale à 23°27′57″,0, au commencement de 1800, cette formule donnera 23°50′19″,0 pour l'obliquité correspondant à l'an 1100 avant notre ère; ce qui ne diffère que de 3′43″,5 de l'observation de Tcheou-kong.

Les limites comprises entre le maximum et le minimum de la fonction $a \sin \theta + b \cos \theta$ sont $\pm \sqrt{a^2 + b^2}$. De là j'ai conclu que les limites de la variation de l'obliquité de l'écliptique donnée par la formule de M. Schubert sont $\pm 4°53′33″$. Par cette formule transformée dans la véritable, ces limites se réduisent à $\pm 1°22′35″$.

On voit donc que la considération de l'aplatissement du sphéroïde terrestre réduit considérablement l'étendue des variations de l'obliquité de l'écliptique qui existeraient sans cet aplatissement; ce qui a lieu pareillement pour les variations de la longueur de l'année.

(¹) *OEuvres de Laplace*, T. XIII.

SUR

LE DÉVELOPPEMENT EN SÉRIE DU RADICAL

QUI EXPRIME LA DISTANCE MUTUELLE DE DEUX PLANÈTES

ET SUR

LE DÉVELOPPEMENT DU RAYON VECTEUR ELLIPTIQUE.

Connaissance des Temps pour l'an 1828; 1825.

Ce Mémoire, dans lequel Laplace recherche et détermine pour la première fois la valeur de l'excentricité e pour laquelle les séries de la *Mécanique céleste* restent convergentes, est reproduit, avec des additions, dans le Supplément au cinquième Volume du *Traité de Mécanique céleste*, par M. le MARQUIS DE LAPLACE (imprimé sur le Manuscrit trouvé dans ses papiers), 1827, Tome V, pages 469-489.

MÉMOIRE

SUR

LES DEUX GRANDES INÉGALITÉS

DE JUPITER ET DE SATURNE.

Connaissance des Temps pour l'an 1829; 1826.

Ces inégalités ont pour argument cinq fois la longitude moyenne
de Saturne, moins deux fois celle de Jupiter; leur période est de
neuf siècles environ. J'ai reconnu qu'elles ont entre elles, à fort peu
près, un rapport simple, qui consiste en ce que, si l'on nomme m la
masse de Jupiter, celle du Soleil étant prise pour unité, a la moyenne
distance de cette planète au Soleil; si l'on désigne pareillement par m'
la masse de Saturne et par a' sa moyenne distance au Soleil, la grande
inégalité de Saturne est à celle de Jupiter comme $m\sqrt{a}$ est à $-m'\sqrt{a'}$.
Dans le calcul de ces inégalités, j'ai eu égard aux parties très petites
dépendant du carré de la force perturbatrice, et j'ai conclu, au moyen
du rapport précédent, la partie relative à Jupiter de celle qui est relative à Saturne. Dans un Mémoire inséré parmi ceux de la Société astronomique de Londres ([1]), qui a pour titre *Mémoire sur différents points
relatifs à la théorie des perturbations des planètes, exposée dans la Mécanique céleste*, M. Plana a discuté de nouveau ces petites parties, et il
a reconnu que le rapport dont il s'agit ne leur est point applicable.
Cette remarque m'ayant fait reprendre mon analyse, je suis parvenu à
un rapport entre ces parties auquel les résultats de M. Plana sont loin

([1]) Tome II, pages 325-412.

OEuvres de L. — XIII. 49

de satisfaire, et d'où il suit que le rapport dont j'avais fait usage s'éloigne peu de la vérité.

En publiant mon *Traité de Mécanique céleste*, j'ai désiré que les géomètres en vérifiassent les résultats, et spécialement ceux qui me sont propres. Les résultats de la théorie du Système du monde sont si distants des premiers principes que leur vérification est nécessaire pour en assurer l'exactitude. Les géomètres qui s'en occupent font donc une chose très utile à l'Astronomie. Je dois, comme savant et comme auteur, beaucoup de reconnaissance à ceux qui veulent bien prendre mon Ouvrage pour texte de leurs discussions et qui, par là, me fournissent l'occasion d'éclaircir quelques points délicats traités dans cet Ouvrage. Ainsi, dans le Mémoire cité, M. Plana étant parvenu par une analyse, qui n'est point irréprochable, à des équations différentielles du mouvement de l'orbite du dernier satellite de Saturne, qu'il croit devoir être substituées à celles que j'ai données à la page 182 du quatrième Volume de la *Mécanique céleste*, j'ai de nouveau examiné mes équations, et j'en ai confirmé l'exactitude par une autre méthode, comme je le montrerai dans un prochain Mémoire.

Je reprends l'équation (7) du n° 9 du deuxième Livre de la *Mécanique céleste* ([1]). En n'y considérant que l'action mutuelle du Soleil dont je désigne la masse par M, de Jupiter dont je désigne la masse par m, et de Saturne dont je désigne la masse par m'; en nommant x, y, z les trois coordonnées orthogonales de Jupiter, rapportées au centre du Soleil, x', y', z' celles de Saturne, r et r' leurs rayons vecteurs; enfin dt exprimant l'élément du temps t, cette équation donnera

$$\text{const.} = (M + m')m\,\frac{d.x^2 + dy^2 + dz^2}{dt^2} - 2(M + m + m')\frac{Mm}{r}$$
$$+ (M + m)m'\,\frac{d.x'^2 + dy'^2 + dz'^2}{dt^2} - 2(M + m + m')\frac{Mm'}{r'}.$$
$$- 2mm'\left(\frac{dx\,dx'}{dt^2} + \frac{dy\,dy'}{dt^2} + \frac{dz\,dz'}{dt^2}\right)$$
$$- \frac{2(M + m + m')mm'}{\sqrt{(x'-x)^2 + (y'-y)^2 + (z'-z)^2}}.$$

([1]) *OEuvres de Laplace*, T. I, p. 147.

On a, par le n° 46 du deuxième Livre (¹),

$$\frac{dx^2 + dy^2 + dz^2}{dt^2} = \frac{2(M + m)}{r} - 2\int dR + \text{const.},$$

$$\frac{dx'^2 + dy'^2 + dz'^2}{dt^2} = \frac{2(M + m')}{r'} - 2\int d'R' + \text{const.};$$

R étant égal à

$$\frac{m'(xx' + yy' + zz')}{r'^3} - \frac{m'}{\sqrt{(x'-x)^2 + (y'-y)^2 + (z'-z)^2}};$$

la différentielle d sous le signe intégral $\int$ se rapportant aux seules coordonnées de Jupiter, et la différentielle d' se rapportant aux seules coordonnées de Saturne; on aura donc

$$(A) \quad \left\{ \begin{aligned} & (M + m')\, m \int dR + (M + m)\, m' \int d'R' \\ & = mm'\left(\frac{m}{r} + \frac{m'}{r'}\right) - mm'\,\frac{dx\,dx' + dy\,dy' + dz\,dz'}{dt^2} \\ & \quad - \frac{(M + m + m')\,mm'}{\sqrt{(x'-x)^2 + (y'-y)^2 + (z'-z)^2}} + \text{const.} \end{aligned} \right.$$

Il faut maintenant considérer les termes de cette équation, affectés du très petit diviseur $5n' - 2n$, et qui ont pour argument $5n't - 2nt$, nt et $n't$ étant les moyens mouvements de Jupiter et de Saturne. Ces termes sont en effet les seuls qui, acquérant encore ce diviseur par une nouvelle intégration, donnent dans les expressions de $\int\int dR$ et de $\int\int d'R'$, et par conséquent dans les expressions de la longitude des deux planètes, des termes ayant pour diviseur $(5n' - 2n)^2$. Pour les déterminer, nous observerons que les fonctions

$$- mm'\,\frac{dx\,dx' + dy\,dy' + dz\,dz'}{dt^2}, \quad \frac{-(M + m + m')\,mm'}{\sqrt{(x'-x)^2 + (y'-y)^2 + (z'-z)^2}}$$

ne renferment point de termes semblables de l'ordre m^2. Car on obtient les termes de l'ordre m^2, dans ces fonctions, en y substituant, au lieu de x, x', y, y', ..., leurs valeurs elliptiques, et il est clair qu'en développant ces fonctions, elles ne donneront point de termes ayant pour diviseur $5n' - 2n$. Il faut donc, pour avoir des termes semblables dans

(¹) *OEuvres de Laplace*, T. I, p. 278.

ce développement, substituer pour x, y, x', y', ... leurs valeurs augmentées des quantités dues aux forces perturbatrices, ce qui donnera des termes de l'ordre m^3. On peut obtenir ces termes d'une manière fort simple, en considérant les orbites comme des ellipses variables. Pour cela, je vais rappeler ici quelques résultats exposés dans le Supplément ([1]) au *Traité de la Mécanique céleste*, et dans le deuxième Livre ([2]).

En exprimant par $\int n\,dt + \varepsilon$ la longitude moyenne de Jupiter, ε sera l'élément que l'on nomme *époque* de la longitude moyenne. Soient a le demi-grand axe de son ellipse, e l'excentricité, ϖ la longitude du périhélie, γ l'inclinaison de l'ellipse à un plan fixe, et θ la longitude du nœud. Marquons d'un trait, pour Saturne, les lettres n, ε, a, e, ϖ, γ et θ. Les quantités a, n, a' et n' seront, par le n° 23 du deuxième Livre, liées entre elles par les deux équations

$$n^2 a^{\frac{3}{2}} = \mathrm{M} + m, \qquad n'^2 a'^{\frac{3}{2}} = \mathrm{M} + m',$$

et l'on aura, par le n° 64 du même Livre,

$$d\,\frac{\mathrm{M} + m}{a} = 2\,d\mathrm{R}, \qquad d\,\frac{\mathrm{M} + m'}{a'} = 2\,d'\mathrm{R}'.$$

V étant une fonction des coordonnées x, y, z, x', y', z' des deux ellipses, on peut la différentier une première fois en n'y faisant varier que le temps t, et en y regardant les éléments comme constants, ce qui donnera, lorsqu'on aura substitué dans V, au lieu de x, y, z, x', y', z', leurs valeurs elliptiques, et faisant

$$\int n\,dt + \varepsilon = \mathrm{L}, \qquad \int n'\,dt + \varepsilon' = \mathrm{L}',$$
$$d\mathrm{V} = \frac{\partial \mathrm{V}}{\partial \mathrm{L}}\,n\,dt + \frac{\partial \mathrm{V}}{\partial \mathrm{L}'}\,n'\,dt;$$

on a ensuite

$$0 = \frac{\partial \mathrm{V}}{\partial a}\,da + \frac{\partial \mathrm{V}}{\partial \mathrm{L}}\,d\varepsilon + \frac{\partial \mathrm{V}}{\partial e}\,de + \frac{\partial \mathrm{V}}{\partial \varpi}\,d\varpi + \frac{\partial \mathrm{V}}{\partial \gamma}\,d\gamma + \frac{\partial \mathrm{V}}{\partial \theta}\,d\theta,$$
$$0 = \frac{\partial \mathrm{V}}{\partial a'}\,da' + \frac{\partial \mathrm{V}}{\partial \mathrm{L}'}\,d\varepsilon' + \frac{\partial \mathrm{V}}{\partial e'}\,de' + \frac{\partial \mathrm{V}}{\partial \varpi'}\,d\varpi' + \frac{\partial \mathrm{V}}{\partial \gamma'}\,d\gamma' + \frac{\partial \mathrm{V}}{\partial \theta'}\,d\theta'.$$

([1]) *OEuvres de Laplace*, T. III, p. 325.
([2]) *Id.*, T. I, Chap. VIII, p. 346.

Cela posé, les valeurs elliptiques de x et de x' peuvent être mises sous cette forme

$$x = A + B \cos\left(\int n\,dt + \varepsilon + L\right) + \dots,$$

$$x' = A' + B'\cos\left(\int n'dt + \varepsilon' + L'\right) + \dots,$$

A, B, L, $\dots$, A', B', L', $\dots$ étant fonctions des éléments des orbites; on aura donc par ce qui précède

$$dx = -B\,n\,dt \sin\left(\int n\,dt + \varepsilon + L\right) - \dots,$$

$$dx' = -B'n'dt \sin\left(\int n'dt + \varepsilon' + L'\right) - \dots.$$

Le produit $dx\,dx'$ ne renfermera donc que des quantités périodiques de la forme

$$H \cos\left(i \int n\,dt + i' \int n'dt + E\right),$$

H et E étant fonctions des éléments. Il est facile de voir, par le Supplément cité, qu'en considérant les éléments comme variables, leurs variations correspondant aux deux grandes inégalités de Jupiter et de Saturne ont le même argument que ces inégalités, savoir $5n't - 2nt$ ou $5\int n'dt - 2\int n\,dt$, et elles ont $5n' - 2n$ pour diviseur. En les substituant dans la quantité précédente, il en résultera des termes qui auront ce même diviseur; mais il est visible qu'ils n'auront point le même argument, à moins que i' ne soit égal à 10 et i égal à -4; mais, dans ce cas, H est très petit de l'ordre e^6, ce qui rend sa considération inutile. On voit ainsi que la fonction

$$- mm'\frac{dx\,dx' + dy\,dy' + dz\,dz'}{dt^3}$$

ne renferme point de termes des ordres m^2 et m^3, qui aient pour argument $5n't - 2nt$, et pour diviseur $5n' - 2n$.

Cependant cette fonction contient un terme de la forme

$$H' \cos(5n't - 2nt + A),$$

H' étant fonction des éléments. En y substituant la partie des variations des éléments proportionnelles au temps, on aura des termes de la forme

$$K t \cos(5n't - 2nt + B),$$

termes qui, sans avoir $5n' - 2n$ pour diviseur, peuvent, à la longue, devenir sensibles. Mais j'ai eu égard à ces termes dans ma théorie de Jupiter et de Saturne.

La fonction

$$\frac{-(M + m + m')mm'}{\sqrt{(x'-x)^2 + (y'-y)^2 + (z'-z)^2}}$$

peut se réduire à sa partie

$$\frac{-Mmm'}{\sqrt{(x'-x)^2 + (y'-y)^2 + (z'-z)^2}},$$

parce que l'autre partie est de l'ordre m^3 et ne renferme point de termes qui, ayant pour argument $5n't - 2nt$, ont pour diviseur $5n' - 2n$. Concevons la fonction

$$\frac{1}{\sqrt{(x'-x)^2 + (y'-y)^2 + (z'-z)^2}},$$

développée dans la suite

$$A + K \cos(5n't - 2nt + I) + Q,$$

Q étant une série de cosinus d'angles de la forme $int + i'n't$, i et i' étant des nombres entiers positifs ou négatifs, et $int + i'n't$ étant différent de $5n't - 2nt$. Cela posé, si l'on désigne par la caractéristique δ les variations, et si l'on fait

$$R = (R) + \delta R, \qquad R' = (R') + \delta R',$$

(R) et (R') étant les parties de R et de R' de l'ordre m; δR et $\delta R'$ étant les parties de l'ordre m^2; l'équation (A) donnera en ne conservant que les termes utiles, c'est-à-dire ceux qui ont pour argument $5n't - 2nt$, et $5n' - 2n$ pour diviseur, et observant que $mm'\left(\dfrac{m}{r} + \dfrac{m'}{r'}\right)$ n'en renferment point de semblables de l'ordre m^3,

$$M\left[m\int d(R) + m'\int d'(R')\right] + mm'\left[\int d(R) + \int d'(R')\right]$$
$$+ M\left(m\int d\,\delta R + m'\int d'\,\delta R'\right) = -Mmm'\{(A) + [K\cos(5n't - 2nt + 1)]\}$$
$$- Mmm'\,\delta[A + K\cos(5n't - 2nt + 1)].$$

$$(A) \quad\text{et}\quad [K\cos(5n't - 2nt + 1)]$$

étant les parties de

$$A \quad\text{et de}\quad K\cos(5n't - 2nt + 1)$$

indépendantes de m et de m'. En égalant donc séparément les quantités de l'ordre m^2 et de l'ordre m^3, on aura

$$M\left[m\int d(R) + m'\int d'(R')\right] = -Mmm'\{(A) + [K\cos(5n't - 2nt + 1)]\},$$
$$mm'\left[\int d(R) + \int d'(R')\right] + mm'\int d\,\delta\left(\frac{xx' + yy' + zz'}{r'^3} + Q\right)$$
$$+ mm'\int d'\,\delta\left(\frac{xx' + yy' + zz'}{r^3} + Q\right) = 0;$$

les quantités

$$m'\int d\,\delta\left(\frac{xx' + yy' + zz'}{r'^3} + Q\right) \quad\text{et}\quad m\int d'\,\delta\left(\frac{xx' + yy' + zz'}{r^3} + Q\right)$$

sont, comme il est facile de s'en assurer, celles que j'ai considérées, ainsi que M. Plana, dans les valeurs de $\int d\,\delta R$ et de $\int d'\,\delta R'$; en restreignant donc ainsi ces valeurs, on aura

$$(0) \qquad 0 = m\int d\,\delta R + m'\int d'\,\delta R' + mm'\int d(R) + mm'\int d'(R'),$$

ce qui donne

$$(Z) \qquad 3a'n'\int d'\,\delta R' = -\frac{ma'n'}{m'an}\,3an\int d\,\delta R + (m' - m)\,3a'n'\int d'(R').$$

On a, aux quantités près de l'ordre m,

$$n^2a^3 = n'^2a'^3,$$

ce qui donne

$$\frac{ma'n'}{m'an} = \frac{m\sqrt{a}}{m'\sqrt{a'}};$$

de plus, si l'on nomme ζ et ζ' les deux grandes inégalités de Jupiter et de Saturne, on a à fort peu près, par le n° 64 du deuxième Livre,

$$\zeta' = \int 3a'n'\,dt \int d'(R');$$

l'équation (Z) donnera donc

$$\int 3a'n'\,dt \int d'\,\partial R' = -\frac{m\sqrt{a}}{m'\sqrt{a'}} \int 3an\,dt \int d\,\partial R + (m'-m)\zeta'.$$

Suivant M. Plana, dans son Mémoire cité (¹), on a en secondes sexagésimales

$$\int 3an\,dt \int d\,\partial R = -1'',9200 \sin(5n't - 2nt) + 5'',5575 \cos(5n't - 2nt);$$

on aura donc, en observant que l'on a

$$m = \frac{1}{1070}, \qquad m' = \frac{1}{3512}, \qquad \log\frac{m\sqrt{a}}{m'\sqrt{a'}} = 0,3844953,$$

$$\int 3a'n'\,dt \int d'\,\partial R'$$
$$= 4'',6537 \sin(5n't - 2nt) - 10'',6998 \cos(5n't - 2nt) + \left(\frac{1}{3512} - \frac{1}{1070}\right)\zeta';$$

la valeur de ζ' du n° 35 du sixième Livre (²) est, en la réduisant en secondes sexagésimales,

$$- 2931'' \sin(5n't - 2nt) - 223'' \cos(5n't - 2nt);$$

on aura ainsi

$$\int 3a'n'\,dt \int d'\,\partial R' = 6'',559 \sin(5n't - 2nt) - 10'',555 \cos(5n't - 2nt);$$

M. Plana trouve (³)

$$\int 3a'n'\,dt \int d'\,\partial R'_1 = 25'',1036 \sin(5n't - 2nt) - 12'',8932 \cos(5n't - 2nt),$$

(¹) *Mémoires de la S. R. A.*, T. II, p. 397.
(²) *Œuvres de Laplace*, T. III, p. 147.
(³) Mémoire cité, p. 405.

ce qui diffère beaucoup du résultat précédent. Il me parait donc que les valeurs de $3\int an\,dt\int d'\,\delta R$ et $3\int a'n'dt\int d'\,\delta R'$, déterminées par ce savant géomètre, ont besoin de correction (¹).

On aura égard dans l'équation (O) aux valeurs entières de δR et de $\delta R'$, en ajoutant au second membre de cette équation la fonction

$$mm'\,\delta[A + K\cos(5n't - 2nt + 1)].$$

Enfin, pour compléter le calcul des parties des inégalités de Jupiter et de Saturne, dépendant du carré de la force perturbatrice, et qui, ayant pour argument $5n't - 2nt$, ont pour diviseur $(5n' - 2n)^2$; il faut avoir égard aux variations de l'élément que l'on nomme *époque*, et que l'on peut obtenir par les formules que j'ai données à la page 6 du Supplément au troisième Volume de la *Mécanique céleste*.

(¹) Les résultats numériques de Plana, donnés ci-dessus et empruntés par Laplace, sont entièrement erronés, par suite d'une faute de signe dans les calculs analytiques. La découverte en a été faite par de Pontécoulant.

Au lieu de

$$\zeta = -1'',9200\sin(5n't - 2nt) + 5'',5575\cos(5n't - 2nt)$$

et

$$\zeta' = 25'',1036\sin(5n't - 2nt) - 12'',8932\cos(5n't - 2nt),$$

il faut lire :

$$\zeta = 1'',4800\sin(5n't - 2nt) + 17'',7241\cos(5n't - 2nt)$$

et

$$\zeta' = 5'',0730\sin(5n't - 2nt) - 40'',3282\cos(5n't - 2nt),$$

d'après le Mémoire :

Note sur le calcul de la partie du coefficient de la grande inégalité de Jupiter et Saturne qui dépend du carré de la force perturbatrice, 1829 (*Mémoires de l'Académie de Turin*, T. XXXIV et XXXV).

Si maintenant nous refaisons les calculs de Laplace, nous avons successivement

$$\int 3a'n'dt\int d'\,\delta R' = -3'',5872\sin(5n't - 2nt)$$
$$- 42'',9595\cos(5n't - 2nt) + \left(\frac{1}{3512} - \frac{1}{1070}\right)\zeta'$$

et

$$\int 3a'n'dt\int d'\,\delta R' = -1'',6823\sin(5n't - 2nt) - 42'',8146\cos(5n't - 2nt),$$

au lieu de la valeur

$$\zeta' = 5'',0730\sin(5n't - 2nt) - 40'',3282\cos(5n't - 2nt).$$

obtenue par Plana.

Cette rectification nous dispense de corriger les coefficients $-10'',6998$, $-10'',555$ et $-12'',8932$, qui sont également inexacts.

Sur la valeur

$$\zeta' = -2931'' \sin(5n't - 2nt) - 223'' \cos(5n't - 2nt),$$

employée par Laplace, voici la remarque de Plana, Mémoire cité, page 7 :

« Laplace, dans la page 243 de la *Connaissance des Temps* pour l'année 1829, fait

$$\zeta' = -2931'' \sin(5n't - 2nt) - 223'' \cos(5n't - 2nt),$$

ce qui revient à réduire en secondes sexagésimales le résultat qu'il avait donné dans la page 140 du troisième Volume de la *Mécanique céleste*. Mais cela n'est pas exact. Car : 1° on doit appliquer à ces nombres la correction dont il est parlé dans les pages 23 et 24 du premier Supplément à la *Mécanique céleste*, publié en 1808 (*) ; 2° on doit, pour se conformer à l'esprit de la démonstration par laquelle on arrive à l'équation

$$m\sqrt{a}\,\delta\zeta + m'\sqrt{a'}\,\delta\zeta' + (m - m')m'\sqrt{a'}\,\zeta' = 0,$$

exclure de la valeur *totale* de ζ' la partie $\delta\zeta'$, qui est de l'ordre du carré de la force perturbatrice. Et comme il est démontré maintenant que les nombres (en division centésimale).

$$-11'',77943 \sin(5n't - 2nt) + 132'',4701 \cos(5n't - 2nt),$$

donnés dans la même page 140, doivent être pris avec un signe contraire, on sent qu'il n'est pas permis de négliger ces deux corrections. D'après ces motifs, j'ai formé la valeur de ζ' que j'emploie ici en posant (division centésimale)

$$\zeta' = -\frac{m}{m'} \sqrt{\frac{a}{a'}} \frac{3354,40}{3512} [(3900'',616 - 38'',692) \sin(5n't - 2nt) + (368'',910 + 25'',065) \cos(5n't - 2nt)]$$

(*voir* p. 127 et 129 du troisième Volume de la *Mécanique céleste*) et faisant ensuite la réduction en secondes sexagésimales. »

Le calcul de la grande inégalité de Jupiter et Saturne a suscité de nombreuses recherches : nous mentionnerons seulement, en dehors des Mémoires déjà cités, parmi ceux qui se rapportent plus directement au travail précédent de Laplace :

PLANA, *Sur le Mémoire de Laplace intitulé : Sur les deux grandes inégalités de Jupiter et Saturne* (*Mémoires de l'Académie de Turin*, t. XXXI, 1827).

POISSON, *Sur les inégalités à longues périodes résultant de l'action mutuelle de Saturne et Jupiter* (*Connaissance des Temps* pour les années 1831 et 1832).

(*) OEuvres de Laplace, T. III.

MÉMOIRE

SUR

DIVERS POINTS DE MÉCANIQUE CÉLESTE.

Connaissance des Temps pour l'an 1829: 1826.

I.

Sur les mouvements de l'orbite du dernier satellite de Saturne.

J'ai donné, à la page 182 du quatrième Volume de la *Mécanique céleste* (¹), les variations différentielles de l'inclinaison de cette orbite et du mouvement de ses nœuds sur l'orbite de Saturne. M. Plana, dans un Mémoire inséré parmi ceux de la Société astronomique de Londres (²), est parvenu à des résultats différents; mais, en les examinant avec attention, on reconnait que son analyse n'est pas entièrement exacte. D'ailleurs, j'ai retrouvé mes résultats par une autre méthode, comme on va le voir.

Si l'on nomme :

Π la distance du nœud ascendant de l'équateur de Saturne au nœud ascendant de l'orbite du satellite, ce dernier nœud étant supposé moins avancé que le premier dans le sens du mouvement de la planète;

ψ l'arc de l'orbite du satellite, compris entre son nœud ascendant sur l'orbite de Saturne et son nœud descendant sur l'équateur de cette planète;

(¹) *OEuvres de Laplace*, T. IV, p. 182.
(²) *Ibid.*, T. II, p. 325-412.

γ l'inclinaison mutuelle de cet équateur et de l'orbite du satellite;
λ l'inclinaison de l'orbite du satellite à l'orbite de Saturne;
A l'inclinaison de l'équateur de Saturne à son orbite.

Si l'on désigne par k la quantité $\frac{3}{4}m^2$, mt étant le moyen mouvement de Saturne, et t exprimant le temps représenté par le moyen mouvement du satellite dont le mouvement vrai est exprimé par v; si l'on désigne encore par k' la quantité

$$\frac{(\varphi - \frac{1}{2}\varphi)}{a^3}\, \mathrm{M},$$

a étant la moyenne distance du satellite au centre du sphéroïde de Saturne dont le rayon moyen est pris pour unité; φ étant l'ellipticité de ce sphéroïde; M sa masse et φ le rapport de la force centrifuge à la pesanteur à son équateur; je suis parvenu, dans la page citée, aux deux équations suivantes, en ne considérant que les actions du Soleil et de Saturne sur le satellite dont l'orbite est supposée circulaire :

$$(1) \qquad \frac{d\lambda}{dv} = - k' \sin\gamma \cos\gamma \sin\psi,$$

$$(2) \qquad \frac{d\Pi}{dv} = k \cos\lambda - \frac{k' \sin\gamma \cos\gamma}{\sin\lambda} \cos\psi.$$

En considérant le triangle sphérique formé par les positions, sur la sphère céleste, des trois nœuds dont je viens de parler, observés du centre de Saturne, les formules trigonométriques donnent

$$\sin\gamma \sin\psi = \sin\mathrm{A} \sin\Pi,$$

$$\cos\gamma = \sin\mathrm{A} \sin\lambda \cos\Pi + \cos\mathrm{A} \cos\lambda,$$

ce qui donne

$$(3) \qquad \frac{d\lambda}{dv} = - k' \sin\mathrm{A} \cos\mathrm{A} \cos\lambda \sin\Pi - \frac{1}{2} k' \sin^2\mathrm{A} \sin\lambda \sin 2\Pi.$$

Ensuite les formules trigonométriques donnent

$$\sin\gamma \cos\psi = \sin\mathrm{A} \cos\lambda \cos\Pi - \cos\mathrm{A} \sin\lambda;$$

on a donc

$$(4) \qquad \begin{cases} \dfrac{d\Pi}{dv} = k \cos\lambda - k' \dfrac{(\sin\mathrm{A} \sin\lambda \cos\Pi + \cos\mathrm{A} \cos\lambda)}{\sin\lambda} \\[1mm] \qquad \times (\sin\mathrm{A} \cos\lambda \cos\Pi - \cos\mathrm{A} \sin\lambda). \end{cases}$$

Les équations (3) et (4) ne renferment plus avec v que les variables λ et Π, si l'on suppose invariables l'orbite et l'équateur de Saturne, ce que l'on peut, à fort peu près, supposer; on aura donc ces variables en intégrant ces équations. Sous cette forme, l'intégration est très difficile; mais on peut, par l'analyse exposée dans le n° 35 du Livre VIII de la *Mécanique céleste* (¹), la ramener, au moyen d'une transformation convenable des variables, à la rectification des sections coniques.

Si l'on conçoit un plan fixe qui passe entre l'équateur et l'orbite de Saturne, par leur commune intersection, et qui soit incliné à cet équateur d'un angle θ tel que

$$\operatorname{tang} 2\theta = \frac{k \sin 2\mathrm{A}}{k + k' \cos 2\mathrm{A}},$$

en nommant ϖ l'inclinaison de l'orbite du satellite à ce plan, et Π' la distance angulaire du nœud de cette orbite avec ce plan, et du nœud de l'équateur avec l'orbite de Saturne, le premier de ces nœuds étant supposé moins avancé que le second, en longitude; si l'on fait

$$q = \frac{1}{4}\left(k + k' - \sqrt{k^2 + 2kk' \cos 2\mathrm{A} + k'^2}\right),$$

$$p = \frac{1}{4}\left(k + k' + 3\sqrt{k^2 + 2kk' \cos 2\mathrm{A} + k'^2}\right),$$

on aura, par le numéro cité,

$$\sin \varpi = \frac{b}{\sqrt{p - q \cos 2\Pi'}},$$

$$dv = \frac{d\Pi'}{\sqrt{(p - q \cos 2\Pi')(p - b^2 - q \cos 2\Pi')}},$$

b étant une constante arbitraire. En faisant

$$\operatorname{tang} \Pi' = \sqrt{\frac{p - q}{p + q}}\, \operatorname{tang} \Pi'',$$

on aura

$$dv = \frac{d\Pi''}{\sqrt{p^2 - q^2 - b^2 p - b^2 q \cos 2\Pi''}}.$$

(¹) *OEuvres de Laplace*, T. IV, p. 173.

L'intégrale de cette dernière équation dépend, comme on sait, de la rectification des sections coniques.

Ayant ainsi ϖ et Π' en fonction de v ou du temps, on aura, par le numéro cité, λ et Π, au moyen des équations

$$\cos\lambda = \cos(\Lambda - \vartheta)\cos\varpi - \sin(\Lambda - \vartheta)\sin\varpi\cos\Pi',$$

$$\sin\Lambda\sin\lambda\cos\Pi + \cos\Lambda\cos\lambda = \cos\vartheta\cos\varpi + \sin\vartheta\sin\varpi\cos\Pi',$$

car les deux membres de cette dernière équation sont, par ce qui précède et par le numéro cité, les expressions de $\cos\gamma$.

Je vais maintenant parvenir d'une autre manière aux équations (1) et (2). Je reprends pour cela les équations (5) et (6) du n° 2 du Livre XV de la *Mécanique céleste* (¹). En y changeant γ en λ, et en négligeant le carré de l'excentricité de l'orbite du satellite, elles deviennent

$$\frac{d\Pi}{dt} = \frac{a\,\dfrac{\partial R}{\partial\vartheta}}{\sin\lambda}, \qquad \frac{d\vartheta}{dt} = -\frac{a\,\dfrac{\partial R}{\partial\lambda}}{\sin\lambda},$$

t étant le moyen mouvement du satellite et ϑ la longitude de son nœud ascendant sur l'orbite de Saturne, comptée d'un point fixe. La fonction R est ce que j'ai désigné par cette lettre dans le n° 35 du Livre VIII de la *Mécanique céleste*; et il résulte de l'expression que j'ai donnée de sa valeur, qu'en négligeant les quantités périodiques dépendant des sinus et cosinus des moyens mouvements de Saturne et du satellite, on a

$$a R = \frac{1}{8}m^2 - \frac{k}{2}\cos^2\lambda + k'\left(\mu^2 - \frac{1}{3}\right),$$

μ étant le sinus de la latitude du satellite, au-dessus de l'équateur de Saturne. On a

$$\mu = \sin\gamma\sin(v - \psi),$$

v étant l'arc de l'orbite du satellite, compris entre ce satellite et l'orbite de Saturne, ce qui donne, en négligeant les inégalités périodiques

(¹) *OEuvres de Laplace*, T. V, p. 370.

dépendant de v,

$$\mu^2 = \frac{1}{2}\sin^2\gamma;$$

on a ensuite, en nommant Γ la longitude du nœud ascendant de l'équateur de Saturne sur son orbite, à partir du point fixe,

$$\Pi = \Gamma - \vartheta.$$

Les équations différentielles précédentes deviendront ainsi

$$\frac{d\lambda}{dt} = \frac{k'\cos\gamma}{\sin\lambda}\frac{d\cos\gamma}{d\Pi},$$

$$\frac{d\Pi}{dt} = k\cos\lambda - \frac{k'\cos\gamma}{\sin\lambda}\frac{d\cos\gamma}{d\lambda}.$$

En substituant, au lieu de $\cos\gamma$, sa valeur, on aura

$$\frac{d\lambda}{dt} = - k'\cos\gamma\sin\lambda\sin\Pi,$$

$$\frac{d\Pi}{dt} = k\cos\lambda - \frac{k'\cos\gamma}{\sin\lambda}(\sin\lambda\cos\lambda\cos\Pi - \cos\lambda\sin\lambda);$$

ce qui, en changeant

$$dt \text{ en } dv, \quad \sin\lambda\sin\Pi \text{ en } \sin\gamma\sin\psi,$$
$$\sin\lambda\cos\lambda\cos\Pi - \cos\lambda\sin\lambda \text{ en } \sin\gamma\cos\psi,$$

donne les équations (1) et (2).

II.

Sur l'inégalité de Mercure à longue période, dont l'argument est le moyen mouvement de Mercure, moins celui de la Terre.

La période de cette inégalité est environ 27 fois plus grande que celle de Mercure. Son coefficient est de l'ordre du cube des excentricités ; mais il peut devenir sensible par le diviseur très petit $\left(1 - \frac{4n'}{n}\right)^2$, qu'il acquiert par une double intégration, dans l'expression de la longitude de Mercure; nt et $n't$ étant les moyens mouvements de Mercure et de la Terre. Je l'ai déterminé dans le n° 10 du Livre VI de la *Mécanique céleste* ('), par une méthode d'approximation fort simple, et qui m'a dispensé de calculer les termes du développement de la fonction perturbatrice, dépendant des produits de trois dimensions des excentricités et des inclinaisons des orbites. J'ai trouvé ainsi ce coefficient au-dessous d'une seconde sexagésimale. M. Plana, dans son Mémoire déjà cité, a fait contre cette méthode des objections qu'il résoudra lui-même, s'il prend la peine de revoir son analyse et la mienne, en observant de ne conserver que les termes qui ont pour diviseur $\left(1 - \frac{4n'}{n}\right)^{3}$. Il a calculé l'inégalité dont il s'agit, en considérant les termes du développement de la force perturbatrice dépendant des produits de trois dimensions des excentricités et des inclinaisons, et il est arrivé à un résultat numérique fort peu différent de celui que j'avais trouvé; ce qui prouve que ma méthode est suffisamment approchée.

III.

De l'action des étoiles sur le système planétaire.

J'ai traité cet objet dans le Chapitre XVIII du Livre VI de la *Mécanique céleste* (²); mais en revoyant mon analyse, elle m'a paru susceptible de plusieurs corrections; je vais donc la reprendre ici en suivant la même méthode.

Je suppose que l'on a sous les yeux le Chapitre cité dont je conserverai toutes les dénominations, et l'analyse jusqu'à la ligne 17 de la page 165 du troisième Volume de mon Ouvrage (³). Je substitue, à la partie suivante de cette analyse, ce qui suit :

$$\int d\mathrm{R} = \mathrm{R}_1 + g, \qquad r\frac{\partial \mathrm{R}}{\partial r} = 2\mathrm{R}_1,$$

(¹) *Œuvres de Laplace,* T. III, p. 32.
(²) *Ibid.,* T. III, p. 174.
(³) *Ibid.,* T. III, p. 175, ligne 11.

g étant une quantité qui ne varie que par la variation très petite de la position de l'étoile. On a, en négligeant le carré de l'excentricité e de l'orbite, et en négligeant les variations de la position de l'étoile,

$$r = a[1 - e\cos(v - \varpi)], \qquad n\,dt = dv[1 - 2e\cos(v - \varpi)].$$

La formule (X) donnera ainsi, en ne considérant que les termes multipliés par l'arc v, et en supposant $\mu = 1$, ce qui revient à très peu près à prendre pour unité de masse celle du Soleil,

$$\delta r = 3eg\,a^2 v \sin(v - \varpi) + 6\frac{m'a^3}{4r'^3}(2 - 3\cos^2 l)ev\sin(v - \varpi)$$
$$- 9\frac{m'a^3}{4r'^3}\cos^2 l\,ev\sin(v - \varpi - 2U + 2\varpi).$$

La formule (Y) donnera

$$\delta v = 3ag v + \frac{7m'a^3}{4r'^3}v(2 - 3\cos^2 l) + \frac{2d\,\delta r}{a\,dv}.$$

v étant égal au moyen mouvement nt, plus à des quantités périodiques, δv ne doit contenir que ces dernières quantités, ce qui donne

$$3ag = -\frac{7m'a^3}{4r'^3}(2 - 3\cos^2 l);$$

d'où résulte

$$\delta r = -\frac{m'a^3}{4r'^3}(2 - 3\cos^2 l)nte\sin(v - \varpi)$$
$$- \frac{9m'a^3}{4r'^3}\cos^2 l\,nte\sin(v - \varpi - 2U + 2\varpi),$$

$$\delta v = -\frac{2m'a^3}{4r'^3}(2 - 3\cos^2 l)nte\cos(v - \varpi)$$
$$- \frac{18m'a^3}{4r'^3}\cos^2 l\,nte\cos(v - \varpi - 2U + 2\varpi).$$

Déterminons présentement δs au moyen de l'équation (Z). On peut faire ici

$$s = \varphi \sin(v - \theta),$$

φ étant l'inclinaison, supposée très petite, de l'orbite à un plan fixe, et θ étant la longitude de son nœud ascendant sur ce plan. On a, à fort peu près, $z = as$; on aura donc

$$\frac{\partial R}{\partial z} = -\frac{6\,m'a}{4\,r'^3}\sin 2\,l\cos(v - U);$$

l'équation (Z) donnera ainsi

$$\delta s = \frac{3\,m'a^2}{4\,r'^3}\sin 2\,l v\sin(v - U).$$

Cette variation en latitude est l'effet le plus sensible de l'action des étoiles sur le système planétaire. Mais il est visible que, par rapport aux planètes les plus éloignées du Soleil, où cet effet est le plus grand, il ne pourra devenir sensible qu'après un grand nombre de siècles.

MÉMOIRE

SUR

UN MOYEN DE DÉTRUIRE LES EFFETS DE LA CAPILLARITÉ

DANS LES BAROMÈTRES.

Connaissance des Temps pour l'an 1829; 1826.

Je prends pour exemple le baromètre qui sert journellement à l'Observatoire royal. Le tube de ce baromètre plonge dans une large cuvette, en partie remplie de mercure et dont le fond est mobile. La différence en hauteur de la surface de ce mercure et du sommet de la surface du mercure dans le tube est la hauteur du baromètre, abstraction faite de sa capillarité. Pour avoir cette différence, on élève ou l'on abaisse le bord de la cuvette de manière que la surface du mercure qu'elle contient touche l'extrémité d'une pointe d'ivoire attachée fixement, ainsi que la cuvette et le tube, à une règle verticale dont les divisions indiquent la hauteur du baromètre. On obtient ce contact en élevant le fond mobile de la cuvette, en sorte que la pointe plonge un peu dans le mercure et forme autour d'elle, par un effet capillaire, une cavité en forme d'entonnoir. On abaisse ensuite insensiblement la surface du mercure de la cuvette, jusqu'au moment où cette cavité disparaît. La précision et la facilité avec lesquelles on reconnaît ainsi le contact de la pointe, avec la surface de mercure, est un des avantages de ce baromètre. La règle donne alors, par sa division correspon-

dant au sommet de la surface du mercure du baromètre, la hauteur
barométrique.

Il y a dans cette hauteur observée deux effets capillaires qui, étant
contraires, peuvent se détruire mutuellement. L'un de ces effets est dû
à la convexité de la surface intérieure du mercure du baromètre, et il
diminue la hauteur barométrique. L'autre effet est dû à la courbure
de la surface du mercure de la cuvette, courbure très sensible vers ses
bords. En vertu de cette courbure, l'extrémité de la pointe d'ivoire,
au moment où elle ne fait que toucher le mercure, est un peu au-dessous de la vraie surface de niveau du mercure de la cuvette, ou du plan
horizontal tangent à cette surface, en sorte que sa distance au sommet
du mercure du baromètre est plus grande que la distance de ce plan
au même sommet. La hauteur barométrique observée est donc augmentée par cet effet capillaire. Ainsi, la pointe étant placée de manière que
cette augmentation soit égale à la diminution produite par la capillarité du tube, la hauteur observée sera, sans aucune correction, la vraie
hauteur représentative de la pression de l'atmosphère.

J'ai donné, dans la *Connaissance des Temps* de 1812 ([1]), des formules
fondées sur ma théorie de l'action capillaire, pour avoir la dépression
du mercure dans le tube d'un baromètre, due à sa capillarité et correspondant à son diamètre intérieur, formules que M. Bouvard a réduites
en Table. On peut, par la même théorie, former une Table correspondante de la distance de la pointe d'ivoire à la cuvette, nécessaire pour
détruire l'effet de la capillarité du tube. Voici les formules dont on peut
faire usage. Soient ε cette distance; ϖ l'inclinaison à l'horizon de
l'élément de la courbe que forme l'intersection de la surface du mercure de la cuvette et d'un plan vertical mené par le sommet de cette
surface; soit ϖ' ce que devient ϖ au point de contact du mercure et de
la cuvette. Soit enfin z l'abaissement de la pointe au-dessous du plan
horizontal mené par le sommet. Cela posé, il résulte des formules que
j'ai données dans le Supplément au Livre X de la *Mécanique céleste* ([2]),

([1]) *OEuvres de Laplace*, T. XIII, p. 71.
([2]) *Ibid.*, T. IV, p. 484.

relativement à la figure d'une goutte de mercure, que l'on a

$$\varepsilon = \left[\log \text{hyp} \left(\frac{\text{tang} \frac{1}{4}\varpi'}{\text{tang} \frac{1}{4}\varpi} \right) - 4 \sin \left(\frac{\varpi + \varpi'}{4} \right) \sin \left(\frac{\varpi' - \varpi}{4} \right) \right] \frac{1}{2} \sqrt{\frac{2}{\alpha}},$$

$$z = \sqrt{\frac{2}{\alpha}} \sin \frac{1}{2}\varpi,$$

α étant une quantité dépendant de l'attraction moléculaire du mercure sur lui-même. J'ai conclu d'un grand nombre d'expériences de Gay-Lussac :

$$\sqrt{\frac{2}{\alpha}} = 1^{\text{mm}}\sqrt{13}, \qquad \varpi' = 52'.$$

Cela posé, les deux effets capillaires du baromètre dont je viens de parler se détruiront mutuellement si l'on fait z égal à la dépression du mercure dans le baromètre, produite par sa capillarité, dépression donnée par le diamètre intérieur du tube. La valeur de z donnera l'angle $\frac{1}{2}\varpi$, et cet angle donnera ε, ou la distance à laquelle il faut placer la pointe de la cuvette. Et M. Bouvard a formé, d'après ces formules, une Table qu'il doit publier dans ce Volume.

TABLES NOUVELLES

DES DÉPRESSIONS DU MERCURE DANS LE BAROMÈTRE,

DUES A SA CAPILLARITÉ;

Par M. BOUVARD.

____

Dans les Additions de la _Connaissance des Temps_ de 1812, Laplace a inséré un Mémoire (¹) où il rappelle sa théorie des attractions moléculaires de la matière, d'après les lois des affinités décroissant avec une extrême rapidité, de manière à devenir insensibles aux plus petites distances perceptibles. Les formules qu'il a données sur la dépression du mercure, dans un tube de baromètre, me servirent alors pour calculer la Table qui est imprimée à la fin de ce Mémoire.

Quelques erreurs de transformation et d'impression s'étant introduites dans la Table, elle se trouve inexacte dans quelques parties. Aujourd'hui que de toute part l'on s'occupe avec zèle d'observations météorologiques, j'ai pensé qu'il ne serait pas inutile de reprendre avec de nouveaux soins la formation d'une Table qui doit mettre les observateurs à même de rendre leurs baromètres comparables.

« Pour former cette Table, dit Laplace, il a fallu intégrer par approximation l'équation différentielle du second ordre de la surface du mercure dans un tube cylindrique de verre. Cette équation, que j'ai donnée dans ma _Théorie de l'action capillaire_, fournit une expression fort simple du rayon osculateur de la courbe génératrice de la surface. En considérant donc cette courbe comme une suite de petits arcs de cercle décrits avec ces divers rayons, et qui se touchent par leurs extré-

(¹) _OEuvres de Laplace_, T. XIII, p. 71.

mités, on aura les coordonnées de la courbe d'une manière d'autant plus précise que l'on aura divisé l'amplitude de la courbe dans un plus grand nombre de parties. Cette amplitude, à partir du sommet, est l'angle que le côté de la courbe fait avec l'horizon. » L'amplitude totale est de $52°$, ou $46°48'$ de la division ordinaire. Cette quantité est donc la valeur de V qui entre dans les formules.

J'ai divisé cette amplitude en douze parties égales, et j'ai supposé la dépression du mercure dans le baromètre successivement égale à $5^{mm},0$, $4^{mm},5$, $4^{mm},0$, $3^{mm},5$, $3^{mm},0$, $2^{mm},5$, $2^{mm},0$, $1^{mm},5$, $1^{mm},2$, $1^{mm},0$. Ensuite, pour les dépressions à partir de 1^{mm} et au-dessous, on a fait varier la dépression de dixième en dixième jusqu'à $0^{mm},4$; de $0^{mm},4$, de 5 en 5 centièmes, et enfin, dans les deux dernières dépressions, on a supposé $0^{mm},06$ et $0^{mm},03$.

Voici maintenant les formules et les séries que j'ai employées; elles sont tirées du Mémoire que nous avons cité.

Soit $V^{(r)}$ l'inclinaison du côté de la courbe, à l'extrémité inférieure de la première division; soient $z^{(r)}$ et $u^{(r)}$ l'abscisse et l'ordonnée correspondant à la même extrémité; soient encore $b^{(r)}$ le rayon osculateur de la courbe au même point, et b ce même rayon au sommet de la courbe, l'équation différentielle donnera

$$\frac{1}{b^{(r)}} = \frac{2}{b} + 2\alpha z^{(r)} - \frac{\sin V^{(r)}}{u^{(r)}},$$

$$u^{(r+1)} = u^{(r)} + 2 b^{(r)} \sin \frac{1}{2}(V^{(r+1)} - V^{(r)}) \cos \frac{1}{2}(V^{(r+1)} + V^{(r)}),$$

$$z^{(r+1)} = z^{(r)} + 2 b^{(r)} \sin \frac{1}{2}(V^{(r+1)} - V^{(r)}) \sin \frac{1}{2}(V^{(r+1)} + V^{(r)});$$

la quantité α étant un coefficient constant égal à $\frac{2}{13}$, le millimètre étant pris pour unité. La dépression du mercure dans le baromètre est $\frac{1}{\alpha b} = n$, n étant la dépression supposée; d'où l'on tire $b = \frac{1}{\alpha n}$, quantité connue. Les séries suivantes sont employées pour déterminer les valeurs de z et V, qui sont nécessaires pour les dépressions au-dessous de 1^{mm} :

$$z = \frac{1}{ab}\left(\overline{2},8860566\,u^2 + \overline{3},1700532\,u^4 + \overline{5},1018673\,u^6\right.$$
$$\left. + \overline{8},7838040\,u^8 + \overline{10},2719206\,u^{10}\right),$$
$$\tan\mathrm{g}\,V = \frac{1}{ab}\left(\overline{1},1870866\,u + \overline{3},7721132\,u^3 + \overline{5},8800186\,u^5\right.$$
$$\left. + \overline{7},6868940\,u^7 + \overline{9},2719206\,u^9\right);$$

les coefficients des puissances de u étant ici représentés par leurs logarithmes, pour la facilité du calcul; les chiffres surmontés d'une barre horizontale étant des caractéristiques négatives.

Dans les calculs de la dépression du mercure, au-dessus de 1^{mm}, on a supposé d'abord $V = 4°$, et l'on a fait croître cet angle de $4°$ en $4°$ jusqu'à $40°$; le reste de l'amplitude a été divisé en deux parties, chacune de $3°24'$; et, pour les dépressions au-dessous de 1^{mm}, on a fait usage des deux séries précédentes, en choisissant pour u une valeur telle que V se soit trouvé exactement de $4°$. Ensuite cet angle a été successivement augmenté de $2°$ en $2°$ jusqu'à $12°$; depuis $12°$ jusqu'à $40°$, de $4°$ en $4°$; enfin de $3°24'$ deux fois de suite, jusqu'à $46°48'$.

Pour coordonner les résultats obtenus par cette méthode, dans une Table procédant suivant des accroissements égaux du diamètre du tube, Laplace fait observer que, dans ce cas, les différences des logarithmes des dépressions, divisées par les différences des diamètres des tubes, forment une suite de quotients qui varient avec beaucoup de lenteur. En désignant par a et a' les dépressions, par d et d' les diamètres correspondants, on trouve la formule

$$\frac{\log a - \log a'}{d - d'} = C = \text{const.}$$

Ensuite, soit x la dépression cherchée, correspondant à d_1, diamètre du tube de la Table, on aura semblablement

$$\frac{\log a - \log x}{d_1 - d} = C,$$

d'où l'on tire

$$\log x = \log a + (d - d_1)\,C.$$

C'est au moyen de la propriété précédente, et exprimée par cette formule, que j'ai formé la Table I, dans laquelle la première colonne contient les diamètres de demi-millimètre en demi-millimètre, depuis 21 jusqu'à 2; la deuxième colonne renferme les dépressions correspondantes; enfin la troisième les différences entre ces quantités, afin de rendre l'usage de cette Table plus commode dans la pratique.

L'utilité de cette Table est évidente; elle sert à réduire la colonne de mercure à sa véritable hauteur, quand le zéro de l'échelle du baromètre correspond d'ailleurs exactement à la sommité de la surface supérieure du mercure de la cuvette.

Les baromètres de Fortin ne réunissent pas toujours cette dernière condition; il est important de la vérifier. On sait que le zéro de l'échelle est marqué par la pointe d'une cheville que l'on met en contact avec la surface du mercure, et que cette cheville n'est en général placée par l'artiste qu'approximativement; l'erreur sur la hauteur absolue est donc variable pour chaque instrument, comme je m'en suis assuré, depuis quelque temps, par des expériences directes sur le baromètre de l'Observatoire. L'échelle de cet instrument ayant été vérifiée il y a quelques années par Arago, je n'ai pas eu besoin de m'en occuper de nouveau; mais en examinant avec attention la position du zéro, nous reconnûmes, M. Gambart et moi, que ce point de départ ne correspondait pas exactement à la partie la plus élevée de la surface du mercure dans la cuvette. L'erreur était sensible, et il devenait important d'avoir un procédé certain pour l'estimer. Nous en fîmes part à Laplace. Peu de temps après, ce savant lut au Bureau des Longitudes le Mémoire précédent, où l'on trouve des formules pour apprécier cette erreur, et à l'aide desquelles j'ai construit une Table qui fera connaître la place qu'on doit donner à la cheville, dans chaque baromètre, afin de détruire les effets de la capillarité dans le tube et dans la cuvette, qui sont de signes contraires.

En partant donc de ces formules, j'ai formé la Table II, dans laquelle on trouve, à la première colonne, le diamètre du tube du baromètre et, à la deuxième, la distance de la cheville à la paroi intérieure de la cuvette. Un exemple rendra facile l'usage de ces deux Tables pour toutes ces corrections.

Je suppose un baromètre dont le diamètre intérieur soit de $9^{mm},3o$ et dont la distance de la cheville à la paroi soit de $4^{mm},5o$.

Entrez dans la Table I avec $9^{mm},3o$, diamètre du tube, vous trouverez $o^{mm},497$ pour la dépression du mercure. Cette quantité s'ajoute toujours à la hauteur observée du mercure dans le baromètre. Maintenant, pour trouver la correction dépendant de la position du zéro de l'échelle, cherchez dans la Table II le diamètre du tube correspondant à $4^{mm},5o$, distance de la cheville à la paroi de la cuvette, on trouvera $13^{mm},55$. Enfin, avec $13^{mm},55$ pour argument, la Table I donne, pour dépression, $o^{mm},177$.

Cette quantité est l'erreur du zéro de l'échelle barométrique ; elle est toujours soustractive de la dépression dans le tube ; on aura donc $o^{mm},32o$ pour la correction totale dépendant de la dépression et du zéro de l'échelle.

Pour compléter le système des corrections à faire aux observations barométriques, je donne ici la Table III, propre à réduire les hauteurs barométriques à zéro de température. Pour la former, j'ai pris dans l'*Annuaire du Bureau des Longitudes* la différence des dilatations du mercure et du cuivre. Cette différence est égale à $-$ o,ooo1614 pour 1°C. En désignant par h la hauteur du mercure du baromètre, et par n le nombre de degrés du thermomètre centigrade, la correction cherchée sera exprimée par la formule suivante :

$$\mp hn \times 0,0001614.$$

La Table III est construite en donnant à n toutes les valeurs depuis l'unité jusqu'à 3o, et en faisant varier h de 5^{mm} en 5^{mm}, depuis 780 jusqu'à 7oo.

TABLE I

DES DÉPRESSIONS DU MERCURE DANS LE BAROMÈTRE,
DUES A SA CAPILLARITÉ.

DIAMÈTRE intérieur du tube.	DÉPRESSION.	DIFFÉRENCES.	DIAMÈTRE intérieur du tube.	DÉPRESSION.	DIFFÉRENCES.
mm	mm	mm	mm	mm	mm
21,00	0,028		11,50	0,293	
		0,004			0,037
20,50	0,032		11,00	0,330	
		0,004			0,042
20,00	0,036		10,50	0,372	
		0,005			0,047
19,50	0,041		10,00	0,419	
		0,006			0,054
19,00	0,047		9,50	0,473	
		0,006			0,061
18,50	0,053		9,00	0,534	
		0,007			0,070
18,00	0,060		8,50	0,604	
		0,008			0,080
17,50	0,068		8,00	0,684	
		0,009			0,091
17,00	0,077		7,50	0,775	
		0,010			0,102
16,50	0,087		7,00	0,877	
		0,012			0,118
16,00	0,099		6,50	0,995	
		0,013			0,141
15,50	0,112		6,00	1,136	
		0,015			0,170
15,00	0,127		5,50	1,306	
		0,016			0,201
14,50	0,143		5,00	1,507	
		0,018			0,245
14,00	0,161		4,50	1,752	
		0,020			0,301
13,50	0,181		4,00	2,053	
		0,023			0,362
13,00	0,204		3,50	2,415	
		0,026			0,487
12,50	0,230		3,00	2,902	
		0,030			0,692
12,00	0,260		2,50	3,594	
		0,033			0,985
11,50	0,293		2,00	4,579	

TABLE II

DE LA DISTANCE DE LA POINTE D'IVOIRE A LA SURFACE INTÉRIEURE DE LA CUVETTE, POUR DÉTRUIRE LA CAPILLARITÉ DÉPENDANT DU DIAMÈTRE INTÉRIEUR DU TUBE DU BAROMÈTRE.

DIAMÈTRE intérieur du tube.	DISTANCE DE LA POINTE à la paroi de la cuvette.	DIFFÉRENCES.
mm	mm	mm
20,0	22,43	2,83
19,5	19,60	2,40
19,0	17,20	2,05
18,5	15,15	1,78
18,0	13,37	1,53
17,5	11,79	1,40
17,0	10,39	1,23
16,5	9,16	1,07
16,0	8,09	0,93
15,5	7,16	0,81
15,0	6,35	0,71
14,5	5,64	0,64
14,0	5,00	0,55
13,5	4,45	0,49
13,0	3,96	0,44
12,5	3,52	0,39
12,0	3,13	0,35
11,5	2,78	0,31
11,0	2,47	0,27
10,5	2,20	0,24
10,0	1,96	0,21
9,5	1,75	0,18
9,0	1,57	0,16
8,5	1,41	0,14
8,0	1,27	0,12
7,5	1,15	0,11
7,0	1,04	

TABLE III

POUR RÉDUIRE LES HAUTEURS BAROMÉTRIQUES A ZÉRO DE TEMPÉRATURE.

0.	780mm	775mm	770mm	765mm	760mm	755mm	750mm	745mm	740mm	735mm	730mm	725mm	720mm	715mm	710mm	705mm	700mm
1	0,126	0,125	0,124	0,123	0,123	0,122	0,121	0,120	0,120	0,119	0,118	0,117	0,116	0,116	0,115	0,114	0,113
2	0,252	0,250	0,249	0,247	0,245	0,244	0,243	0,241	0,239	0,237	0,236	0,234	0,233	0,231	0,229	0,228	0,226
3	0,377	0,375	0,373	0,371	0,368	0,366	0,363	0,361	0,359	0,356	0,354	0,351	0,349	0,347	0,344	0,341	0,339
4	0,503	0,500	0,497	0,494	0,490	0,488	0,484	0,481	0,478	0,475	0,472	0,468	0,465	0,462	0,458	0,455	0,452
5	0,628	0,625	0,622	0,618	0,614	0,610	0,606	0,602	0,598	0,594	0,590	0,586	0,582	0,578	0,574	0,569	0,565
6	0,756	0,751	0,746	0,741	0,736	0,731	0,727	0,722	0,717	0,712	0,707	0,703	0,698	0,693	0,688	0,683	0,678
7	0,882	0,876	0,870	0,865	0,859	0,853	0,849	0,842	0,837	0,831	0,825	0,820	0,814	0,809	0,803	0,797	0,791
8	1,008	1,001	0,994	0,988	0,982	0,975	0,969	0,962	0,956	0,950	0,943	0,937	0,930	0,924	0,918	0,910	0,904
9	1,133	1,126	1,119	1,112	1,104	1,097	1,090	1,083	1,076	1,068	1,061	1,054	1,047	1,040	1,032	1,024	1,017
10	1,259	1,251	1,243	1,235	1,227	1,219	1,211	1,203	1,195	1,187	1,179	1,171	1,163	1,155	1,147	1,138	1,130
11	1,385	1,376	1,367	1,359	1,350	1,341	1,332	1,323	1,315	1,306	1,297	1,288	1,279	1,271	1,262	1,252	1,243
12	1,510	1,501	1,492	1,482	1,472	1,463	1,453	1,444	1,434	1,424	1,415	1,405	1,396	1,386	1,376	1,366	1,356
13	1,636	1,626	1,616	1,606	1,595	1,585	1,574	1,564	1,554	1,543	1,533	1,522	1,512	1,502	1,491	1,479	1,469
14	1,761	1,751	1,740	1,729	1,718	1,707	1,695	1,684	1,673	1,662	1,651	1,639	1,628	1,617	1,606	1,593	1,582
15	1,889	1,877	1,865	1,853	1,841	1,829	1,817	1,805	1,793	1,781	1,769	1,757	1,745	1,733	1,721	1,707	1,695
16	2,015	2,002	1,989	1,976	1,963	1,950	1,938	1,925	1,912	1,899	1,886	1,871	1,861	1,848	1,835	1,821	1,808
17	2,141	2,127	2,113	2,100	2,086	2,072	2,059	2,045	2,032	2,018	2,004	1,991	1,977	1,964	1,950	1,934	1,921
18	2,267	2,252	2,237	2,223	2,209	2,194	2,180	2,165	2,151	2,137	2,122	2,108	2,093	2,079	2,065	2,048	2,034
19	2,392	2,377	2,362	2,347	2,331	2,316	2,301	2,286	2,271	2,255	2,240	2,225	2,210	2,195	2,179	2,162	2,147
20	2,518	2,502	2,486	2,470	2,454	2,438	2,422	2,406	2,390	2,374	2,358	2,342	2,326	2,310	2,294	2,276	2,260
21	2,644	2,627	2,610	2,594	2,577	2,560	2,543	2,526	2,510	2,493	2,476	2,459	2,442	2,426	2,409	2,390	2,373
22	2,770	2,752	2,734	2,717	2,699	2,682	2,664	2,646	2,628	2,611	2,594	2,576	2,559	2,541	2,523	2,503	2,486
23	2,895	2,877	2,859	2,841	2,822	2,804	2,785	2,766	2,748	2,730	2,712	2,693	2,675	2,657	2,638	2,617	2,599
24	3,021	3,002	2,983	2,964	2,945	2,926	2,906	2,886	2,867	2,849	2,830	2,810	2,791	2,772	2,753	2,731	2,712
25	3,148	3,128	3,108	3,088	3,068	3,048	3,028	3,007	2,987	2,968	2,948	2,928	2,908	2,888	2,868	2,845	2,825
26	3,271	3,253	3,232	3,211	3,190	3,169	3,149	3,127	3,106	3,086	3,065	3,045	3,024	3,003	2,982	2,959	2,938
27	3,400	3,378	3,356	3,335	3,313	3,291	3,270	3,248	3,226	3,205	3,183	3,162	3,140	3,119	3,097	3,072	3,051
28	3,524	3,503	3,480	3,458	3,436	3,413	3,391	3,368	3,346	3,324	3,303	3,279	3,256	3,231	3,213	3,186	3,164
29	3,652	3,628	3,605	3,582	3,559	3,536	3,512	3,489	3,466	3,443	3,420	3,396	3,373	3,350	3,327	3,300	3,277
30	3,778	3,754	3,730	3,706	3,682	3,658	3,634	3,610	3,586	3,562	3,538	3,514	3,490	3,466	3,441	3,411	3,390

Pour les dixièmes de degré.

0,1	0,013	0,4	0,050	0,7	0,088
0,2	0,025	0,5	0,062	0,8	0,100
0,3	0,037	0,6	0,075	0,9	0,113

La correction est soustractive pour les degrés du thermomètre au-dessus de zéro
et positive au-dessous de zéro de température.

MÉMOIRE

SUR

LE FLUX ET REFLUX LUNAIRE ATMOSPHÉRIQUE.

Connaissance des Temps pour l'an 1830; 1827.

J'ai donné à la fin du Livre XIII de mon *Traité de Mécanique céleste* (¹)
la théorie du flux et reflux lunaire atmosphérique. J'ai conclu les éléments de ce phénomène d'une longue suite d'observations du baromètre,
faites à l'Observatoire royal pendant sept années consécutives, chaque
jour à 9^h du matin, à midi, et le soir à 3^h et à 9^h. L'ensemble de ces
observations, réduites par M. Bouvard à zéro de température, a donné
$\frac{31}{1000}$ de millimètre pour l'étendue entière du flux lunaire, depuis son
maximum jusqu'à son minimum, et $3^h 19^m$ sexagésimales pour l'heure
de son maximum du soir, le jour de la syzygie. Mais j'ai reconnu par
le calcul des probabilités que cette heure, et l'existence même du
phénomène sensible à Paris, n'ont qu'un faible degré de probabilité.
Le système d'observations, suivi à l'Observatoire royal, déjà adopté
dans quelques autres Observatoires, et que l'on doit désirer de voir
répandu généralement, est dû à M. Ramond, qui l'a employé dans les
nombreuses observations qu'il a faites à Clermont, chef-lieu du dépar-
tement du Puy-de-Dôme. Il l'a exposé, ainsi que les résultats qu'il en
a déduits sur la variation diurne du baromètre, dans plusieurs Mémoires lus à l'Institut, et qui peuvent être regardés comme une des
choses les plus intéressantes que l'on ait faites en Météorologie.

(¹) *OEuvres de Laplace,* T. V, p. 262.

M. Bouvard a confirmé ces résultats, dans ses recherches qu'il vient de perfectionner en ajoutant quatre années d'observations à celles des sept années qu'il avait considérées, et en discutant avec une attention scrupuleuse les observations de ces onze années, dans la réduction desquelles il a eu égard à la dilatation de l'échelle du baromètre.

Ce travail immense m'a fait reprendre ma théorie du flux lunaire atmosphérique. J'ai déterminé avec un soin spécial les facteurs par lesquels on doit multiplier les diverses équations de condition, pour obtenir les résultats les plus avantageux, dans lesquels l'erreur moyenne à craindre en plus ou en moins est un minimum. Ces facteurs ne sont point ceux que donne le procédé connu sous le nom de *méthode des moindres carrés,* procédé qui n'est qu'un cas particulier de la méthode la plus avantageuse, et dont il diffère dans la plupart des questions où il a été employé. En effet, lorsqu'il s'agit, par exemple, de corriger les éléments elliptiques du mouvement des planètes, on forme des équations de condition, en égalant chaque longitude observée à la longitude calculée par ces éléments augmentés chacun de sa correction. On forme ainsi un grand nombre d'équations de condition. Ensuite on multiplie chacune d'elles par le coefficient de la première correction, et l'on ajoute toutes ces équations ainsi multipliées, ce qui donne une première équation finale. En opérant de la même manière, relativement à la deuxième correction, à la troisième, etc., on forme autant d'équations finales qu'il y a de corrections que l'on détermine en résolvant ces équations. Mais la longitude n'est point le résultat d'une observation directe; elle est déduite de deux observations faites avec des instruments différents, dont l'un donne l'ascension droite de l'astre, et dont l'autre donne sa déclinaison. La loi de probabilité des erreurs de chacun de ces instruments peut n'être pas la même; de plus, ces erreurs ont, suivant la position de l'astre, une influence différente sur la longitude. La méthode des moindres carrés, dont plusieurs géomètres ont donné des preuves très peu satisfaisantes, ne donne point ici les facteurs les plus avantageux; elle n'a plus que l'avantage d'offrir un moyen régulier de former les équations finales. J'ai présenté, dans le troisième

Supplément à ma *Théorie analytique des probabilités* (¹), l'expression
générale des facteurs les plus avantageux.

M. Bouvard, ayant appliqué mes formules à toutes les observations
qu'il a considérées, en a conclu que l'étendue entière du flux lunaire
est de $\frac{18}{1000}$ de millimètre, et que l'heure du plein flux lunaire, le soir du
jour de la syzygie, est $2^h 8^m$. Ces nouveaux résultats sont différents des
premiers; mais, quoiqu'ils soient fondés sur 298 syzygies et autant de
quadratures, dans chacune desquelles on a considéré le deuxième et le
premier jour avant la phase, le jour même de la phase et les deux jours
suivants, ils n'ont cependant qu'un faible degré de probabilité, en sorte
que l'on doit, jusqu'ici, regarder comme incertaine l'existence sensible
à Paris du flux lunaire atmosphérique. Le même nombre d'observations faites avec le même soin à l'équateur, et discuté de la même manière, indiquerait ce phénomène avec une grande probabilité. Il est
vraisemblable que de pareilles observations faites dans un port où les
marées sont très grandes, tel que celui de Saint-Malo, manifesteraient
le flux atmosphérique produit par l'élévation et par la dépression de
l'atmosphère, dues à l'élévation et à la dépression alternatives de la
surface de la mer.

M. Ramond a remarqué le premier que la variation diurne du baromètre, de 9^h du matin à 3^h du soir, n'était pas la même dans toutes
les saisons; M. Bouvard a confirmé ce résultat. Il a trouvé : 1° la variation moyenne des trois mois de novembre, décembre et janvier, égale
à $0^{mm},557$; 2° celle des trois mois suivants égale à $0^{mm},940$; 3° celle
des trois mois de mai, juin et juillet égale à $0^{mm},752$; 4° celle des trois
autres mois égale à $0^{mm},802$; ce qui donne $0^{mm},763$ pour la variation
de l'année entière. Ces différences dépendent-elles des anomalies du
hasard, ou indiquent-elles des causes régulières? c'est ce que le calcul
des probabilités peut seul faire connaître. Il était donc intéressant
de l'appliquer à cet objet. J'ai trouvé qu'il y a une très grande probabilité que des causes régulières ont produit le minimum $0^{mm},557$ de la

____

(¹) *OEuvres de Laplace,* T. VII, p. 608.

variation, et son *maximum* $0^{mm},940$; mais que les différences entre les variations $0^{mm},752$, $0^{mm},802$ et la moyenne $0^{mm},763$ de l'année, peuvent sans invraisemblance être attribuées aux anomalies du hasard.

Les 132 mois d'observations que M. Bouvard a discutées pour avoir la variation diurne du baromètre présentent ce phénomène remarquable, savoir, que la variation moyenne de 9^h du matin à 3^h du soir a été positive pour chacun de ces mois. Je trouve, par le calcul des probabilités, que ce phénomène, loin d'être extraordinaire, est *a priori* vraisemblable.

1. Je nomme λ l'heure sexagésimale du flux et reflux lunaire atmosphérique du soir, le jour de la syzygie supposée arriver à midi, cette heure étant convertie en arc, à raison de la circonférence pour un jour. Je nomme R la hauteur du baromètre, au-dessus de sa hauteur moyenne, au moment du flux, produite par l'action de la Lune sur l'atmosphère. Je fais

$$4R\sin 2\lambda = x, \qquad 4R\cos 2\lambda = y.$$

Soient A_i, A_i', A_i'' les hauteurs observées du baromètre, à 9^h sexagésimales du matin, à midi et à 3^h du soir, le jour $i^{\text{ième}}$, à partir de la syzygie, i étant nul pour le jour de la syzygie, positif pour les jours qui le suivent et négatif pour les jours qui le précèdent. Soient pareillement B_i, B_i', B_i'' les hauteurs observées du baromètre, à 9^h du matin, midi et 3^h du soir, le jour $i^{\text{ième}}$ à partir de la quadrature. Je suis parvenu, dans le Chapitre VII du Livre XIII de la *Mécanique céleste* (¹), aux deux équations suivantes :

$$(o) \qquad \begin{cases} x\cos 2iq + y\sin 2iq = E_i, \\ y\cos 2iq - x\sin 2iq = F_i, \end{cases}$$

dans lesquelles q est le moyen mouvement synodique de la Lune dans un jour, et l'on a

$$E_i = A_i'' - A_i + B_i - B_i'',$$
$$F_i = (2A_i' - A_i - A_i'' - 2B_i' + B_i + B_i'')\left(1 + \frac{1}{19}\right);$$

(¹) *OEuvres de Laplace*, T. V, p. 264.

les équations (o) donnent

$$(u) \qquad x = \mathrm{E}_i \cos 2iq - \mathrm{F}_i \sin 2iq ;$$

on peut former autant d'équations semblables qu'il y a de syzygies et que i a de valeurs. En nommant donc n le nombre de syzygies, n étant un grand nombre; en nommant s' le nombre des valeurs de i, on aura ns' valeurs de x; d'où il faut conclure la valeur la plus avantageuse, c'est-à-dire celle dans laquelle l'erreur moyenne à craindre, en plus ou en moins, est la plus petite.

On doit pour cela multiplier chacune des ns' équations que représente l'équation (u) par un facteur convenable. J'ai fait voir [p. 32 du troisième Supplément à ma *Théorie analytique des probabilités* ([1])] que, si l'on a entre les éléments x, y, z, ... un grand nombre d'équations de condition représentées par la suivante :

$$(i) \quad l^{(s)}x + p^{(s)}y + q^{(s)}z + \ldots = a^{(s)} + m^{(s)}\gamma^{(s)} + n^{(s)}\lambda^{(s)} + r^{(s)}\delta^{(s)} + \ldots,$$

le facteur le plus avantageux par lequel cette équation doit être multipliée est

$$\cfrac{1}{\dfrac{k''}{k}\,m^{(s)2} + \dfrac{\overline{k'}}{k}\,n^{(s)2} + \dfrac{\overline{\overline{k'}}}{\overline{\overline{k}}}\,r^{(s)2} + \ldots},$$

kk'', $\bar{k}\overline{k''}$, ... dépendant des lois de probabilité des erreurs $\gamma^{(s)}$, $\lambda^{(s)}$, ... de la manière suivante : si $\varphi(\gamma^{(s)})$ est la loi de probabilité de l'erreur $\gamma^{(s)}$, cette loi étant supposée la même pour les erreurs positives et pour les erreurs négatives, on a

$$k = 2 \int d\gamma^{(s)}\, \varphi(\gamma^{(s)}), \qquad k'' = \int d\gamma^{(s)}\, \gamma^{(s)2}\, \varphi(\gamma^{(s)}),$$

les intégrales étant prises depuis zéro jusqu'à l'infini : pareillement, si $\psi(\lambda^{(s)})$ est la loi de probabilité des erreurs $\lambda^{(s)}$, on a

$$\bar{k} = 2 \int d\lambda^{(s)}\, \psi(\lambda^{(s)}), \qquad \overline{k''} = \int d\lambda^{(s)}\, \lambda^{(s)2}\, \psi(\lambda^{(s)}),$$

([1]) *OEuvres de Laplace*, T. VII, p. 612.

et ainsi du reste. Dans la question présente $\gamma^{(s)}$, $\lambda^{(s)}$, ... sont les erreurs des observations désignées par les lettres $A_i^{(s)}$, $A_i'^{(s)}$, $A_i''^{(s)}$, $B_i^{(s)}$, ..., observations qui se rapportent au $i^{\text{ième}}$ jour depuis la $s^{\text{ième}}$ syzygie. La loi des erreurs des observations étant supposée la même pour toutes ces observations, on aura

$$k = \bar{k} = \bar{\bar{k}} = \ldots, \qquad k' = \bar{k}' = \ldots;$$

le facteur précédent deviendra donc

$$\frac{1}{\dfrac{k'}{k}\,\left(m^{(s)2} + n^{(s)2} + r^{(s)2} + \ldots\right)}.$$

En désignant par $\gamma_i^{(s)}$, $\lambda_i^{(s)}$, $\delta_i^{(s)}$, $\bar{\gamma}_i^{(s)}$, $\bar{\lambda}_i^{(s)}$, $\bar{\delta}_i^{(s)}$ les erreurs des observations $A_i^{(s)}$, $A_i'^{(s)}$, $A_i''^{(s)}$, $B_i^{(s)}$, $B_i'^{(s)}$, $B_i''^{(s)}$; et par $\overline{m}^{(s)}$, $\overline{n}^{(s)}$, $\overline{r}^{(s)}$, relativement aux trois dernières de ces observations, ce que représentent $m^{(s)}$, $n^{(s)}$, $r^{(s)}$, relativement aux trois premières, on aura

$$m^{(s)} = -\cos 2iq + \left(1 + \frac{1}{19}\right)\sin 2iq,$$

$$n^{(s)} = -2\left(1 + \frac{1}{19}\right)\sin 2iq,$$

$$r^{(s)} = \cos 2iq + \left(1 + \frac{1}{19}\right)\sin 2iq,$$

$$\overline{m}^{(s)} = -m^{(s)}, \qquad \overline{n}^{(s)} = -n^{(s)}, \qquad \overline{r}^{(s)} = -r^{(s)};$$

le facteur précédent devient ainsi

$$\frac{1}{\dfrac{4\,k'}{k}\,(1 + 2,324\sin^2 2iq)}.$$

En réunissant toutes les valeurs de x, multipliées par ce facteur, on aura

$$\frac{x}{1 + 2,324\sin^2 2iq} = \frac{\cos 2iq\,\dfrac{SE_i^{(s)}}{n} - \sin 2iq\,\dfrac{SF_i^{(s)}}{n}}{1 + 2,324\sin^2 2iq},$$

$E_i^{(s)}$ et $F_i^{(s)}$ étant les valeurs de E_i et de F_i relatives à la $s^{\text{ième}}$ syzygie et à la s^{ieme} quadrature à laquelle on la compare. Le signe S indiquant la somme des quantités qu'il précède, pour toutes les syzygies dont le nombre est n, $\dfrac{SE_i^{(n)}}{n}$ et $\dfrac{SF_i^{(n)}}{n}$ seront donc les moyennes des valeurs de $E_i^{(n)}$ et $F_i^{(n)}$, moyennes que l'on obtiendra en substituant dans les expressions de E_i et de F_i, au lieu de A_i, A_i', A_i'', B_i, …, leurs valeurs moyennes. L'équation précédente deviendra ainsi

$$\frac{x}{1 + 2,324 \sin^2 2iq} = \frac{E_i \cos 2iq - F_i \sin 2iq}{1 + 2,324 \sin^2 2iq}.$$

Cette équation produit autant d'équations que i a de valeurs. Si l'on réunit ces équations on aura

$$x \sum \frac{1}{1 + 2,324 \sin^2 2iq} = \sum \left(\frac{E_i \cos 2iq - F_i \sin 2iq}{1 + 2,324 \sin^2 2iq} \right);$$

le signe $\sum$ exprimant la somme des valeurs du terme qu'il précède, on aura ainsi, pour la valeur de x la plus avantageuse,

$$x = \frac{\sum \left(\dfrac{E_i \cos 2iq - F_i \sin 2iq}{1 + 2,324 \sin^2 2iq} \right)}{\sum \dfrac{1}{1 + 2,324 \sin^2 2iq}};$$

les équations (o) donnent

$$y = F_i \cos 2iq + E_i \sin 2iq.$$

On aura donc la valeur de y la plus avantageuse en changeant, dans l'expression précédente de x, $\cos 2iq$ dans $\sin 2iq$, et $\sin 2iq$ dans $-\cos 2iq$, ce qui donne

$$y = \frac{\sum \left(\dfrac{E_i \sin 2iq + F_i \cos 2iq}{1 + 2,324 \cos^2 2iq} \right)}{\sum \dfrac{1}{1 + 2,324 \cos^2 2iq}}.$$

M. Bouvard a conclu de ces formules

$$x = 0,031758, \qquad y = 0,01534,$$

et l'étendue entière $2R$ du flux lunaire atmosphérique égale à $0,01763$.

II. Je vais présentement déterminer la loi de probabilité des erreurs de ces deux valeurs de x et de y. Il résulte des formules que j'ai données dans ma *Théorie analytique des probabilités* ([1]), que si γ, λ, δ, ... sont des erreurs indépendantes, mais assujetties à la même loi de probabilité, la probabilité que l'erreur de la fonction

$$m\gamma + n\lambda + r\delta + \ldots$$

sera égale à une quantité quelconque l est proportionnelle à l'exponentielle

$$c^{-\frac{kl^2}{\gamma\lambda^2 H}},$$

H étant la somme des carrés de m, n, r, ..., et c étant le nombre dont le logarithme hyperbolique est l'unité. Si, dans la valeur précédente de x, on désigne par γ, λ, δ les erreurs des observations $A_i^{(n)}$, $A_i^{\prime(n)}$, $A_i^{\prime\prime(n)}$, il est facile de voir que les coefficients de ces erreurs sont

$$\frac{\left[\left(1+\frac{1}{19}\right)\sin 2iq - \cos 2iq\right]\dfrac{1}{1+2,324\sin^2 2iq}}{n\sum\dfrac{1}{1+2,324\sin^2 2iq}},$$

$$\frac{-2\left(1+\frac{1}{19}\right)\sin 2iq\,\dfrac{1}{1+2,324\sin^2 2iq}}{n\sum\dfrac{1}{1+2,324\sin^2 2iq}},$$

$$\frac{\left[\left(1+\frac{1}{19}\right)\sin 2iq + \cos 2iq\right]\dfrac{1}{1+2,324\sin^2 2iq}}{n\sum\dfrac{1}{1+2,324\sin^2 2iq}}.$$

La somme des carrés de ces coefficients est

$$2\frac{1}{1+2,324\sin^2 2iq}\,\frac{1}{n^2\left(\sum\dfrac{1}{1+2,324\sin^2 2iq}\right)^2}.$$

La somme des carrés des coefficients des erreurs des observations $B_i^{(n)}$,

<hr>

([1]) *OEuvres de Laplace*, T. VII, p. 322 ou 610.

$B_i^{(n)}$, $B_i^{(n)}$ est égale à la précédente. En ajoutant donc ces deux sommes, on aura

$$4 \frac{\dfrac{1}{1 + 2,324\,\sin^2 2\,iq}}{n^2\left(\sum \dfrac{1}{1 + 2,324\,\sin^2 2\,iq}\right)^2}.$$

Chaque syzygie fournit une quantité semblable ; la somme de toutes ces quantités sera donc, pour les n syzygies, la quantité précédente multipliée par le nombre n de syzygies. Cette somme sera donc, relativement à toutes les syzygies, et relativement à toutes les valeurs de i, c'est-à-dire relativement à toutes les observations,

$$\frac{4}{n \sum \dfrac{1}{1 + 2,324\,\sin^2 2\,iq}}.$$

Ainsi la probabilité que l sera l'erreur de x peut être supposée égale à

$$\Pi\, c^{\dfrac{-l^2 n}{16\dfrac{k^2}{\lambda}} \sum \frac{1}{1 + 2,324\,\sin^2 2\,iq}},$$

Π étant une constante qu'il faut déterminer. Pour cela, j'observe que si l'on intègre cette différentielle depuis $l = -\infty$ jusqu'à $l = \infty$, l'intégrale doit être l'unité, puisqu'il est certain que la valeur de l est comprise dans ces limites ; en faisant donc

$$g^2 = \frac{nk}{16\,k^2} \sum \frac{1}{1 + 2,324\,\sin^2 2\,iq},$$

on doit avoir

$$\Pi \int_{-\infty}^{+\infty} dl\, c^{-g^2 l^2} = 1.$$

Mais on a, par un théorème connu,

$$\int_{-\infty}^{\infty} g\, dl\, c^{-g^2 l^2} = \sqrt{\pi},$$

π étant la demi-circonférence dont le rayon est l'unité ; on a donc

$$\Pi = \frac{g}{\sqrt{\pi}}.$$

Ainsi la probabilité que l'erreur de la valeur de x sera comprise dans des limites données est

$$\frac{1}{\sqrt{\pi.}} \int g \, dl \, c^{-s^2 l^2},$$

l'intégrale étant prise dans ces limites.

On trouvera de la même manière que la probabilité que l'erreur de la valeur de y sera comprise dans les limites données est

$$\frac{1}{\sqrt{\pi.}} \int g' \, dl \, c^{-s^2 l^2},$$

l'intégrale étant prise dans ces limites, et g'^2 étant égal à

$$\frac{nk}{16k''} \sum \frac{1}{1 + 2,324 \cos^2 2 iq}.$$

Il faut maintenant déterminer par les observations la valeur numérique de $\frac{k}{k''}$. Pour cela, j'observe que par ma *Théorie analytique des probabilités* (¹), si l'on nomme e la somme des carrés des différences des variations journalières de 9^h du matin à 3^h du soir, d'un grand nombre s de jours à leur variation moyenne, on a, avec une très grande vraisemblance,

$$\frac{2 k''}{k} s = e,$$

ce qui donne

$$\frac{k}{k''} = \frac{2 s}{e}.$$

Le calcul de $\frac{k}{k''}$ devient pénible lorsque s est très considérable; mais on peut le simplifier de la manière suivante :

Je conçois le nombre s de jours partagé en groupes de jours, par exemple, dans un nombre i de mois moyens, et je suppose s assez grand pour que i soit lui-même un grand nombre. Je désigne par $\bar{k}$ et $\bar{k}''$, relativement à ces mois, ce que j'ai nommé k et k'' relativement aux jours. Soit encore E la somme des carrés des différences des erreurs des varia-

(¹) *OEuvres de Laplace*, T. VII, p. 317.

tions moyennes de chacun de ces mois, à la variation moyenne de tous ces mois. On aura par ce qui précède

$$\frac{\overline{k}}{\overline{k'}} = \frac{2i}{\mathrm{E}}.$$

Mais la probabilité de l'erreur u de la variation moyenne de tous ces jours, ou de tous ces mois, est, par la théorie citée, proportionnelle à l'exponentielle

$$c^{\frac{-su^2}{\frac{k'}{k}}}.$$

Elle est encore proportionnelle à l'exponentielle

$$c^{\frac{-iu^2}{\frac{k'}{k}}}.$$

En comparant ces exponentielles on aura

$$\frac{k}{k'} = \frac{i}{s}\,\frac{\overline{k}}{\overline{k'}} = \frac{2i^2}{s\mathrm{E}}.$$

Le calcul de E est beaucoup plus simple que celui de e, et c'est ainsi que la valeur numérique de $\frac{k}{k'}$ a été déterminée. Il y avait pour cela quelques précautions à prendre. La variation diurne du baromètre n'est pas la même à Paris, dans tous les mois; elle est la plus petite dans ceux de novembre, décembre et janvier, et la plus grande dans les trois mois suivants. Dans les six autres mois, elle diffère peu de la variation moyenne de l'année. Il y a donc des causes régulières de ces phénomènes, et que l'on ne doit pas confondre avec les causes irrégulières de la variation diurne. Les causes régulières agissant de la même manière sur la variation des syzygies et sur celle des quadratures, elles n'influent point sur les valeurs de x et de y, qui ne dépendent que des différences de ces variations; les valeurs de E_i et de F_i ne dépendant que de ces différences. Il faut donc, pour avoir la loi de probabilité des erreurs dont ces valeurs sont susceptibles, ne considérer que les variations diurnes dépendant des seules causes irrégulières et qui paraissent être celles des mois de mai, juin, juillet, août, septembre et octobre; ce sont celles dont on a fait usage pour avoir la valeur de $\frac{k}{k'}$. On a trouvé ainsi, en prenant le millimètre carré pour unité, E $= 2,565\,118$; d'où l'on tire

$$\frac{k}{k'} = 4 \cdot 0,42884.$$

On a ensuite

$$\sum \frac{1}{1 + 2,324 \sin^2 2iq} = 3,29667,$$

$$\sum \frac{1}{1 + 2,324 \cos^2 2iq} = 1,97904.$$

Pour déterminer le flux lunaire, j'observe que l'on a $n = 298$, d'où l'on tire

$$g^2 = 3,29667 \cdot 298 \cdot 0,42884 \frac{1}{4},$$

$$g'^2 = 1,97904 \cdot 298 \cdot 0,42884 \frac{1}{4},$$

et, en supposant que la valeur de x soit le résultat des causes accidentelles, la probabilité qu'elle sera comprise dans les limites $\pm 0,031758$ sera

$$\frac{1}{\sqrt{\pi}} \int g \, dl \, c^{-g^2 l^2},$$

l'intégrale étant prise relativement à l, dans ces mêmes limites. On trouve, au moyen des données précédentes, $0,3617$ pour cette probabilité. Si cette probabilité était fort approchante de l'unité, elle indiquerait avec une grande vraisemblance que la valeur de x n'est pas due aux seules anomalies du hasard, et qu'elle est en partie l'effet d'une cause constante qui ne peut être que l'action de la Lune sur l'atmosphère. Mais la différence considérable entre cette probabilité et la certitude représentée par l'unité montre que, malgré le très grand nombre d'observations employées, cette action n'est indiquée qu'avec une faible vraisemblance, en sorte que l'on peut regarder son existence sensible à Paris comme incertaine. La valeur de y, considérée de la même manière, donne encore plus d'incertitude sur cette existence.

III. Je vais soumettre au calcul des probabilités quelques singularités que la variation diurne du baromètre a présentées à M. Bouvard.
Ce savant astronome a trouvé, par onze années d'observations barométriques faites tous les jours à 9^h du matin et à 3^h du soir, que la variation moyenne diurne du baromètre dans cet intervalle a été $0^{mm},557$
pour les trois mois de novembre, décembre et janvier; $0^{mm},940$ pour
les trois mois de février, mars et avril; $0^{mm},752$ pour les trois mois de
mai, juin et juillet; enfin, $0^{mm},802$ pour les trois mois d'août, septembre
et octobre. Il a trouvé $0^{mm},763$ pour la variation moyenne de l'année.
Déterminons la probabilité des différences de ces variations en les
supposant dues aux anomalies du hasard.

Si l'on nomme u l'erreur de la variation conclue par une moyenne
de onze années ou de cent trente-deux mois, la probabilité de cette
erreur sera proportionnelle à

$$c^{-\frac{132\bar{k}}{4\bar{k}^2}u^2},$$

comme il est facile de s'en assurer par le n° 20 du deuxième Livre de ma
Théorie analytique des probabilités. Pareillement, si l'on nomme u' l'erreur de la variation conclue par une moyenne des mois de février, mars
et avril pendant onze années, la probabilité de u' sera proportionnelle à

$$c^{-\frac{33\bar{k}}{4\bar{k}^2}u'^2};$$

la probabilité de l'existence simultanée de u et de u' sera donc proportionnelle à

$$c^{-\frac{33\bar{k}}{4\bar{k}^2}(3u^2+u'^2)},$$

soit $u' = u + z$; la probabilité de l'existence simultanée de u et de z
sera ainsi proportionnelle à

$$c^{-\frac{33\bar{k}}{4\bar{k}^2}\left[3\left(u+\frac{1}{3}z\right)^2+\frac{2}{3}z^2\right]}.$$

En multipliant cette exponentielle par du et intégrant le produit depuis $u = -\infty$ jusqu'à $u = \infty$, on aura une quantité proportionnelle à

la probabilité de la valeur de z correspondant à l'ensemble de toutes les valeurs de u, et cette exponentielle sera proportionnelle à

$$c^{-\frac{33\,\overline{k}}{4\,\overline{k'^2}}\,\frac{4}{5}z^2}.$$

En faisant donc

$$h^2 = \frac{33\,\overline{k}}{4\,\overline{k'^2}}\,\frac{4}{5},$$

la probabilité que la valeur de z sera comprise dans des limites données est

$$\frac{1}{\sqrt{\pi}}\int h\,dz\,c^{-h^2 z^2},$$

l'intégrale étant prise dans ces limites. Par les observations précédentes, z est égale à $0^{mm},940 - 0^{mm},763$ ou à $0^{mm},177$; ainsi la probabilité que z est au-dessous de $0^{mm},177$ est

$$1 - \frac{1}{\sqrt{\pi}}\int_{0,177h}^{x} dt\,c^{-t^2}.$$

On a, par le n° 44 de ma *Théorie analytique des probabilités* (¹).

$$\frac{1}{\sqrt{\pi}}\int_{T}^{x} dt\,c^{-t^2} = \frac{c^{-T^2}}{2\,T\sqrt{\pi}}\left(1 - \frac{1}{2\,T^2} + \frac{1.3}{2^2 T^4} - \frac{1.3.5}{2^3 T^6} + \dots\right),$$

et la série a l'avantage de donner une valeur alternativement plus grande et plus petite, suivant que l'on s'arrête à un nombre pair ou impair de ses termes.

Si l'on fait $\frac{1}{2\,T^2} = q$, la série $1 - \frac{1}{2\,T^2} + \frac{1.3}{2^2 T^4} - \dots$ peut être mise sous la forme suivante de fraction continue

$$\cfrac{1}{1 + \cfrac{q}{1 + \cfrac{2q}{1 + \cfrac{3q}{1 + \cfrac{4q}{1 + \dots}}}}}$$

(¹) *OEuvres de Laplace*, T. VII, p. 178.

ici l'on a

$$T = 0,177h, \qquad h' = 33\frac{\overline{k}}{4k'}\frac{4}{5},$$

et l'on a, par le numéro précédent,

$$\frac{\overline{k}}{4k'} = 30\frac{k}{4k'} = 30.0,42884 = 12,8652;$$

on a donc

$$T^2 = (0,177)^2 26,4 . 12,8652;$$

c'est le logarithme hyperbolique de e^{T^2}, et, pour avoir le logarithme tabulaire de cette exponentielle, il faut le multiplier par 0,434294. On trouvera ainsi, à fort peu près,

$$\frac{1}{\sqrt{\pi}}\int_T^\infty dt\, e^{-t^2} = 0,000001984;$$

en retranchant ce nombre de l'unité on aura la probabilité que l'excès de la variation diurne observée pendant les trois mois de février, mars et avril, et pendant onze années, sur la variation moyenne de onze années, serait moindre que $0^{mm},177$, s'il était dû aux simples anomalies du hasard. L'excès observé indique donc, avec une extrême vraisemblance, une cause constante, qui augmente à Paris la variation diurne du baromètre pendant les trois mois cités.

On trouve de la même manière que l'excès $0^{mm},206$, de la variation moyenne de l'année, sur la variation moyenne des trois mois de novembre, décembre et janvier, indique, avec une vraisemblance encore plus grande, une cause constante, qui diminue la variation diurne pendant ces mois.

Enfin, on trouve que les différences observées entre la variation moyenne de l'année et les variations moyennes, soit des trois mois de mai, juin et juillet, soit des trois mois d'août, de septembre et octobre, peuvent sans invraisemblance être attribuées aux seules anomalies du hasard.

Les observations de la variation diurne du baromètre, de 9^h du matin à 3^h du soir, discutées par M. Bouvard, présentent ce phénomène remarquable, savoir que la variation moyenne de chacun des cent trente-deux mois qu'il a considérés a été positive. Pour apprécier la probabilité de ce phénomène, je supposerai que la variation moyenne des trois mois de novembre, décembre et janvier serait, indépendamment des anomalies du hasard, et par l'effet des seules causes régulières, celle que M. Bouvard a conclue de onze années d'observations, savoir $0^{mm},557$. Je ferai une supposition semblable relativement à la variation des trois mois suivants : février, mars et avril, et qui a été trouvée de $0^{mm},940$. Enfin, je supposerai que la variation moyenne des six autres mois, qui ne paraît être soumise qu'à l'action des causes accidentelles, est celle que l'on a trouvée pour l'année entière, savoir $0^{mm},763$. Cela posé, si l'on nomme u l'erreur de la variation d'un mois, due aux seules causes accidentelles, la probabilité de cette erreur sera, par ce qui précède, proportionnelle à $c^{-12,8652\,u^2}$. D'où il est facile de conclure que la probabilité que u ne sera pas au-dessous de $-0^{mm},557$ sera

$$1 - \frac{1}{\sqrt{\pi}} \int dt\, c^{-t^2},$$

en supposant

$$t^2 = 12,8652\, u^2,$$

et l'intégrale étant prise depuis $t = 0^{mm},557 \sqrt{12,8652}$ jusqu'à $t = \infty$.

La probabilité qu'aucun des trois mois de novembre, décembre et janvier n'aura de variation négative, ou que l'erreur négative de u n'atteindra jamais $-0^{mm},557$, sera

$$\left(1 - \frac{1}{\sqrt{\pi}} \int dt\, c^{-t^2}\right)^3,$$

et celle que le même résultat aura lieu pendant onze années sera

$$\left(1 - \frac{1}{\sqrt{\pi}} \int dt\, c^{-t^2}\right)^{33}.$$

On trouvera de la même manière que la probabilité semblable relative aux trois mois de février, mars et avril est

$$\left(1 - \frac{1}{\sqrt{\pi}} \int dt\, c^{-t^2}\right)^{33},$$

l'intégrale étant prise depuis $t = 0^{\text{mm}},940\sqrt{12,8652}$ jusqu'à $t = \infty$.
Enfin, on trouvera que la probabilité semblable relative aux six autres mois est

$$\left(1 - \frac{1}{\sqrt{\pi}}\int dt\, e^{-t^2}\right)^{66},$$

l'intégrale étant prise depuis $t = 0^{\text{mm}},763\sqrt{12,8652}$ jusqu'à $t = \infty$.

Le produit de ces trois probabilités est la probabilité du phénomène observé, que l'on trouve ainsi à peu près égale à $0,9$, en sorte que, loin de présenter une chose invraisemblable, il est lui-même vraisemblable.

J'ai supposé dans tous ces résultats tous les mois égaux et de trente jours. On leur donnerait plus d'exactitude en y introduisant l'inégalité des mois, ce qui n'a d'autre difficulté que la longueur du calcul. Mais comme il suffit que ces résultats soient approchés pour que nos conclusions soient justes, soit relativement à l'existence des causes régulières qui produisent le maximum et le minimum de la variation, soit relativement à la vraisemblance du phénomène suivant lequel les cent trente-deux mois ont donné une variation diurne positive, on peut se dispenser de ce calcul.

FIN DU TOME TREIZIÈME.

EXTRAIT DU CATALOGUE

DE LA LIBRAIRIE

GAUTHIER-VILLARS.

DIVISIONS DU CATALOGUE.

I. Ouvrages sur les Sciences mathématiques et physiques. (*Voir* page 2.)
II. Collection des Œuvres des grands Géomètres (*Voir* page 11.)
III. Collection de traductions d'Ouvrages scientifiques. (*Voir* page 12.)
IV. Bibliothèque des Actualités scientifiques. (*Voir* p. 13.)
V. Bibliothèque photographique. (*Voir* page 14.)
VI. Journaux. (*Voir* page 16.)
VII. Recueils scientifiques paraissant annuellement ou à époques irrégulières et formant Collections. (*Voir* p. 18.)
VIII. Encyclopédie des Travaux publics et Encyclopédie industrielle, fondée par M.-C. Lechalas, Inspecteur général des Ponts et Chaussées. (*Voir* page 19.)
IX. Encyclopédie scientifique des Aide-Mémoire, publiée sous la direction de M. Léauté, Membre de l'Institut. (*Voir* page 21.)

I. — OUVRAGES SUR LES SCIENCES MATHÉMATIQUES ET PHYSIQUES.

ABEL (Niels Henrik). — Mémorial publié à l'occasion du centenaire de sa naissance. In-4, avec un portrait d'Abel, 1 planche et 6 fac-similés; 1902. 27 fr.

ABRAHAM (Henri), Maître de conférences à l'École Normale supérieure, Secrétaire général de la Société française de Physique. — **Recueil d'expériences élémentaires de Physique,** publié avec la collaboration de nombreux physiciens. Deux volumes in-8° ($22,5 \times 14$).

Ire Partie : *Travaux d'atelier. Géométrie et Mécanique. Hydrostatique. Chaleur.* Vol. de XII-447 pages avec 260 figures; 1904.

Broché.... 3 fr. 75 c. | Cartonné toile.... 5 fr.
IIe Partie : *Acoustique, Optique. Electricité.*
(*Sous presse.*)

ANDOYER (H.), Maître de conférences à la Faculté des Sciences de Paris. — **Leçons sur la Théorie des Formes et la Géométrie analytique supérieure,** *à l'usage des étudiants des Facultés des Sciences.* Volume de VI-508 p.; 1900. 15 fr.

ANDRÉ (Ch.), Directeur de l'Observatoire de Lyon, Professeur d'Astronomie à l'Université de Lyon. — **Traité d'Astronomie stellaire.** 3 vol. grand in-8 se vendant séparément :

Ire Partie : *Étoiles simples.* Avec 29 figures et 2 planches; 1899. 9 fr.

IIe Partie : *Étoiles doubles et multiples, amas stellaires.* Avec 74 figures et 3 planches; 1900. 14 fr.

IIIe Partie : *Photométrie.* (*En préparation.*)

In-4°; R.

ANGOT (A.). — Instructions météorologiques. 4e édition, entièrement refondue. Gr. in-8, avec figures et 4 planches, suivi de nombreuses Tables pour la réduction des observations; 1903. 4 fr. 50 c.

ANGOT (Alfred). — Abrégé des Instructions météorologiques. In-8, avec figures; 1903. 1 fr. 50 c.

APPELL (P.), Membre de l'Institut, et **CHAPPUIS (J.),** Professeur à l'École Centrale. — **Leçons de Mécanique élémentaire,** conformes aux programmes du 31 mai 1902. 2 volumes in-18 jésus se vendant séparément.

I. *Volume à l'usage des élèves de la classe de Première C et D* avec 76 figures; 1903. 2 fr. 75 c.

II. *Volume à l'usage des élèves de la classe de Mathématiques;* 1904. (*Sous presse.*)

APPELL (P.), Membre de l'Institut. — **Cours de Mécanique à l'usage des candidats à l'École Centrale.** In-8, avec 143 figures; 1902. 7 fr. 50 c.

APPELL (Paul), Membre de l'Institut. — **Traité de Mécanique rationnelle** (Cours de Mécanique de la Faculté des Sciences). 3 volumes grand in-8, se vendant séparément.

Tome I. — *Statique. Dynamique du point.* 2e édition entièrement refondue. Avec 178 figures; 1902. 18 fr.

Tome II. — *Dynamique des systèmes. Mécanique analytique.* 2e édition entièrement refondue, avec 99 figures; 1904. 16 fr.

Tome III. — *Équilibre et mouvement des milieux continus.* Avec 70 figures; 1902. 17 fr.

ATLAS PHOTOGRAPHIQUE DE LA LUNE. publié par l'Observatoire de Paris, exécuté par MM. Loewy, Directeur de l'Observatoire, et P. Puiseux, Astronome adjoint à l'Observatoire. 7 fascicules 1896-1897-1898-1899-1900-1902-1903.

Chaque fascicule comprend un volume in-4° de 40 à 60 p. et un Atlas de 6 ou 7 pl. in-folio (64 × 80). Prix de chaque fascicule.   30 fr.

ATLAS LUNAIRE, publié par la Société Belge d'Astronomie, reproduisant à l'echelle des ⅔ les agrandissements photographiques de MM. Lœwy et P. Puiseux. 5 fascicules in-4; 1899.

Chaque fascicule comprend 6 à 7 planches in-4 (26 × 33). Prix de chaque fascicule.   3 fr.

BAILLAUD (B.), Doyen de la Faculté des Sciences de Toulouse, Directeur de l'Observatoire. — **Cours d'Astronomie** *à l'usage des etudiants des Facultés des Sciences.* 2 volumes grand in-8, se vendant séparément.

Ire Partie : *Quelques théories applicables à l'étude des Sciences expérimentales. Probabilités : erreurs des observations. Instruments d'Optique. Instruments d'Astronomie. Calculs numériques, interpolations.* avec 59 figures; 1893.   8 fr.

IIe Partie : *Astronomie sphérique. Mouvements dans le système solaire. Eléments géographiques. Eclipses. Astronomie moderne,* avec 72 figures; 1896.   15 fr.

BECQUEREL (Henri). Membre de l'Académie des Sciences. — **Recherches sur une nouvelle propriété de la matière,** *activité radiante spontanée ou radioactivité de la matière.* (*Mémoires de l'Académie des Sciences de l'Institut de France,* t. XLVI.) In-4 avec 13 planches; 1903.   15 fr.

BERTHELOT (M.). Sénateur, Secrétaire perpétuel de l'Académie des Sciences, Professeur au Collège de France. — **Les carbures d'hydrogène (1851-1901).** *Recherches expérimentales.* Trois volumes grand in-8; 1901, se vendant ensemble.   45 fr.

BERTHELOT (M.). — Thermochimie. *Données et Lois numériques.*

Tome I : *Les Lois numériques,* xvii-737 pages. — Tome II : *Les Données expérimentales,* 878 pages. 2 beaux volumes grand in-8; 1897.   50 fr.

BERTRAND (J.). — Calcul des probabilités. Grand in-8; 1889.   12 fr.

BESSON (Paul). Ingénieur des Arts et Manufactures. — **Le Radium et la Radioactivité.** *Propriétés générales. Emplois médicaux.* In-16 (19 × 12) de iv-170 pages environ, avec 13 figures; 1904.   fr.

BICHAT (E.), Doyen de la Faculté des Sciences de Nancy, et **BLONDLOT**, Professeur à la Faculté des Sciences de Nancy, Correspondant de l'Institut. — **Introduction à l'étude de l'Electricité statique et du Magnétisme.** In-8, avec 82 figures ; 1904.   5 fr.

BIGOURDAN (G.), Astronome titulaire de l'Observatoire de Paris. — **Le système métrique des Poids et Mesures.** *Son établissement, sa propagation graduelle. Histoire des opérations qui ont servi à déterminer le mètre et le kilogramme.* Un volume petit in-8, en caractères elzévirs, titre en deux couleurs, avec 17 figures et 10 planches ou portraits; 1901.   10 fr.

BLÉTRY (G.). — Manuel de l'Inventeur. 7e édition. In-12; 1898.   1 fr.

BLIN (E.), Chef du Service des Ponts et Chaussées en Cochinchine, et **ROLLET DE L'ISLE**, Ingénieur hydrographe. — **Manuel de l'explorateur.** *Procédés de levers rapides et de détail; Détermination astronomique des positions géographiques.* In-18 jésus, avec 90 figures, modèles d'observations ou de carnets de levers; 1899. Cartonnage souple.   5 fr.

BOLTZMANN (L.), Professeur à l'Université de Leipzig. — **Leçons sur la théorie des gaz.** 2 volumes grand in-8.

Ire Partie, traduite par A. Gallotti, ancien Elève de l'Ecole Normale supérieure, Professeur au Lycée d'Orléans, avec une *Introduction* et des *Notes* de M. Brillouin, Professeur au Collège de France, avec figures; 1902.   8 fr.

IIe Partie, traduite par A. Gallotti et H. Bénard, anciens Elèves de l'Ecole Normale, avec figures; 1904.   fr.

BOREL (Émile), Maître de Conférences à l'Ecole Normale supérieure. — **Collection de monographies sur la Théorie des fonctions,** publiée sous la direction de M. E. Borel.

Leçons sur la théorie des fonctions (*Eléments de la la théorie des ensembles et applications*), par M. Emile Borel. 1898.   3 fr. 50 c.

Leçons sur les fonctions entières; 1900.   3 fr. 50 c.

Leçons sur les séries divergentes; 1901.   4 fr. 50 c.

Leçons sur les séries à termes positifs, professées au Collège de France, recueillies et rédigées par Robert d'Adhémar; 1902.   3 fr. 50 c.

Leçons sur les fonctions méromorphes, professées au Collège de France, recueillies et rédigées par M. Ludovic Zoretti; 1903.   3 fr. 50 c.

Leçons sur l'intégration et la recherche des fonctions primitives, professées au Collège de France, par M. Henri Lebesgue. 1904.   3 fr. 50 c.

Leçons sur les séries de polynomes. (*En préparation.*)

Leçons sur les fonctions de variables réelles et leur représentation par des series de polynomes, professées à l'Ecole Normale supérieure par M. Emile Borel et rédigées par M. Maurice Fréchet, avec une Note de M. Paul Painlevé. (*Sous presse.*)

Le calcul des résidus et ses applications à la théorie des fonctions, par M. Ernst Lindelof. (*En préparation.*)

Quelques principes fondamentaux de la théorie des fonctions de plusieurs variables complexes, par M. Pierre Cousin. (*En préparation.*)

Développements en séries de polynomes des fonctions analytiques, par M. Emile Borel. (*En préparation.*)

Leçons sur les fonctions discontinues, par M. René Baire. (*En préparation.*)

Leçons sur les Correspondances entre variables réelles, par M. Jules Drach. (*En préparation.*)

BOURLET (C.), Docteur ès Sciences, Membre du Comité technique du « Touring-Club de France ». — **La Bicyclette, sa construction, sa forme.** In-8, avec 26½ figures; 1899.   4 fr. 50 c.

BOUSSINESQ (J.), Membre de l'Institut, Professeur à la Faculté des Sciences de l'Université de Paris. — **Théorie analytique de la chaleur,** mise en harmonie avec la Thermodynamique et avec la Théorie mécanique de la Lumière. (*Cours de Physique mathématique de la Faculté des Sciences.*) Deux volumes grand in-8 se vendant séparément :

Tome I : *Problèmes généraux.* Volume de xxviii-333 pages avec 14 figures; 1901.   10 fr.

Tome II : *Refroidissement et échauffement par rayonnement. Conductibilité des tiges, lames et masses cristallines. Courants de convection. Théorie mécanique de la lumière.* Volume de xxxii-625 pages; 1903.   18 fr.

BOUTY (E.), Professeur à la Faculté des Sciences. — **Chaleur, Acoustique et Optique.** Premier Supplément au *Cours de Physique de l'Ecole Polytechnique,* par Jamin et Bouty. In-8, avec 41 figures; 1896.   3 fr. 50 c.

— **Progrès de l'Electricité, Oscillations hertziennes, Rayons cathodiques et Rayons X.** Deuxième Supplément au *Cours de Physique de l'Ecole Polytechnique,* par Jamin et Bouty. In-8 avec 45 figures et 2 planches; 1899.   3 fr. 50 c.

BRISSE (Ch.). — Recueil de problèmes de Géométrie analytique, à l'usage des classes de Mathématiques spéciales. *Solutions des problèmes donnés au concours d'admission à l'École Centrale depuis 1862.* 2ᵉ édition. In-8, avec figures ; 1892. 5 fr.

BROCA (André), Professeur agrégé de Physique à la Faculté de Médecine. — La télégraphie sans fils. 2ᵉ édition entièrement refondue. In-18 jésus avec 52 figures ; 1905. 4 fr.

CAHEN (E.), ancien Élève de l'École Normale supérieure, Professeur de Mathématiques spéciales au Collège Rollin. — Eléments de la théorie des nombres. *Congruences. Formes quadratiques. Nombres incommensurables. Questions diverses.* Grand in-8 ; 1900. 12 fr.

CASPARI (E.), Ingénieur hydrographe de la Marine. — Cours d'Astronomie pratique. Application à la Géographie et à la Navigation. 2 beaux volumes grand in-8, se vendant séparément. (*Ouvrage couronné par l'Académie des Sciences.*)
Iʳᵉ Partie : *Coordonnées vraies et apparentes. Théorie des instruments*, avec figures ; 1888. 9 fr.
IIᵉ Partie : *Détermination des éléments géographiques Applications pratiques*, avec fig. et 1 pl. ; 1889. 9 fr.

CHAPPUIS (J.) et BERGET (A.). — Cours de Physique à *l'usage des Candidats aux Écoles spéciales* (conforme aux derniers programmes). Un beau volume grand in-8 (25 × 16) de IV-697 pages avec 465 figures ; 1898.
Broché.......... 14 fr. | Relié (cuir souple). 17 fr.

CHEMIN (O.), Ingénieur en chef des Ponts et Chaussées, ancien Professeur à l'École nationale des Ponts et Chaussées, chargé de mission par M. le Ministre de l'Instruction publique. — De Paris aux mines d'or de l'Australie occidentale. Petit in-8, avec 124 figures dont 111 photogravures. 9 cartes dans le texte et 2 planches ; 1900. 9 fr.

CHIPART (H.), Ingénieur des Mines. — La Théorie gyrostatique de la lumière. Grand in-8 de 192 pages ; 1904. 6 fr. 50 c.

CLEBSCH (Alfred). — Leçons sur la Géométrie, recueillies et complétées par *Ferdinand Lindemann,* Professeur à l'Université de Fribourg en Brisgau, et traduites par *Adolphe Benoist,* Docteur en droit, 3 vol. grand in-8, avec figures ; 1903-1880-1883.
Tome I : *Traité des sections coniques et Introduction à la théorie des formes algébriques.* Nouveau tirage ; 1903. 12 fr.
Tome II : *Courbes algébriques en général et courbes du troisième ordre.* 14 fr.
Tome III: *Intégrales abéliennes et connexes.* 16 fr.

COLSON (R.), Commandant du Génie, Répétiteur de Physique à l'École Polytechnique. — Traité élémentaire d'Electricité, avec les principales applications. 3ᵉ édition, entièrement refondue. In-18 jésus, avec 91 figures ; 1900. 3 fr. 75 c.

COMBEROUSSE (Charles de), Ingénieur, Professeur à l'École Centrale des Arts et Manufactures et au Conservatoire des Arts et Métiers, ancien Professeur de Mathématiques spéciales au collège Chaptal. — Cours de Mathématiques à l'usage des Candidats à l'École Polytechnique, à l'École Normale supérieure et à l'École centrale des Arts et Manufactures. 4 vol. In-8, avec fig. et planches.
Chaque Volume se vend séparément:
Tome Iᵉʳ : *Arithmétique et Algèbre élémentaire* (avec 38 figures). 4ᵉ édition ; 1900. 10 fr.
On vend à part :
Arithmétique. 4 fr.
Algèbre élémentaire. 4 fr.
Tome II : *Géométrie élémentaire, plane et dans l'espace ; Trigonométrie rectiligne et sphérique,* avec 543 fig. 4ᵉ édition ; 1904. 13 fr.

On vend à part :
Géométrie élémentaire plane et dans l'espace. 8 fr.
Trigonométrie rectiligne et sphérique, suivie de Tables des valeurs des lignes trigonométriques naturelles. 5 fr.
Tome III : *Algèbre supérieure.* Iʳᵉ Partie : *Compléments d'Algèbre élémentaire (Déterminants, fractions continues,* etc.). — *Combinaisons. — Séries. — Etude des Fonctions. — Dérivées et Différentielles. — Premiers principes du Calcul intégral.* 3ᵉ édition (XXI-768 pages), avec 20 figures ; 1904. 15 fr.
Tome IV : *Algèbre supérieure.* IIᵉ Partie : *Etude des imaginaires. Théorie générale des équations.* 2ᵉ édition (XXXII-831 pages), avec 63 figures ; 1890. 15 fr.

CONGRÈS INTERNATIONAL DE CHRONOMÉTRIE, Exposition universelle de 1900. — Comptes rendus des Travaux, Procès-verbaux, Rapports et Mémoires publiés sous les auspices du Bureau du Congrès, par L. Fichot et P. de Vanssay, Secrétaires. In-4 avec fig.; 1902. 15 fr.

CONGRÈS INTERNATIONAL D'ÉLECTRICITÉ (Exposition universelle internationale de 1900. Paris, 18-25 août 1900). 2 volumes grand in-8, publiés par les soins de M. E. Hospitalier, Rapporteur général, se vendant séparément.
— Rapports et procès verbaux. Volume de 588 pages, avec figures ; 1901. 15 fr.
— Annexes. Volume de 320 pages avec nombreuses figures ; 1903. 10 fr.

CONGRÈS INTERNATIONAL DES MATHÉMATICIENS (Exposition universelle de 1900). — Rapports présentés au Congrès international des Mathématiciens, réuni à Paris en 1900, rassemblés et publiés par E. Duporcq, Secrétaire général. Grand in-8 ; 1902. 16 fr.

CONGRÈS INTERNATIONAL DE PHYSIQUE, Exposition universelle de 1900. — Travaux du Congrès international de Physique, réuni à Paris en 1900, sous les auspices de la Société française de Physique, rassemblés et publiés par Ch.-Ed. Guillaume et L. Poincaré, Secrétaires généraux du Congrès. 4 volumes gr. in-8, avec fig.
Tomes I, II et III : *Rapports présentés au Congrès ;* 1900. Les 3 volumes ensemble. 50 fr.
On vend séparément :
Tome I : *Questions générales. Métrologie. Physique mécanique. Physique moléculaire ;* 1900. 18 fr.
Tome II : *Optique. Électricité. Magnétisme ;* 1900. 18 fr.
Tome III : *Électro-optique et Ionisation. Applications. Physique cosmique. Physique biologique ;* 1900. 18 fr.
Tome IV : *Procès-verbaux. Annexe. Liste des Membres* 1901. 6 fr.

CONSTAN (P.), ancien Élève de l'École Navale. Ex-Enseigne de vaisseau, Professeur d'Hydrographie de la marine. — Cours élémentaire d'Astronomie et de Navigation, à *l'usage des Capitaines au long cours et des Élèves des Écoles d'Hydrographie.* 2 volumes grand in-8 (25 × 16) avec nombreuses figures se vendant séparément. (*Ouvrage en harmonie avec les derniers programmes des examens pour les brevets de Capitaine au long cours.*).
Tome I : *Astronomie.* Vol. de IV-415 p. avec 138 fig.; 1903............ 7 fr. 50 c.
Tome II. *Navigation.* Vol. de IV-300 p. avec 159 fig. et 3 planches ; 1904............ 8 fr. 50 c.

CORNU (A.), Membre de l'Institut et du Bureau des Longitudes. — Notices sur l'Electricité. *Electricité statique et dynamique. Production et transport de l'énergie électrique ;* avec une Préface de M. A. Potier, Membre de l'Institut. (*Notices extraites de l'Annuaire du Bureau des Longitudes.*) In-16 (10 × 24), avec fig.; 1904. 5 fr.

DA CUNHA (A.), Ingénieur des Arts et Manufactures. — *L'année technique* (1902-1903). *Locomotion et moyens de transport. Production et emploi de la force motrice. Travaux publics. Architecture. Technologie générale. Astronomie et Cosmographie*; avec une Préface de M. PAUL BODIN, Président de la Société des Ingénieurs civils de France. Grand in-8 de VIII-103 pages avec 138 figures; 1903. . 3 fr. 50 c.

— Les années précédentes (1900-1901 et 1901-1902) se vendent chacune 3 fr. 50 c.

DARBOUX (G.), Membre de l'Institut, Doyen de la Faculté des Sciences. — **Leçons sur la Théorie générale des surfaces et les applications géométriques du Calcul infinitésimal.** 4 vol. gr. in-8, av. fig., se vendant séparément.

Iᵉ PARTIE : *Généralités. — Coordonnées curvilignes. — Surfaces minima*; 1887. 15 fr.

IIᵉ PARTIE : *Les congruences et les équations linéaires aux dérivées partielles. — Des lignes tracées sur les surfaces*; 1889. 15 fr.

IIIᵉ PARTIE : *Lignes géodésiques et courbure géodésique. — Paramètres différentiels. — Déformation des surfaces*; 1894. 15 fr.

IVᵉ et dernière PARTIE : *Déformation infiniment petite et représentation sphérique*; 1896. 15 fr.

DUHEM (Pierre), Correspondant de l'Institut de France, Professeur de Physique théorique à la Faculté des Sciences de Bordeaux. — **Recherches sur l'Hydrodynamique.** Deux volumes in-4 se vendant séparément.

Iᵉ SÉRIE : *Principes fondamentaux de l'hydrodynamique. Propagation des discontinuités, des ondes, des quasi-ondes*. Avec 18 figures; 1903. 10 fr.

IIᵉ SÉRIE : *Les conditions aux limites. Le théorème de Lagrange et la viscosité. Les coefficients de viscosité et la viscosité au voisinage de l'état critique*; avec figures; 1904. 7 fr. 50 c.

DUPLAIS (aîné). — **Traité de la fabrication des liqueurs et de la distillation des alcools.** 7ᵉ édition, entièrement refondue par *Marcel Arpin*, Chimiste industriel, et *Ernest Portier*, Répétiteur de Technologie agricole à l'Institut agronomique. 2 vol. in-8, avec figures; 1900. 18 fr

On vend séparément :

Tome I : *Les alcools*. Avec 68 figures........ 8 fr.
Tome II : *Les liqueurs*. Avec 69 figures...... 10 fr.

DUPORCQ (Ernest), Ancien Élève de l'École Polytechnique, Ingénieur des Télégraphes. — **Premiers principes de Géométrie moderne,** *à l'usage des élèves de Mathématiques spéciales et des candidats à la Licence et à l'Agrégation.* In-8 avec figures; 1899. 3 fr.

ESTANAVE (E.). — **Nomenclature des Thèses des Sciences mathématiques** *soutenues en France dans le courant du XIXᵉ siècle devant les Facultés des Sciences de Paris et des départements.* Grand in-8 ; 1902. 2 fr.

ESTANAVE (E.). — **Nomenclature des Mémoires de Physique expérimentale et de Physique mathématique,** *présentés en France dans le courant du XIXᵉ siècle devant les Facultés des Sciences en vue du doctorat.* Grand in-8 (25 × 16) de 40 pages; 1903...... 1 fr.

FABRY (Ch.), Professeur adjoint à la Faculté des Sciences de Marseille. — **Leçons élémentaires d'Acoustique et d'Optique,** à l'usage des candidats au certificat d'études physiques, chimiques et naturelles (P. C. N.). In-8, avec 205 figures; 1898. 7 fr. 50 c

FAYE (H.). — **Sur l'origine du Monde,** *Théories cosmogoniques des anciens et des modernes.* 3ᵉ édition, revue et augmentée. Un beau volume in-8, avec fig.; 1896. 6 fr.

FAYE (H.). — **Nouvelle étude sur les tempêtes, cyclones, trombes ou tornados.** Grand in-8, avec 18 figures; 1897. 4 fr. 50 c.

FISHER (H.-K.-C.) et **DARBY** (J.-G.-H.). **Manuel élémentaire pratique de mesures électriques sur les câbles sous-marins.** Traduit de l'anglais sur la 2ᵉ édition, par LÉON HOSSON. In-8 avec 65 figures; 1903. 5 fr.

FLAMMARION (Camille). — **La planète Mars et ses conditions d'habitabilité.** *Synthèse générale de toutes les observations.* Climatologie, météorologie, aréographie, continents, mers et rivages, eaux et neiges, saisons, variations observées. Grand in-8 jésus, avec 580 dessins télescopiques et 23 cartes; 1892.

Broché. 12 fr. | Cartonné avec luxe. 15 fr.

FOUET (l'abbé). — **Leçons élémentaires sur la théorie des fonctions analytiques.** Iᵉ Partie (Chap. I à V). Grand in-8, avec figures; 1902...... .... 7 fr. 50 c.

FRANCŒUR (L.-B.). — **Traité de Géodésie ou Traité de la figure de la Terre et de ses parties,** comprenant la Topographie, l'Arpentage, le Nivellement, etc. Leçons données à la Faculté des Sciences de Paris. Édition augmentée de NOTES, par *Hossard* et par le Colonel *Perrier.* Nouveau tirage. In-8, avec 11 planches; 1902. 12 fr.

FRENET (F.), Professeur honoraire de la Faculté des Sciences de Lyon. — **Recueil d'Exercices sur le Calcul infinitésimal.** Ouvrage destiné aux Candidats à l'École Polytechnique et à l'École Normale et à la licence. 6ᵉ édition, augmentée d'un *Appendice sur les résidus, les fonctions elliptiques, les équations aux dérivées partielles, les équations aux différentielles totales,* par H. LAURENT, Examinateur d'admission à l'École Polytechnique. In-8, avec figures; 1904. 8 fr.

FREYCINET (Charles de), de l'Institut. — **Essais sur la Philosophie des Sciences.** *Analyse. Mécanique.* 2ᵉ éd., in-8; 1900. 6 fr.

FREYCINET (Ch. de). — **Sur les principes de la Mécanique rationnelle.** In-8; 1902. 4 fr.

FREYCINET (Ch. de). — **De l'expérience en Géométrie.** Volume in-8; 1903. 4 fr.

GARÇON (Jules), Ingénieur Chimiste. — **Répertoire général ou Dictionnaire méthodique de Bibliographie des Industries tinctoriales et des Industries annexes,** *depuis les origines jusqu'à la fin de l'année 1896.* (*Technologie et Chimie.*) Ouvrage honoré du grand prix décennal Daniel Dollfus de la Société industrielle de Mulhouse. 2 volumes grand in-8, 1638 p., plus un volume de Tables. Prix de l'Ouvrage complet. 100 fr.

Tome I : *Introduction et Avertissement général. Notice sur les sources bibliographiques du Dictionnaire. Tables.*

Tome II : Dictionnaire : Depuis *Accidents de fabrication* jusqu'à *Kermès.*

Tome III : Dictionnaire : Depuis *Laboratoires* jusqu'à la fin.

GARÇON (Jules). — **La pratique du Teinturier.** 3 volumes in-8, se vendant séparément (Ouvrage honoré d'un prix de la Société d'Encouragement à l'Industrie nationale) :

Tome I : *Les méthodes et les essais de teinture. Le succès en teinture*; 1893. 3 fr. 50 c.
Tome II : *Le matériel de teinture,* avec 245 figures; 1894. 10 fr.
Tome III : *Les recettes types et les procédés spéciaux de teinture*; 1897. 9 fr.

GAUTIER (Henri), et **CHARPY** (Georges), anciens Élèves de l'École Polytechnique, Docteurs ès Sciences. — **Leçons de Chimie,** *à l'usage des élèves de Mathématiques spéciales.* 3ᵉ édition, entièrement refondue (notation atomique). Gr. in-8, avec 95 fig.; 1899.
Broché.......... 9 fr. | Relié (cuir souple). 12 fr.

GERARD (Eric), Directeur de l'Institut électrotechnique Montefiore. — Leçons sur l'Electricité, professées à l'Institut électrotechnique Montefiore, annexé à l'Université de Liège. 6ᵉ édition refondue et complétée. 2 vol. grand in-8, se vendant séparément :

TOME I : *Théorie de l'électricité et du magnétisme. Électrométrie. Théorie et construction des générateurs et des transformateurs électriques*, avec 358 figures; 1900. 12 fr.

TOME II : *Canalisation et distribution de l'énergie électrique. Applications de l'électricité à la Télégraphie, à la Téléphonie, à la production et à la transmission de la puissance motrice, à la Traction, à l'Éclairage, à la Métallurgie et à la Chimie industrielle*, avec 387 figures; 1900. 12 fr.

GERARD (Eric). — Traction électrique. Grand in-8, vi-136 pages, avec figures; 1900. 3 fr. 50 c. (Extrait des *Leçons sur l'Electricité*, du même auteur.)

GERARD (Eric). — Mesures électriques. Leçons professées à l'Institut électrotechnique Montefiore, annexé à l'Université de Liège. 2ᵉ édition. Gr. in-8 de 531 p., avec 217 figures. Cartonné, toile anglaise; 1901. 11 fr.

GIRARD (Aimé). — Recherches sur la culture de la pomme de terre industrielle. 2ᵉ édition. Nouveau tirage contenant les derniers résultats obtenus. Un volume grand in-8, avec figures et un atlas cartonné de 6 belles planches en héliogravure; 1900. 10 fr.

On vend séparément :

Texte........ 5 fr. | Atlas....... 5 fr.

GOURSAT (E.). Professeur à la Faculté des Sciences. — Cours d'Analyse *de la Faculté des Sciences de Paris.* 2 volumes grand in-8.

TOME I : *Dérivées et différentielles. Intégrales définies. Développements en série. Applications géométriques.* Avec 52 figures; 1902. 20 fr.

TOME II : *Théorie des fonctions analytiques. Équations différentielles. Équations aux dérivées partielles. Éléments de calcul des variations.* Un premier fascicule (304 pages) est paru. Prix du Tome complet pour les souscripteurs. 10 fr.

GRIMSHAW (Robert). M. E. — L'atelier moderne de constructions mécaniques. Procédés mécaniques spéciaux et tours de main (1ʳᵉ SÉRIE). Traduit de l'anglais par A. LATTON. In-8 (22.5 × 14) de 394 pages avec 212 figures; 1903. 10 fr.

GUILLAUME (Ch.-Ed.), Directeur adjoint du Bureau international des Poids et Mesures. — La convention du Mètre et le Bureau international des Poids et Mesures. In-4 avec nombreuses figures; 1902. 7 fr. 50 c.

GUILLAUME (Ch.-Ed.). — Les applications des aciers au nickel, avec un appendice sur la *Théorie des aciers au nickel.* In-8 avec 11 figures; 1904. 3 fr. 50 c.

HALLER (Albin), Membre de l'Institut, Professeur à la Faculté des Sciences de Paris, Rapporteur du Jury de la Classe 87 à l'Exposition universelle de 1900. — Les industries chimiques et pharmaceutiques. 2 volumes gr. in-8, avec 108 fig.; 1903, se vendant ensemble. 20 fr.

HALPHEN (G.-H.), Membre de l'Institut. — Traité des fonctions elliptiques et de leurs applications. 3 volumes grand in-8 se vendant séparément.

Iʳᵉ PARTIE : *Théorie des fonctions elliptiques et de leurs développements en séries;* 1886. 15 fr.

IIᵉ PARTIE : *Applications à la Mécanique, à la Physique, à la Géodésie, à la Géométrie et au Calcul intégral;* 1888. 30 fr.

IIIᵉ PARTIE : *Fragments.* Publié par les soins de la Section de Géométrie de l'Académie des Sciences; 1891. 8 fr. 50 c.

HERMITE (Ch.), de l'Institut. — Sur la théorie des fonctions elliptiques. In-8; 1894. 3 fr. 50 c.

In-4°; R.

HOÜEL (J.). — Tables de Logarithmes à cinq décimales pour les nombres et les lignes trigonométriques, suivies des Logarithmes d'addition et de soustraction ou Logarithmes de Gauss et de diverses Tables usuelles. Nouvelle éd., revue et augm. Grand in-8; 1901. (*Autorisé par décision ministérielle.*)

Broché. 2 fr. | Cartonné. 2 fr. 75 c.

HOÜEL (J.). — Recueil de formules et de Tables numériques. 3ᵉ édition, nouveau tirage. Grand in-8; 1901. 4 fr. 50 c.

HOUZEAU (J.-C.), Directeur de l'Observatoire royal de Bruxelles, et LANCASTER (A.), bibliothécaire de cet établissement. — Bibliographie générale de l'Astronomie. (*Voir le Catalogue général.*)

HUIN (G.), ancien élève de l'École Polytechnique, MAIRE (E.), Directeur de l'Association des Propriétaires d'appareils à vapeur du Nord-Est, WALTHER-MEUNIER (H.), Ingénieur en chef de l'Association alsacienne des Propriétaires d'appareils à vapeur. — Guide pratique pour les calculs de résistance des chaudières à vapeur et l'essai des matériaux employés, publié par l'Union internationale des Associations de surveillance d'appareils à vapeur. Traduit sur la 7ᵉ édit. allemande. In-18 j. avec 10 fig.; 1901. 2 fr. 75 c.

HUMBERT (G.), Membre de l'Institut, Professeur à l'École Polytechnique. — Cours d'analyse *professé à l'École Polytechnique;* 2 volumes grand in-8.

TOME I : *Calcul différentiel. Principes du calcul intégral. Applications géométriques;* 1902. 16 fr.

TOME II : *Complément de la théorie des intégrales définies. Fonctions eulériennes. Fonctions d'une variable imaginaire. Fonctions elliptiques et applications d'équations différentielles;* 1904. 16 fr.

INSTITUT ÉLECTROTECHNIQUE MONTEFIORE (Université de Liège). — Les installations et les programmes de l'Institut. In-4, avec 40 figures; 1903. 2 fr. 50 c.

INSTITUT DE FRANCE. — *Voir au Catalogue général :* Mémoires de l'Académie des Sciences. — Tables générales des Travaux contenus dans les Mémoires de l'Académie des Sciences. — Recueil de Mémoires. — Rapports et Documents relatifs à l'observation du passage de Vénus sur le Soleil, en 1874. — Mémoires relatifs à la nouvelle maladie de la vigne. — Mission du Cap Horn.

INSTRUCTION SUR LES PARATONNERRES, adoptée par l'Académie des Sciences; Nouvelle édition complétée. In-16 (19 × 12), avec 58 figures et 1 pl.; 1904. 3 fr.

JAMIN (J.), Secrétaire perpétuel de l'Académie des Sciences, Professeur de Physique à l'École Polytechnique, et BOUTY (E.), Professeur à la Faculté des Sciences. — Cours de Physique de l'École Polytechnique. 4ᵉ édition, augmentée et entièrement refondue par E. BOUTY. 4 forts vol. in-8 de plus de 4000 pages, avec 1587 figures et 14 planches sur acier, dont 2 en couleur; 1885-1891. (*Autorisé par décision ministérielle.*) OUVRAGE COMPLET. (Demander le prospectus détaillé et la Table générale des matières.) 72 fr.

JANET (Paul), Professeur à la Faculté des Sciences de Paris, Directeur de l'École supérieure d'Électricité. — Leçons d'Électrotechnique générale professées à l'École supérieure d'Électricité. 2ᵉ édition, revue et augmentée. Deux volumes, grand in-8 (25 × 16) avec nombreuses figures.

TOME I : *Généralités. Courants continus;* 1904. 11 fr.

TOME II : (*Sous presse.*)

JANET (Paul). — Premiers principes d'Electricité industrielle. *Piles. Accumulateurs. Dynamos. Transformateurs.* 5ᵉ édition revue et corrigée. In-8, avec 161 fig.; 1903. 6 fr.

1.

JORDAN (Camille), Membre de l'Institut, Professeur à l'Ecole Polytechnique. — **Cours d'Analyse de l'Ecole Polytechnique.** 2° édition, entièrement refondue. 3 volumes in-8, avec figures, se vendant séparément.

Tome I. — Calcul différentiel; 1893.   17 fr.

Tome II. — Calcul intégral (*Intégrales définies et indéfinies*); 1894.   17 fr.

Tome III. — Calcul intégral (*Équations différentielles*); 1896.   15 fr.

JOUFFRET (G.), ancien Élève de l'École Polytechnique, Membre de la Société mathématique de France. — **Traité élémentaire de Géométrie à quatre dimensions.** *Introduction à la géométrie à n dimensions.* Grand in-8, de XXXIX-243 pages avec 65 fig.; 1903.   7 fr. 50 c.

JOURNÉE, Lieutenant-Colonel au 64° Régiment d'infanterie. — **Tir des fusils de chasse.** 2° édition entièrement refondue. Un beau volume grand in-8 de VI-387 pages, avec 147 figures; 1902.   12 fr.

JULIUS (Ch.), Ingénieur. — **La traction électrique par contacts superficiels du système Diatto.** Grand in-8 de 66 pages avec 12 figures; 1902.   2 fr. 75 c.

LA GOURNERIE (de), Membre de l'Institut. — **Traité de Géométrie descriptive.** In-4, publié en trois *Parties* avec Atlas; 1891-1880-1901.   30 fr.

Chaque Partie se vend séparément.   10 fr.

LA GOURNERIE (de). — **Traité de perspective linéaire.** 1 vol. in-4, avec atlas in-folio de 40 planches dont 8 doubles. 3° édition, revue et corrigée, avec une Introduction de M. Ernest Lebon; 1898.   25 fr.

LALANDE. — **Tables de Logarithmes pour les Nombres et les Sinus à CINQ DÉCIMALES**; revues par le baron *Reynaud.* Nouvelle édition, augmentée de *Formules pour la Résolution des Triangles*, par *Bailleul*, typographe. In-18; 1903. (*Autorisé par décision du Ministre de l'Instruction publique.*)

Broché. 2 fr. | Cartonné. 2 fr. 40 c.

LALANDE. — **Tables de Logarithmes, étendues à SEPT DÉCIMALES**, par *Marie*, précédées d'une Instruction par le baron *Reynaud.* Nouvelle édition, augmentée de *Formules pour la Résolution des Triangles*, par *Bailleul*, typographe. In-12; 1903.

Broché. 3 fr. 50 c. | Cartonné. 3 fr. 90 c.

LAURENT (H.), Examinateur d'admission à l'École Polytechnique. — **Traité d'Analyse.** 7 volumes in-8, avec figures.   73 fr.

Tome I : Calcul différentiel. *Applications analytiques et géométriques*; 1885.   10 fr.

Tome II : *Applications géométriques*; 1887.   12 fr.

Tome III : Calcul intégral. *Intégrales définies et indéfinies*; 1888.   12 fr.

Tome IV : *Théorie des fonctions algébriques et de leurs intégrales*; 1889.   12 fr.

Tome V : *Equations différentielles ordinaires*; 1890.   10 fr.

Tome VI : *Equations aux dérivées partielles*; 1890.   8 fr. 50 c.

Tome VII et dernier : *Applications géométriques de la théorie des équations différentielles*; 1891.   8 fr. 50 c.

LAURENT (H.). — **Traité d'Algèbre**, à l'usage des Candidats aux Ecoles du Gouvernement. Revu et mis en harmonie avec les derniers Programmes, par J.-H. Marchand, ancien Élève de l'Ecole Polytechnique. 4 vol. in-8, se vendant séparément.

I° Partie : Algèbre élémentaire, à l'usage des *Classes de Mathématiques élémentaires* 5° éd.; 1897. 4 fr.

II° Partie : Analyse algébrique, à l'usage des *Classes de Mathématiques spéciales.* 5° édition; 1897. 4 fr.

III° Partie : Théorie des équations, à l'usage des *Classes de Mathématiques spéciales.* 5° édition; 1894. 4 fr.

IV° Partie : Compléments. — Théorie des polynomes à plusieurs variables; 1894.   1 fr. 50 c.

LAUSSEDAT (le Colonel A.), Membre de l'Institut, Directeur du Conservatoire national des Arts et Métiers. — **Recherches sur les instruments, les méthodes et le dessin topographiques.** Deux beaux volumes grand in-8 se vendant séparément :

Tome I : *Aperçu historique sur les instruments et les méthodes. La Topographie dans tous les temps.* Volume de XI-450 pages, avec 145 figures et 14 planches; 1899.   15 fr.

Tome II (1° Partie) : *Iconométrie et Métrophotographie.* Volume de 198 pages avec 51 figures et 15 planches; 1901.   10 fr.

Tome II (2° Partie) : *Développement et progrès de la Métrophotographie à l'étranger et en France.* Volume de 288 p. avec 111 fig. et 18 planches; 1903. 13 fr.

LEBESGUE (Henri), Maître de Conférences à la Faculté des Sciences de Rennes. — **Leçons sur l'intégration et la recherche des fonctions primitives** professées au Collège de France. Grand in-8 avec figures; 1904.   3 fr. 50 c.

LEBON (E.), Agrégé de l'Université, Professeur de Mathématiques au Lycée Charlemagne. — **Histoire abrégée de l'Astronomie.** Petit in-8 en caractères elzévirs, titre en deux couleurs, avec 16 portraits et 1 carte du Ciel; 1899. (*Ouvrage couronné par l'Académie française.*)   8 fr.

LEDEBUR (A.), Professeur à l'Académie des Mines de Freiberg (Saxe). — **Traité de Technologie mécanique métallurgique.** Traduit sur la 2° édition allemande par G. Hembert, Ingénieur en chef des Ponts et Chaussées. Avec un Appendice *Sur la sécurité des ouvriers dans le travail*, par M. July. Grand in-8 de IV-710 pages, avec 729 fig.; 1903.   25 fr.

LEROY (C.-F.-A.), ancien Professeur à l'École Polytechnique et à l'École Normale supérieure. — **Traité de Géométrie descriptive**, suivi de la *Méthode des plans cotés et de la Théorie des engrenages cylindriques et coniques.* 14° édition, revue et annotée par *Martelet.* In-4, avec Atlas de 71 pl.; 1896.   16 fr.

LEROY (C.-F.-A.). — **Traité de Stéréotomie**, 13° édition, revue et annotée par E. *Martelet.* Augmentée d'un Supplément : Théorie et construction de l'appareil hélicoïdal des arches biaises, par J. de La Gournerie, rédigées par *Ernest Lebon*, Agrégé de l'Université, professeur au Lycée Charlemagne. In-4, avec Atlas de 76 pl. In-folio; 1898.   16 fr.

LÉVY (Lucien), Examinateur d'admission et Répétiteur d'Analyse à l'École Polytechnique. — **Précis élémentaire de la théorie des fonctions elliptiques, avec Tables numériques et applications.** Grand in-8, avec figures; 1898.   7 fr. 50 c.

LÉVY (Maurice), Membre de l'Institut, Ingénieur en chef des Ponts et Chaussées, Professeur au Collège de France et à l'Ecole Centrale des Arts et Manufactures. — **La Statique graphique et ses applications aux constructions.** 2° édition. 4 vol. grand in-8, avec 4 Atlas de même format. (*Ouvrage honoré d'une souscription du Ministère des Travaux publics.*)

I° Partie. — *Principes et applications de Statique graphique pure.* Grand in-8 de XXVIII-540 pages, avec figures et un Atlas de 26 planches; 1886.   21 fr.

II° Partie. — *Flexion plane. Lignes d'influence. Poutres droites.* Gr. in-8 de XIV-345 pages, avec figures et un Atlas de 6 pl.; 1886.   15 fr.

III° Partie. — *Arcs métalliques. Ponts suspendus rigides. Coupoles et corps de révolution.* Grand in-8 de IX-418 p., avec fig. et un Atlas de 8 pl.; 1887.   17 fr.

IV° Partie. — *Ouvrages en maçonnerie. Systèmes réticulaires à lignes surabondantes. Index alphabétique des quatre Parties.* Grand in-8 de IX-350 pages, avec figures et un Atlas de 4 pl.; 1888.   15 fr.

LÉVY (Maurice). — **Leçons sur la Théorie des marées.** professées au Collége de France. 2 vol. in-4, se vendant séparément.
I PARTIE : *Theories élémentaires. Formules pratiques de la prévision des marées,* avec figures; 1898. 14 fr.
II PARTIE : (*En préparation.*)

LINDET (L.), Docteur ès Sciences, Professeur à l'Institut national agronomique. — **Le Froment et sa mouture.** Traité de meunerie, d'après un manuscrit inachevé de AIMÉ GIRARD, Membre de l'Institut, Professeur au Conservatoire des Arts et Métiers et à l'Institut national agronomique. Grand in-8, avec 85 figures; 1903. 12 fr.

LOPPÉ (F.), Ingénieur des Arts et Manufactures. — **Essais industriels des machines électriques et des groupes électrogènes** (*Conférences de l'École supérieure d'Électricité*). Grand in-8° avec 129 figures; 1904. 8 fr.

LOPPÉ (F.). — **Traité élémentaire des enroulements des dynamos à courant continu.** In-18 jésus avec figures et planches; 1904.

LUCAS (Édouard). — **L'Arithmétique amusante.** Introduction aux RÉCRÉATIONS MATHÉMATIQUES. *Amusements scientifiques pour l'enseignement et la pratique du Calcul.* Petit in-8 en caractères elzévirs et titre en deux couleurs; 1895. 7 fr. 50 c.

LUCAS (Édouard). — **Récréations mathématiques.** 4 volumes petit in-8, caractères elzévirs, titres en deux couleurs, se vendant séparément :
TOME I. — *Les Traversées. — Les Ponts. — Les Labyrinthes. — Les Reines. — Le Solitaire. — La Numération. — Le Baguenaudier. — Le Taquin.* 2e édition; 1891. Prix : Papier hollande, 12 fr. — Vélin, 7 fr. 50.
TOME II. — *Qui perd gagne. — Les Dominos. — Les Marelles. — Le Parquet. — Le Casse-tête. — Les Jeux de demoiselles. — Le Jeu icosien d'Hamilton;* 2e édition; 1896. Prix : Papier hollande, 12 fr. — Vélin, 7 fr. 50.
TOME III. — *Le Calcul digital. — Machines arithmétiques. — Le Caméléon. — Les jonctions de points. — Le Jeu militaire. — La prise de la Bastille. — La Patte d'oie. — Le Fer à cheval. — Le Jeu américain. — Amusements par les jetons. — L'Étoile nationale. — Rouge et Noire;* 1893. Prix : Papier hollande, 9 fr. 50. — Vélin, 6 fr. 50.
TOME IV ET DERNIER. — *Le Calendrier perpétuel. — L'Arithmétique en boules. — L'Arithmétique en bâtons. — Les Mérelles au XIIIe siècle. — Les carrés magiques de Fermat. — Les réseaux et les dominos. — Les régions et les quatre couleurs. — La machine à marcher;* 1894. Prix : Papier hollande, 12 fr. — Vélin, 7 fr. 50 c.

LUCAS (Edouard). — **Théorie des nombres.** *Le calcul des nombres entiers. Le calcul des nombres rationnels. La divisibilité arithmétique.* Grand in-8, avec 78 figures; 1891. 15 fr.

MANNHEIM (le Colonel A.), Professeur à l'École Polytechnique. — **Principes et Développements de la Géométrie cinématique,** *Ouvrage contenant de nombreuses applications à la Théorie des surfaces.* In-4, avec 186 figures; 1894. 25 fr.

MANNHEIM (A.). — **Cours de Géométrie descriptive de l'École Polytechnique;** comprenant les ELÉMENTS DE LA GÉOMÉTRIE CINÉMATIQUE. 2e édition. Grand in-8, avec 256 figures; 1886. 17 fr.

MARCHIS (L.), Professeur adjoint de Physique à la Faculté des Sciences de Bordeaux. — **Leçons sur les moteurs à gaz et à pétrole,** faites à la Faculté des Sciences de Bordeaux. In-18 jésus de L-175 pages, avec 19 fig.; 1901. 2 fr. 75 c.

MARCHIS (L.). — **Physique industrielle. — Thermodynamique.** *Notions fondamentales.* Grand in-8, avec figures; 1904. 5 fr.

MARIE (Maximilien), Répétiteur de Mécanique et Examinateur d'admission à l'École Polytechnique. — **Histoire des Sciences mathématiques et physiques.** 12 volumes petit in-8, caractères elzévirs, titre en deux couleurs; 1883-1888. 72 fr.
Chaque volume est vendu séparément. 6 fr.

MASCART (E.), Membre de l'Institut, Professeur au Collège de France, Directeur du Bureau central météorologique. — **Traité de Magnétisme terrestre,** grand in-8, avec 94 figures; 1900. 15 fr.

MASCART (E.), Membre de l'Institut, Professeur au Collège de France, Directeur du Bureau Central météorologique. — **Traité d'Optique.** 3 volumes grand in-8 avec Atlas, se vendant séparément.
TOME I : *Systèmes optiques. Interférences. Vibrations. Diffraction. Polarisation. Double réfraction.* Avec 199 figures et 2 pl.; 1889. 20 fr.
TOME II et ATLAS : *Propriétés des cristaux. Polarisation rotatoire. Réflexion vitrée. Réflexion métallique. Réflexion cristalline. Polarisation chromatique.* Avec 113 fig. et Atlas contenant 2 planches sur cuivre dont une en couleur (Propriétés des cristaux. Coloration des cristaux par les interférences); 1891. 25 fr.
TOME III : *Polarisation par diffraction. Propagation de la lumière. Photométrie. Réfractions astronomiques.* Avec 83 figures; 1893. 20 fr.

MATHIEU (Emile), Professeur à la Faculté des Sciences de Nancy. — **Traité de Physique mathématique.** (*Voir le détail des volumes au Catalogue général.*)

MAXWELL (James Clerk), Professeur de Physique expérimentale à l'Université de Cambridge. — **Traité de l'Electricité et du Magnétisme.** Traduit de l'anglais sur la 2e édition, par SELIGMANN-LUI, Ingénieur des Télégraphes, avec *Notes et Eclaircissements* par CORNU, Membre de l'Institut, et POTIER, Professeur à l'École Polytechnique, et suivi d'un *Appendice sur la théorie des Quaternions,* par E. SARRAU, Membre de l'Institut, Professeur à l'École Polytechnique. Deux forts volumes grand in-8, avec 122 figures et 20 planches; 1885-1889. 30 fr.
Chaque volume................ 15 fr.

MÉRAY, Professeur à la Faculté des Sciences de Dijon. — **Leçons nouvelles d'Analyse infinitésimale et ses applications géométriques.** 4 volumes grand in-8.
I PARTIE : *Principes généraux;* 1894. 13 fr.
II PARTIE : *Etude monographique des principales fonctions d'une seule variable;* 1895. 14 fr.
III PARTIE : *Questions analytiques classiques;* 1897. 6 fr.
IV PARTIE : *Applications géométriques classiques;* 1898. 7 fr.

MICHAUT, Commis principal à la Direction technique des Télégraphes de Paris, et GILLET, Commis principal au poste central des Télégraphes de Paris. — **Leçons élémentaires de Télégraphie électrique.** *Système Morse. Manipulation. Notions de Physique et de Chimie. Piles. Appareils et accessoires. Installation des postes.* 2e édition. In-18 jésus, avec 81 figures; 1895. 3 fr. 75 c.

MICHEL (François), Ancien Elève de l'École Polytechnique, Inspecteur de l'exploitation aux Chemins de fer du Nord. — **Recueil de Problèmes de Géométrie analytique à l'usage des Elèves de Mathématiques spéciales.** *Solution des problèmes donnés au Concours de l'École Polytechnique de 1869 à 1900.* In-8, avec 70 fig.; 1900. 6 fr.

MOISSONNIER (P.), Pharmacien principal de l'Armée, ex-Secrétaire de la Commission de l'aluminium au Ministère de la Guerre. — **L'aluminium. Ses propriétés. Ses applications.** *Historique. Minerais. Fabrication. Propriétés. Applications générales.* Grand in-8 avec 21 figures et un titre tiré sur aluminium; 1903. 7 fr. 50 c.

MONET (A.-L.). — **Machines typographiques et procédés d'impression.** *Guide pratique du conducteur. Traité complet.* Avec une Préface de G. Chasarot, Président de la Chambre syndicale des Imprimeurs-Typographes. 3ᵉ édition, entièrement refondue. Un beau volume grand in-8, avec 99 figures et 4 planches en couleurs; 1898. 11 fr.

MOREL (Marie-Auguste), Ingénieur, ancien Élève de l'École des Ponts et Chaussées, Directeur des usines à ciment de Lumbres. — **L'acétylène. Théorie et applications.** Grand in-8 avec 7 figures; 1903. 5 fr.

MOUREU (Ch.). Professeur agrégé à l'École supérieure de Pharmacie de l'Université de Paris. — **Notions fondamentales de Chimie organique.** In-8 de vi-291 pages; 1904.
Broché....... 7 fr. 50 c. | Cartonné toile. 8 fr. 50 c.

NIEWENGLOWSKI (B.), Professeur de Mathématiques au Lycée Louis-le-Grand, Membre du Conseil supérieur de l'Instruction publique. — **Cours de Géométrie analytique**, à l'usage des Élèves de la classe de Mathématiques spéciales et des Candidats aux Écoles du Gouvernement. 3 volumes grand in-8, avec nombreuses figures.
TOME I : *Sections coniques*, avec 120 figures; 1894. 10 fr.
TOME II : *Construction des courbes planes. Compléments relatifs aux coniques*, avec 180 figures; 1895. 8 fr.
TOME III : *Géométrie dans l'espace* (avec une *Note sur les transformations en Géométrie*; par E. Borel, Maître de Conférences à la Faculté des Sciences de Lille); avec 43 figures; 1896. 14 fr.

NORDMANN (Charles), Astronome à l'Observatoire de Nice. — **Essai sur le rôle des ondes hertziennes en Astronomie physique et sur diverses questions qui s'y rattachent.** (Thèse). In-4 de 150 pages, avec 16 figures; 1903. 6 fr.

OCAGNE (Maurice d'). Ingénieur des Ponts et Chaussées, Professeur à l'École des Ponts et Chaussées, Répétiteur à l'École Polytechnique. — **Traité de Nomographie.** *Théorie des abaques. Applications pratiques.* Grand in-8, avec 177 figures et 1 planche; 1899.
Broché........ 14 fr. | Relié (cuir souple). 17 fr.

OCAGNE (Maurice d'). — **Exposé synthétique des principes fondamentaux de la Nomographie.** In-4 de 64 pages avec 31 figures; 1903. 3 fr. 50 c.

PELLAT (H.), Professeur à la Faculté des Sciences de l'Université de Paris. — **Cours d'Électricité.** (COURS DE LA FACULTÉ DES SCIENCES.) 3 volumes grand in-8 se vendant séparément :
TOME I : *Électrostatique. Lois d'Ohm. Thermo-électricité.* Volume de vi-339 pages avec 145 figures; 1901. 10 fr.
TOME II : *Électrodynamique. Magnétisme. Induction. Mesures électro-magnétiques.* Volume de iv-554 pages avec 221 figures; 1903. 18 fr.
TOME III : *Électrolyse. Électrocapillarité, etc.*
(*En préparation.*)

PERRIN (Jean). Chargé du Cours de Chimie physique à la Faculté des Sciences de Paris. — **Traité de Chimie physique. Les Principes.** Grand in-8 avec 38 figures; 1903.
Broché.... 10 fr. | Relié cuir souple. 13 fr.

PETERSEN (Julius). — **Méthodes et théories pour la résolution des problèmes de constructions géométriques** *avec application à plus de 400 problèmes.* Traduit par O. Chemin, Ingᵗ en chef des P. et Chaussées, Profᵗ à l'École des P. et Chaussées. 3ᵉ éd. Petit in-8, avec fig.; 1901. 4 fr.

PETIT (P.), Professeur à l'Université de Nancy, Directeur de l'École de Brasserie. — **Brasserie et Malterie.** Grand in-8, avec 89 figures; 1904. Cartonné. 12 fr.

PHILLIPS (H.-J.), F. I. C., F. C. S., Chimiste Conseil du « Great Eastern Railway ». — **Les Combustibles solides, liquides, gazeux.** *Analyse et détermination du pouvoir calorifique.* Ouvrage traduit de l'anglais d'après la 3ᵉ édition par Joseph Rosset, Ingénieur civil des Mines. In-18 jésus, avec 15 figures; 1902. 2 fr. 75 c.

PICARD (Émile), Membre de l'Institut, Profᵗ à la Fᵗᵉ des Sciences. — **Traité d'Analyse** (Cours de la Faculté des Sciences.) 4 vol. grand in-8, se vendant séparément :
TOME I : *Intégrales simples et multiples. — L'équation de Laplace et ses applications. — Développements en séries. — Applications géométriques du Calcul infinitésimal.* 2ᵉ édition, avec figures; 1901. 16 fr.
TOME II : *Fonctions harmoniques et fonctions analytiques. — Introduction à la théorie des équations différentielles. Intégrales abéliennes et surfaces de Riemann*, avec figures; 2ᵉ édition. (Un fascicule est paru.) Prix du Volume complet pour les souscripteurs. 16 fr.
TOME III : *Des singularités des intégrales des équations différentielles. Étude du cas où la variable reste réelle et des courbes définies par des équations différentielles. Équations linéaires; analogies entre les équations algébriques et les équations linéaires*; avec figures; 1896. 18 fr.
TOME IV : *Équations aux dérivées partielles.* (*En prép.*)

PICARD (Émile), Membre de l'Institut, Professeur à l'Université de Paris, et **SIMART**, Capitaine de frégate, Répétiteur à l'École Polytechnique. — **Théorie des fonctions algébriques de deux variables indépendantes.** 2 vol. grand in-8 se vendant séparément.
TOME I : Volume de vi-256 pages, avec figures; 1897. 6 fr.
TOME II : (Deux fascicules, vi-385 pages ont paru.) Prix du volume complet pour les souscripteurs. 14 fr.

PICART (Luc). Professeur d'Astronomie à la Faculté des Sciences de l'Université de Lille. — **Sur quelques points de la théorie de la capture des Comètes.** Grand in-8 de 24 pages; 1903. 2 fr.

PICARD (Émile). — **Quelques réflexions sur la Mécanique suivies d'une première Leçon de Dynamique.** In-8 de 57 pages; 1902. 1 fr. 50 c.

PINGRÉ (A.-G.). — **Annales célestes du dix-septième siècle.** Ouvrage publié sous les auspices de l'Académie des Sciences; par M. G. Bigourdan, Astronome titulaire à l'Observatoire de Paris. In-4 de xi-628 pages; 1901. 40 fr.

PIONCHON (J.). Professeur à la Faculté des Sciences, Directeur de l'Institut électrotechnique de l'Université de Grenoble. — **Notions fondamentales sur l'évaluation numérique des grandeurs géométriques.** Grand in-8 de 138 pages, avec 54 fig.; 1903. 3 fr. 50 c.

POINCARÉ (H.), Membre de l'Institut, Professeur à la Faculté des Sciences. — **Les Méthodes nouvelles de la Mécanique céleste.** 3 vol. grand in-8, se vendant séparément.
TOME I : *Solutions périodiques. — Non-existence des intégrales uniformes. — Solutions asymptotiques.* Avec figures; 1892. 12 fr.
TOME II : *Méthodes de MM. Newcomb, Gyldén, Lindstedt et Bohlin*; 1894. 14 fr.
TOME III et dernier : *Invariants intégraux. — Solutions périodiques du deuxième genre. — Solutions doublement asymptotiques*; 1899. 13 fr.

POLLARD (J.) et DUDEBOUT (A.), Ingénieurs de la Marine, Professeurs à l'École du Génie maritime. — **Architecture navale. Théorie du navire.** Quatre beaux volumes grand in-8, avec fig. et pl., se vendant séparément (*Ouvrage couronné par l'Académie des Sciences et honoré d'une souscription du Ministère de la Marine et des Colonies*) :
TOME I : *Calcul des éléments géométriques des carènes droites et inclinées. — Géométrie du navire*; avec 191 figures et 2 planches; 1890. 13 fr.

Tome II : *Statique du navire.* — *Dynamique du navire, roulis en milieu calme, résistant ou non résistant,* avec 229 figures; 1891. 13 fr.

Tome III : *Dynamique du navire : mouvement de roulis sur houle, mouvement rectiligne horizontal direct (résistance des carènes),* avec 163 figures; 1892. 15 fr.

Tome IV : *Dynamique du navire : mouvement rectiligne horizontal oblique, mouvement curviligne horizontal.* — *Propulsion.* — *Vibrations des coques des navires à hélices.* Avec 182 figures; 1894. 13 fr.

PONTHIÈRE (H.), Professeur de métallurgie et d'électricité industrielle, Directeur de l'Institut électromécanique à l'Université de Louvain. — **Traité d'électrométallurgie.** *Théorie de l'électrolyse. Galvanoplastie. Tubes, tôles, fils galvaniques. Affinage, traitement des minerais. Fusion, soudure, triage.* 3ᵉ édition. Grand in-8 (25 × 16) de x-174 pages, avec 1 planche en 4 couleurs; 1903. 15 fr.

RADAU (R.). — **Tables barométriques et hypsométriques pour le calcul des hauteurs,** précédées d'une Instruction sur l'usage des Tables. Nouveau tirage. In-18 jésus de 24 pages; 1901. 1 fr. 25 c.

RAFFY, Maître de Conférences à la Faculté des Sciences et à l'École Normale supérieure. — **Leçons sur les applications géométriques de l'Analyse.** *Éléments de la théorie des courbes et des surfaces.* Grand in-8, avec figures; 1897. 7 fr. 50 c.

RÉPERTOIRE BIBLIOGRAPHIQUE DES SCIENCES MATHÉMATIQUES, publié par la *Commission permanente du Répertoire.* Paraît successivement par séries de 100 fiches format in-32 (14ᶜᵐ × 9ᶜᵐ), renfermées dans un étui en papier fort. Prix de chaque série. 2 fr.

Les treize premières séries (fiches 1 à 1300, 1894-1903), sont mises en vente.

RESAL (H.), Membre de l'Institut, Professeur à l'École Polytechnique et à l'École supérieure des Mines. — **Traité de Mécanique générale,** comprenant les *Leçons professées à l'École Polytechnique et à l'École des Mines.* 7 vol. in-8, avec 1371 fig., levées et dessinées d'après les meilleurs types, se vendant séparément.

MÉCANIQUE RATIONNELLE.

Tome I : *Cinématique.* — *Théorèmes généraux de la Mécanique.* — *De l'équilibre et du mouvement des corps solides.* 2ᵉ édition. In-8, avec 47 fig.; 1895. 6 fr. 50 c.

Tome II : *Hydrostatique.* — *Hydrodynamique.* — *Hydraulique.* — *Du mouvement des solides en égard aux frottements.* — *Équilibre intérieur.* — *Élasticité.* 2ᵉ édition. In-8, avec 41 figures; 1895. 3 fr.

MÉCANIQUE APPLIQUÉE (moteurs et machines).

Tome III : *Des machines considérées au point de vue des transformations de mouvement et de la transformation du travail des forces.* — *Application de la Mécanique à l'Horlogerie.* In-8, avec 213 fig.; 1875. 11 fr.

Tome IV : *Moteurs animés.* — *De l'eau et du vent considérés comme moteurs.* — *Machines hydrauliques et élévatoires.* — *Machines à vapeur, à air chaud et à gaz.* In-8, avec 200 figures; 1876. 15 fr.

CONSTRUCTION.

Tome V : *Résistance des matériaux.* — *Constructions en bois.* — *Maçonneries.* — *Fondations.* — *Murs de soutènement.* — *Réservoirs.* In-8, avec 308 figures; 1880. 12 fr. 50 c.

Tome VI : *Voûtes droites et biaises, en dôme, etc.* — *Ponts en bois.* — *Planchers et combles en fer.* — *Ponts suspendus.* — *Ponts-levis.* — *Cheminées.* — *Fondations de machines industrielles.* — *Amélioration des cours d'eau.* — *Substruction des chemins de fer.* — *Navigation intérieure.* — *Ports de mer.* In-8, avec 519 fig. et 5 pl. chromolithographiques; 1881. 15 fr.

DÉVELOPPEMENTS ET EXERCICES.

Tome VII : *Développements sur la Mécanique rationnelle et la Cinématique pure,* comprenant de nombreux exercices. In-8, avec 46 figures; 1889. 12 fr.

In-4° : R.

RESAL (H.). — **Exposition de la Théorie des surfaces.** In-8, avec figures; 1891. 4 fr. 50 c.

RODET (J.), Ingénieur des Arts et Manufactures. — **Distribution de l'énergie par courants polyphasés.** 2ᵉ édition entièrement refondue. In-8, avec 273 fig.; 1903. 15 fr.

ROTHÉ (Edmond). — **Contribution à l'étude de la polarisation des électrodes** (Thèse). Grand in-8 avec 34 figures; 1904. 6 fr.

ROUCHÉ (Eugène), et COMBEROUSSE (Charles de). — **Traité de Géométrie,** 7ᵉ éd., revue et augmentée, par Eugène Rouché. Fort in-8 de LX-1212 pages, avec 703 fig., et 1175 questions proposées et problèmes; 1900. 17 fr.

Prix de chaque Partie :

Iʳᵉ Partie. — *Géométrie plane*............ 7 fr. 50 c.

IIᵉ Partie. — *Géométrie de l'espace ; Courbes et Surfaces usuelles.* 9 fr. 50 c.

ROUCHÉ (Eugène) et COMBEROUSSE (Charles de). — **Eléments de Géométrie,** conformes aux derniers programmes officiels, suivis d'un COMPLÉMENT A L'USAGE DES ÉLÈVES DE MATHÉMATIQUES ÉLÉMENTAIRES ET DE MATHÉMATIQUES SPÉCIALES, et de *Notions sur le Lever des plans, l'Arpentage et le Nivellement.* 6ᵉ édit. In-8 de XL-604 pages, avec 482 figures et 543 questions proposées et exercices; 1898. 6 fr.

RUSSELL (Bertrand A.-W.), M. A., Fellow of Trinity College, Cambridge. — **Essai sur les fondements de la Géométrie.** Traduction par C. Cadenat, Licencié ès Sciences mathématiques, Professeur de Mathématiques au Collège de Saint-Claude, revue et annotée par l'Auteur et par Louis Couturat, chargé de Cours de Philosophie à l'Université de Toulouse. Grand in-8, avec 11 figures; 1901. 9 fr.

SAINT-GERMAIN (de), Doyen de la Faculté des Sciences de Caen. — **Recueil d'Exercices sur la Mécanique rationnelle,** à l'usage des candidats à la Licence et à l'Agrégation des Sciences mathématiques. 2ᵉ édition, entièrement refondue. In-8, avec fig.; 1889. 9 fr. 50 c.

SALMON (G.), Professeur au Collège de la Trinité, à Dublin. — **Traité de Géométrie analytique à deux dimensions (Sections coniques).** Traduit de l'anglais par *H. Resal* et *Vaucheret.* 3ᵉ édition française (conforme à la deuxième) publiée d'après la 6ᵉ édition anglaise, par *Vaucheret,* ancien Élève de l'École Polytechnique, Lieutenant-Colonel d'Artillerie, Professeur à l'École supérieure de Guerre. In-8, avec 124 figures; 1897. 12 fr.

SALMON (G.). — **Traité de Géométrie analytique (Courbes planes),** destiné à faire suite au *Traité des Sections coniques.* Traduit de l'anglais, sur la 3ᵉ édition, par *O. Chemin,* Ingénieur des Ponts et Chaussées, Professeur à l'École nationale des P. et Ch., et augmenté d'une *Étude sur les points singuliers des courbes algébriques planes,* par *G. Halphen.* Nouveau tirage. In-8, avec figures; 1903. 12 fr.

SALMON (G.). — **Traité de Géométrie analytique à trois dimensions.** Traduit de l'anglais, sur la quatrième édition, par *O. Chemin.*

Iʳᵉ Partie : *Lignes et surfaces du 1ᵉʳ et du 2ᵉ ordre.* 2ᵉ édition. In-8, avec figures; 1898. 7 fr.

IIᵉ Partie : *Théorie des surfaces. Courbes gauches et surfaces développables. Famille de surfaces.* 2ᵉ édition. In-8, avec figures; 1903. 6 fr.

IIIᵉ Partie : *Surfaces dérivées des quadriques. Surfaces du troisième et du quatrième degré. Théorie générale des surfaces.* In-8, avec figures; 1893. 4 fr. 50 c.

SAUSSURE (René de). — **Théorie géométrique du mouvement des corps (solides et fluides).** Grand in-8 avec 31 figures; 1902. 6 fr.

SCHRÖN (L.). — **Tables de Logarithmes à sept décimales pour les nombres depuis 1 jusqu'à 108000, et pour les fonctions trigonométriques de 10 en 10 secondes; et Table d'Interpolation pour le calcul des parties proportionnelles;** précédées d'une Introduction par *J. Hoüel.* Grand in-8 jésus. Paris; 1903.
Broché......... 10 fr. | Cartonné... 11 fr. 75.

On vend séparément :

	PRIX :	
	Broché.	Cartonné
Tables de Logarithmes..........	8 fr.	9 fr. 75 c.
Table d'interpolation............	2	3 25

SERRET (J.-A.), Membre de l'Institut. — **Traité d'Arithmétique,** à l'usage des candidats au Baccalauréat ès Sciences et aux Écoles spéciales. 7ᵉ édition, revue et mise en harmonie avec les derniers Programmes officiels par J.-A. Serret et par Ch. de Comberousse, Professeur de Cinématique à l'École Centrale et de Mathématiques spéciales au Collège Chaptal. In-8; 1887. (*Autorisé par décision ministérielle.*)
Broché.. 4 fr. 50 c. | Cartonné. 5 fr. 25 c.

SERRET (J.-A.). — **Traité de Trigonométrie.** 8ᵉ édition, revue et augmentée. In-8, avec figures; 1900. (*Autorisé par décision ministérielle.*) 4 fr.

SERRET (J.-A.). — **Cours d'Algèbre supérieure.** 5ᵉ édition. 2 forts volumes in-8, avec figures; 1885. 25 fr.

SERRET (J.-A.). — **Cours de Calcul différentiel et intégral.** 5ᵉ édit. augmentée d'une *Note sur les fonctions elliptiques;* par M. Ch. Hermite. 2 forts vol. in-8, avec figures; 1900. 25 fr.

SERVICE GÉOGRAPHIQUE DE L'ARMÉE. — **Nouvelles Tables de logarithmes à cinq décimales** *pour les lignes trigonométriques dans les deux systèmes de la division centésimale et de la division sexagésimale du quadrant et pour les nombres de 1 à 12000.* (Édition spéciale à l'usage des Candidats aux Écoles Polytechnique et de Saint-Cyr.) Grand in-8 cartonné. 3 fr.

SMITH (Edgar-F.), Professeur de Chimie à l'Université de Pennsylvanie. — **Analyse électrochimique.** Traduction publiée avec l'autorisation de l'auteur par Joseph Rosset, Ingénieur civil des Mines. In-18 jésus de XVI-203 pages, avec 27 figures; 1900. 3 fr.

SOCIÉTÉ FRANÇAISE DE PHYSIQUE. — **Collection de Mémoires sur la Physique,** publiés par la Société française de Physique.

TOME I : *Mémoires de Coulomb* (publiés par les soins de *A. Potier*). Un beau volume grand in-8, avec figures et planches; 1884. 12 fr.

TOME II : *Mémoires sur l'Électrodynamique.* I⁰ Partie (publiés par les soins de *J. Joubert*). Grand in-8, avec figures et planches; 1885. 12 fr.

TOME III : *Mémoires sur l'Électrodynamique.* II⁰ Partie (publiés par les soins de *J. Joubert*). Grand in-8. avec figures; 1887. 12 fr.

TOME IV : *Mémoires sur le pendule, précédés d'une Bibliographie* (publiés par les soins de *C. Wolf*). Ce volume contient des Mémoires de *La Condamine, Borda et Cassini, de Prony, Henry Kater, F.-W. Bessel.* Gr. in-8, avec figures et 7 planches; 1889. 12 fr.

TOME V : *Mémoires sur le pendule* (publiés par les soins de *C. Wolf*). Ce volume contient des Mémoires de *F.-W. Bessel, Sabine, Baily, Stokes.* Grand in-8 avec figures et 1 planche; 1891. 12 fr.

SOCIÉTÉ FRANÇAISE DE PHYSIQUE. — **Recueil de données numériques de la Physique.**
Optique; par M. H. Dufet.

I⁰ Fascicule : *Longueurs d'onde. Indices des gaz et des liquides.* Grand in-8; 1898. 15 fr.

II⁰ Fascicule : *Propriétés optiques des solides.* Grand in-8; 1899. 15 fr.

III⁰ Fascicule : *Pouvoirs rotatoires. Couleurs d'interférence. Supplément.* Grand in-8; 1900. 15 fr.

SPÉE (le chanoine Eug.), Docteur en Sciences, Astronome à l'Observatoire royal de Belgique. — **Région b-J du spectre solaire.** Un volume de texte in-4, avec atlas in-folio de 17 planches (3ᵐ × 50ᶜᵐ); 1897. 40 fr.

STOFFAES (l'abbé), Professeur adjoint à la Faculté catholique des Sciences de Lille, Directeur de l'Institut catholique d'Arts et Métiers de Lille. — **Cours de Mathématiques supérieures** *à l'usage des candidats de la licence ès sciences physiques.* 2ᵉ édition. In-8 (22,5 × 14) avec figures; 1903. 10 fr.

STURM, Membre de l'Institut. — **Cours d'Analyse de l'École Polytechnique,** revu et corrigé par *Prouhet,* Répétiteur à l'École Polytechnique, et augmenté de la Théorie élémentaire des Fonctions elliptiques, par *H. Laurent.* 12ᵉ édition, mise au courant des nouveaux programmes de la Licence, par *A. de Saint-Germain,* Professeur à la Fac. des Sc. de Caen. 2 vol. in-8, avec fig.; 1901.
Broché..... 15 fr. | Cartonné. 16 fr. 50 c.

STURM. — **Cours de Mécanique de l'École Polytechnique,** publié, d'après le vœu de l'Auteur, par *E. Prouhet.* 5ᵉ édition, revue et annotée par *de Saint-Germain.* 2 volumes in-8, avec 189 figures; 1883. 14 fr.

TABLES DE MORTALITÉ (1900) des Rentiers et Assurés en cas de vie établies par le Comité des trois Compagnies. (*Comité des Compagnies d'assurances à primes fixes sur la vie : Assurances générales. Union Nationale.*) Grand in-8 (27,5 × 19) de XXX-364 pages avec 8 graphiques en couleurs; 1901. 50 fr.

TANNERY (Jules), Sous-Directeur des Études scientifiques à l'École Normale supérieure, et MOLK (Jules), Professeur à la Faculté des Sciences de Nancy. — **Éléments de la théorie des Fonctions elliptiques.** 4 volumes grand in-8 se vendant séparément. (Ouvrage complet.)

TOME I. — *Introduction. — Calcul différentiel* (I⁰ Partie); 1893. 7 fr. 50 c.

TOME II. — *Calcul différentiel* (II⁰ Partie); 1896. 9 fr.

TOME III. — *Calcul intégral* (I⁰ Partie); 1898. 8 fr. 50 c.

TOME IV. — *Calcul intégral* (II⁰ Partie) *et Applications;* 1902. 9 fr.

THOMSON (Sir William) [Lord Kelvin]. — **Constitution de la matière.** *Conférences scientifiques et allocutions.* Traduites sur la 2ᵉ édition et annotées par M. P. Lecol, Agrégé des Sciences physiques, professeur; avec des *Extraits de Mémoires récents* de Sir W. Thomson et quelques *Notes* par M. Brillouin, maître de Conférences à l'École Normale. In-8, avec 76 figures; 1893. 7 fr. 50 c.

THOMSON (J.-J.), D. Sc., F. R. S. — **Les décharges électriques dans les gaz.** Ouvrage traduit de l'anglais, avec des Notes par Louis Barbillion, Docteur ès Sciences. Préface par Ch.-Éd. Guillaume. Un volume in-8, avec 41 figures; 1900. 5 fr.

TISSERAND (F.), Membre de l'Institut et du Bureau des Longitudes, Professeur à la Faculté des Sciences, Directeur de l'Observatoire de Paris. — **Traité de Mécanique céleste.** 4 beaux volumes in-4, se vendant séparément.

TOME I : *Perturbations des planètes d'après la méthode de la variation des constantes arbitraires,* avec figures; 1889. 25 fr.

TOME II : *Théorie de la figure des corps célestes et de leur mouvement de rotation,* avec figures; 1891. 28 fr.

TOME III : *Exposé de l'ensemble des théories relatives au mouvement de la Lune,* avec fig.; 1894. 22 fr.

TOME IV et dernier : *Théories des satellites de Jupiter et de Saturne. Perturbations des petites planètes,* avec figures; 1896. 28 fr.

TISSERAND (F.). — **Leçons sur la détermination des orbites,** professées à la Faculté des Sciences de Paris, rédigées et développées pour les calculs numériques, par J. Perchot, Docteur ès Sciences. Astronome adjoint à l'Observatoire; avec une Préface de H. Poincaré, Membre de l'Institut et du Bureau des Longitudes, Professeur à la Faculté des Sciences. In-4, avec figures; 1899. — 6 fr. 50 c.

VALLÉE-POUSSIN (Th.-J. de la), Professeur à l'Université de Louvain, Correspondant de l'Académie royale de Belgique. — **Cours d'Analyse infinitésimale.** Grand in-8 de xiv-372 pages; 1903. — 12 fr.

VILLIÉ (E.), ancien Ingénieur des Mines, Docteur ès Sciences, Professeur à la Faculté libre des Sciences de Lille. — **Compositions d'Analyse, Cinématique, Mécanique et Astronomie** données depuis 1869 à la Sorbonne pour la *Licence ès Sciences mathématiques,* suivies d'Exercices sur les variables imaginaires. Énoncés et Solutions. 3 vol. in-8, avec fig., se vendant séparément.

Ire Partie : *Compositions données depuis 1869.* In-8; 1885. — 9 fr.

IIe Partie : *Compositions données depuis 1885.* In-8; 1890. — 8 fr. 50

IIIe Partie : *Compositions données depuis 1889.* In-8; 1898. — 8 fr.

VIOLEINE (A.-P.). — **Nouvelles Tables pour les calculs d'Intérêts composés, d'Annuités et d'Amortissement.** 8e édition, entièrement refondue par *A. Arnaudeau.* In-4; 1903. — 15 fr

WALLON (Étienne), ancien Élève de l'École Normale supérieure, Professeur au Lycée Janson-de-Sailly. — **Traité d'Optique géométrique** *à l'usage des Élèves de Mathém. spéciales.* Gr. in-8 avec 169 fig.; 1900. 9 fr.

WEBER (Henri), Professeur de Mathématiques à l'Université de Strasbourg. — **Traité d'Algèbre supérieure.** *Principes. Racines des équations. Grandeurs algébriques. Théorie de Galois.* Traduit de l'allemand sur la 2e édition, par J. Griess, Prof. de Mathématiques au Lycée Charlemagne. Gr. in-8, avec fig.; 1898. — 22 fr.

WITZ (Aimé), Docteur ès Sciences, Ingénieur des Arts et Manufactures, Professeur aux Facultés catholiques de Lille. — **Cours élémentaire de manipulations de Physique,** *à l'usage des Candidats aux Écoles et au Certificat d'études physiques, chimiques et naturelles.* (P.C.N.). 2e éd., augm. In-8, avec 77 fig.; 1895. 5 fr.

— **Cours supérieur de manipulations de Physique,** *préparatoire aux certificats d'études supérieures et à la Licence* (École pratique de l'Physique). 2e édition, revue et augmentée. In-8, avec 138 figures; 1897. 10 fr.

WITZ (Aimé). — **Exercices de Physique et applications,** préparatoires à la Licence (École pratique de l'Physique). In-8; 1889. 12 fr.

WITZ (Aimé). — **Problèmes et Calculs pratiques d'Électricité** (École pratique de Physique). In-8, avec figures; 1893. 7 fr. 50

WOLF (C.), Membre de l'Institut, Astronome honoraire de l'Observatoire. — **Histoire de l'Observatoire de Paris, de sa fondation à 1793.** Grand in-8 de xii-391 pages avec 16 planches; 1902. 15 fr.

ZEUTHEN (H.-G.), Professeur à l'Université de Copenhague. — **Histoire des Mathématiques dans l'antiquité et le moyen âge.** Édition française revue et corrigée par l'auteur, traduite par Jean Mascart, Docteur ès Sciences. In-8 de xv-296 pages, avec 31 figures; 1902. 9 fr.

II. — COLLECTION

DES

ŒUVRES DES GRANDS GÉOMÈTRES.

BELTRAMI. — Opere matematiche di Eugenio Beltrami, pubblicate per cura della Facoltà di Scienze della R. Università.

Tome I : In-4 de 337 pages avec un portrait de Beltrami; 1902. 25 fr.

BRIOSCHI (Francesco). — Opere matematiche di Francesco Brioschi, pubblicate per cura del comitato per le onoranze a Francesco Brioschi (G. Ascoli, E. Beltrami, G. Colombo, L. Cremona, G. Negri, G. Schiaparelli).

Tome I. In-4 de xi-416 pages, avec un portrait de Brioschi; 1901. 25 fr.

Tome II. In-4 de viii-456 pages ; 1902. 25 fr.

CAUCHY (A.). — Œuvres complètes d'Augustin Cauchy, publiées sous la direction scientifique de l'Académie des Sciences et sous les auspices du Ministre de l'Instruction publique, avec le concours de C.-A. Valson, J. Collet et E. Borel, docteurs ès Sciences. 27 volumes in-4.

Ire Série. — Mémoires, Notes et Articles extraits des Recueils de l'Académie des Sciences. 12 volumes in-4.

* Tome I, 1882 : *Théorie de la propagation des ondes à la surface d'un fluide pesant, d'une profondeur indéfinie.* — *Mémoire sur les intégrales définies.* — Tomes II et III : Mémoires extraits des *Mémoires de l'Académie des Sciences.* — * Tomes IV à XII (1884-1900); *Extraits des Comptes rendus de l'Académie des Sciences.* Chaque volume. 25 fr.

* La *Table générale de la Ire Série* se vend séparément. 2 fr. 50 c.

IIe Série. — Mémoires extraits de divers Recueils, Ouvrages classiques, Mémoires publiés en corps d'Ouvrage, Mémoires publiés séparément. 15 volumes in-4.

Tome I. — Mémoires extraits du *Journal de l'École Polytechnique.* — Tome II. Mémoires extraits de divers recueils : *Journal de Liouville, Bulletin de Férussac, Bulletin de la Société philomathique, Annales de Gergonne, Correspondance de l'École Polytechnique.* — * Tome III, 1897 : *Cours d'Analyse de l'École royale Polytechnique;* * Tome IV, 1898 : *Résumé des Leçons données à l'École Polytechnique sur le Calcul infinitésimal. Leçons sur le Calcul différentiel;* * Tome V : *Leçons sur les applications du Calcul infinitésimal à la Géométrie;* * Tomes VI à IX (1887 à 1891) : *Anciens Exercices de Mathématiques;* * Tome X, 1895 : *Résumés analytiques de Turin. Nouveaux Exercices de Prague.* Chaque volume. 25 fr.

Tomes XI à XIV. *Nouveaux exercices d'Analyse et de Physique.*

Tome XV. *Mémoires séparés.*

SOUSCRIPTION.

IIe Série. Tome I. — *Mémoires extraits du Journal de l'École Polytechnique.* 20 fr.

Nota : Les volumes ne sont pas publiés d'après leur classement numérique; on suivra l'ordre qui intéressera le plus les souscripteurs.

Les volumes parus sont indiqués par un astérisque.

FERMAT. — Œuvres de Fermat, publiées par les soins de MM. *Paul Tannery* et *Charles Henry,* sous les auspices du Ministère de l'Instruction publique. In-4.

Tome I : *Œuvres mathématiques diverses.* — *Observations sur Diophante.* Avec 3 planches en héliogravure (Portrait de Fermat, fac-similé du titre de l'édition de 1679, et fac-similé d'une page de son écriture); 1891. 22 fr.

Tome II : *Correspondance de Fermat;* 1894. 22 fr.

Ce volume contient la correspondance de Fermat avec Mersenne, Roberval, Pascal, Descartes, Huygens, etc.

Tome III : *Traductions par M. Paul Tannery des écrits latins de Fermat, de l'Inventum novum de Jacques de Billy, du Commercium epistolicum de Wallis;* 1896. 28 fr.

FOURIER. — Œuvres de Fourier, publiées par les soins de *Gaston Darboux*, Membre de l'Institut, sous les auspices du Ministère de l'Instruction publique.
TOME I : *Théorie analytique de la chaleur.* In-4, XXVIII-567 pages; 1888. 25 fr.
TOME II : *Mémoires divers.* In-4, XVI-636 pages, avec un portrait de Fourier en héliogravure; 1890. 25 fr.

GALOIS. — Œuvres mathématiques d'Evariste Galois, publiées sous les auspices de la Société mathématique de France, avec une *Introduction* par Emile Picard, Membre de l'Institut. Grand in-8, avec un portrait de Galois en héliogravure; 1897. 3 fr.

HUYGENS (C.). — Œuvres complètes de Christiaan Huygens, publiées par la Société hollandaise des Sciences. 9 volumes in-4, se vendant séparément. 35 fr.
(*Voir* pour les détails le *Catalogue général.*)

LAGRANGE. — Œuvres complètes de Lagrange, publiées par les soins de *J.-A. Serret* et *G. Darboux*, Membres de l'Institut, sous les auspices du Ministère de l'Instruction publique. In-4, avec un beau portrait de Lagrange, gravé sur cuivre par Ach. Martinet. (OUVRAGE COMPLET.)

La Ire Série comprend tous les *Mémoires* imprimés dans les *Recueils des Académies de Turin, de Berlin et de Paris,* ainsi que les *Pièces diverses* publiées séparément. Cette Série forme 7 volumes (TOMES I à VII; 1867-1877), qui se vendent séparément. 30 fr.

La IIe Série se compose de 7 vol., qui renferment les Ouvrages didactiques, la Correspondance et les Mémoires inédits; savoir :

TOME VIII : *Résolution des équations numériques;* 1879. 18 fr.
TOME IX : *Théorie des fonctions analytiques;* 1881. 18 fr.
TOME X : *Leçons sur le calcul des fonctions;* 1884. 18 fr.
TOME XI : *Mécanique analytique,* avec Notes de J. Bertrand et G. Darboux (1re Partie); 1888. 20 fr.
TOME XII : *Mécanique analytique,* avec Notes de J. Bertrand et G. Darboux (2e Partie); 1889. 20 fr.
TOME XIII : *Correspondance inédite de Lagrange et d'Alembert,* publiée d'après les manuscrits autographes et annotée par Ludovic Lalanne; 1882. 15 fr.
TOME XIV et dernier : *Correspondance de Lagrange avec Condorcet, Laplace, Euler et divers Savants,* publiée et annotée par Ludovic Lalanne, avec deux fac-similés; 1892. 15 fr.

LAGUERRE. — Œuvres de Laguerre publiées, sous les auspices de l'Académie des Sciences, par Ch. Hermite, H. Poincaré et E. Rouché, membres de l'Institut. 2 volumes grand in-8, se vendant séparément.
TOME I : *Algèbre. Calcul intégral;* 1898. 15 fr.
TOME II : *Géométrie.* (*Sous presse.*)

LAPLACE. — Œuvres complètes de Laplace, publiées sous les auspices de l'Académie des Sciences, par les *Secrétaires perpétuels,* avec le concours de *Puiseux* et *F. Tisserand,* Membres de l'Institut, de *J. Houël,* Professeur à la Faculté des Sc. de Bordeaux, de *Souillart,* Professeur à la Faculté des Sciences de Lille, de *H. Poincaré,* Membre de l'Institut, et de *A. Lebeuf,* Directeur de l'Observatoire de Besançon. Nouvelle édition, avec un beau portrait de Laplace, gravé sur cuivre par *Tony Goutière.* In-4.

TRAITÉ DE MÉCANIQUE CÉLESTE. Tomes I à V (1878-1882).
Tirage sur papier vergé, au chiffre de Laplace; 5 vol. In-4. 100 fr.
Tirage sur papier de Hollande, au chiffre de Laplace (à petit nombre). 5 vol. In-4. 140 fr.
Les Tomes III, IV et V, papier vergé, se vendent séparément. 20 fr.
Les Tomes I à V, papier hollande, se vendent séparément. 26 fr.

EXPOSITION DU SYSTÈME DU MONDE. Tome VI (1884).
Tirage sur papier vergé, au chiffre de Laplace. 10 fr.
Tirage sur papier de Hollande, au chiffre de Laplace. 15 fr.

THÉORIE DES PROBABILITÉS. Tome VII (1886).
Tirage sur papier vergé fort, au chiffre de Laplace. 25 fr.
Tirage sur papier de Hollande, au chiffre de Laplace. 13 fr.

On vend séparément :
Premier fascicule.
Tirage sur papier vergé fort, au chiffre de Laplace. 15 fr.
Tirage sur papier de Hollande, au chiffre de Laplace. 18 fr.
Second fascicule.
Tirage sur papier vergé fort, au chiffre de Laplace. 20 fr.
Tirage sur papier de Hollande au chiffre de Laplace. 25 fr.

MÉMOIRES DIVERS. Tomes VIII à XIV.
TOMES VIII à XII. — *Mémoires extraits des Recueils de l'Académie des Sciences;* 1891-1898.
Tirage sur papier vergé fort, au chiffre de Laplace. Chaque vol. 15 fr.
Tirage sur papier de Hollande au chiffre de Laplace. Chaque vol. 25 fr.
TOME XIII. — *Mémoires extraits de la Connaissance des Temps;* 1904.
Tirage sur papier vergé fort, au chiffre de Laplace. 15 fr.
Tirage sur papier de Hollande, au chiffre de Laplace. 25 fr.
Le TOME XIV et dernier (*Mémoires extraits de divers Recueils*) est sous presse.

RIEMANN. — Œuvres mathématiques de Riemann, traduites par L. Laugel. Avec une Préface de Ch. Hermite et un Discours de Félix Klein. Grand in-8, avec figures; 1898. 14 fr.

ROBIN (G.). Chargé de Cours à la Faculté des Sciences de Paris. — Œuvres scientifiques de Gustave Robin, publiées sous les auspices du Ministère de l'Instruction publique. Mémoires réunis et publiés par Louis Raffy, chargé de Cours à la Faculté des Sciences de Paris. 3 volumes grand in-8 se vendant séparément.
MATHÉMATIQUES : *Nouvelle théorie des fonctions, exclusivement fondée sur l'idée de nombre.* Un volume grand in-8; 1903. 7 fr.
PHYSIQUE : Un volume grand in-8 en deux fascicules : *Physique mathématique.* (Distribution de l'Electricité, Hydrodynamique, Fragments divers). Un fascicule grand in-8; 1899. 5 fr.
Thermodynamique générale (Équilibre et modifications de la matière). Un fascicule grand in-8 avec 30 figures; 1901. 9 fr.
CHIMIE : *Leçons de Chimie physique,* professées à la Faculté des Sciences de Paris. (*En préparation.*)

III. — COLLECTION
DE
TRADUCTIONS D'OUVRAGES SCIENTIFIQUES.

(*Voir,* pour les détails, le *Catalogue général.*)

BOLTZMANN (L.). — Leçons sur la théorie des gaz. 2 volumes grand in-8 (allemand).
Ire Partie, avec figures. 8 fr.

BOYS (C.-V.). — Bulles de savon. In-18 jésus, avec 60 figures et 1 planche (anglais). 2 fr. 75 c.

CLEBSCH (C.). — Leçons sur la Géométrie. 3 vol. grand in-8, avec figures (allemand). 42 fr.
Tome I... 12 fr. | Tome II... 14 fr. | Tome III... 16 fr.

CREMONA. — Les figures réciproques en Statique graphique. Gr. in-8 et atlas de 34 pl. (italien). 5 fr. 50 c.

CULLEY. — Manuel de Télégraphie pratique. Grand in-8, avec 212 figures et 7 planches (anglais).
Broché... 18 fr. | Cartonné... 20 fr.

GUNDILL. — Dictionnaire des Explosifs. Grand in-8 (anglais). 6 fr.

EBERT (Dr H.). — Guide pour le soufflage du verre. Traduit sur la 2e édition et annoté par P. Legal, Professeur de Physique au Lycée de Clermont-Ferrand. In-18 jésus, avec 63 fig. (allemand). 3 fr.

FAVARO. — Leçons de Statique graphique. 2 vol. grand in-8, avec 149 fig. et 2 planches (italien). 19 fr.
Tome I..... 7 fr. | Tome II.... 12 fr.

FIERZ (E.). — Les recettes du distillateur. In-18 jésus (allemand). 2 fr. 75 c.

FISHER et DARBY. — Manuel élémentaire pratique de mesures électriques sur les câbles sous marins. In-8 avec 65 figures (anglais). 5 fr.

FLEMING. — Le Laboratoire d'Électricité. *Notes et formules* (anglais). In-8, avec figures.
Broché... 6 fr. | Cartonné... 7 fr. 50 c.

GRAY (John). — Les machines électriques à influence. In-8, avec 124 figures (anglais). 5 fr.

HERZBERG (Wilhelm). — Analyse et Essais des papiers. In-8 avec nombreuses figures et 2 planches (allemand). 5 fr.

JENKIN. — Électricité et Magnétisme. In-8, avec 270 figures (anglais). 12 fr.

JÜPTNER DE JONSTORFF. — Traité pratique de Chimie métallurgique. Grand in-8, avec 79 figures et 2 planches (allemand). 10 fr.

KEMPE. — Traité pratique des mesures électriques. In-8, avec 145 figures (anglais). 12 fr.

LEDEBUR. — Technologie mécanique métallurgique. Grand in-8 avec 729 figures (allemand). 25 fr.

LODGE. — Les théories modernes de l'Électricité. In-8, avec 53 figures (anglais). 5 fr.

MAXWELL. — Traité de l'Électricité et du Magnétisme. 2 vol. gr. in-8, avec 122 fig. et 20 pl. (anglais). 30 fr.
Tome I... 15 fr. | Tome II... 15 fr.

— Traité élémentaire d'Électricité. In-8, avec figures (anglais). 7 fr.

MEYER (Fr.) [de Clausthal]. — Sur les progrès de la théorie des invariants projectifs. Grand in-8 (allemand). 4 fr.

OPPOLZER (I. d'). — Traité de la détermination des orbites des comètes et des planètes. Gr. in-8 (allemand). 20 fr.

PHILLIPS (H.-J.). — Les Combustibles solides, liquides, gazeux. *Analyse. Détermination du pouvoir calorifique.* In-18 jésus (anglais). 2 fr. 75 c.

PROCTOR (Richard). — Nouvel Atlas céleste. In-8, avec 12 cartes célestes et 2 planches (anglais).
Broché... 6 fr. | Cartonné... 7 fr.

RIEMANN. — Œuvres mathématiques de Riemann. Grand in-8 (allemand). 14 fr.

RUSSELL. — Essai sur les fondements de la Géométrie. Grand in-8 (anglais). 9 fr.

SALISBURY (Marquis de). — Les limites actuelles de notre Science. In-18 jésus (anglais). 1 fr. 50 c.

SALMON. — Traité de Géométrie analytique (Courbes planes) avec Appendice, par G. Halphen. In-8 (anglais). 12 fr.
— Traité de Géométrie analytique à deux dimensions (Sections coniques). 3e édition française (conforme à la 2e). In-8 (anglais). 12 fr.
— Traité de Géométrie analytique à trois dimensions. 3 vol. in-8 (anglais).
Tome I, 7 fr. — Tome II, 6 fr. — Tome III... 4 fr. 50 c.
— Leçons d'Algèbre supérieure. In-8 (anglais). 10 fr.

SANFORD (Gerald). — Explosifs nitrés. In-8, avec 31 figures et 1 planche frontispice (anglais). 6 fr.

SCHŒNFLIES. — La Géométrie du mouvement. Exposé synthétique. In-8 avec fig. (allemand). 6 fr. 50 c.

SCHWARZ (H.-A.). — Formules et Propositions pour l'emploi des Fonctions elliptiques *d'après des Leçons et des Notes manuscrites de M. K. Weierstrass* (allemand). In-4.
Broché...... 12 fr. | Cartonné.... 15 fr.

SCOTT. — Cartes du temps et avertissements de tempêtes. In-8, avec figures et 2 planches en couleurs (anglais). 4 fr. 50 c.

SERPIERI. — Traité élémentaire des mesures absolues, mécaniques, électrostatiques et électromagnétiques, avec application à de nombreux problèmes. In-8 (italien). 3 fr. 50 c.

SMITH (Edgar-F.). — Analyse électrochimique. In-18 jésus, avec 27 figures (anglais). 3 fr.

TAIT. — Traité élémentaire des Quaternions. 2 vol. gr. in-8, avec fig. (anglais). Chaque vol. séparément, 7 fr. 50 c.
— Conférences sur quelques-uns des progrès récents de la Physique. Gr. in-8, avec fig. (anglais). 7 fr. 50 c.

THOMSON (Sir William) [Lord Kelvin]. — Constitution de la matière. *Conférences scientifiques et allocutions.* (anglais). In-8, avec figures. 7 fr. 50 c.

THOMSON (J.-J.). — Les décharges électriques dans les gaz. In-8, avec 41 figures (anglais). 5 fr.

TYNDALL (John). — La Chaleur. *Mode de mouvement.* Avec 110 figures (anglais). 8 fr.

WEBER (H.). — Traité d'Algèbre supérieure. Grand in-8, avec figures; (allemand). 24 fr.

WEIERSTRASS. — (*Voir* SCHWARZ.)

ZEUNER. — Théorie mécanique de la chaleur, *avec ses applications aux machines.* 2e édition. In-8, avec figures (allemand). 10 fr.

ZEUTHEN (H.-G.). — Histoire des Mathématiques dans l'antiquité et le moyen âge. In-8, avec 31 figures (allemand). 9 fr.

Voir à la Bibliothèque photographique les traductions (format in-18 jésus et in-8) de Burton, Cronenberg, Dallmeyer, Eder, Hesse Liesegang, Robinson.

IV. — BIBLIOTHÈQUE
DES
ACTUALITÉS SCIENTIFIQUES.

Ouvrages in-18 jésus, ou petit in-8.

(*Voir le prospectus spécial.*)

DERNIERS OUVRAGES PARUS :

Influence des grands centres d'action de l'atmosphère sur le temps, par Raymond. 1 fr. 50 c.

Fabrication des tubes sans soudure (procédé Mannesmann), par Barlaux. 75 c.

Manuel pratique d'analyse bactériologique des eaux, par Miquel. 2 fr. 75 c.

Bulles de savon. Quatre conférences populaires sur la *Capillarité*, par Boys, avec 60 fig. et 1 planche. Traduit de l'anglais par Ch.-Ed. Guillaume. 2 fr. 75 c.

Les Projections scientifiques. Étude des appareils, accessoires et manipulations diverses pour l'enseignement scientifique par les projections, par H. Fourtier et A. Molteni. Un volume de 300 pages, avec 113 fig.
Broché. 3 fr. 50 c. | Cartonné... 4 fr. 50 c.

Récréations mathématiques : par Ed. Lucas. Quatre jolis volumes, caractères elzevir, titres en deux couleurs. — Tome I (2e édition) : 7 fr. 50 c.; Tome II : 7 fr. 50 c.; Tome III : 6 fr. 50 c.; Tome IV : 7 fr. 50 c.

Les Limites actuelles de notre Science. Discours présidentiel prononcé le 8 août 1894, par le Marquis de Salisbury, Premier Ministre d'Angleterre, devant la *British Association*, dans sa session d'Oxford. Traduit par M. W. de Fonvielle. 1 fr. 50 c.

La Théorie atomique et la théorie dualistique, *Transformation des formules. Différences essentielles entre les deux théories*, par Lesobre, Professeur de Chimie à l'Université libre de Lille. 2 fr.

Les Ballons-sondes et les ascensions internationales par M. W. de Fonvielle, précédé d'une Introduction par M. Bouquet de la Grye, Membre de l'Institut. 2ᵉ édition, avec 27 figures. 2 fr. 75 c.

Les Recettes du distillateur, par E. Fierz. Traduit de l'allemand par E. Philippi. 2 fr. 75 c.

La Télégraphie sans fils, par A. Broca. 2ᵉ édition. 1 fr.

Analyse électrochimique, par Edg.-F. Smith. Traduit de l'anglais par J. Rosset. Avec 27 figures. 3 fr.

Une langue universelle est-elle possible? Exposé des moyens pour faire le choix et assurer le succès d'une langue scientifique et commerciale universelle, par L. Leau. 1 fr.

Leçons sur les moteurs à gaz et à pétrole faites à la Faculté des Sciences de Bordeaux; par L. Marchis. In-18 jésus de L-175 pages, avec 19 figures. 4 fr. 75 c.

Les Combustibles solides, liquides, gazeux. *Analyse et détermination du pouvoir calorifique*. Traduit de l'anglais par J. Rosset. In-18 jésus, avec 15 figures. 2 fr. 75 c.

Traité élémentaire des enroulements des dynamos à courant continu; par F. Loppé. In-16 (19 × 12), avec fig. et planches. 2 fr. 75 c.

Le Radium et la Radioactivité. *Propriétés générales. Emplois médicaux*; par P. Besson. In-16 (19 × 12), avec 23 figures.

V. — EXTRAIT DU CATALOGUE

DE LA

BIBLIOTHÈQUE PHOTOGRAPHIQUE.

(DEMANDER LE CATALOGUE COMPLET.)

Aide-Mémoire de Photographie, publié depuis 1876 sous les auspices de la Société photographique de Toulouse, par C. Fabre. In-18, avec figures et spécimens.
Broché.... 1 fr. 75 c. | Cartonné.. 2 fr. 25 c.
Les volumes des années précédentes, sauf 1877, 1878, 1879, 1880 et 1883, se vendent aux mêmes prix.

Annuaire de l'Union nationale des Sociétés photographiques de France pour 1902. In-18 contenant de nombreuses illustrations. 1 fr.

Belin (Edouard), ancien Élève de l'École impériale et royale de Photographie de Vienne, Membre de la *Photographische Gesellschaft* de Vienne. — *Manuel pratique de Photographie au charbon*. In-18 jésus avec 6 figures; 1900. 2 fr.

Berget (Alphonse), Docteur ès Sciences. — *La Photographie des Couleurs par la méthode interférentielle de M. Lippmann*, 2ᵉ édition entièrement refondue. In-18 jésus, avec 22 figures; 1901. 1 fr. 75 c.

Bernard (J.) et Touchebœuf (L.). — *Petits clichés et grandes épreuves*. Guide photographique du touriste cycliste. In-18 jésus; 1898. 2 fr. 75 c.

Braun fils (G et Ad.). — *Dictionnaire de Chimie photographique à l'usage des professionnels et des amateurs*. Un volume grand in-8 de 500 pages environ.
Cet Ouvrage paraît par fascicules mensuels de 60 à 70 pages, depuis le 15 février 1904.
Prix pour les souscripteurs inscrits avant le 1ᵉʳ mai 1904. 1 fr.

Burton (W.-K.). — *A B C de la Photographie moderne*. Traduit de l'anglais sur la 11ᵉ édition par G. Heberson. 5ᵉ édition, revue et augmentée. In-18 jésus, avec fig.; 1901. 3 fr.

Burton (W.-K.). — *Fabrication des plaques au gélatino-bromure*. Traduction de G. Heberson. Nouveau tirage. In-18 jésus; 1901. 0 fr. 50 c.

Colson (R.). — *La Photographie sans objectif au moyen d'une petite ouverture*. Propriétés, usage, applications. 2ᵉ édition, revue et augmentée. In-18 jésus, avec planche spécimen; 1891. 1 fr. 75 c.

Courrèges (A.), Praticien. — *Ce qu'il faut savoir pour réussir en Photographie*. 2ᵉ édition. Petit in-8, avec une planche photocollographique; 1895. 2 fr. 50 c.

— *La retouche du cliché*. Retouche chimique, physique et artistique. In-18 jésus; 1898. 1 fr. 50 c.

— *Impression des épreuves sur papiers divers, par noircissement, par impression latente et développement*. In-18 jésus, avec figures; 1898. 2 fr.

— *Le portrait en plein air*. In-18 jésus, avec figures et 1 planche en photocollographie; 1899. 2 fr. 50 c.

— *La reproduction des gravures, dessins, plans, manuscrits*. In-18 jésus, avec figures; 1900. 2 fr.

— *Les agrandissements photographiques*. In-18 jésus, avec figures; 1901. 2 fr.

Cronenberg (Wilhelm), Directeur de l'École de Photographie et de reproduction photographique de Grönenbach. — *La Pratique de la Phototypogravure américaine*. Traduit et augmenté d'un *Appendice* par C. Fény, Chef des travaux pratiques à l'École de Physique et de Chimie industrielles. In-18 jésus avec 66 figures et 13 planches; 1898. 3 fr.

Dallmeyer (Thomas R.), Président de la *Royal Photographic Society*. — *Le Téléobjectif et la Téléphotographie* : Traduction française augmentée d'un appendice bibliographique; par L.-P. Clerc. Grand in-8 (25 × 16) avec 51 figures et 11 planches; 1903. 6 fr.

Darby (Paul), Photographe. — *La Photographie au charbon*. Traité pratique et simplifié. In-18 jésus. 1 fr.

Davanne. — *La Photographie. Traité théorique et pratique*. 2 beaux volumes grand in-8, avec 234 figures et 4 planches spécimens; 1886-1888. 32 fr.
Chaque Volume se vend séparément 15 fr.

Davanne (A.), Bucquet (M.) et Vidal (Léon). — *Le Musée rétrospectif de la Photographie à l'Exposition universelle de 1900*. Grand in-8 avec nombreuses figures et 11 planches; 1903. 5 fr.

Dillaye (Frédéric), *Principes et Pratique d'art en Photographie. Le Paysage*. Grand in-8, avec 32 figures et 34 photogravures de paysage; 1899. 5 fr.

Eder (Dʳ J.-M.), Directeur de l'École impériale photographique de Vienne. — *Formules, Recettes et Tables pour la Photographie et les procédés de reproduction*. Édition revue par l'auteur; traduite de l'allemand par G. Braun fils. In-18 jésus; 1900. 4 fr.

Eder (le Dʳ J.-M.). — *Système de Sensitométrie des plaques photographiques*. Traduit de l'allemand par Eduardo Belin. Grand in-8 de vi-52 pages, avec 9 figures et 17 planches dans le texte; 1903. 3 fr. 75 c.

Fabre (C.), Docteur ès Sciences. — *Traité encyclopédique de Photographie*. 4 beaux volumes gr. in-8, avec plus de 700 figures et 2 planches; 1889-1891. 48 fr.

Chaque volume se vend séparément 14 fr.

Des suppléments, destinés à exposer les progrès accomplis, viennent compléter ce Traité et le maintenir au courant des dernières découvertes.

1ᵉʳ *Supplément* (A). Gr. in-8 de 400 p., avec 176 figures; 1892. 14 fr.

IIe *Supplément* (B). Gr. in-8 de 424 p. avec 231 figures; 1898. 14 fr.
IIIe *Supplément* (C). Gr. in-8 de 424 p. avec 215 figures; 1901. 14 fr.
Les sept volumes se vendent ensemble 84 fr.

Fabre (C). — *Les industries photographiques. Matériel. Procédés négatifs. Procédés positifs. Tirages industriels. Projections. Agrandissements. Assais.* Grand in-8 (25 × 16) de 801 pages, avec 484 figures; 1903 .... 18 fr.

Ferret (l'abbé J.). — *La Photographie par le Collodion.* In-16 (19 × 12); 1903. 1 fr. 50 c.

Fourtier (H.). — *Dictionnaire pratique de Chimie photographique,* contenant une *Étude méthodique des divers corps usités en Photographie,* précédé de *Notions usuelles de Chimie* et suivi d'une Description détaillée des *Manipulations photographiques.* Gr. in-8, avec fig.; 1892. 8 fr.

Guillon (Gabriel), Chimiste, Diplômé de l'École supérieure d'Industrie de Bordeaux. — *Les Agrandissements.* In-18 jésus, avec figures; 1901. 2 fr. 75 c.

Klary, Artiste photographe. — *La Photographie d'Art à l'Exposition universelle de 1900.* Grand in-8 avec de nombreuses illustrations et planches; 1901. 6 fr. 50 c.
— *L'Art de retoucher en noir les épreuves positives sur papier.* 3e tirage. In-18 jésus; 1898. 1 fr.
— *L'Art de retoucher les négatifs photographiques.* 5e tirage. In-18 jésus, avec figures; 1902. 2 fr.
— *Traité pratique de la peinture des épreuves photographiques,* avec les couleurs à l'aquarelle et à l'huile, suivi de différents procédés de peinture appliqués aux photographies. 2e tirage. In-18 jésus; 1899. 3 fr. 50 c.
— *L'Éclairage des portraits photographiques.* 8e édition. In-18 jésus, avec 20 figures; 1901. 1 fr. 75 c.

Laynaud (L.), Typographe. — *La Phototypie pour tous et ses applications directes aux tirages lithographiques et typographiques.* Traité pratique de vulgarisation à l'usage des imprimeurs, etc. In-18 jésus, avec figures; 1900. 2 fr.

Londe (A.), Chef du service photographique à la Salpêtrière. — *La Photographie instantanée. Théorie et pratique.* 3e édition entièrement refondue. In-18 jésus, avec 65 figures; 1897. 2 fr. 75 c.
— *Traité pratique du développement.* Étude raisonnée des divers révélateurs et de leur mode d'emploi. 4e édition, revue et augmentée. In-18 jésus, avec figures; 1901. 2 fr. 75 c.
— *Traité pratique de Radiographie et de Radioscopie.* Technique et applications médicales. Grand in-8 avec 113 figures; 1899. 7 fr.
— *La Photographie médicale. Application aux sciences médicales et physiologiques.* Grand in-8, avec 80 figures et 19 planches; 1893. 9 fr.

Martel (E.-A.). — *La Photographie souterraine.* In-16 raisin avec 16 planches; 1903. 2 fr. 50 c.

Maurion (Georges). — *Le matériel photographique.* Ses imperfections. Comment les reconnaître; comment y remédier. In-16 (19 × 12) de VI-68 pages; 1902. 1 fr. 75 c.

Mercier (P.), Chimiste, Lauréat de l'École supérieure de Pharmacie de Paris. — *Virages et fixages. Traité historique, théorique et pratique.* 2 vol. in-18 j.; 1891. 5 fr.
On vend séparément :
1re Partie : *Notice historique. Virages aux sels d'or.* 2 fr. 75 c.
2e Partie : *Virages aux divers métaux. Fixages.* 2 fr. 75 c.

Molinié (Marcel), Licencié ès Sciences physiques, Ancien Élève de l'École de Physique et Chimie industrielles de la Ville de Paris. — *Comment on obtient un cliché photographique.* Notions de chimie photographique. Technique et pratique du développement. Petit in-8. 2 fr.

Panajou, Chef du Service photographique à la Faculté de Médecine de Bordeaux. — *Manuel du photographe amateur.* 3e édit., entièrement refondue et considérablement augmentée. Petit in-8, avec 63 fig.; 1893. 2 fr. 75 c.

Pierre Petit fils (Auguste). — *La Photographie simplifiée et la lumière artificielle.* In-16 (19 × 12), avec 30 figures et 1 planche; 1903. 2 fr.

Puyo (C.). — *Notes sur la Photographie artistique.* Texte et illustrations. Plaquette de grand luxe in-4 raisin, contenant 11 héliogravures de Dujardin et 39 phototypogravures dans le texte; 1896. 10 fr.
Il reste quelques exemplaires sur Japon, avec planches également sur Japon. 20 fr.

Quénisset (F.). — *Les Phototypes sur papier au gélatinobromure.* Petit in-8 avec 1 planche specimen; 1901. 1 fr. 25 c.

Ris-Paquot. — *La préparation des plaques au gélatinobromure par l'amateur lui-même.* In-16 raisin avec 17 figures; 1903. 2 fr.

Robinson (H.-P.). — *La Photographie en plein air. Comment le photographe devient un artiste.* Traduit de l'anglais par Hector Colard. 3e tirage. 2 vol. gr. in-8; 1899. 5 fr.
On vend séparément :
1re Partie : Des plaques à la gélatine. — Nos outils. — De la composition. — De l'ombre et de la lumière. — A la campagne. — Ce qu'il faut photographier. — Des modèles. — De la genèse d'un tableau. — De l'origine des idées. Avec fig. et 3 pl. phototypiques. 1 fr. 75 c.
2e Partie : Des sujets. — Qu'est-ce qu'un paysage? — Des figures dans le paysage. — Un effet de lumière. — Le Soleil. — Sur terre et sur mer. — Le Ciel. — Les animaux. — Vieux habits! — Un portrait fait en dehors de l'atelier. — Points forts et points faibles d'un tableau. — Conclusion. Avec fig. et pl. phototypiques. 2 fr. 50 c.

Rouyer (L.). — Lieutenant-Colonel du Génie, en retraite. — *Manuel pratique de Photographie sans objectif.* In-16 (19 × 12) avec 19 fig.; 1901. 2 fr. 50 c.

Sollet (Ch.). — *Traité pratique des tirages photographiques,* avec une Préface de C. Puyo. In-16 raisin de VIII-240 pages; 1902. 4 fr.

Trutat (E.), Directeur du Musée d'Histoire naturelle de Toulouse, Président de la section des Pyrénées Centrales du Club Alpin français, Président de la Société photographique de Toulouse. — *La Photographie animée,* avec une Préface de M. Marey, Membre de l'Institut. Grand in-8 avec 146 fig. et 1 pl.; 1899. 5 fr.
— *Dix Leçons de Photographie.* Cours professé au muséum de Toulouse. In-18 jésus avec figures; 1899. 2 fr. 75 c.
— *Les tirages photographiques aux sels de fer.* In-16 (19 × 12); 1901. 1 fr. 25 c.

Vidal (Léon), Officier de l'Instruction publique, Professeur à l'École nationale des Arts décoratifs. — *Traité pratique de Photochromie.* In-18 jésus avec 96 figures et 14 planches en couleurs; 1903. 7 fr. 50 c.
— *Traité de Photolithographie.* In-18 jésus, avec 25 figures, 2 planches et spécimens de papiers autographiques; 1893. 6 fr. 50 c.
— *Traité pratique de Photogravure en relief et en creux.* In-18 jésus, avec 65 figures et 6 planches; 1900. 6 fr. 50 c.
— *Photographie des couleurs.* Sélection photographique des couleurs primaires. Son application à l'exécution des clichés et des tirages propres à la production d'images polychromes à trois couleurs. In-18 jésus, avec 10 figures et 5 planches en couleurs; 1896. 2 fr. 75 c.
— *Manuel pratique d'orthochromatisme.* In-18 jésus, avec figures et deux planches dont une en photocollographie et un spectre en couleur; 1891. 2 fr. 75 c.

Vieuille (G.). — *Nouveau guide pratique du photographe amateur.* 3e édition, entièrement refondue et beaucoup augmentée. In-18 jésus; 1892. 2 fr. 75 c.

Wallon (E.). Professeur de Physique au Lycée Janson
de Sailly. — *Traité élémentaire de l'objectif photographique.* Grand in-8, avec 135 figures; 1891.   7 fr. 50 c.
— *Choix et usage des objectifs photographiques.* Petit
in-8 avec 25 figures; 1893.
Broché........   2 fr. 50. | Cartonné toile anglaise. 3 fr.

VI. — JOURNAUX.

(Les abonnements sont annuels et partent de janvier.)

**ANNALES DE LA FACULTÉ DES SCIENCES DE L'UNI-
VERSITÉ DE TOULOUSE** pour les Sciences mathématiques et les Sciences physiques, publiées sous les
auspices du Ministère de l'Instruction publique par un
*Comité de rédaction composé des Professeurs de Ma-
thématiques, de Physique et de Chimie de la Faculté.*
In-4, trimestriel.

I* Série, 12 volumes in-4 (années 1837-1898) se vendant ensemble.   240 fr.
Chacun des Tomes I à XII (1837-1898) séparément. 20 fr.
II* Série. Tomes I à V (1899-1903). Chaque année.
  25 fr.

Prix pour un an (4 fascicules):
Paris ....   25 fr.
Départements et Union postale.   28 fr.

ANNALES DE L'UNIVERSITÉ DE GRENOBLE, publiées par les *Facultés de Droit, des Sciences et des
Lettres,* et par *l'École de Médecine.* Grand in-8.
Prix de l'abonnement (3 numéros):
France........   12 fr. | Étranger.....   15 fr.
Par exception, l'année 1889 ne comprend que les numéros du 1** juin et du 1** décembre; le prix de cette
année est de 8 fr.

ANNALES DE L'OBSERVATOIRE DE MONTSOURIS.
Météorologie. Chimie. Micrographie. Applications
à l'hygiène.
Ces *Annales,* publiées sous la direction des chefs de service, paraissent régulièrement chaque trimestre par fascicule de 6 feuilles grand in-8 avec figures et planches.
Les *Annales de l'Observatoire municipal (Observatoire
de Montsouris)* forment la suite naturelle des *Annuaires*
parus de 1872 à 1900 et contiennent les documents officiels
concernant l'Observatoire, les résultats des recherches
effectuées dans les services physique et météorologique,
chimique et micrographique, les travaux originaux du personnel attaché à l'Observatoire, et les analyses des travaux
de même nature parus en France et à l'Étranger.
Prix pour un an (4 fascicules).
Paris............15 fr. | Dép. et Union postale.   17 fr.
Le Tome I (1900) contient le résumé des travaux des
années 1899-1900.
Les Tomes II à IV (1901-1903) contiennent le résumé
des travaux de l'année 1901 à 1903.
Un fascicule spécimen est envoyé sur demande.

**ANNALES SCIENTIFIQUES DE L'ÉCOLE NORMALE
SUPÉRIEURE,** publiées sous les auspices du Ministre
de l'Instruction publique, par un *Comité de Rédaction
composé des Maîtres de Conférences.* In-4, mensuel.

1** Série, 7 volumes, années 1864 à 1870.   150 fr.
2* Série, 12 volumes, années 1872 à 1883.   250 fr.
3* Série, les 10 volumes formant les années 1884 à 1893,
ensemble.   200 fr.
— Les 10 volumes formant les années 1894 à 1903, ensemble.   200 fr.
La 3* Série, commencée en 1884, paraît chaque mois,
par numéro contenant 4 à 5 feuilles in-4, avec fig. et pl.
On vend séparément.
Chacune des années 1864 à 1870, 1871 à 1895.   25 fr.
Chaque année suivante.....................   30 fr.
*Table des matières et noms d'auteurs contenus dans
les 2 prem ères Séries.* In-4; 1887..........   2 fr.

Table des matières et noms d'auteurs contenus dans
les Tomes I à X de la troisième Série (1884-1893).
In-4; 1894.   1 fr.
*Table des matières et noms d'auteurs contenus dans les
Tomes XI à XX de la troisième Série (1894-1933).*
In-4; 1904.   1 fr.
Prix pour un an (12 numéros):
Paris.. 30 fr. | Départements et Union postale.   35 fr.

BIBLIOGRAPHIE SCIENTIFIQUE FRANÇAISE. —
Recueil mensuel publié sous les auspices du Ministère de l'Instruction publique par le Bureau français
du Catalogue international de la littérature scientifique.
A partir de 1903 la *Bibliographie* est partagée en deux
Sections : 1** Section, *Sciences mathématiques et physiques;* 2* Section, *Sciences naturelles et biologiques.*

Prix pour un an (12 numéros):

	Paris.	Départ. et Union post
1** Section (6 numéros par an)..	5,50	6,50
2* Section (6 numéros par an)....	9,50	10,50
Les deux Séries réunies..........	15 »	17 »

*Le numéro double 1-2 de l'année 1902, qui contient la
liste des périodiques avec leurs abréviations et la classification scientifique, se vend séparément.*   2 fr. 50 c.

BULLETIN ASTRONOMIQUE, publié par l'Observatoire
de Paris. Commission de rédaction : *H. Poincaré,* président, *G. Bigourdan, R. Radau* et *H. Deslandres.* Grand
in-8, mensuel.
Ce Bulletin mensuel, fondé en 1884, forme par an un
beau volume grand in-8, avec figures et planches, de 30 à
35 feuilles.
Les dix premiers volumes (1884-1893) se vendent ensemble.   110 fr.
Chacun des Tomes I à X (1884-1893) séparément.   14 fr.
Chaque année à partir du Tome XI (1894), à l'exception du Tome XVI, 1899, se vend séparément.   16 fr.
Prix pour un an (12 numéros):
Paris..............................   16 fr.
Départements et Union postale......   18 fr.

**BULLETIN DE LA SOCIÉTÉ INTERNATIONALE DES
ELECTRICIENS.**
Ce *Bulletin,* fondé en 1884, paraît chaque année, en
dix numéros, formant un beau volume de 30 feuilles
environ, grand in-8 jésus.
L'abonnement est annuel et part de janvier.
Prix pour un an :
Paris..............................   25 fr.
Départements et Union postale.....   27 fr.
Prix du numéro : 2 fr. 50 c.
Prix de chaque année depuis 1884..   25 fr.

**BULLETIN DE LA SOCIÉTÉ MATHÉMATIQUE DE
FRANCE,** publié par les Secrétaires. Grand in-8.
Ce *Bulletin,* fondé en 1873, paraît tous les trois mois;
il forme chaque année un volume de 18 feuilles environ.
Prix pour un an :
Paris..............................   15 fr.
Départements et Union postale......   16 fr.
Chaque année depuis 1873..........   15 fr.
Table des vingt premiers volumes. Grand in-8; 1894.
  1 fr. 75 c.

BULLETIN DES SCIENCES MATHÉMATIQUES, rédigé
par *Gaston Darboux, E. Picard* et *Jules Tannery.* Grand
in-8, mensuel. II* Série.
La 1** Série, Tomes I à XI, 1870 à 1876, suivie de la
Table générale des onze années, se vend.   90 fr.
Chaque année de cette 1** Série se vend séparément. 15 fr.
*Table générale des matières et noms d'auteurs con-
tenus dans la 1** Série.* Grand in-8; 1877.   1 fr. 50 c.

La 2ᵉ Série, qui a commencé en janvier 1877, continue à paraître par livraisons mensuelles. Les 10 premières années de cette 2ᵉ Série (1877 à 1886) se vendent ensemble. 120 fr.
Les 10 années suivantes (1887-1896) se vendent ensemble. 110 fr.
Chacune des 20 premières années de la 2ᵉ Série (1877 à 1896) se vend séparément. 15 fr.
Chaque année suivante. 18 fr.

Prix pour un an (12 numéros) :

Paris. 18 fr.
Départements et Union postale. 20 fr.

La Table *d'un des volumes du* Bulletin *est envoyée franco, comme spécimen, à toute personne qui en fait la demande par lettre affranchie.*

BULLETIN MENSUEL DU BUREAU CENTRAL MÉTÉOROLOGIQUE DE FRANCE, publié par E. Mascart, Directeur du Bureau Central Météorologique. In-4, mensuel.

Prix pour un an :

Paris. 5 fr. | Départements et Union postale. 6 fr.
Chaque année, depuis 1895. 5 fr.

COMPTES RENDUS HEBDOMADAIRES DES SÉANCES DE L'ACADÉMIE DES SCIENCES. In-4, hebdomadaire.

Ces Comptes rendus paraissent régulièrement tous les dimanches, en un cahier de 32 à 40 pages, quelquefois de 80 à 110.

Prix pour un an (52 numéros et 2 Tables).
Paris. 30 fr. | Départements. 40 fr.
Union postale. 44 fr.

La *Collection complète*, de 1835 à 1902, forme 135 volumes in-4. 1690 fr.
Chaque année, sauf 1845, 1878 à 1892, 1896 à 1898, *se vend séparément.* 35 fr.
Chaque volume, sauf les Tomes 20, 21, 76 à 108, 110, 112, 114, 115, 122 à 127, *se vend séparément.* 15 fr.

— Table générale des Comptes rendus des Séances de l'Académie des Sciences, par ordre de matières et par ordre alphabétique de noms d'auteurs, 4 vol. in-4, savoir :

Tables des tomes I à XXXI (1835-1850); 1853. 25 fr.
Tables des tomes XXXII à LXI (1851-1865); 1870. 25 fr.
Tables des tomes LXII à XCI (1866-1880); 1888. 25 fr.
Tables des tomes XCII à CXXI (1881-1895); 1900. 25 fr.

JOURNAL DE CHIMIE PHYSIQUE. Électrochimie, Thermochimie, Radiochimie, Mécanique chimique, Stœchiochimie, publié par M. Philippe-A. Guye, Professeur de Chimie à l'Université de Genève, avec la collaboration de nombreux savants.

Secrétaire de la Rédaction : M. G. Darier, Docteur ès Sciences.

Cette nouvelle publication périodique parait en huit ou dix numéros formant un volume annuel de 600 à 700 pages grand in-8 (26 × 25).

Prix de l'abonnement, pour toute l'Union postale. 25 fr.

JOURNAL DE MATHÉMATIQUES PURES ET APPLIQUÉES, publié par Camille Jordan, Membre de l'Institut, avec la collaboration de M. Lévy, A. Mannheim, E. Picard, H. Poincaré, trimestriel.

1ʳᵉ Série, 20 volumes in-4, années 1836 à 1855 (au lieu de 600 francs). 400 fr.
Chaque volume pris séparément (au lieu de 30 fr.) 25 fr.
2ᵉ Série, 19 volumes in-4, années 1856 à 1874 (au lieu de 570 fr.). 380 fr.
Chaque volume pris séparément (au lieu de 30 fr.) 25 fr.
3ᵉ Série, 10 volumes in-4, années 1875 à 1884 (au lieu de 300 fr.). 200 fr.
Chaque volume (sauf l'année 1879) pris séparément (au lieu de 30 fr.) 25 fr.
4ᵉ Série, 10 volumes in-4, années 1885 à 1894 (au lieu de 300 fr.). 200 fr.
Chaque volume pris séparément (au lieu de 30 fr.) 25 fr.

La 5ᵉ Série, commencée en 1895, se publie, chaque année, en 4 fascicules de 12 à 15 feuilles, paraissant au commencement de chaque trimestre.

Prix pour un an (4 fascicules) :

Paris. 30 fr.
Départements et Union postale. 35 fr.

— Table générale des 20 volumes de la 1ʳᵉ Série. In-4, 3 fr. 50 c.
— Table générale des 19 volumes de la 2ᵉ Série. In-4. 3 fr. 50 c.
— Table générale des 10 volumes de la 3ᵉ Série. In-4. 1 fr. 75 c.
— Table générale des 10 volumes composant la 4ᵉ Série, avec une Table générale des auteurs des 59 volumes des 4 premières séries (1836-1894). In-4. 1 fr. 75 c.

JOURNAL DE PHYSIQUE THÉORIQUE ET APPLIQUÉE, fondé par d'Almeida et publié par E. Bouty, Lippmann, E. Mascart, L. Poincaré, A. Potier, et MM. Brunhes, Lamotte et G. Sagnac, adjoints à la rédaction, avec la collaboration d'un grand nombre de professeurs et de physiciens. Grand in-8, mensuel.

Paris et Départements. 17 fr.
Union postale. 18 fr.

— Table analytique et Table par noms d'auteurs des trois premières séries (1572-1901) dressées par MM. E. Bouty et B. Brunhes, avec la collaboration de MM. Besson, Cabrit, Corette, Lamotte, Marcuis, Mathias, Roy et Sanuoz. Grand in-8. 10 fr.

L'INTERMÉDIAIRE DES MATHÉMATICIENS, dirigé par C.-A. Laisant, Docteur ès Sciences, ancien Élève de l'École Polytechnique, et Émile Lemoine, Ingénieur civil, ancien Élève de l'École Polytechnique, avec la collaboration de Ed. Maillet, Ingénieur des Ponts et Chaussées, Répétiteur à l'École Polytechnique, et A. Géry, Professeur au Lycée Saint-Louis (publication honorée d'une souscription du Ministère de l'Instruction publique). In-8, mensuel.

Prix pour un an (12 numéros) :

Paris, 7 fr. — Départements et Union postale. 8 fr. 50 c.
Les Tomes I à X (1894-1903) se vendent ensemble. 70 fr.
Les Tomes II à IX (1894-1903) se vendent chacun. 7 fr.
Le Tome I (1894) ne se vend pas séparément.

MÉMORIAL DES POUDRES ET SALPÊTRES, publié par les soins du Service des poudres et salpêtres, avec l'autorisation du Ministre de la Guerre. Grand in-8.

Le *Mémorial* parait sous forme de Recueil périodique, en deux fascicules semestriels, et forme, tous les deux ans, un beau volume de 24 feuilles environ, avec figures.
Collection des Tomes I à X (1881-1900). (*Rare.*)
Chacun des Tomes III, V à X se vend séparément. 12 fr.
Les Tomes I, II et IV ne se vendent pas séparément.

Prix de l'abonnement pour un volume (4 fascicules) :
Paris. 12 fr.
Départements et Union postale. 13 fr.

NOUVELLES ANNALES DE MATHÉMATIQUES. Journal des Candidats aux Écoles Polytechnique et Normale, rédigé par C.-A. Laisant, Docteur ès Sciences, Professeur à Sainte-Barbe, Répétiteur à l'École Polytechnique, C. Bourlet, Docteur ès Sciences Professeur au Lycée Saint-Louis et Bricard, Répétiteur à l'École Polytechnique. (Publication fondée en 1842 par Gerono et Terquem, et continuée par Gerono, Prouhet, Bourget, Brisse, Rouché, Antomari et Dupurcq.) In-8, mensuel.

1ʳᵉ Série, 20 vol. in-8, années 1842 à 1861. 330 fr.
Les Tomes I à VII et XVI (1842-1848 et 1857) ne se vendent pas séparément. Les autres Tomes de la 1ʳᵉ Série se vendent séparément. 15 fr.
2ᵉ Série, 20 vol. in-8, années 1862 à 1881. 300 fr.
Les Tomes I à III, V et XIX (1862 à 1864, 1866, 1880) de la 2ᵉ Série ne se vendent pas séparément.
Les autres Tomes se vendent séparément. 15 fr.

3e Série, 19 vol. in-8, années 1882 à 1900. 285 fr.
Les Tomes I à XIX (1882 à 1900) de la 3e Série se vendent séparément. 15 fr.
La 4e Série, commencée en 1901, continue de paraître chaque mois par cahier de 48 pages au moins.

Prix pour un an (12 numéros) :

Paris.. 15 fr. | Départements et Union postale. 17 fr.

REVUE ÉLECTRIQUE (La), publiée sous la direction de M. J. Blondin avec la collaboration de MM. *Armagnat, Hecker, Da Costa, Jacquin, Jumau, Goirot, Guilbert, J. Guillaume, Labrouste, Lamotte, Mauduit, Maurain, Pellissier, Raveau, G. Richard, Turpain,* etc.

La *Revue électrique* paraît deux fois par mois, par fascicules de 32 pages in-4 (28 × 19). Elle forme par an 2 volumes de 400 pages environ.

Prix de l'abonnement (24 numéros) :

Paris... 25 fr.
Départements............................... 27 fr. 50 c.
Union postale............................... 30 fr.

Prix du numéro : 1 fr. 50 c.

REVUE SEMESTRIELLE DES PUBLICATIONS MATHÉMATIQUES, rédigée sous les auspices de la Société Mathématique d'Amsterdam. Grand in-8, paraissant en 2 fascicules (fondé en 1893).

Prix pour un an :

Paris, Départements et Union postale : 8 fr. 50 c.
Chacune des années antérieures, à partir de 1893. 8 fr. 50 c.
Tables des matières contenues dans les cinq premiers volumes (1893-1897), suivies d'une Table générale par noms d'auteurs. Grand in-8; 1897...................... 5 fr.
Table des matières contenues dans les cinq Volumes 1898-1902 suivie d'une *Table générale par noms d'auteurs.* Grand in-8; 1902. 7 fr. 50 c.

BULLETIN DE LA SOCIÉTÉ FRANÇAISE DE PHOTOGRAPHIE. — Gr. in-8, bimensuel. (Fondé en 1855.) 2e Série.

1re Série, 30 volumes, années 1855 à 1894. 250 fr.
Chaque année de la 1re Série, sauf le Tome I (1855) et les Tomes XVII à XXX (1871-1884). 12 fr.
Chaque numéro séparément............ 1 fr. 50 c.
Tables décennales par ordre de matières et par noms d'auteurs.
Tomes I à X (1855 à 1864)............ 1 fr. 50 c.
Tomes XI à XX (1865 à 1874)......... 1 fr. 50 c.
La 2e Série, commencée en 1885, a continué de paraître chaque mois par numéro de 2 feuilles jusqu'en 1891 et chacune des années séparées pendant cette période se vend 12 fr. — Depuis 1892, le *Bulletin* paraît deux fois par mois, et forme chaque année un beau volume de 30 feuilles avec planches spécimens et figures. Chaque Tome, à partir du Tome VIII (1892), se vend séparément. 15 fr.
et les numéros séparés. 1 fr.
Prix pour un an (24 numéros) :
Paris et Départements. 15 fr. | Étranger. 18 fr.

LE MONITEUR DE LA PHOTOGRAPHIE. Directeur : *Léon Vidal.* Gr. in-8 illustré. Bimensuel. 2e Série. Tome IX (41e année).
La 2e Série (grand in-8) paraît deux fois par mois, depuis 1894.
Prix de l'abonnement (24 numéros).
Paris : un an 15 fr. | Six mois 8 fr.
Départements : un an 17 fr. | Six mois 9 fr.
Étranger : un an 19 fr. | Six mois 10 fr.
Chaque numéro se vend séparément. 0 fr. 75 c.

REVUE DE PHOTOGRAPHIE (LA), publication mensuelle illustrée, publiée par le Photo-Club de Paris (Comité de rédaction : P. Bourgeois, M. Bucquet, R. Demachy, E. Mathieu, C. Puyo, E. Wallon). Grand in-8, mensuel.

Prix pour un an (12 numéros) :
Paris. 15 fr.
Départements. 18 fr.
Étranger. 22 fr.

VII. — RECUEILS SCIENTIFIQUES.

ANNALES DE L'OBSERVATOIRE DE PARIS, publiées par M. *Maurice Lœwy,* Directeur. Mémoires, Tomes I à XXIII. In-4, avec planches ; 1855-1902.
Les Tomes I à X, XII, XIII et XV à XXIV se vendent séparément. 27 fr.
Le Tome XI (1876) et le Tome XIV (1877) comprennent deux *Parties* qui se vendent séparément. 10 fr.
Le Tome XXV est *sous presse.*

ANNALES DE L'OBSERVATOIRE DE PARIS, publiées par M. *Maurice Lœwy,* Directeur. Observations.
Tome I à XXIV (Observations des années 1800 à 1819 et 1837 à 1849); chaque volume. 10 fr.
Années 1870 à 1891, 1897 à 1899. Chaque année. 10 fr.
Les observations des années 1891 à 1896 paraîtront ultérieurement.

ANNALES DU BUREAU CENTRAL MÉTÉOROLOGIQUE DE FRANCE, publiées par *E. Mascart,* Directeur.
Les Annales ont formé, par an, de 1878 à 1885, quatre volumes grand in-4 avec planches (voir pour les détails le Catalogue général).
Depuis l'année 1886, les Annales du Bureau central forment trois volumes par an :
I. — **Mémoires.** Grand in-4 avec planches.
Années : 1886 à 1901. Chaque volume. 15 fr.
II. — **Observations.** Grand in-4.
Années : 1886 à 1900. Chaque volume, 15 fr.
III. — **Pluies en France.** Grand in-4. Années : 1886 à 1896. Chaque volume. 15 fr.
Années 1897, 1898, 1900, 1901, avec 4 pl. chacune. Chaque volume. 10 fr.
Table générale par noms d'auteurs des Mémoires contenus dans les Tomes I à IV des Annales du Bureau central météorologique pour les 23 premières années (1878-1902). Grand in-4 de 26 pages, 1903. 1 fr. 50 c.

ANNALES DU BUREAU DES LONGITUDES. Travaux faits à l'observatoire astronomique de Montsouris, et Mémoires divers.
Tome I. In-4, avec une planche sur acier donnant la vue de l'Observatoire; 1877. 25 fr.
Tome II. In-4; 1881. 25 fr.
Tome III. In-4; 1883. 25 fr.
Tome IV. In-4; avec 2 pl.; 1890. 25 fr.
Tome V. In-4; avec 4 pl.; 1897. 25 fr.
Tome VI. In-4; avec 8 pl.; 1903. 25 fr.

ANNALES DE L'OBSERVATOIRE DE BORDEAUX, publiées par *Rayet,* Directeur de l'Observatoire.
Tome I. In-4, avec figures et un plan de l'Observatoire; 1885. 30 fr.
Tome II, avec figures; 1887. 30 fr.
Tome III, avec 3 planches; 1889. 30 fr.
Tome IV à X; 1891-1902. Chaque volume. 30 fr.

ANNALES DE L'OBSERVATOIRE DE TOULOUSE.
Tome I, renfermant les travaux exécutés de 1873 à la fin de 1878, publiées par *B. Baillaud,* Directeur de l'Observatoire. In-4, avec planche; 1880. 30 fr.
Tome II, renfermant les travaux exécutés de 1879 à 1884, sous la direction de *B. Baillaud.* In-4; 1886. 30 fr.
Tome III, renfermant une partie des travaux exécutés de 1884 à 1897, sous la direction de *B. Baillaud.* In-4; 1899. 30 fr.

ANNALES DE L'OBSERVATOIRE DE NICE, publiées sous les auspices du *Bureau des Longitudes,* par M. *Perrotin,* Directeur (Fondation R. Bischoffsheim).
Tome I. Grand in-4 avec Atlas de 44 planches sur cuivre; 1899. 40 fr.

Tome II. Grand in-4, avec 7 belles planches, dont 3 en couleur; 1887.................................. 30 fr.
Tome III. Gr. in-4, avec 1 pl. et Atlas contenant 17 belles pl. (spectre solaire de M. Thollon); 1890. 40 fr.
Tomes IV à VII. Gr. in-4; 1895 à 1900. Ch. vol. 30 fr.

ANNUAIRE pour l'an 1904, publié par le Bureau des Longitudes, contenant les Notices suivantes :
Explication élémentaire des marées; par M. P. Hatt. — Sur la conférence géodésique internationale tenue à Copenhague, en août 1903, par M. Bouquet de la Grye. In-18 carré de plus de 800 pages.
Broché.. 1 fr. 50 c. | Cartonné...... 2 fr.
Pour recevoir l'Annuaire franco par la poste, dans tous les pays faisant partie de l'Union postale, ajouter 35 c.

CATALOGUE PHOTOGRAPHIQUE DU CIEL (Observatoire de Paris). — Coordonnées rectilignes. Tome I. Zone +23° à +25°. Grand in-4 de [52]-305 pages. 1902. 40 fr.

CATALOGUE PHOTOGRAPHIQUE DU CIEL. (Observatoire d'Alger). — Coordonnées rectilignes. Introduction par Ch. Trépied, Directeur de l'observatoire. grand in-4 de CXXXVI pages; 1903. 15 fr.
Tome V. Zone — 1° à 1° (1er fascicule de 0^h à 6^h56^m) Grand in-4 de IV-72 pages; 1903. 8 fr.
Tome VI : Zone — 2° à 6° (1er fascicule de 0^h à 4^h25^m). Grand in-4 de 24 pages; 1903. 3 fr.
Tome VII : Zone — 3° à — 1° (1er fascicule de 0^h à 6^h8^m). Grand in-4 de 18 pages; 1903. 5 fr.

CONNAISSANCE DES TEMPS ou des mouvements célestes, à l'usage des Astronomes et des Navigateurs, pour l'an 1906, publiée par le *Bureau des Longitudes.* Gr. in-8 de VIII-924 pages, avec 1 carte en couleur; 1903.
Broché... 4 fr. | Cartonné... 4 fr. 75 c.
Pour recevoir l'Ouvrage franco dans les pays de l'Union postale, ajouter 1 fr.
Le volume pour l'année 1907 paraîtra dans le cours de 1904.

— EXTRAIT DE LA CONNAISSANCE DES TEMPS, à l'usage des Écoles d'Hydrographie et des marins du Commerce, pour l'an 1905, publié depuis l'an 1889 par le *Bureau des Longitudes.* Grand in-8; 1904. 1 fr. 50 c.

JOURNAL DE L'ÉCOLE POLYTECHNIQUE, publié par le Conseil d'instruction de cet établissement.
I'e Série, 64 Cahiers in-4, avec figures et pl..... 1000 fr.
Table des matières et noms d'auteurs des 64 Cahiers de la I'e Série. In-4; 1896. 3 fr.
II'e Série. Cahiers I à III, 1895 à 1897, chaque Cahier. 10 fr.
IV'e Cahier, 1898. 13 fr.
V'e et VI'e Cahiers, 1900, 1901, chaque Cahier. 10 fr.
VII'e Cahier, 1902. 12 fr.
VIII'e Cahier, 1903. 10 fr.

OBSERVATOIRE D'ABBADIA. — Observations faites au Cercle méridien en 1901, par MM. *Verschaffel, Lahoucarde, Sougarret, Bergara et Sorreguets*, publiés par M. l'abbé Verschaffel, Directeur de l'Observatoire d'Abbadia. In-4 de 283 pages............... 15 fr.

<hr>

VIII. — ENCYCLOPÉDIE
DES
TRAVAUX PUBLICS,
ET ENCYCLOPÉDIE INDUSTRIELLE,
FONDÉES PAR M.-C. LECHALAS,
Inspecteur général
des Ponts et Chaussées en retraite.

<hr>

ALHEILIG, Ingénieur de la Marine, Ex-Professeur à l'École d'application du Génie maritime, et **ROCHE (Camille)**, Industriel, ancien Ingénieur de la Marine. — **Traité des machines à vapeur**, rédigé conformément au programme du *Cours de machines à vapeur de l'École Centrale*. Deux volumes grand in-8°, se vendant séparément. (E. I.)

Tome I : *Thermodynamique théorique et applications. La machine à vapeur et les métaux qui y sont employés. Puissance des machines, diagrammes indicateurs. Freins. Dynamomètres. Calcul et disposition des organes d'une machine à vapeur. Régulation, épures de détente et de régulation. Théorie des mécanismes de distribution, détente et changement de marche. Condensation, alimentation. Pompes de service.* Vol. de XI-604 p., avec 412 fig.; 1895. 20 fr.
Tome II : *Forces d'inertie. Moments moteurs. Volants. Régulateurs. Description et classification des machines à vapeur. Machines marines. Moteurs à gaz, à pétrole et à air chaud. Graissage, joints et presse-étoupes. Montage des machines. Essais des moteurs. Passation des marchés. Prix de revient d'exploitation et de construction. Annexe : Note sur les servo-moteurs. Tables numériques.* Volume de IV-566 pages, avec 281 figures; 1895. 18 fr.

APPERT (Léon) et **HENRIVAUX (Jules)**, Ingénieurs. — **Verre et verrerie.** Grand in-8, de 460 pages avec 130 fig. et un Atlas de 14 planches in-4; 1894 (E. I.). 20 fr.
Historique. Classification. Composition. Action des agents physiques et chimiques. Produits réfractaires. Fours de verrerie. Combustibles. Verres ordinaires. Glaces et produits spéciaux. Verres de Bohème. Cristal. Verres d'optique. Phares. Strass. Émail. Verres colorés. Mosaïque. Vitraux. Verres durs. Verres malléables. Verres durcis par la trempe. Étude théorique et pratique des défauts du verre.

BOURRY, Ingénieur des Arts et Manufactures. — **Traité des industries céramiques.** *Terres cuites. Produits réfractaires. Faïences. Grès. Porcelaines.* Gr. in-8 de 755 pages avec 349 figures; 1897. (E. I.) 20 fr.

BRICKA (C.), Ingénieur en Chef des Ponts et Chaussées, Ingénieur en Chef de la voie et des bâtiments aux Chemins de fer de l'État. — **Cours de chemins de fer** professé à l'École nationale des Ponts et Chaussées. 2 beaux volumes grand in-8 se vendant séparément (E. T. P.).
Tome I : *Études. — Construction. — Voie et appareils de voie.* Volume de VIII-634 pages. Avec 326 figures 1894. 20 fr.
Tome II : *Matériel roulant et Traction. — Exploitation technique, Tarifs. — Dépenses de construction et d'exploitation. — Régime des concessions. Chemins de fer de systèmes divers.* Volume de 709 p. Avec 177 figures; 1894. 20 fr.

COLSON (C.), Ingénieur en chef des Ponts et Chaussées, Conseiller d'État. — **Cours d'Économie politique** professé à l'École nationale des Ponts et Chaussées, 3 vol. grand in-8 se vendant séparément (E. T. P.).
Tome I : *Exposé général des Phénomènes économiques. Le travail et les questions ouvrières.* Volume de 596 p.; 1901. 10 fr.
Tome II : *La propriété des biens corporels et incorporels. Le Commerce et la circulation.* Volume de 774 pages; 1903. 10 fr.
Tome III : *Les finances publiques et plus particulièrement les finances françaises. Les travaux publics.*
(En préparation.)

CRONEAU (A.), Ingénieur de la Marine, Professeur à l'École d'application du Génie maritime. — **Architecture navale. — Construction pratique des navires de guerre.** 2 volumes grand in-8 et un Atlas de 11 planches (E. I.)
Tome I : *Plans et devis. — Matériaux. — Assemblages. Différents types de navires. — Charpente. — Revêtement de la coque et des ponts.* Grand in-8, de 339 pages avec 305 figures et un Atlas de 11 planches in-4 doubles dont 2 en trois couleurs; 1894. 18 fr.
Tome II : *Compartimentage. — Cuirassement. — Pavois et garde-corps. — Ouvertures pratiquées dans la coque, les ponts et les cloisons. — Pièces rapportées sur la coque. — Ventilation. — Service d'eau. — Gouvernails. — Corrosion et salissure. — Poids et résistance des coques.* Grand in-8 de 616 pages, avec 359 figures; 1894. 15 fr

DEHARME (E.), Ingénieur principal du Service central de la Compagnie du Midi, Professeur du Cours de Chemins de fer à l'École Centrale des Arts et Manufactures, et **PULIN** (A.), Ingénieur des Arts et Manufactures, Ingénieur-Inspecteur principal de l'atelier central du Chemin de fer du Nord. — **Chemins de fer. Matériel roulant. Résistance des trains. Traction.** Un volume grand in-8 de XXII-441 pages, avec 95 figures et 1 planche; 1895 (E. I.). 15 fr.

DEHARME (E.) et **PULIN** (A.). — **Chemins de fer. — Étude de la Locomotive.** Gr. in-8 de VI-653 p., avec 131 fig. et 2 pl.; 1900 (E. I.). 15 fr.

DEHARME (E.) et **PULIN** (A.). — **Chemins de fer. — Étude de la Locomotive. — Mécanisme. — Châssis. — Types de machines.** Un volume grand in-8 de IV-714 p., avec 488 figures et un atlas in-4 de 18 planches; 1903 (E. I.). 25 fr.

DENFER (J.), Architecte, Professeur à l'École Centrale. — **Architecture et constructions civiles. — Couverture des édifices.** *Ardoises, tuiles, métaux, matières diverses, chéneaux et descentes.* Grand in-8 de 469 pages avec 423 figures; 1893. (E. T. P.) 20 fr.

DENFER (J.), Architecte, Professeur à l'École Centrale. — **Charpenterie métallique.** *Menuiserie en fer et serrurerie.* 2 volumes grand in-8. (E. T. P.)

> Tome I : *Généralités sur la fonte, le fer et l'acier. — Résistance de ces matériaux. — Assemblage des éléments métalliques. — Chaînages, linteaux et poitrails. — Planchers en fer. — Supports verticaux. — Colonnes en fonte. Poteaux et piliers en fer.* Gr. in-8, de 584 pages et 479 fig.; 1891. 20 fr.
> Tome II : *Pans métalliques. — Combles. — Passerelles et petits ponts. — Escaliers en fer. — Serrurerie : Ferrements des charpentes et menuiseries. — Paratonnerres. — Clôtures métalliques. — Menuiserie en fer. — Serres et vérandas.* Grand in-8 de 626 pages avec 571 figures; 1894. 20 fr.

FABRE (G.), Professeur à la Faculté des Sciences de Toulouse. — **Les Industries photographiques.** Un volume grand in-8 de 584 pages, avec 188 figures; 1904. (E. I.). 18 fr.

FÖPPL (Aug.), Professeur à l'Université technique de Mulhouse. — **Résistance des matériaux et éléments de la théorie mathématique de l'Élasticité.** Traduit de l'allemand par E. Hahn, Ingénieur diplômé de l'École Polytechnique de Zurich. Grand in-8 de 489 p., avec 74 figures; 1901. (E. I.) 15 fr.

GESCHWIND (Lucien), Ingénieur chimiste. — **Industries du sulfate d'aluminium, des aluns et des sulfates de fer.** *Étude théorique de l'aluminium, du fer et de leurs composés. Fabrication du sulfate d'aluminium, des aluns et des sulfates de fer. Applications industrielles des sulfates d'aluminium et de fer. Caractères analytiques du fer et de l'aluminium. Dosages. Méthodes d'analyse.* Grand in-8, de VIII-364 pages, avec 193 figures; 1899. (E. I.) 10 fr.

GESCHWIND (L.), Ingénieur-Chimiste, et **SELLIER** (E.), Chimiste, Lauréats des Chimistes de sucrerie et de la Société industrielle de Saint-Quentin. — **La betterave agricole et industrielle.** *Historique. Statistique. Étude botanique et chimique de la graine. Physiologie. Analyse commerciale. Production de la graine. Développement. Anatomie. Constitution. Composition minérale. Azote. Acides organiques non azotés. Hydrates de carbone. Substances colorantes grasses et aromatiques. Composés organiques azotés. Culture. Ennemis et maladies. Achat et conservation. Composition chimique dans ses rapports avec l'industrie.* Grand in-8 de IV-668 pages, avec 180 figures; 1901. (E. I.). 20 fr.

GOUILLY (Alexandre), Ingénieur des Arts et Manufactures, Répétiteur de Mécanique appliquée à l'École Centrale. — **Éléments et organes des machines.** Un vol. grand in-8 de 706 pages avec 710 fig.; 1894. (E. I.) 12 fr.

GUÉDON (Pierre), Ingénieur, Chef de traction à la Compagnie générale des Omnibus de Paris. — **Traité pratique des Chemins de fer d'intérêt local et des Tramways.** *Aperçu historique. Choix et établissement de la voie. Traction par locomotives ordinaires. Voitures à vapeur pour chemins de fer et tramways. Locomotives sans foyer. Traction à air comprimé. Traction par le gaz. Traction électrique. Conclusions générales. Annexes.* Grand in-8 de 393 pages avec 171 figures; 1901. (E. I.) 11 fr.

GUIGNET (Ch.-Er.), Ingénieur (École Polytechnique), Directeur des teintures aux Manufactures nationales des Gobelins et de Beauvais; **DOMMER** (F.), Ingénieur des Arts et Manufactures, Professeur à l'École de Physique et de Chimie industrielles de la ville de Paris, et **GRANDMOUGIN** (E.), Chimiste, Ancien préparateur à l'École de Chimie de Mulhouse. — **Industries textiles. Blanchiment et apprêts. Teinture et impression. Matières colorantes.** Un volume grand in-8 de 674 pages, avec 315 figures et échantillons de tissus imprimés; 1895. (E. I.) 30 fr.

HENRY (Ernest), Inspecteur général des Ponts et Chaussées, Directeur du personnel au Ministère des Travaux publics. — **Ponts sous rails et Ponts-routes à travées métalliques indépendantes. Formules, Barèmes et Tableaux.** Un volume grand in-8 de VIII-632 pages, avec 267 figures; 1894. (E. T. P.) 20 fr.

HIRSCH (J.), Inspecteur général honoraire des Ponts et Chaussées, Professeur au Conservatoire des Arts et Métiers. — **Résumé du Cours de machines à vapeur et Locomotives,** professé à l'École nationale des Ponts et Chaussées, 2ᵉ édition. Grand in-8 de 509 pages, avec 314 figures; 1898. (E. T. P.) 18 fr.

HUBERT-VALLEROUX (P.), Avocat à la Cour de Paris, Docteur en Droit. — **Les Associations ouvrières et les Associations patronales.** (Cet ouvrage a obtenu le premier prix au concours *de Chambrun,* 1892.) Grand in-8 de 361 pages; 1899. (E. I.) 10 fr.

JOANNIS (A.), Professeur à la Faculté des Sciences de Bordeaux, Chargé de Cours à la Faculté des Sciences de Paris. — **Traité de Chimie organique appliquée.** (E. I.) 2 volumes grand in-8 se vendant séparément.

> Tome I : *Généralités. Carbures. Alcools. Phénols. Éthers. Aldéhydes. Cétones. Quinones. Sucres.* Volume de 688 pages, avec figures; 1896. 20 fr.
> Tome II : *Hydrates de carbone. Acides monobasiques à fonction simple. Acides polybasiques à fonction simple. Acides à fonctions mixtes. Alcalis organiques. Amides. Nitriles. Carbylamines. Composés azoïques et diazoïques. Composés organo-métalliques. Matières albuminoïdes. Fermentations. Conservation des matières alimentaires.* Volume de 718 pages, avec figures; 1895. 15 fr.

LAPPARENT (Henri de), Inspecteur général de l'Agriculture. — **Le vin et l'eau-de-vie de vin.** *Introduction. Influence des cépages, des climats, des sols, etc., sur la qualité du vin. Le raisin, les vendanges, vinification, cuveries et chais. Le vin après le décuvage. Eau-de-vie. Économie et législation.* Gr. in-8 de 512 p. avec 111 fig. et 28 cartes dans le texte; 1895. (E. I.) 12 fr.

LECHALAS (Georges), Ingénieur en Chef des Ponts et Chaussées. — **Manuel de droit administratif.** *Service des Ponts et Chaussées et des Chemins vicinaux.* 2 volumes grand in-8, se vendant séparément. (E. T. P.)

> Tome I : *Notions sur les trois pouvoirs. Personnel des Ponts et Chaussées. Principes d'ordre financier. Travaux intéressant plusieurs services. Expropriations. Dommages et occupations temporaires.* Grand in-8 de CXLVII-536 pages; 1889. 20 fr.
> Tome II (Iʳᵉ Partie): *Participation des Tiers aux dépenses des travaux publics. Adjudications. Fournitures. Régie. Entreprises. Concessions.* Gr. in-8 de 397 p.; 1893. 10 fr.

— IIe Partie : *Principes généraux de police : Grande voirie. Simple police. Roulage. — Domaine public : Consistance et condition juridique. Délimitation. Redevances et perceptions diverses. Produits naturels. Concessions. Occupations temporaires.* Gr. in-8 ; 1898. 10 fr.

LE VERRIER (U.), Ingénieur en chef des Mines, Professeur au Conservatoire des Arts et Métiers. — **Métallurgie générale. Procédés de chauffage.** *Combustibles solides. Description des combustibles. Combustibles artificiels. Emploi des combustibles. Chauffage par l'électricité. Matériaux réfractaires. Organisation d'une usine métallurgique. Données numériques.* Grand in-8 de 367 pages avec 171 figures; 1901. (E. I.) 12 fr.

LORENZ (H.), Ingénieur, Professeur à l'Université de Halle. — **Machines frigorifiques.** *Production et applications du froid artificiel.* Traduit de l'allemand par P. Petit, Professeur à la Faculté des Sciences de Nancy, Directeur de l'Ecole de Brasserie, et J. Jaquet, Ingénieur civil. Grand in-8 de ix-186 pages, avec 131 figures; 1898. (E. I.) 7 fr.

MEUNIER (Louis), Chef des travaux de Chimie à l'Université de Lyon, Professeur à l'Ecole française de Tannerie, et **VANEY (Clément)**, agrégé de l'Université, Docteur ès Sciences, Professeur à l'Ecole française de Tannerie. — **La Tannerie.** *Etude. Préparation et essai des matières premières. Théorie et pratique des différentes méthodes actuelles de tannage. Examen des produits fabriqués.* Volume publié sous la direction de Léo Vignon, Professeur à l'Université de Lyon, Directeur de l'Ecole de Chimie industrielle et de l'Ecole française de Tannerie. Grand in-8 de 648 pages avec 98 figures; 1903 (E. I.). 20 fr.

OCAGNE (Maurice d'), Ingénieur des Ponts et Chaussées, Professeur à l'Ecole des Ponts et Chaussées, Répétiteur à l'Ecole Polytechnique. — **Cours de Géométrie descriptive et de Géométrie infinitésimale.** Gr. in-8 de xi-428 pages, avec 340 fig.; 1896. (E.T.P.) 12 fr.

ROUCHÉ (Eugène), Membre de l'Institut, Professeur au Conservatoire des Arts et Métiers, Examinateur de sortie à l'Ecole Polytechnique, et **LEVY (Lucien)**, Répétiteur d'Analyse et Examinateur d'admission à l'Ecole Polytechnique. — **Analyse infinitésimale à l'usage des Ingénieurs.** 2 volumes grand in-8, se vendant séparément. (E. T. P.)

Tome I : **Calcul différentiel.** *Dérivées et différentielles. Changements de variables. Séries. Formules de Taylor. Courbes planes et gauches. Surfaces. Congruences. Complexes. Lignes tracées sur les surfaces.* Volume grand in-8 de xii-557 pages, avec 45 figures; 1900. 15 fr.

Tome II : **Calcul intégral.** *Intégrales indéfinies et définies. Séries de Fourier. Fonctions elliptiques. Equations différentielles ordinaires et aux dérivées partielles. Calcul des variations.* Volume in-8 de 829 pages; 1903. 15 fr.

SCHŒLLER (A.), Ingénieur des Arts et Manufactures, Chef adjoint des services commerciaux à la Compagnie du Nord, et **FLEURQUIN (A.)**, Inspecteur des services commerciaux à la même Compagnie. — **Chemins de fer. Exploitation technique.** Grand in-8 de vii-408 p., avec 199 figures; 1901. (E. I.) 12 fr.

TOLDT (Friedrich), Ingénieur, Professeur à l'Académie impériale des Mines de Léoben. — **Traité des Fours à gaz à chaleur régénérée. Détermination de leurs dimensions.** Traduit de l'allemand sur la 2e édition revue et développée par l'Auteur; par F. Dommer, Ingénieur des Arts et Manufactures, Professeur à l'Ecole de Physique et de Chimie industrielles de la Ville de Paris. Grand in-8, de 392 pages avec 68 figures; 1900. (E. I.) 11 fr.

VICAIRE (P.), Inspecteur général des Mines. — **Cours de Chemins de fer** (Cours de l'Ecole nationale supérieure des Mines). *Matériel roulant. Traction. Voie. Exploitation.* Rédigé et terminé par F. Maison, Ingénieur au Corps des Mines. Grand in-8 de 581 pages, avec de nombreuses figures; 1903. (E. I.). 20 fr.

IX. — ENCYCLOPÉDIE SCIENTIFIQUE

DES

AIDE-MÉMOIRE.

PUBLIÉS SOUS LA DIRECTION DE M. LÉAUTÉ,
Membre de l'Institut

VOLUMES PETIT IN-8, PARAISSANT
DE MOIS EN MOIS.

Chaque volume est vendu séparément :
Broché........ 2 fr. 50 c. | Cartonné, toile anglaise. 3 fr.
Le prospectus détaillé de l'Encyclopédie est envoyé franco sur demande.

Cette publication, qui se distingue par son caractère pratique, reste cependant une œuvre hautement scientifique,

Elle embrasse le domaine entier des Sciences appliquées, depuis la Mécanique, l'Électricité, l'Art de l'Ingénieur, la Physique et la Chimie industrielles, etc., jusqu'à l'Agronomie, la Biologie, la Médecine, la Chirurgie et l'Hygiène.

Chaque volume, signé d'un nom autorisé, donne, *sous une forme condensée*, l'état précis de la Science sur la question traitée et toutes les indications pratiques qui s'y rapportent.

La publication est divisée en deux Sections : **Section de l'Ingénieur, Section du Biologiste**, qui paraissent simultanément depuis février 1892 et se continuent avec régularité de mois en mois.

Les Ouvrages qui constitueront ces deux Séries permettront à l'Ingénieur, au Constructeur, à l'Industriel, d'établir un projet sans reprendre la théorie; au Chimiste, au Médecin, à l'Hygiéniste, d'appliquer la technique d'une préparation, d'un mode d'examen ou d'un procédé sans avoir à lire tout ce qui a été écrit sur le sujet. Chaque volume se termine par une Bibliographie méthodique permettant au lecteur de pousser plus loin et d'aller aux sources.

DERNIERS VOLUMES PARUS.

(Demander le prospectus détaillé.)

SECTION DE L'INGÉNIEUR.

Astruc, Ingénieur agricole, Préparateur à la Station œnologique de l'Aude. — *Le Vin* (6 fig.).

Equevilley (R. d'). — *Les bateaux sous-marins et les submersibles* (22 fig.).

Gay (A.), Ancien Élève de l'Ecole Polytechnique, Ingénieur à la Société industrielle des téléphones. — *Les Câbles sous-marins.* — I. *Fabrication* (10 fig.). — II. *Travaux en mer.*

Delaye (J.) et **Pittet (H.)**, Ingénieurs civils, Lauréats de la Société industrielle du nord de la France. — *Etude pratique sur les différents systèmes d'éclairage (gaz, acétylène, pétrole, alcool, électricité).*

Guillet (L.), Ingénieur des Arts et Manufactures. I. *L'industrie des acides minéraux* (24 fig.). II. *L'industrie des métalloïdes et de leurs dérivés* (28 fig.).

Dibos (M.), Ingénieur Conseil. — *Le scaphandre, son emploi* (33 fig.).

Rabaté (Edmond), Ingénieur agronome, Professeur spécial d'agriculture. — **L'industrie des résines** (38 fig.).

Miron (François), Licencié ès sciences, Ingénieur civil. — *Les eaux souterraines. Eaux potables, eaux thermominérales, recherches, captage.* (8 fig.). — *Gisements miniers (Stratigraphie et composition).*

Morel (Marie-Auguste), Ingénieur, Directeur des Usines à ciment Portland de Lumbres. — *Le ciment armé et ses applications* (100 fig.).
— *Les matériaux artificiels* (11 fig.).

Ozard (Élisé), Chimiste agricole. — *La pratique des fermentations industrielles* (2 fig.).

Taveau (A.), Ingénieur des Arts et Manufactures. — *Épuration des eaux d'alimentation et de chaudières et désincrustants* (19 fig.).

Wallon (E.), ancien Élève de l'École normale supérieure, Professeur de Physique au Lycée Janson de Sailly. — *Choix et usage des objectifs photographiques.* 2ª édition entièrement refondue (30 fig.).

Colomer (F.), Ingénieur des Mines. — *Mise en valeur des gites minéraux.*

Candlot (E.), Ingénieur, Directeur de la Compagnie parisienne des ciments Portland artificiels. — *Chaux, ciments et mortiers* (51 fig.).

Stroobant (Paul), Astronome à l'Observatoire de Bruxelles, Professeur à l'Université de Bruxelles. — *Précis d'Astronomie pratique* (40 fig.).

Sidersky (D.), Ingénieur-chimiste. — *Essai des combustibles.*

Gages (L.), Chef d'escadron d'artillerie. — *Essais des métaux. Théorie et pratique.* (20 fig.).

Lavergne (Gérard). Ancien Elève de l'Ecole Polytechnique, Ingénieur civil des mines. — *Les Turbines,* 3ª édition (44 fig.).

Le Chatelier (H.), Ingénieur en chef des Mines, Professeur à l'Ecole des Mines et au Collège de France. *Essai des matériaux hydrauliques* (2 fig.).

Magnier de la Source, Expert-chimiste près le Tribunal de la Seine. *Analyse des vins.* 2ª édition (4 fig.).

SECTION DU BIOLOGISTE.

Galliot (A.), Médecin de 1ʳᵉ classe de la Marine. — *La Dysenterie aiguë et chronique* (2 vol.). — I. *Etiologie. Bactériologie. Anatomie pathologique* (1 fig.). — II. *Symptomatologie. Traitement. Prophylaxie.*

Sicard (J.-A.), Chef de clinique des maladies nerveuses à la Salpêtrière. — *Le liquide céphalo-rachidien,* avec une Préface du professeur Brissaud (13 fig.).

Charrin (A.), Professeur agrégé, Chef du Laboratoire de Pathologie générale à la Faculté de Médecine. — *Les poisons de l'organisme: poisons de l'urine* (2ª édition).

Springer (le Dr M.), Ancien chef de Laboratoire à la Faculté de Médecine de Paris. — *L'énergie de croissance et les lécithines dans les décoctions de céréales.*

Le Damany (P.), Ancien interne des hôpitaux de Paris, Professeur à l'Ecole de médecine de Rennes. — *Les épanchements pleuraux liquides.*

Faisans (Léon). — *Maladies des organes respiratoires. Méthodes d'exploration. Signes physiques* (3ª édition).

Sergent (Émile), ancien Interne médaille d'or des hôpitaux de Paris, et **Bernard (Léon),** Chef de clinique adjoint à la Faculté de Paris. — *L'Insuffisance surrénale* (Ouvrage couronné par la Faculté de médecine : prix Saintour).

Grébant (N.), Professeur de Physiologie générale au Muséum d'Histoire naturelle. — **Hygiène expérimentale. L'oxyde de carbone.**

Malpeaux (L.), Directeur de l'École d'agriculture du Pas-de-Calais. — *La Betterave de distillerie et la Betterave fourragère* (15 fig.).

Chatin (A.). Préparateur chef adjoint du Laboratoire d'Electrothérapie à l'Hôpital Saint-Louis et **Carle (M.),** Ancien chef de Clinique des maladies cutanées à la Faculté de Médecine de Lyon, Membre de la Société de Dermatologie. — *Photothérapie, la lumière agent biologique et thérapeutique,* avec une préface de M. d'Arsonval, Membre de l'Institut (7 fig.).

Seilhac (Léon de), Délégué permanent du Musée social. — *La pêche de la sardine* (19 fig.).

Porcherel (A.), Chef de travaux de Zootechnie à l'Ecole vétérinaire de Lyon. — *La production de la viande.* (9 fig.).

Brocq (L.), Médecin de l'hôpital Pascal, et **Jacquet (L.),** Médecin des hôpitaux de Paris. — *Précis élémentaire de Dermatologie.* I: *Pathologie générale cutanée.* 3ª édition.

Sergent (les Drs Edmond et Étienne), de l'Institut Pasteur de Paris. — *Moustiques et maladies infectieuses : guide pratique pour l'étude des moustiques,* avec une préface du Dr E. Roux, Membre de l'Institut, Sous-Directeur de l'Institut Pasteur de Paris. (40 fig.).

Tripier (R.), Professeur d'Anatomie pathologique à la Faculté de Médecine de Lyon, et **Paviot (J.),** Médecin des hôpitaux, Professeur agrégé à la Faculté de Médecine de Lyon. — *La péritonite sous-hépatique d'origine vésiculaire dans ses rapports avec la colique hépatique, la pérityphlite, la crise appendiculaire.*

Laveran (le Dr A.), Membre de l'Institut et de l'Académie de Médecine. — *Prophylaxie du paludisme* (20 fig.)

Bernard (Léon), Chef de Clinique médicale à la Faculté de Paris. — *Les méthodes d'exploration de la perméabilité rénale* (Ouvrage couronné par l'Académie de Médecine) (2 fig.).

Étard (A.), Examinateur des élèves à l'Ecole Polytechnique. *Les nouvelles théories chimiques.* 3ª édition (58 fig.).

Levaditi (Dr C.). — *La nutrition dans ses rapports avec l'immunité.*

(Mars 1904.)

LIBRAIRIE GAUTHIER-VILLARS,
QUAI DES GRANDS-AUGUSTINS, 55, A PARIS (6ᵉ).

Envoi franco dans toute l'Union postale contre mandat-poste ou valeur sur Paris.

LA
TÉLÉGRAPHIE SANS FILS,

Par André BROCA,
Professeur agrégé de Physique à la Faculté de Médecine.

2ᵉ ÉDITION, REVUE ET AUGMENTÉE. IN-18 JÉSUS (19×13) AVEC 52 FIGURES; 1904.............. **4 fr.**

Avant-propos.

Ceci est un Livre destiné à ceux qui, sans être des spécialistes, sont curieux cependant des progrès de la Science, à ceux aussi qui veulent être au courant des progrès récents réalisés dans ses applications. Tout le monde a lu des Comptes rendus plus ou moins fantaisistes, plus ou moins enflés, des résultats obtenus au moyen des procédés merveilleux de la Télégraphie sans fils : mais pour les personnes au courant des travaux des laboratoires elles-mêmes, un certain malaise persiste, car on ne comprend pas, en général, le fond des choses. C'est qu'au milieu du tourbillon d'affaires publiques et privées où nous vivons, les savants ont amassé depuis un siècle, dans le silence du laboratoire, un merveilleux ensemble de résultats sur l'Optique, l'Élasticité et l'Électricité, et ils ont péniblement édifié un des plus admirables monuments du génie humain, la *théorie électromagnétique de la lumière*. Il y a deux ans encore, cette théorie semblait devoir rester l'apanage de quelques philosophes. Mais maintenant la pratique s'est emparée des résultats essentiels de ces hautes conceptions, et elle en a fait un instrument susceptible d'un grand nombre d'applications : il faut donc travailler à rendre accessible à tous cette théorie qui devient utile. C'est un des buts que j'ai tâché d'atteindre dans ces quelques pages.

J'ai tâché aussi de montrer que tout se tient dans nos connaissances, et quelle liaison il y avait entre les phénomènes de l'ancienne Télégraphie et ceux de la nouvelle. Cela m'a permis de décrire au début quelques appareils utilisés dans la Télégraphie sans fils, et d'aller ainsi du simple au complexe....

Extrait de la Préface de la 2ᵉ édition.

Depuis 1899, les applications de la Télégraphie sans fils ont pris un grand développement, et il y a sur ce sujet des brevets presque quotidiens. Plusieurs livres ont paru, je citerai ceux du capitaine Ferrier, de M. Turpain, de M. Righi. La technique s'est beaucoup développée, et j'ai hésité un moment à remanier complètement le livre en changeant de caractère. Mais j'ai préféré rester dans l'esprit de la première édition en complétant seulement ce qui a rapport à la théorie des phénomènes, et aux résultats possibles à atteindre. C'est ainsi que j'ai dû ajouter un chapitre entier relatif à la syntonie et aux courants de haute fréquence.

Table des Matières